**教育部高等学校材料类专业教学指导委员会规划教材**

**战略性新兴领域"十四五"高等教育系列教材**

# 电化学原理
# 与应用

## Principles and Applications
## of Electrochemistry

王建淦　谢科予　编著

化学工业出版社

·北京·

**内容简介**

《电化学原理与应用》是教育部高等学校材料类专业教学指导委员会规划教材。全书共分为 9 章。前 6 章主要介绍了电化学基本科学原理，包括电解质基础理论、电化学热力学、电极/溶液界面的结构与性质、电化学动力学（电化学反应动力学、液相传质动力学）；后 3 章重点介绍了几类重要的电化学应用技术，包括电化学能量存储技术、电化学能量转换技术以及电化学合成与表面精饰技术。

本书是高等院校材料类、化学化工类、能源类、环境类、电子信息类等专业本科生或研究生的基础课程教材，也可供从事电化学相关的科研人员或工程技术人员参考。

**图书在版编目（CIP）数据**

电化学原理与应用 / 王建淦，谢科予编著. -- 北京：化学工业出版社，2024.3
教育部高等学校材料类专业教学指导委员会规划教材
ISBN 978-7-122-45167-5

Ⅰ. ①电… Ⅱ. ①王… ②谢… Ⅲ. ①电化学—高等学校—教材 Ⅳ. ①O646

中国国家版本馆 CIP 数据核字（2024）第 048620 号

---

责任编辑：陶艳玲      文字编辑：胡艺艺
责任校对：宋 夏      装帧设计：史利平

---

出版发行：化学工业出版社
    （北京市东城区青年湖南街 13 号 邮政编码 100011）
印 刷：北京云浩印刷有限责任公司
装 订：三河市振勇印装有限公司
787mm×1092mm 1/16 印张 16 字数 392 千字
2024 年 10 月北京第 1 版第 1 次印刷

---

购书咨询：010-64518888      售后服务：010-64518899
网 址：http://www.cip.com.cn
凡购买本书，如有缺损质量问题，本社销售中心负责调换。

---

定 价：49.00 元      版权所有 违者必究

# 前　言

党的"二十大"报告指出，教育、科技、人才是全面建设社会主义现代化国家的基础性、战略性支撑。随着现代社会对清洁能源与绿色环境的日益重视，与电化学相关的科学理论与先进技术得到了迅猛发展，已逐渐形成了一个具有鲜明特色的新兴学科。如今，电化学科学与技术在能量存储与转换、传感器、新材料合成、电镀与表面精饰、腐蚀与防护等许多领域都得到了如火如荼的前沿研究和广泛应用，其中借助电化学科学发展出来的电动汽车技术，我国更是走在了世界的前列，这是实现弯道超越国际传统汽车技术的重要契机，必将成为增强科技自信的一张亮丽名片。

近年来，许多高校争相在材料、化学化工、能源、环境、电子等传统学科中设立与电化学交叉相关的新专业，如新能源材料与器件、能源化学工程、储能科学与工程等。为了培养现代化高质量人才和发展电化学学科，这些新兴交叉专业迫切需要一本电化学的专业教材。电化学学科的急速发展，要求教材内容既要兼顾基础理论与前沿理论，同时也要注重新兴电化学技术。

编著者根据近十年来培养本科生和研究生的教学经验，精心甄选本书内容，力求使晦涩难懂的科学理论浅显易懂，旨在让学生重点掌握电化学基础理论的专门知识，同时了解各种电化学技术的最新前沿发展动态，培养具有一定科学素养和辩证精神的高质量人才。在完成本书学习的基础上，根据兴趣或专业要求，可以进一步学习其他与电化学相关的专业课程，构建一个利于学生学习的知识体系。

本课程的学习，需要学生具有一定的"物理化学""材料热力学"等课程的基础知识，授课学时建议为 40~60 学时，部分内容可以由学生自主学习。

本书由西北工业大学材料学院的老师共同编著，其中第 1~5 章、7~9 章由王建淦教授执笔编著，第 6 章由谢科予教授执笔编著，全书由王建淦教授统稿。在本书编著的过程中，参考了大量的专业书籍和文献资料，在此特向相关作者致以崇高的谢意。本书的编著和出版得到了"西北工业大学教材建设项目"的资助，在此表示感谢。

电化学涉及的科学理论和先进技术非常广泛，且在迅速发展的过程中，各种新理论、新技术和新方法不断涌现，受编著者水平所限，书中难免有疏漏与不妥之处，敬请专家和广大读者批评指正。

编著者
2024 年 3 月

# 目 录

# 第 3 章　电极/溶液界面的结构与性质

# 第 4 章　电化学动力学概论

# 第 5 章　电化学反应动力学

# 第 6 章　液相传质动力学

# 第7章 电化学能量存储技术

# 第 **8** 章 电化学能量转换技术

# 第 **9** 章 电化学合成与表面精饰技术

附录 // 部分溶液中反应的标准电极电位（25℃）

参考文献 //

# 第 1 章

# 电化学科学导论

## 1.1 电化学概述

### 1.1.1 浅识电化学

电化学与经典理论中电学、化学息息相关，顾名思义，可以理解为它是研究物质或化学现象与电学现象之间联系的科学，或者是研究电能与化学能相互转化及其转化过程中变化规律的科学。为了更清晰地理解电化学，先从几个熟悉的例子来认识一下电化学。

#### （1）原电池

原电池指的是能够通过化学反应自发地将化学能转换成电能的器件，体系自由能变化 $\Delta G < 0$，是一种能量发生器，因此可用作化学电源，如碱性锌锰电池（即 AA 电池）、锂离子电池、铅酸电池等。其中碱性锌锰电池是日常生活中使用频次很高的一类电池，其基本构造如图 1-1 所示，阳极（负极）和阴极（正极）材料分别由金属锌和电解二氧化锰组成，电解液为一定浓度的碱性氢氧化钾溶液。这类电池

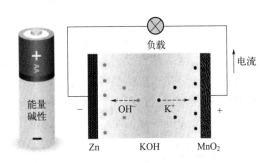

图 1-1　碱性锌锰电池及其结构

具有 1.5V 的开路电压，服役温度范围广（-20～60℃），功率密度高，因而在各类电子设备上得到了广泛的应用。

从图 1-1 可以看出，当原电池与负载接通时，电池将对外做功。在外电路中，电流从原电池的正极流向负极，此时的载流子为金属导线中的自由电子，其运动方向与电流方向相反，即从负极流向正极。而在电池内部，自由电子已经无法通过电解液来导通，此时只能依靠电解液中的阴、阳离子（如碱性锌锰电池中的 $Zn^+$ 和 $OH^-$）的定向迁移来输运电荷，也就是说，原电池内部的载流子是电解液中的阴离子和阳离子。

这个例子表明构成一个原电池回路需要两类载流子协同完成，一类是自由电子，另一类为阴离子或阳离子。一般地，利用自由电子的定向运动来导电的物体称之为电子导体或第一类导体，这类导体材料主要包括各类金属及其合金、石墨等。电子导体在导电过程中本身性质不发生变化，电导率随温度的升高而降低。与之对应，利用电解质离子的定向迁移来导电的物体称为离子导体或第二类导体，这类导体包括电解质水溶液或有机溶液、固态电解质以及熔融态电解质。既然回路中存在两类导体且它们的载流子不同，那么不同载流子之间是怎样交换电荷的呢？它们的交换地点在哪个位置呢？要回答这些问题，需要对图 1-1 进行分

析，可以观察到电子导体和离子导体之间存在一个电极/电解液界面，两种不同的载流子正是在这个固/液界面位置发生电荷交换的，同时伴随着氧化还原反应的发生。

对于碱性锌锰电池来说，发生在两个电极/电解液界面处的电极反应分别为：

阳极（负极）：$Zn-2e^- \longrightarrow Zn^{2+}$

阴极（正极）：$MnO_2+H_2O+e^- \longrightarrow MnOOH+OH^-$

总反应：$Zn+2MnO_2+2H_2O \longrightarrow Zn^{2+}+2MnOOH+2OH^-$

在电化学中，阴极是指通过得到电子发生还原反应的电极，阳极则是指通过失去电子发生氧化反应的电极。一般地，在两类导体界面处发生的氧化反应或还原反应也称为电极反应。对于原电池来说，阳极通过氧化反应传递出电子，产生电流供负载使用，再经过外电路到达阴极，进一步通过还原反应吸收电子，在电解液中，新生成的阴离子或阳离子在电场作用下发生定向迁移，从而保证电荷在整个电路中流通而形成回路。对于阳极，由于发生氧化反应积累了大量电子，因而电位较负，因此原电池中的阳极也被叫作大家熟知的负极；类似地，阴极由于发生还原反应而导致电子贫乏，电位较正，因而被叫作正极。

### （2）电解池

电解池需要依靠外接电源提供能量来做功，是一类将电能转化为化学能的电化学装置，体系自由能 $\Delta G > 0$，被称作电化学物质发生器。电解池是电镀、电解、电合成和电冶金等电化学工业的核心。电解池的结构组成与原电池基本类似，也是由两个电极板（阴极和阳极）和电解液组成，电路接通时，阳极和阴极上分别发生氧化反应和还原反应，二者的区别在于，原电池是靠自发的氧化还原反应来提供电能，而电解池需要外接电源供给电能才能进行电解工作。在这里值得注意的是，由于电解池阳极与外接电源的正极相连，因而电解池阳极的电位更高，用作正极，而阴极则是负极，这一点和原电池刚好相反，需要加以区别。

通过改变电解液的组成，可以制备出具有高附加值的化学物质。图 1-2 所示为在碱性电

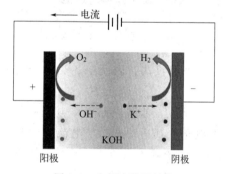

解液中电解水的装置示意，它可以利用电能将水分解成氢气和氧气。当电解池通电时，电流通过金属导线从外接电源正极流向负极，此时的载流子为自由电子，经过电解池时，电荷将依靠电解液中的阴、阳离子来传输，在电极/电解液界面处，则是通过氧化还原反应来转移电荷，此时阳极和阴极处发生的反应分别如下所示。

图 1-2　电解水装置结构

阳极（正极）：$4OH^--4e^- \longrightarrow 2H_2O+O_2$

阴极（负极）：$2H_2O+2e^- \longrightarrow 2OH^-+H_2$

总反应：$2H_2O \longrightarrow O_2+2H_2$

## 1.1.2　电化学反应的基本原则与法拉第定律

从上述两个例子中，可以看出原电池和电解池的整个回路都是由电子导体和离子导体串联组成的，严格地说，对于一个电化学体系，必须包含两个电极（阴极和阳极），且电极间必须分隔，内部通过电解质离子传导，外部通过电子导体连接，电极反应发生在电极/电解液界面处。通常把电化学体系中发生的且伴有电荷转移的化学反应称为电化学反应。

由前所述，电化学反应的本质仍是一个氧化还原反应，那么它和传统化学中的氧化还原反应有何区别呢？在化学反应中，氧化还原反应是在同一位置上发生的，反应产生的化学能

通过生成热能而耗散于环境中，也就是说，传统化学涉及的氧化还原反应所产生的能量无法被有效利用。而在电化学反应中，氧化反应发生在阳极，还原反应发生在阴极，二者的电子交换只能通过外部电子导体连接实现，即电化学中的氧化反应与还原反应在空间上是分隔的，是一种分区的氧化还原反应，在每一个电极上发生的反应叫作半反应。此外，电化学反应通常发生在电极/电解液界面处，因而是一个非均相的化学反应，且其反应速率可以通过控制电极电位来人为调控，这是电化学反应的一个独特之处。

### （1）电化学反应基本规则

尽管电化学反应发生在不同的电极上，但其反应速率仍必须遵守电荷守恒和电中性原则。电化学体系中的电流在整个回路中涉及两类载流子（自由电子和离子），要保证电流持续输出，不同类别的载流子需要通过电化学反应来实现电荷转移，在转移过程中电荷仍是守恒的。

离子的浓度和电荷数分别用 $c$ 和 $z$ 表示，若在整个电解液中有 $i$ 种离子，则 $i$ 种离子的电荷量必须满足电中性原则：

$$\sum_{i=1}^{n} c_i z_i = 0 \tag{1-1}$$

在电解液中，通过电化学反应消耗或生成的阴离子和阳离子同样必须满足电中性原则：阴离子所携带的电荷量必须和阳离子携带量相同。例如，在碱性锌锰电池中，电极反应生成的 $Zn^{2+}$ 和 $OH^-$ 在整个反应过程中的电荷量必须相等。

### （2）法拉第定律（Faraday's law）

电化学反应是分区的氧化还原反应，在反应过程中应当严格服从法拉第定律。法拉第定律是电化学历史上最早的、可定量化的基本定律，揭示了电化学反应中电荷变化量与物质变化量之间的定量关系，在任何温度和压力条件下都适用。

1934 年，法拉第经过大量的电化学电解实验，总结归纳了以下两个定律。

① 电解过程中在电极界面上发生反应的物质变化量与通入的电荷总量（$Q$）成正比。对于单个电解池中金属的电沉积而言，阴极上还原物质的析出量（$m$）和通过电流（$I$）、通电时间（$t$）成正比，即 $m \propto It$。

② 以同等电荷量（$Q$）通电于几个串联的电解池中时，各个电极上反应物质的摩尔变化量（$n$）与物质离子电荷数（$z$）成反比，即 $n = Q/(Fz)$，式中，$F$ 为法拉第常数，表示 1 摩尔电子所携带的电荷量，其数值为 96485 C/mol（为方便计算，通常取 96500 C/mol）。

例如，将 1mol 的电荷量通入两个串联的 $CuSO_4$ 电解槽和 $AgNO_3$ 电解槽，其中 $Cu^{2+}$ 和 $Ag^+$ 在阴极上发生的还原反应分别为：

$$Cu^{2+} + 2e^- \longrightarrow Cu$$
$$Ag^+ + e^- \longrightarrow Ag$$

那么，由于 $z(Cu^{2+}) = 2$、$z(Ag^+) = 1$，则在阴极上金属 Cu 和 Ag 的析出量分别为 0.5mol 和 1mol。

法拉第定律同时表明电化学产物的生成速率与通入电流成正比，获得的物质总物质的量（$n$）与通入的电荷量（$Q$）成正比，即 $Q = znF = It$，因此可以将电极反应速率直接用电流

（或电流密度）来表示：

$$I = \frac{znF}{t} \tag{1-2}$$

这是一个非常重要的转换参数，因为相比于测定物质量的变化值，电流非常容易被实时测量出来，对于研究电化学反应具有重要的意义。

### 1.1.3 电化学科学的研究对象

电化学体系包含电子导体和离子导体，而不同载流子之间的电荷转换是依靠在两类导体界面处发生的氧化还原反应来实现的，在电子转移过程中不可避免地伴随着物质的化学变化。

图 1-3 所示为一个电极反应中涉及的各种粒子（离子、电子、分子等）在两类导体界面处需要经过的基本历程，包括离子/分子扩散、表面吸附/脱附、电子迁移等步骤，这些过程

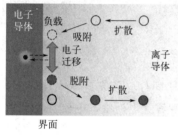

图 1-3 一个电极反应的基本历程

都会影响电极反应的最终状态。因此，在电化学科学研究中，研究对象具体包括：电子导体、离子导体、界面结构与性质及其界面上发生的各种界面效应。其中，电子导体隶属物理学范畴，电化学只需引用相关结论即可；离子导体是电化学研究中的重要部分，经典电化学中的电解质溶液知识体系是研究电化学的主要理论基础；而现代电化学则更关注两类导体的界面结构与性质及其相关效应，力图从微观上解析出更加精细的界面特性和结构信息。

### 1.1.4 电化学的实际应用

电化学在很多生活和工业领域都有极为广泛的应用，下面列举几个方面加以介绍。

**（1）电化学能量存储器件**

电化学能量存储器件是一种能够自发将化学能转换为电能的化学电源。自从伏打发明第一块电池之后，二百年来人们已经开发出了许多种类的电池，包括一次电池、二次电池、燃料电池等。目前，电池已经完全走进我们的日常生活中，比如各类 3C 电子产品常用的锌锰干电池、镍氢电池和锂离子电池，以及用于新能源电动车和智能电网的铅酸电池、锂离子电池和燃料电池等。随着科技的不断进步，人们对储能器件也提出了更高的性能要求，比如高能量密度、高功率密度和长使用寿命。

伴随世界各国对能源和环境问题的日益重视，我国也提出了"低碳经济""碳中和与碳达峰"等基本政策，因此开发清洁可再生能源已成为科研人员的研究重点和热点。电化学能量存储器件作为一种干净的清洁能源，也势必会得到越来越多的重视和越来越快的发展。

**（2）电化学工业**

电化学工业拥有一个庞大的体系，包括电解、电镀和电合成等工业。

电解工业包括很多应用领域，比如在氯碱工业中利用电解食盐水制取氯气、氢气和烧碱（NaOH）等化工原料；电解水制取氢气和氧气仍是目前研究的一个热点，因为氢气是零碳能源的重要能量载体；利用电冶金法还可以制取金属，例如，电解熔融金属氯化物可以制取

活泼性高的碱金属（Na、Li 和 K）和碱土金属（如 Mg 等）以及重要工业金属材料（如铝和钛），还可以通过电解法精炼得到高纯度的有色金属材料（如铜、锌、镍等）。此外，通过电解法可以对高韧性金属零件进行复杂型面的机械加工。

电镀是通过电化学的方法在各种基材上镀上一层特殊功能层，比如在金属表面镀上一层其他金属或合金保护层，从而提高防锈功能、耐磨性、导电性、反光性或增进美观。类似的电化学表面装饰技术还包括阳极氧化、电泳涂装等。

电化学合成广泛用于制备具有特殊性能的新材料，包括有机物和无机物。按照反应类型可分为阳极氧化过程和阴极还原过程，前者包括电化学环氧化反应、电化学氯化反应、杂环化合物、含氮硫化物、苯环及苯环上侧链基团的阳极氧化反应等；后者包括阴极二聚和交联反应、有机卤化物、羰基化合物、硝基化合物、腈基化合物等物质的电还原反应。与常规的化学合成相比，电化学合成具有以下优点：合成选择性高且产物纯度高；容易获得常规化学法不易合成的物质；不需要添加氧化剂或还原剂，合成产物易分离，环境污染小；合成通常在常温常压下进行，反应条件温和、能耗低。

**（3）金属腐蚀与防护**

金属腐蚀是我们常见的一种自然现象。例如，建筑、桥梁所用的各种金属构件在潮湿的空气中会因为腐蚀而锈迹斑斑，锅炉、管道、内燃机、船舶等在长期工作过程中会遭受水腐蚀。金属腐蚀，究其本质，就是金属构件与所处环境提供的介质（电解液）相互接触，形成了许多微小的自发电池，称为腐蚀电池。虽然腐蚀电池和原电池的工作原理在本质上是一样的，但是腐蚀电池体系是短路的，反应所释放的化学能无法转化为有用的电能而对外做功，最终通过热能的形式向周围环境逸散掉。因此，腐蚀电池反应是一个典型的电化学过程，其中金属材料通过阳极反应溶解为金属离子或形成相应的氧化物，长期持续的腐蚀反应最终会导致金属材料的结构破坏。

金属是现代工业文明的基石材料，但腐蚀却给社会带来了巨大的直接或间接损失和危害。例如，腐蚀会显著降低金属材料的强度、塑性、韧性等力学性能，恶化电学和光学等物理性能，破坏金属构件的几何形状，增加零件间的磨损，缩短设备的使用寿命，甚至造成火灾、爆炸等灾难性事故。因此，基于电化学腐蚀的防护研究显得格外重要，已成为腐蚀与防护科学中的重要基础理论。人们通过深入探究腐蚀机理，提出了许多针对性的防腐措施，如表面电镀、阳极氧化、添加缓蚀剂等，这些技术措施有效降低了腐蚀损失的费用，大大提高了金属构件的使用安全性和寿命。

**（4）电化学科学的其他应用**

利用电化学科学理论研究生物体中存在的电化学问题，如血凝、神经电流、膜现象、细胞电位等，目前已发展成一门新兴的生物电化学学科，为探讨生命过程机理和解决医学难题提供了重要的理论基础。

电分析化学是基于电化学原理发展起来的新型化学分析方法，其中极谱法、电位滴定等技术在分析化学领域有着广泛的应用。电化学在环境科学领域也有重要的应用，例如可以利用电化学方法来处理工业和生活污水、废水、废气废渣，有利于实现工业污染物的零排放。此外，当前世界上十分关注的能源、材料、环境保护、生命科学等研究课题，都与电化学科学紧密相关。

# 1.2 电解质理论概要

### 1.2.1 电解质的分类

电解质是电化学体系中实现离子导电功能的基本单元，按照其形态可分为溶液态电解质、固态电解质、聚合物电解质以及熔盐电解质。

**（1）溶液态电解质**

溶液态电解质主要由溶质和溶剂两个部分组成，其中溶质可以是离子键化合物和共价键化合物，溶剂可以是水或其他有机溶剂等。离子键化合物通过自身晶体中的离子与溶剂分子间的相互作用，从而电离成可自由移动的离子，形成的电解质溶液也称为真实电解质，例如，$NaCl$ 水溶液。共价键化合物本身不含离子，但可以通过其与溶剂分子的化学作用解离（离解）成离子，因而也称为潜在电解质，例如，$HCl$ 水溶液。因此，溶液态电解质是依靠自由离子的定向运动来导电的。

探讨溶液态电解质的电离时，需要注意的是，电解液中导电离子的形成是溶剂和溶质相互作用的统一结果，因此不能将溶质和溶剂割裂讨论。同一溶质在不同溶剂中所表现出来的电离性质可能相差很大，比如 $HCl$ 在水溶剂中是电解质，但在有机苯溶剂中却是非电解质。

对于溶液态电解质，按照溶质在溶剂中电离程度的大小，又可以分为强电解质和弱电解质，但二者的划分并无严格的标准。通常将电离度高于 30% 的电解质叫作强电解质，而电离度低于 3% 的电解质叫作弱电解质。在水溶液中，有时也将在水中能够完全电离的电解质叫作强电解质，大多数盐、强酸、强碱等化合物都属于强电解质，如 $NaCl$、$KOH$、$H_2SO_4$ 等；在水溶液中只能部分电离的电解质叫作弱电解质，包括氨水、醋酸等弱碱和弱酸溶液。在相同浓度的溶液中，强电解质能够电离出更多的离子，因而其导电性更强。

为了更细致地表达电解质的本质，溶液理论家根据溶质在溶液中所处的状态，还将溶液态电解质分为非缔合式和缔合式电解质。非缔合式电解质是指溶质全部以自由离子形态存在，没有未电离的分子或正-负离子缔合对。缔合式电解质是指溶液中除了自由离子的存在，还有溶质以共价键形成的未解离分子，或者存在通过强静电吸引而形成的正-负离子缔合对。由于电解质的电离与其溶质浓度有关，在低浓度下，一些卤化碱金属、过氯酸盐等水溶液可以形成非缔合式电解质，但随着电解质浓度升高，溶液中就可能存在缔合式分子或离子对，因此，绝大多数电解质溶液都属于缔合式电解质。

**（2）固态电解质**

固态电解质是指在外电场作用下具有快速离子导电特性的一类无机固态物质，也称为快离子导体，具有安全性好、化学/机械/热稳定性高、循环稳定性强、电化学稳定窗口宽等优点。无机固态电解质在电化学能源领域有着非常广泛的应用，例如，高温钠硫电池采用 β-$Al_2O_3$ 作为固态电解质来传导钠离子，固体氧化物燃料电池采用 $Y_2O_3$ 掺杂的 $ZrO_2$ 作为固态电解质来传导 $O^{2-}$。在锂离子电池中，传导锂离子的无机固态电解质（或叫作锂快离子导体）可以克服有机电解液安全性差的缺点，近年来得到了重点关注和系统研究。锂快离子导体主要包括晶态陶瓷电解质和非晶态玻璃电解质。前者包括锂超离子导体（LISICON）、石榴石（garnet）型电解质、钙钛矿型电解质、锂磷氧氮（LiPON）电解质、硫化物晶态固体电解质（$Li_{4-x}Ge_{1-x}P_xS_4$）；后者通常由网络形成体（如 $B_2S_3$、$SiS_2$、$P_2S_5$ 等）和网络改性体（如 $Li_2S$ 等）组成，体系包括 $Li_2S$-$B_2S_3$、$Li_2S$-$SiS_2$、$Li_2S$-$P_2S_5$，组成变化范围宽，室温离子电导率高。与溶液态电解质相比，无机固态电解质存在导电率低和离子迁移数不高等缺点。这类电解质的电导率一般随着温度的升高而显著提高。目前的研究热点侧重于提高室温离子电导率及其与电极的界面相容性。电导率的提高可以通过混合第二相或者元素替换和异价元素掺杂等方式来实现。

### （3）聚合物电解质

聚合物电解质是将溶质盐与聚合物混合而成的一类离子导体，具有良好的安全性能、柔顺性、易于加工成膜、优异的界面接触等特点。典型代表包括各种电池中所使用的聚合物电解质（传导各种金属离子）和用于质子交换膜燃料电池中的全氟磺酸离子交换膜（传导 $H^+$）。根据电解质的形态，聚合物电解质可分为全固态聚合物电解质（solid polymer electrolyte，SPE）和凝胶态聚合物电解质（gel-like polymer electrolyte，GPE），其中 GPE 就是在 SPE 中加入增塑溶剂，从而获得更高的离子导电率。

聚合物电解质的研究可追溯到 1973 年，通过将聚氧乙烯（polyethylene oxide，PEO）与金属钠盐络合形成具有钠离子导电性的电解质。1979 年，Armand 等人提出将聚合物电解质用于锂离子电池的固态电解质。其离子导电机理在于聚合物中的极性基团（如—O—、=O、—N、C=O 等）与锂离子进行配位，通过聚合物链局部的链段运动，促使锂离子在聚合物链内与链间实现传导，研究认为聚合物电解质中的离子传输只发生在玻璃化转变温度（$T_g$）以上的无定形区域，因此链段的运动能力也是离子传输的关键。随着人们对锂离子电池安全性和能量密度提出更高要求，锂电池用全固态聚合物电解质近年来得到了国内外的重点关注，目前研究方向主要包括离子传输机理的探索以及新型聚合物电解质体系的开发。从离子传输机理出发，改性工作包括共混、共聚、开发单离子导体聚合物电解质、高盐型聚合物电解质、加入增塑剂、进行交联、发展有机/无机复合体系等手段。要想实现全固态聚合物电解质的商业化，其性能应当满足以下几个要求：室温离子电导率接近 $10^{-4}$ S/cm、锂离子迁移数接近 1、力学性能优异、电化学窗口接近 5V、化学热稳定性良好且制备方法环保简便。

### （4）熔盐电解质

熔盐电解质包括高温熔融态电解质和室温离子液体。

熔融态电解质是指离子晶体或一些氧化物经过高温熔化后形成的离子导体。这类电解质是通过熔融液中的阴离子和阳离子的自由运动来实现导电的。大多数碱金属卤化盐在室温固态下导电率很小，但经过熔化后电导率将提升 3 到 4 个数量级。例如，NaCl 离子晶体在室温下的电导率只有 $10^{-3}$ S/cm，其熔点为 801℃，加热熔化后的熔液中将出现可自由运动的 $Na^+$ 和 $Cl^-$，当加热至 805℃时，电导率增至 3.54 S/cm。与溶液态电解质类似，熔融态电解质按照解离度大小也可分为强电解质和弱电解质。前者主要是离子晶体的熔融盐，如碱金属和碱土金属的氯化物、氢氧化物、硝酸盐等，熔融后温度对电导率的影响不大；后者包括分子晶体和半离子晶体的熔融物，熔融后电导率受温度影响较大。熔融盐拥有许多水溶液不具备的特性，广泛应用于各类工业领域。在熔盐电解工业中，常常通过熔融电解质来制取锂、钠、钾、镁、钙、铝等轻金属以及镧系金属，比如工业提炼金属铝是基于冰晶石-氧化铝熔融电解质来制取铝的。在化学电源工业中，工作温度在 $600 \sim 700\,^{\circ}\mathrm{C}$ 的熔融碳酸盐燃料电池采用 $62\%$（质量分数）$Li_2CO_3 + 38\%$ $K_2CO_3$ 混合熔融盐作为电解质；工作在 $400\,^{\circ}\mathrm{C}$ 以上的锂-硫化铁电池使用的电解质则是 LiCl-KCl 或 LiCl-LiBr-KBr 熔融盐。

室温离子液体相当于室温下的熔融盐，即在室温下就是液体，其本质仍是阴、阳离子所组成，具有电导率高、不挥发、不易燃、电化学稳定性好、液态温区宽泛等特点。离子液体中的阳离子主要是离子半径较大的有机阳离子，如烷基咪唑类、烷基吡咯类、季铵盐类和季磷盐类，阴离子则是相对简单的无机阴离子，包括 $PF_6^-$、$BF_4^-$、$AlCl_4^-$ 等。由于有机阳离子和无机阴离子具有高度不对称性，造成空间位阻，使得阴阳离子无法密排堆积，大幅降低了二者之间的静电位，导致结晶困难。对离子液体的熔点起决定作用的是有机阳离子的大小和形状。一般地，有机阳离子半径越大，熔点越低。阳离子相同时，阴离子半径越大，熔点一般反而升高。室温离子液体的电导率与黏度、分子量、密度和离子大小有关，一般处于 $10^{-3} \sim 10^{-2}\,\mathrm{S/cm}$ 之间。室温离子液体目前已广泛应用于化学电源、电沉积、电合成等领域。例如，在离子液体中可以制备出在水溶液中无法沉积的金属或者合金；在锂离子电池中，使用离子液体作为电解液时，可以在宽温域下与金属锂稳定共存，有望解决有机电解液所带来的安全性问题，但离子液体与电极材料之间的界面相容性差，导致电池的容量和稳定性还难尽人意。

## 1.2.2　水溶液电解质与离子水化

以水作为溶剂的水溶液电解质是最为常见的一类电解质，也是目前研究最为广泛且深入的电解质。很多电化学理论结果都是基于水溶液电解质研究而获得的，为研究其他种类电解质提供了重要的理论借鉴。因此，后面将着重介绍有关水溶液电解质的一些重要理论知识。

前面提到，溶液态电解质是溶质与溶剂之间发生相互作用形成的，这种相互作用叫作溶剂化过程。对于水溶液来说，溶剂水分子呈现非线性构型，H—O—H 键的夹角为 $104.45^{\circ}$，偶极距极大，达到 $6.17 \times 10^{-30}\,\mathrm{C \cdot m}$，是一种极性很强的溶剂分子，在晶体溶解过程中起着决定性作用。当溶质盐溶于水中时，晶体中具有固定位置的阴离子和阳离子将与水分子发生一定的相互作用（称为水化作用），偶极性很强的水分子通过这种水化作用结合到离子周围，因此，水解电离出的阴离子、阳离子将被一定数量且具有取向的水分子偶极层包围，并不断通过水化过程实现电离而溶解，这一过程叫作离子溶剂化或水化。

由于离子中心产生的电场，离子周围将被一层偶极性水分子紧密包裹，这层水分子叫作水化膜。水化膜的结构组成比较复杂，包括内水化层、第二水化层和第三水化层。因此，水化后的离子的体积将会增大，表 1-1 给出了几种常见的阴阳离子的半径及其水合离子半径。一般紧靠离子的水化层分子可以随离子一起运动，水分子的数量取决于中心离子的大小和性质。例如，一价碱金属离子内水化层中水分子数为 3，铍离子为 4，镁离子、铝离子和第四周期的过渡金属离子为 6。但需要注意，实验中测得的离子水合数量不仅包含内层水分子层，还可能有其他层的水分子，这与电解质浓度、溶剂种类息息相关，因此，并不能给出一个确切的水合数值。

表 1-1　常见离子的离子半径及其水合离子半径

| 离子种类 | 离子半径/Å[①] | 水合离子半径/Å | 离子种类 | 离子半径/Å[①] | 水合离子半径/Å |
|---|---|---|---|---|---|
| $Li^+$ | 0.60 | 3.82 | $Cu^{2+}$ | 0.72 | 4.19 |
| $Na^+$ | 0.95 | 3.58 | $Cd^{2+}$ | 0.97 | 4.25 |
| $K^+$ | 1.33 | 3.31 | $Pb^{2+}$ | 1.32 | 4.01 |
| $Ag^+$ | 1.26 | 3.41 | $Al^{3+}$ | 0.50 | 4.75 |
| $NH_4^+$ | 1.48 | 3.31 | $Cr^{3+}$ | 0.64 | 4.61 |
| $Mg^{2+}$ | 0.65 | 4.28 | $Fe^{3+}$ | 0.60 | 4.57 |
| $Ca^{2+}$ | 0.99 | 4.12 | $Ce^{3+}$ | 1.10 | 4.52 |
| $Zn^{2+}$ | 0.74 | 4.20 | $Cl^-$ | 1.81 | 3.52 |
| $Mn^{2+}$ | 0.80 | 4.38 | $NO_3^-$ | 2.64 | 3.35 |
| $Fe^{2+}$ | 0.75 | 4.28 | $SO_4^{2-}$ | 2.90 | 3.79 |
| $Co^{2+}$ | 0.72 | 4.23 | $Fe(CN)_6^{4-}$ | 4.35 | 4.22 |
| $Ni^{2+}$ | 0.70 | 4.04 | | | |

① $1Å=10^{-10}$ m。

从表 1-1 可以看出，阳离子的水合能力更强。此外，电荷数大且尺寸小的阳离子，其水合更容易，水合分子数量更多。一般地，对于同价态的阳离子，水合分子数量随离子半径的增大而减少，这是因为水分子与离子中心之间距离的增加会减弱溶剂化作用。例如，虽然钾离子的半径大于锂离子的半径，但其能够水合的分子数目更少，最终导致水合锂离子的半径更大。阴离子的水合能力则相对更弱，但也有证据表明有些阴离子亦存在水合分子，例如氯离子的内水化层分子数就有 4~6 个，而含有 O、N 等元素的阴离子（如 $SO_4^{2-}$）包含水合分子却微乎其微。需要强调的是，离子的水合结构将会改变界面结构，对电化学过程产生重大的影响。

## 1.2.3　电解质溶液的电导（率）

电解质溶液中的阴离子和阳离子在无外电场作用时总是处于无序随机的运动状态，当其处于外电场中时，这些带电离子将沿着各自的电场力方向发生定向运动，这种现象称为电迁移。在电化学体系中，电解质溶液中的自由离子将在阴极和阳极之间形成的电场力作用下进行定向电迁移。

下面讨论一下：离子的电迁移与溶液的导电能力是什么关系？

### （1）电导和电导率

在物理学上，电子导体在一定电流（$I$）下表现出的阻力称为电阻（$R$），单位为欧姆（$\Omega$），与电压（$U$）满足欧姆定律：$U=IR$。一定温度下，其数值与电子导体的横截面积 $S$ 成反比，而与导体的长度 $L$ 成正比：

$$R = \rho L/S \tag{1-3}$$

式中，$\rho$ 为电阻率，$\Omega/cm$。

类似地，在外电场作用下，电解质溶液中的带电离子发生定向电迁移形成电流，因此，把离子导体的导电能力称作电导，符号为 $G$，单位为西门子（S），用电阻的倒数来表示；与电阻率相应，进一步引入电导率 $\kappa$，则：

$$G = 1/R = \kappa S/L \tag{1-4}$$

电导率 $\kappa$ 的单位为 S/cm 或 S/m，表示单位体积 1 $cm^3$ 或 1 $m^3$ 电解质溶液所具有的电导，是一个排除了导体几何因素的、可直接用来对比的重要参数。例如，在 18℃ 时，NaCl 水溶液在 1mol/L 浓度和饱和状态下的电导率分别为 7.44S/cm 和 21.4S/cm。

接下来讨论一下影响电解质溶液电导率的各种因素。单位体积溶液内的离子在电场力作用下的总导电量与离子的总电荷量和离子运动速度有关。因此，影响电导率的溶液因素主要包括两个方面：一是导电离子的数量（浓度）和离子价态；二是离子的运动速度。

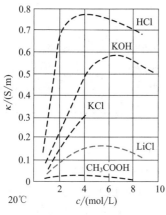

图 1-4  电解质水溶液电导率 $\kappa$
与溶液浓度 $c$ 的关系曲线

对于离子浓度，其影响因素主要包括电解质的浓度及其电离度。如图 1-4 所示，在一定浓度范围内，同一种电解质浓度越高，或者电离度越大，则溶液中电离出的离子浓度就越高，电导率一般也越大。当浓度进一步增大时，离子之间的距离变短，相互作用力变强，离子运动所受阻力就会增加，此时电导率反而开始下降。因此，随着溶液浓度升高，很多电解质溶液的电导率会表现出先增后减，出现一个极大值的现象。

对于离子运动速度，速度越大，运输的电荷量越多，相应的导电能力就越强。影响离子运动速度的因素要更加复杂一些。

首先是溶剂化（水合）离子半径。半径越大，离子体积越大，运动所受阻力就越大，因而运动速度将变小，电导率就会降低。

其次是离子价态。离子价态越高，其所受到的电场力越大，在溶液中的运动速度就越大，电导率就会提高。

上述两个因素总是相互矛盾的，因为价态越高的离子总是要结合越多的溶剂化分子，导致溶剂化离子半径越大，离子运动速度反而会降低。例如，浓度同为 1mol/L 的 NaCl 水溶液和 $MgSO_4$ 水溶液，虽然 $Mg^{2+}$ 所携带的电荷更多，但水合 $Mg^{2+}$ 半径比 $Na^+$ 的半径大得多，对离子运动的影响占主导地位，因此，NaCl 水溶液的电导率反而要高于 $MgSO_4$ 水溶液的电导率。

需要指出的是，水溶液中的氢离子（$H^+$）和氢氧根离子（$OH^-$）经过水合后，其离子半径与水合金属离子半径相当，按理它们的电导率应当很相近，然而，实验测得 $H^+$ 和 $OH^-$ 的电导率却远高于其他金属离子的电导率。其原因在于这两种离子具有独特的离子迁移机制。如图 1-5 所示，在电场作用下，当水合氢离子（$H_3O^+$）与附近的水分子达到一个有利取向时，质子将从水合离子上隧穿到邻近水分子上，相当于发生了一个水分子直径的迁移距离，新生的水合离子将以相同的迁移方式继续往下转移，这种继接方式如同接力赛一样，受到的阻力很小，因此水合氢离子的运动速度大大加快。这种迁移机制同样适用于 $OH^-$，只是迁移方向正好相反，质子从水分子隧穿至 $OH^-$，留下一个新的 $OH^-$。

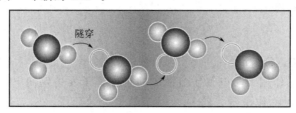

图 1-5  氢离子的迁移

溶液温度和黏度也是影响电导率的重要因素。溶液温度对电导率的影响规律如图1-6所示，随着温度的升高，溶液黏度降低，离子运动所受阻力也会降低，因而离子迁移的速率增大，电导率增加。

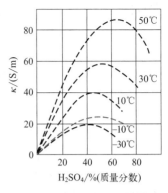

图 1-6　溶液温度对电解质
水溶液电导率的影响

**（2）摩尔电导率与当量电导率**

电导率是单位体积电解质溶液的导电能力。但由于不同离子的电荷数可能不一样，单位体积内的离子数目也不尽相同，因此，无法使用电导率来比较不同电解质溶液之间的导电能力。因此，为了更好地比较电解质溶液的导电能力，电化学中需要引入摩尔电导率这一概念。

摩尔电导率用符号 $\Lambda_m$ 表示，其定义为：在两个相距为单位长度的平行电极之间，含有1mol溶质的电解质溶液所具有的电导，单位是 $S \cdot cm^2/mol$ 或 $S \cdot m^2/mol$。假设含1mol溶质的电解质溶液体积为 $V$，溶液浓度为 $c$，则 $c$ 随 $V$ 的增加而降低，故而 $V$ 也被称作冲淡度。很明显，摩尔电导率与电导率之间存在如下的数学关系：

$$\Lambda_m = \kappa V = \kappa/c \tag{1-5}$$

考虑到电解质溶液的电导与离子价态、离子运动速度有关，为了更好地比较携带相同电荷量的电解质的导电能力，将含有1mol单位电荷的溶质视为当量单元，例如 $HNO_3$、$H_2SO_4$、$Bi(NO_3)_3$、$Al_2(SO_4)_3$ 的当量单元为 $HNO_3$、$1/2H_2SO_4$、$1/3Bi(NO_3)_3$、$1/6Al_2(SO_4)_3$。因此，把相距为单位长度的两平行电极之间含有1mol单位电荷时，电解质溶液所具有的电导叫作当量电导率 $\Lambda$，单位为 $S \cdot cm^2/eq$。根据定义可知，$Bi(NO_3)_3$ 的当量电导率是摩尔电导率的三分之一，即 $\Lambda = 1/3\Lambda_m$。

如果电解质溶液中阴离子和阳离子的浓度分别为 $c_-$ 和 $c_+$，离子价数分别为 $z_-$ 和 $z_+$，采用 $c_N$ 表示该电解质的当量电荷浓度，则当电解质完全电离时

$$c_N = |c_- z_-| = c_+ z_+ \tag{1-6}$$

例如，1mol/L 的 $HNO_3$ 和 $Bi(NO_3)_3$ 溶液的当量电荷浓度分别为 1mol/L 和 3mol/L。因此当量电导率 $\Lambda$ 与当量电荷浓度 $c_N$ 的关系为 $\Lambda = \kappa/c_N$。

图1-7所示为实验中测得的电解质溶液的当量电导率与当量电荷浓度之间的关系曲线。可以看出，随着溶液当量电荷浓度的下降，当量电导率随之增大，并逐渐趋向一个极限值，该值是无限稀释溶液的当量电导率，称为极限当量电导率，用符号 $\Lambda_0$ 表示。对于I-I价型电解质溶液，其极限当量电导率等于极限摩尔电导率。

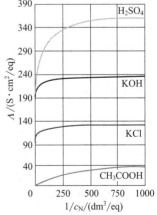

图 1-7　当量电导率与当量
电荷浓度之间的关系

**（3）离子独立运动定律**

在强电解质的稀溶液中，可以利用 Kohlrausch 经验公式来描述溶液当量电导率和当量电荷浓度之间的关系：

$$\Lambda = \Lambda_0 - K\sqrt{c_N} \tag{1-7}$$

式中，$K$ 为常数。通过该公式，实验中测出一系列数值后，

可以作出 $\Lambda$-$c_N$ 关系图,将曲线外推至 $c_N=0$ 即可得到极限当量电导率 $\Lambda_0$。实际测量中由于 $\Lambda$-$c_N$ 的线性关系不够好,外推获得的 $\Lambda_0$ 值精确度往往不够高。

根据 Kohlrausch 经验公式可知,当电解质溶液无限稀释时,离子将全部被电离出来,且离子间的距离很大,此时离子之间的各种相互作用力可全部忽略,也就是说,每个离子在溶液中的运动是完全独立的,而与共存离子无关,此时其运动速率只取决于离子自身属性,表现出来的电导率就是该离子的极限当量电导率。在这种情况下,电解质溶液的当量电导率就等于电解质完全电离后所产生的所有离子当量电导率之和,这个规律称为离子独立运动定律。表 1-2 给出了一些常见离子在 25℃时的极限当量电导率。

如果阳离子和阴离子的当量电导率分别用 $\Lambda_0^+$ 和 $\Lambda_0^-$ 来表示,则无限稀释电解质溶液的极限当量电导率可写成:

$$\Lambda_0 = \Lambda_0^+ + \Lambda_0^- \tag{1-8}$$

离子独立运动定律具有很高的应用价值,既可以在已知离子极限当量电导率时计算电解质溶液的 $\Lambda_0$ 值,也可以通过强电解质来计算弱电解质的 $\Lambda_0$ 值。

例如,根据表 1-2 给出的数值,可以直接计算醋酸（$CH_3COOH$）的极限当量电导率:

$$\Lambda_{0,CH_3COOH} = \Lambda_{0,H^+} + \Lambda_{0,CH_3COO^-} = 349.81 + 40.90 = 390.71 (S \cdot cm^2/eq)$$

如果只是给出了其他种类的电解质的极限当量电导,如 $\Lambda_{0,HCl} = 426.1 S \cdot cm^2/eq$、$\Lambda_{0,NaCl} = 126.5 S \cdot cm^2/eq$ 和 $\Lambda_{0,CH_3COONa} = 91.0 S \cdot cm^2/eq$,也可以根据离子独立运动定律来计算醋酸（$CH_3COOH$）的极限当量电导率:

$$\Lambda_{0,CH_3COOH} = \Lambda_0^+ + \Lambda_0^- = \Lambda_{0,HCl} + \Lambda_{0,CH_3COONa} - \Lambda_{0,NaCl} = 390.6 (S \cdot cm^2/eq)$$

可以看出,上述两种方法计算出的数值基本一致。

表 1-2  常见离子在 25℃时的极限当量电导率

| 阴离子 | $\Lambda_0^-$/(S·cm$^2$/eq) | 阳离子 | $\Lambda_0^+$/(S·cm$^2$/eq) |
| --- | --- | --- | --- |
| $OH^-$ | 198.30 | $H^+$ | 349.81 |
| $F^-$ | 55.40 | $Li^+$ | 38.68 |
| $Cl^-$ | 76.35 | $Na^+$ | 50.10 |
| $Br^-$ | 78.14 | $K^+$ | 73.50 |
| $I^-$ | 76.84 | $NH_4^+$ | 73.55 |
| $NO_3^-$ | 71.64 | $Ag^+$ | 61.90 |
| $ClO_3^-$ | 64.40 | $Mg^{2+}$ | 53.05 |
| $ClO_4^-$ | 67.36 | $Ca^{2+}$ | 59.50 |
| $IO_3^-$ | 40.54 | $Ni^{2+}$ | 53.00 |
| $CH_3COO^-$ | 40.90 | $Cu^{2+}$ | 53.60 |
| $SO_4^{2-}$ | 80.02 | $Zn^{2+}$ | 52.80 |
| $CO_3^{2-}$ | 69.30 | $Cd^{2+}$ | 54.00 |

| 阴离子 | $\Lambda_0^-/(\text{S} \cdot \text{cm}^2/\text{eq})$ | 阳离子 | $\Lambda_0^+/(\text{S} \cdot \text{cm}^2/\text{eq})$ |
|---|---|---|---|
| $PO_4^{3-}$ | 69.00 | $Fe^{2+}$ | 53.50 |
| $CrO_4^{2-}$ | 85.00 | $Al^{3+}$ | 63.00 |

**【例 1-1】** 25℃时，已知钠离子、氢离子、硝酸根离子的极限摩尔电导率分别为 50.10 S·$\text{cm}^2/\text{mol}$、349.81 S·$\text{cm}^2/\text{mol}$、71.64 S·$\text{cm}^2/\text{mol}$。试计算浓度为 0.001mol/L $NaNO_3$ 和 0.001mol/L $HNO_3$ 的水溶液的电导率。忽略水的电导率。

**解** 溶液中有两种强电解质电离：

$$NaNO_3 \longrightarrow Na^+ + NO_3^-$$

$$HNO_3 \longrightarrow H^+ + NO_3^-$$

依题意可知，溶液的摩尔电导率为：

$$\Lambda_m = \Lambda_{0,Na^+} + \Lambda_{0,H^+} + 2\Lambda_{0,NO_3^-} = 543.19 (\text{S} \cdot \text{cm}^2/\text{mol})$$

在不考虑水的电导率的情况下，根据 $\Lambda_m = \kappa/c$，有

$$\kappa = \Lambda_m c = 543.19 \times 0.001$$
$$= 5.4319 \times 10^{-4} \ (\text{S/cm})$$

### （4）离子迁移率

溶液中离子的电迁移是在一定的电场强度（$E$）下进行的，因而离子的运动速率必定与电场强度有关，前面所讨论的各种离子电导率并未涉及这个参量。因此，为了更好地量化比较离子的迁移速率，需要引入离子迁移率的概念，其含义为单位电场强度下的离子迁移速率，用符号 $U$ 来表示，单位为 $\text{cm}^2/(\text{V} \cdot \text{s})$。

接下来讨论电导率与离子迁移率之间的关系。

假定有一段横截面为单位面积的电解液溶液，如图 1-8 所示，电解质溶液中含有价数分别为 $z_-$ 和 $z_+$ 的阴离子和阳离子，各自浓度为 $c_-$ 和 $c_+$，在电场强度 $E$ 作用下的离子迁移速率分别为 $v_-$ 和 $v_+$，则单位时间内阴离子和阳离子的迁移距离为 $v_-$ 和 $v_+$。我们把单位时间内通过单位横截面积的载流子量称为电迁移量 $[J, \text{mol}/(\text{cm}^2 \cdot \text{s})]$，则阴离子和阳离子的电迁移量分别为：

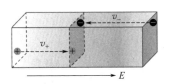

图 1-8 离子的电迁移

$$J_- = c_- v_-$$
$$J_+ = c_+ v_+$$

根据法拉第定律，上式可用电流密度（$j$）表示，即：

$$j_- = |z_-| F c_- v_-$$
$$j_+ = |z_+| F c_+ v_+$$

总电流密度则是这两种离子所迁移的电流密度之和，即：

$$j = j_- + j_+ = |z_-|Fc_-v_- + |z_+|Fc_+v_+$$

根据 $c_N = |z_-|c_- = |z_+|c_+$，有

$$j = c_N F \times (v_- + v_+)$$

又因为 $j = \kappa E$，所以

$$\kappa/c_N = F \times (v_-/E + v_+/E)$$

式中，$v_-/E$ 和 $v_+/E$ 即为阴离子和阳离子的离子迁移率，用 $U_-$ 和 $U_+$ 表示。

结合 $\Lambda = \kappa/c_N$，可得：

$$\Lambda = F \times (U_- + U_+) = \Lambda_- + \Lambda_+ \tag{1-9}$$

由此可知，离子当量电导率取决于离子迁移率的大小。

### （5）离子迁移数

电解质溶液的电导是由所有离子共同承担的，或者说，电解质溶液的总电流密度等于阴离子所输运的电流密度（$j_-$）和阳离子所输运的电流密度（$j_+$）之和。为了明确每种离子对总电流密度的贡献率，引入离子迁移数的概念，用符号 $t$ 来表示，其含义为电解质溶液中一种离子所迁移的电流密度占总电流密度的比值，因此，阴离子和阳离子的迁移数的数学表达式可写成：

$$t_- = \frac{j_-}{j_+ + j_-} \tag{1-10}$$

$$t_+ = \frac{j_+}{j_+ + j_-} \tag{1-11}$$

由式可知，所有离子的迁移数之和等于1，即 $t_+ + t_- = 1$，而每种离子的迁移数都小于1。

进一步结合前面电导率和离子迁移率，离子迁移数还可以推出：

$$t_- = \frac{j_-}{j_+ + j_-} = \frac{|z_-|c_-U_-}{|z_-|c_-U_- + |z_+|c_+U_+} = \frac{|z_-|c_-\Lambda_-}{|z_-|c_-\Lambda_- + |z_+|c_+\Lambda_+} \tag{1-12}$$

$$t_+ = \frac{j_+}{j_+ + j_-} = \frac{|z_+|c_+U_+}{|z_-|c_-U_- + |z_+|c_+U_+} = \frac{|z_+|c_+\Lambda_+}{|z_-|c_-\Lambda_- + |z_+|c_+\Lambda_+} \tag{1-13}$$

可见，离子迁移数与离子浓度、离子迁移率或摩尔电导率之间存在密切的关系。如果电解质溶液含有多种离子的话，则可得出任一 $i$ 离子的迁移数：

$$t_i = \frac{j_i}{\sum j_i} = \frac{|z_i|c_iU_i}{\sum |z_i|c_iU_i} = \frac{|z_i|c_i\Lambda_i}{\sum |z_i|c_i\Lambda_i} \tag{1-14}$$

从上式可知，一种离子的迁移数总是会受到其他种类离子的影响。因此，我们在实践中可以通过添加局外电解质来改变某种离子迁移数的大小。当添加大量的局外电解质时，这种离子的迁移数将会降到很低，甚至可以到忽略这种离子的电迁移，这种现象在后面讨论传质过程时会用到。例如，在一定浓度的盐酸溶液中，由于氢离子的摩尔电导率比氯离子大得多，因此氢离子的迁移数要高于氯离子的迁移数。倘若向该溶液加入大量的氯化钾，情况则完全不同。尽管钾离子

的摩尔电导率比氢离子小得多，但由于钾离子浓度远远大于氢离子，根据迁移数公式可得出，钾离子将承担更多的电流，导致氢离子的迁移数大幅降低。

实验中，离子迁移数的数值可以通过 Hittorf 法测定，由于电解质溶液中的离子都是溶剂化的，导致离子迁移时总是伴随着溶剂分子的迁移，因而实验测定的离子迁移数也包含了溶剂分子迁移的影响，此时测出来的迁移数通常叫作表观迁移数。而离子的真实迁移数需要扣除溶剂分子的影响来求得，但因为表观迁移数的使用并不会影响讨论实际电化学体系的问题。因此，电化学涉及的迁移数一般指的都是表观迁移数。

**【例 1-2】** 已知 18℃时，$1 \times 10^{-4}$ mol/L NaI 溶液的摩尔电导率为 127S·cm$^2$/mol，试求：

(1) 溶液中碘离子的迁移数；

(2) 向该溶液中加入同一当量数的 NaCl 后，钠离子和碘离子的迁移数将如何变化。

**解** 根据表 1-2 可查得：$\Lambda_{0,Na^+} = 50.1$ S·cm$^2$/mol；$\Lambda_{0,Cl^-} = 76.4$ S·cm$^2$/mol，

(1) NaI 溶液浓度很稀，可视作无限稀溶液，则根据离子独立运动定理可知：

$$\Lambda_0 = \Lambda_{0,Na^+} + \Lambda_{0,I^-}$$

则 $\Lambda_{0,I^-} = 76.9$ S·cm$^2$/mol

根据迁移数定义，可得：

$$t_{I^-} = \frac{|z_-| c_- \Lambda_-}{|z_-| c_- \Lambda_- + |z_+| c_+ \Lambda_+} = \frac{\Lambda_{I^-}}{\Lambda_{Na^+} + \Lambda_{I^-}} = \frac{\Lambda_{I^-}}{\Lambda_{NaI}} = 0.606$$

(2) 加入同当量 NaCl 后，碘离子和氯离子浓度未变（$1 \times 10^{-4}$ mol/L），而钠离子的浓度翻倍（$2 \times 10^{-4}$ mol/L），此时

$$t_{I^-} = \frac{c_{I^-} \Lambda_{I^-}}{c_{Na^+} \Lambda_{Na^+} + c_{I^-} \Lambda_{I^-} + c_{Cl^-} \Lambda_{Cl^-}} = \frac{\Lambda_{I^-}}{2\Lambda_{Na^+} + \Lambda_{I^-} + \Lambda_{Cl^-}} = 0.303$$

同理：

$$t_{Na^+} = \frac{2\Lambda_{Na^+}}{2\Lambda_{Na^+} + \Lambda_{I^-} + \Lambda_{Cl^-}} = \frac{100.2}{253.5} = 0.395$$

### 1.2.4 电解质溶液的活度

**(1) 活度与活度系数**

在一定温度和压力下，溶剂和溶质性质分别遵循拉乌尔定律和亨利定律的溶液称为理想溶液。如果向理想溶液中加入极微量的某组分 $i$，其所引起的溶液体系吉布斯自由能的变化叫作该组分的化学位或化学势，指的是偏摩尔自由能，该物理量是一个状态函数，具有强度性质，决定物质传递方向和限度。在热力学中，理想溶液中组分 $i$ 的化学位（$\mu_i$）可表达成：

$$\mu_i = \mu_i^{\ominus} + RT \ln y_i \tag{1-15}$$

式中，$\mu_i^{\ominus}$ 为组分 $i$ 的标准化学位；$R$ 和 $T$ 分别为摩尔气体常数和热力学温度；$y_i$ 为组分 $i$

的摩尔分数。

对于无限稀释溶液，由于溶液中各种粒子之间的相互作用很弱，因此溶液性质与理想溶液相近。但在真实溶液中，粒子间的相互作用已不可忽视，使得真实溶液的性质与理想溶液产生了一定的偏差，因而不能直接采用上述热力学公式来计算。

为了解决上述问题，1907 年，路易斯（G. N. Lewis）提出了活度（$a$）的概念。活度的提出是为了使上述热力学公式适用于真实溶液，用以校正真实溶液与理想溶液或无限稀释溶液的偏差，同时保留溶液原有的标准态，是一个用来替代浓度的参量，可以认为活度是组分 $i$ 在真实溶液中实际发挥作用的浓度，是一种有效浓度。因此，组分 $i$ 在真实溶液中的化学位公式可改写成：

$$\mu_i = \mu_i^{\ominus} + RT\ln a_i \tag{1-16}$$

由上式可知，活度为 1 的状态为标准状态。一般规定纯物质的活度为 1，也就是说，固态或液态物质以及溶剂的标准状态就是它们的纯物质状态。对于溶液中的溶质，则选取具有单位浓度且粒子间无相互作用的假想状态为标准状态。

为了反映真实溶液中某组分 $i$ 的行为偏离理想溶液或无限稀释溶液的程度，引入活度系数，用符号 $\gamma$ 表示，其数值是活度（有效浓度）与实际浓度的比值，量纲为 1，即：

$$\gamma_i = \frac{a_i}{y_i} \tag{1-17}$$

引入活度系数后，适用于理想溶液的各种关系可以进行相应修正使其适用于真实溶液。对于电解质溶液，活度和活度系数的概念非常重要，广泛应用于电化学研究中。

在上述讨论溶液中某组分 $i$ 的化学位时，采用的是摩尔分数 $y_i$。对于电解质溶液来说，溶剂的浓度一般用摩尔分数 $y_i$ 来处理，但对于溶质的浓度，则通常使用体积摩尔浓度 $c_i$（单位 mol/L）和质量摩尔浓度 $m_i$（单位 mol/kg）来讨论。采用不同的浓度标度，相应的标准化学位数值不同，各自的活度和活度系数也不同，讨论时应加以区分。

对于真实溶液，基于三种不同的浓度标度，组分 $i$ 的化学位公式可分别写作：

$$\mu_i = \mu_{i,y}^{\ominus} + RT\ln a_{i,y} = \mu_{i,y}^{\ominus} + RT\ln \gamma_{i,y} y_i \tag{1-18}$$

$$\mu_i = \mu_{i,c}^{\ominus} + RT\ln a_{i,c} = \mu_{i,c}^{\ominus} + RT\ln \gamma_{i,c} c_i \tag{1-19}$$

$$\mu_i = \mu_{i,m}^{\ominus} + RT\ln a_{i,m} = \mu_{i,m}^{\ominus} + RT\ln \gamma_{i,m} m_i \tag{1-20}$$

尽管不同浓度标度下的活度系数不同，但可以根据已知溶剂和溶质的分子量和密度，使三个活度系数之间相互转化。

### （2）平均活度与平均活度系数

对于电解质溶液，电解质在溶液中将不再是一个整体，而是会根据其电离度不同程度地解离出阴离子和阳离子，因此讨论电解质溶液时，就会不可避免地用到相关离子的活度与化学位。作为溶液的一种组分，理论上，每类离子的活度及其化学位都可以写作：

$$\mu_+ = \mu_+^{\ominus} + RT\ln a_+$$

$$\mu_- = \mu_-^{\ominus} + RT\ln a_-$$

式中，$\mu_+$ 和 $\mu_-$ 分别为阳离子和阴离子的化学位；$a_+$ 和 $a_-$ 分别为阳离子和阴离子的活度。

然而，单一离子的活度是无法在实验中测定的，这是因为电解质溶液始终是保持电中性的，电离过程中阴离子和阳离子总是同时解离出来，因而无法得到只含一种离子的电解质溶液，也无法只改变单种离子的浓度。因此，实验测量出来的只是整个电解质的活度，为了解决这一困境，研究人员引入了电解质平均活度的概念。

假定某一电解质的化学分子式为 $A_{\nu_+} B_{\nu_-}$，则其在溶液中的电离反应为：

$$A_{\nu_+} B_{\nu_-} \longrightarrow \nu_+ A^{z+} + \nu_- B^{z-}$$

式中，$\nu_+$ 和 $\nu_-$ 分别代表 A、B 离子的化学计量数；$z_+$ 和 $z_-$ 分别代表 A、B 离子所携带的电荷数。根据电中性原则，它们的关系为 $\nu_+ z_+ = \nu_- z_-$。例如，电解质 $Li_2SO_4$ 的 $\nu_+ = 2$、$z_+ = 1$、$\nu_- = 1$、$z_- = 2$。

电解质作为一个整体，其化学位为：

$$\mu = \nu_+ \mu_+ + \nu_- \mu_-$$

将阴离子和阳离子的化学位代入上式，可得：

$$\mu = \nu_+ (\mu_+^\ominus + RT \ln a_+) + \nu_- (\mu_-^\ominus + RT \ln a_-)$$

因为电解质化学位和离子化学位的关系为：$\mu = \nu_+ \mu_+^\ominus + \nu_- \mu_-^\ominus$，则

$$\mu = \mu^\ominus + RT \ln a_+^{\nu_+} a_-^{\nu_-} \tag{1-21}$$

根据上式可知，电解质的活度 $a = a_+^{\nu_+} a_-^{\nu_-}$，这就是电解质的活度与离子活度之间的关系式。

考虑到单一离子的活度是无法测定的，在这里，采用质量摩尔浓度作为标度，引入平均活度 $a_\pm$、平均活度系数 $\gamma_\pm$ 和平均质量摩尔浓度 $m_\pm$ 的概念。

为进一步简化，令 $\nu = \nu_+ + \nu_-$，并定义

$$a_\pm^\nu = a_+^{\nu_+} a_-^{\nu_-} \tag{1-22}$$

$$\gamma_\pm^\nu = \gamma_+^{\nu_+} \gamma_-^{\nu_-} \tag{1-23}$$

$$m_\pm^\nu = m_+^{\nu_+} m_-^{\nu_-} \tag{1-24}$$

则容易推导出电解质活度 $a$ 与 $a_\pm$、$\gamma_\pm$、$m_\pm$ 的数学关系为：

$$a = a_\pm^\nu = (\gamma_\pm m_\pm)^\nu \tag{1-25}$$

由于电解质活度 $a$ 可以通过电池电动势、冰点降低、溶解度等热力学实验获得，则通过上式可以求出平均活度 $a_\pm$ 和平均活度系数 $\gamma_\pm$，进一步基于 $\gamma_\pm$ 近似计算出离子的活度：

$$a_+ = \gamma_\pm m_+$$
$$a_- = \gamma_\pm m_-$$

活度提出后就被广泛应用于电化学，并用以测量不同电解质溶液的平均活度系数，相关数据可以从电化学或物理化学手册中查询。

【例 1-3】 假设 $K_2SO_4$ 水溶液的浓度为 0.1mol/L，计算该溶液的平均活度。

解 $K_2SO_4$ 是强电解质，在水中将完全电离：

$$K_2SO_4 \longrightarrow 2K^+ + SO_4^{2-}$$

根据题意可知，$m(K^+)=0.2\text{mol/L}$，$\nu(K^+)=2$，$m(SO_4^{2-})=0.1\text{mol/L}$，$\nu(SO_4^{2-})=1$，查表知该溶液的平均活度系数 $\gamma_\pm=0.43$，故

$$m_\pm = (m_+^{\nu_+} \, m_-^{\nu_-})^{1/\nu} = 0.159$$

因此，平均活度 $a_\pm = \gamma_\pm m_\pm = 0.068$。

### （3）离子强度定律

在实验测量不同种类和不同浓度电解质溶液的平均活度时，研究人员发现，当溶液浓度很稀时，电解质的平均活度系数与其浓度表现出一定的规律。如表 1-3 所示，当 TlCl 浓度（$m_1$）和其他电解质浓度（$m_2$）的总和小于 $0.02\text{mol/kg}$ 时，TlCl 在各种电解质溶液中饱和时的平均活度系数只与溶液总浓度（$m_1+m_2$）有关，而与电解质种类无关。

表 1-3　TlCl 在各种电解质溶液中饱和时的平均活度系数（25℃）

| $m_1+m_2/$ (mol/kg) | HCl | KCl | KNO$_3$ | TlNO$_3$ |
|---|---|---|---|---|
| | $\gamma_\pm$ | | | |
| 0.001 | 0.970 | 0.970 | 0.970 | 0.970 |
| 0.005 | 0.950 | 0.950 | 0.950 | 0.950 |
| 0.01 | 0.909 | 0.909 | 0.909 | 0.909 |
| 0.02 | 0.871 | 0.871 | 0.872 | 0.869 |
| 0.05 | 0.793 | 0.797 | 0.809 | 0.784 |
| 0.10 | 0.718 | 0.715 | 0.742 | 0.686 |
| 0.20 | 0.630 | 0.613 | 0.676 | 0.546 |

为了解释上述实验结果，路易斯等学者经过大量数据分析后，归纳出如下一条经验规律：

稀浓度下，影响电解质溶液平均活度系数的因素是溶液中的离子浓度（$m_i$ 或 $c_i$）和离子价数（$z_i$），而与离子种类无关。为此，提出了一个新参量——离子强度（$I$），来揭示其与平均活度系数的关系，即离子强度定律。

离子强度的数学定义为：

$$I = \frac{1}{2}\sum m_i z_i^2 \; (\text{mol/kg})$$

或
$$I = \frac{1}{2}\sum c_i z_i^2 \; (\text{mol/L}) \tag{1-26}$$

离子强度表达的是带电离子所形成的电场强度大小，反映的是各离子之间相互作用力的强弱。因此，离子强度与活度系数有关，其关系规律为：

$$\lg\gamma_\pm = -A\,|z_+ z_-|\sqrt{I} \tag{1-27}$$

式中，$A$ 是与温度和溶剂有关的常数，25℃时水溶液中 $A=0.509\text{kg}^{-1/2}/\text{mol}^{-1/2}$（单位与所用浓度标度有关）。根据上述定律可知，对于离子强度相同的电解质稀溶液，如果离子价型相同，

则电解质平均活度系数相等。例如，离子强度相同的 KCl 和 LiNO$_3$ 稀溶液的平均活度系数相同。

需要注意的是，式（1-27）只适用于 $I<0.01$ 的稀浓度电解质溶液，因此I-I价型电解质的浓度一般应低于 0.01mol/kg，而高价态电解质的浓度则更低。离子强度定律的提出，为获取电解质平均活度系数提供了便利，无须通过复杂的实验来测定。但对于超出有效浓度范围内的电解质溶液，上述经验公式已不再适用。为此，研究人员进一步提出了许多修正公式，以满足更高浓度下平均活度系数的简便计算，相关结果可参考相关专业书籍。

离子强度定律表明，电解质活度系数只与离子强度有关。对于同时含有两种或多种电解质的溶液体系，如果体系中某种电解质的浓度远高于其他电解质的浓度，则不管其他电解质的浓度如何，只要保持这种电解质的浓度不变，那么整个溶液体系的活度系数也不会发生改变。因此，在实践中可以通过使用大量的局外电解质，来恒定整个电解质溶液体系的离子强度。

【例 1-4】 试求 25℃时 0.001mol/L K$_2$SO$_4$ 水溶液的离子强度及其平均活度系数。

解 题中 K$_2$SO$_4$ 水溶液是一个浓度只有 0.001mol/L 的稀溶液，根据离子强度定义可得：

$$I = \frac{1}{2}\sum c_i z_i^2 = \frac{1}{2}(c_{K^+}\, z_{K^+}^2 + c_{SO_4^{2-}}\, z_{SO_4^{2-}}^2)$$

式中，$c_{K^+}=0.002$mol/L，$z_{K^+}=1$，$c_{SO_4^{2-}}=0.001$mol/L，$z_{SO_4^{2-}}=2$，则 $I=0.003$mol/L。根据离子强度定律，可计算得到平均活度系数 $\gamma_\pm=0.88$。

# 1.3 电化学的发展历史与趋势

电化学虽然是一门较为"年轻"的学科，但也有其发展历史。了解相关发展历史，有助于我们更加准确地去理解一些基本概念、经典理论和经验规律，有助于我们清晰地认识电化学在不同历史时期的科学发展规律，并掌握其通用的研究方法和创新思想，对我们后面正确学习和理解相关内容大有裨益，也有利于我们更好地把握今后的发展趋势。

自然界中存在很多与电有关的现象，比如闪电、摩擦静电等。人们对电的认识正是从这些自然现象开始并逐渐深化的，慢慢地很多与电相关的科学理论不断发展出来，例如，法国科学家杜菲（Du Fay）发现了电具有正负性，并总结出同性电相斥、异性电相吸的静电特性；随后库仑（C. A. Coulomb）提出了著名的库仑定律。电化学的发展规律也具有类似性，大致可以分为以下几个阶段。

## 1.3.1 电化学萌芽与初级阶段

1786 年，意大利生物学家伽伐尼（A. L. Galvani）在解剖青蛙时，当铁质解剖刀触碰放在铜盘里的青蛙，蛙腿发生了剧烈的痉挛，并出现电火花的现象。1791 年他把这一新奇发现写进论文《论在肌肉运动中的电力》，并从生物的角度把这一现象归因为"生物电"。尽管这种解释现在看来是荒谬的，但电化学研究之船自此扬帆起航。

随后意大利物理学家伏特（A. Volta）对伽伐尼发表的论文产生了浓厚的兴趣，经过大量

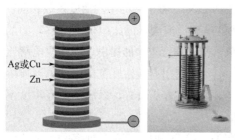

图 1-9　伏特电堆的结构示意及其实物照片

的重复实验后，伏特认为青蛙的痉挛是因为受到了外部电流的刺激，而不是所谓的"生物电"。于是他开始思索电流从何而来，最终发现只有当两种不同金属接触青蛙时才会引起蛙腿痉挛现象，根据实验结果，伏特对一些常见的金属进行了电动势排序。1799 年，基于该金属排序，伏特发明了著名的伏特电堆：将圆形铜片和锌片用浸有盐水的亚麻布分隔开，然后把许多组铜锌对堆叠起来，如图 1-9 所示，这样就获得了具有一定电压的电堆，能够稳定、持续地输出电流。如果把铜片换成银片，电堆就有更好的效果。伏特在《论不同导电物质接触产生的电》的论文中写道："电荷就像水，在电线中流动，会从电压高的地方向电压低的地方流动，产生电流，即为电势差。"伏特电堆的发明，不仅引起了科学界对化学电源的研发，也为电化学的迅猛发展打开了大门。1881 年，在第一届国际电气大会上，人们决定将"伏特"作为电动势的单位，以纪念伏特在电学领域所做的巨大贡献。

　　由于伏特电堆能够产生比较稳定而持续的电流，并且电流强度比静电起电机高出几个数量级，因此，人们对电学的研究开始从静电迈入动电阶段。1800 年，英国科学家尼克松（W. Nicholson）和卡利西（A. Carlisle）很快就用这种电堆作为电源进行了人类历史上第一次电解分离水的尝试。随后，一大批科学家利用电池进行了电解和电镀的研究工作，其中最具代表性的是英国化学家戴维（H. Davy），他在 1807—1808 年两年期间采用电解技术制备了钾、钠等活泼金属以及镁、钙、钡、锶等金属，成为历史上发现元素最多的科学家。随着发电机的发明，大规模电化学电解工业得到了快速发展。

　　"伏特电堆"的发明同时启发了各种电池体系的开发应用。1836 年，英国科学家丹尼尔（J. Daniell）以稀硫酸为电解液解决了电池极化问题，获得了第一个具有实用价值的锌铜电池，也称为"丹尼尔电池"。1859 年，法国科学家普兰特（G. Plante）发明了铅酸蓄电池。1865 年，法国科学家勒克兰谢（Leclanche）发明了锌-二氧化锰电池，1887 年，英国人赫勒森（W. Hellesen）采用糊状电解液制备了最早的锌-二氧化锰干电池，随后发展成为一个种类达 100 多种的庞大家族，由于这类电池不会溢漏且便于携带，因此得到了非常广泛的应用。在此之后，新型电池体系不断涌现。

## 1.3.2　电化学热力学理论的发展

　　随着人们对电解液研究的不断深入，电化学开始走向理论研究阶段。1833 年，英国化学家法拉第（M. Faraday）研究了电流与化学反应的关系，据此提出了法拉第电解定律，之后又定义了一系列沿用至今的电化学术语，例如电解、电极、阴离子、阳离子、阴极、阳极等。法拉第电解定律奠定了电化学研究的理论基础，推动了电化学理论的快速发展。

　　在此之后，科学家分别从电极和电解液两个角度发展电化学理论。1879 年，亥姆霍兹（Helmholtz）首次提出了双电层平板电容器模型，开启了"电极/溶液"微观界面模型的理论研究，随后亥姆霍兹和吉布斯（J. W. Gibbs）经过推演，明确了电池"电动势"（最初叫作"起电力"）的热力学含义。1889 年，德国科学家能斯特（W. Nernst）建立了电极电位的理论，并利用热力学方法推导出了电极电位与参与电极反应物质浓度之间的关系式，得到了著名的能斯特电极电位公式，对电化学热力学作出了突出的贡献。

　　在电解液方面，瑞典化学家阿伦尼乌斯（S. A. Arrhenius）于 1884 年创建了电离学说，该理论对理解电解质溶液的本质、离子的行为，建构水解、平衡等概念具有重要的意义，为此获得了1903 年的诺贝尔化学奖。1907 年，美国化学家路易斯（G. N. Lewis）提出了活度的概念，为电解质溶液的化学位等温式的应用奠定了理论基础。1923 年，德拜（P. Debye）和休克尔（E. A. Hückel）提出了强电解质溶液的离子互吸理论和"离子氛"概念。1926 年，丹麦物理化学家卜耶隆（N. J. Bjerrun）提出了"离子缔合"的概念。1929 年，德拜提出了水合离子理论，完美解释了阳离子和阴离子在溶液中稳定共存的原因，德拜以其在发展、完善电离理论以及粉末 X 射线衍射方面的卓越贡献获得了 1936 年的诺贝尔化学奖。电解质理论的完善大大促进了电化学在理论探讨和实验方法方面的发展。

### 1.3.3 电化学动力学理论的发展

瑞士化学家塔菲尔（J. Tafel）于 1905 年在《关于氢气阴极析出过程的极化研究》的论文中首次提出了著名的塔菲尔经验公式，描述了电极反应速率与过电位之间的数学关系，开启了电化学动力学理论的研究。

1922 年，捷克斯洛伐克化学家海洛夫斯基（J. Heyrovsky）创造性地发展了极谱分析法，获得了 1959 年的诺贝尔化学奖。利用滴汞电极来研究电化学动力学，深入分析了电极/溶液界面的基本性质。电极/溶液界面的电子转移是电极过程的核心步骤，1923—1924 年期间，英国物理化学家巴特勒（J. A. V. Butler）提出了可逆电极电位理论，并推导出了描述电极电位与电极反应速率关系的动力学公式。该公式经德国化学家伏尔摩（M. Volmer）进一步改进，建立了在实验基础上的宏观唯象方程 Butler-Volmer 方程，成为研究电极动力学最基础的电化学理论。然而，要真正认识一个电化学反应过程，还需要一个微观的理论去描述分子结构和环境是如何影响电荷传递过程的。

1933 年，苏联化学家弗鲁姆金（Frumkin）在研究析氢过程动力学时，发现电极和溶液净化对电极反应动力学数据重现性有重大影响，阐明了双电层结构对电化学反应速率的作用规律。随后，弗鲁姆金、博克里斯（Bockris）等人做了大量电极动力学的研究工作，大大推动了电化学理论的发展。至此，电化学开始侧重研究电极反应速率及各种影响因素，电极过程动力学成为电化学的研究主体，并取得了卓越的成就。

### 1.3.4 现代电化学的发展

20 世纪下半叶，随着电子计算机技术的快速发展，电化学仪器的功能不断强大，精度日益提高，电化学测试技术也愈发成熟，成为研究电化学科学的重要手段。其中稳态和暂态测试技术，例如交流阻抗谱、线性电位扫描法、旋转圆盘电极系统等技术都取得了重大进展，为研究电极界面结构和界面电子迁移反应奠定了重要的实验技术基础。随着电化学理论不断被丰富和发展，电化学科学日臻完备。进入 21 世纪后，电化学向多学科渗透，并与其他学科不断融合，前沿交叉领域不断拓展，形成了许多各具特色的电化学分支。

随着量子力学和统计热力学的发展，关于电荷传递的微观理论也逐渐得到了完善。1992 年诺贝尔化学奖获得者美国科学家马库斯（R. A. Marcus）为此做出了突出的贡献，提出了"电子转移过程理论"。此外，科研人员也开始采用量子力学和量子化学的方法来研究电化学现象，逐步形成了"量子电化学"这一新方向，从此进入了电化学的微观尺度研究。近年来，人们使用纳米尺寸电极在实验室观察到了电化学信号的量子化特征，给量子电化学带来了新的发展契机。

20 世纪 70 年代发展的电化学原位表面光谱技术、波谱技术以及扫描微探针和扫描隧道技术，让电化学家能够在分子和原子水平上揭示电化学反应本质，并逐渐形成了光谱电化学和纳米电化学。其中光谱电化学包括紫外和可见光光谱电化学、红外光谱电化学、拉曼光谱电化学和椭圆偏振光谱电化学，这些光谱技术具有灵敏度高、检测速度快、对体系扰动小、可现场实时监测等优点。在纳米电化学领域，人们开始追求纳米尺度的电极和单分子的电化学检测。例如，借助电化学扫描探针显微技术可以对电极表面进行微区成像，用以观察基底形貌和电化学性质；采用电化学扫描隧道显微技术可以对吸附在电极表面的单个分子进行成像；这些显微技术还可以在微区内现场监控与电化学过程（如电化学腐蚀、沉积、分子/离子吸附与组装、电极表面重构）有关的表面现象。此外，纳米电化学还可用于设计开发分子开关、分子二极管等分子器件以及分子机械。

电化学不仅为研究表面物理、化学、生物学问题提供了重要的实验技术手段，还为研究导体和半导体表面电荷转移、能量转化、信号传递提供了重要的理论基础，发展出了光电化学、生物电化学、电化学传感器等应用方向。围绕着如何提高太阳能利用率，光电化学研究近年来在太阳能电池、光解水、光电合成、光电传感器、光电显色材料等新兴领域得到了越来越多的关注。为了在分子水平上研究生物体系中带电粒子运动过程所产生的电化学现象，生物电化学逐渐得到了生物学家的重视，研究领域包括生物电催化、生物传感器、光合作用、生物分子电化学等。为了满足不同检测需求，人们也发展出了多种电极表面修饰技术，将具有特殊功能基团的化学物质修饰到电极表面，从而实现对特定分子、离子的高选择性检测，进一步将化学修饰电极的物理、化学、生物信号转换成可识别的电信号，发展出了具有不同检测功能的电化学传感器。

电化学还可以作为一种新型材料制备技术，制备出具有特殊纳米或分子结构的新型材料，引起了纳米电化学和有机电化学领域的广泛关注。例如，利用电化学阳极氧化法可以制备出高度有序的多孔氧化物薄膜，该薄膜还可以作为硬模板，进一步通过电化学沉积技术来制备出具有特殊形貌的纳米管或纳米线阵列。此外，在有机电化学领域，通过在电极表面修饰目标手性分子，控制电化学有机合成反应只针对某种手性分子发生，从而实现电化学手性合成。

随着电化学向多学科、多领域的不断融合渗透，电化学科学与技术必将迎来高速的发展，获得更加广泛的应用。

# 思考题

1. 什么是电子导体和离子导体？二者有什么区别？

2. 电化学科学的研究对象是什么？

3. 电化学反应具有什么特点？它和氧化还原反应有什么关系？

4. 简述原电池、电解池和腐蚀电池三种电化学体系的异同。

5. 电解质有哪些种类？各自具有什么特点？

6. 影响溶液电导率的因素有哪些？请简述它们是如何影响电导率的。

7. 已知25℃时，0.001mol/L氯化钾溶液的摩尔电导率为141.3S·cm²/mol，其中水的摩尔电导率为$1\times10^{-6}$S·cm²/mol，计算该溶液的电导率。

8. 已知18℃时$CaF_2$的饱和水溶液电导率为$38.9\times10^{-6}$S/cm，水的电导率为$1.5\times10^{-6}$S/cm。又知水溶液中各电解质的极限摩尔电导率（单位：S·cm²/mol）为：$\Lambda_m(CaCl_2)=233.4$，$\Lambda_m(NaCl)=108.9$，$\Lambda_m(NaF)=90.2$。若忽略氟离子的水解作用，计算18℃氟化钙的溶度积

$(K_{sp})$。

9. 18℃时，浓度为 $1 \times 10^{-4}$ mol/L 的 $KNO_3$ 溶液的摩尔电导率为 145.1S·$cm^2$/mol，已知 $K^+$ 的极限摩尔电导率为 73.5S·$cm^2$/mol，试求溶液中硝酸根离子的迁移数。

10. 引入"活度"这一概念的目的是什么？它反映了什么物理本质信息？

11. 计算浓度分别为 0.1mol/L、0.01mol/L 和 0.001mol/L 的 $K_2SO_4$ 水溶液的平均活度。

12. 25℃时计算 0.002mol/L 硫酸锌水溶液的离子强度及其平均活度系数。

# 第2章

# 电化学热力学

在日常生活中，我们经常会遇到各式各样的电池，细心观察，可以发现它们标定的额定电压各不相同，比如锂离子电池约为 3.6V、铅酸电池约为 2.0V、AA 碱性电池约为 1.5V，这些额定电压代表的是原电池中阴极（正极）和阳极（负极）之间的电位差，与单个电极电位息息相关，这种电位差同时也与这个电化学体系的吉布斯自由能变化有关。本章将通过建立相间电位来深入探讨电极电位的本质，并从热力学的角度来阐述电极电位与化学反应热力学参数之间的内在联系，从而深刻理解电化学体系中的能量变化关系。

## 2.1 相间电位及其本质

### 2.1.1 相间电位

当两种不同导体相相互接触时，在界面处会形成一层与两相基体性质不同的过渡层，该界面过渡层的厚度非常小，此时在界面过渡层就会出现电位差，这种电位差叫作相间电位。

造成电位差的原因在于带电粒子或偶极子在界面层处出现了非均匀分布。根据带电粒子或偶极子在两相界面层分布的结构特点，其形式可以分为以下几种情况，如图 2-1 所示。

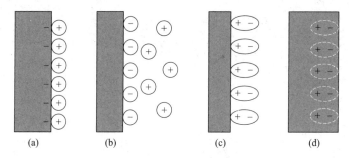

图 2-1　相间电位的几种来源
（a）离子双电层；（b）吸附双电层；（c）和（d）偶极子层

① 离子双电层　如图 2-1（a）所示，当金属与电解液接触时，带电粒子（电子或离子）就会在两相间发生转移，从而在界面两侧出现带电粒子的重新分布（富集），形成"双电层"，这种结构称为离子双电层。带电电荷的富集程度还可以通过外电源充电来改变。

② 吸附双电层　电极材料表面对不同带电粒子（如阴离子和阳离子）的吸附性质不同，如果某种离子在电极表面的吸附量更多，那么该离子形成的电荷层又会通过库仑作用力吸引同等数量的异号离子。这种由于粒子吸附量不同，导致在电解液一侧形成等值异号的剩余电荷层叫作吸附双电层，如图 2-1（b）所示。

③ 偶极子层　偶极子层分为两种情况：其一是电解液中的极性分子，如水分子，在电

极表面处存在特定的取向作用，从而在电解液一侧的界面层发生定向排布，形成极性分子偶极子层，如图 2-1（c）所示；其二是金属表面在各种短程力（如范德瓦耳斯力等）的作用下，引起表面原子偶极化，并在金属一侧的界面层发生定向排列，如图 2-1（d）所示，形成金属表面偶极子层，这种电位也称为金属表面电位差。

根据相间电位的定义，上述几种结构中只有离子双电层是真正发生在两相之间形成的界面电位差，而其他情形本质上是同一相内的表面电位差。后面我们会学到，电极电位总是受到上述几种电位差的共同影响，但其中离子双电层是相间电位的主要来源，也是影响电极界面结构最主要的因素。

### 2.1.2 内电位、外电位与电化学位

在物理化学中已学过，含有 $i$ 粒子的两种不同相接触时，$i$ 粒子将会自发地从高能态 A 相转移到低能态 B 相中，直至它在 A、B 两相中的能态相等。

如果 $i$ 粒子是不带电的，那么发生转移的驱动力就是粒子在两相间的化学位之差，即 $\mu_i^A - \mu_i^B$，对应于吉布斯自由能的变化值 $\Delta G_i^{A \to B}$。显然，粒子建立稳定分布的条件就是它在两相间的化学位相等，即 $\mu_i^A = \mu_i^B$。

如果 $i$ 粒子携带电荷的话，那么带电粒子在两相间发生迁移时，不仅仅是引起化学位的变化，还可能会引起电位的变化。因此，带电粒子在两相间建立稳定分布的能量条件必须将化学位和电位变化同时考虑进去。

如果一个带电粒子 $i$ 从无穷远处迁移进入一个孤立相 P 中，下面考察这个迁移过程将会引起哪些能量的变化。

假设孤立相 P 是一个携带剩余电荷的球形良导体相，那么这个封闭的球形表面就是一个高斯面，根据高斯定理可知：在高斯面内部（即 P 相内部）的电位是恒定的；P 相所携带的剩余电荷将会均匀分布在高斯面表层上，如图 2-2 所示，这一层叫作空间荷电层，在没有电流通过的条件下，这种表层电荷分布状态使得 P 相内部的电场强度为零，且 P 相内部电位的变化通过改变相表面或周围的电荷分布来实现。

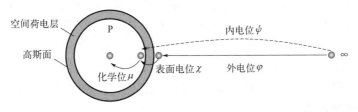

图 2-2 带电粒子从无穷远移入 P 相所引起的能量变化

带电粒子 $i$ 从无穷远（此处的静电位能为零）向带电球体 P 相迁移时，在到达 P 相表面层之前（$10^{-6} \sim 10^{-7}$ m），主要受到的是库仑静电力，这是一种长程作用力，这段迁移距离所作的电功相当于 P 相所携带的剩余电荷产生的电位，这一电位叫作 P 相的外电位，用符号 $\varphi$ 表示。

当带电粒子 $i$ 越过球形表面层进入 P 相内部时，由于表面上具有镜像力、范德瓦耳斯力等短程力，带电粒子 $i$ 越过 P 相表面就需要克服这些短程力的作用，该过程所作的电功为表面电位（符号 $\chi$）。

因此，带电粒子 $i$ 从无穷远处迁移进入孤立相 P 中所作的电功就是外电位 $\varphi$ 和表面电位

$\chi$ 之和，也叫作孤立相 P 的内电位（$\psi$），即 $\psi = \varphi + \chi$。

进入 P 相后，由于内部电场强度为零，因而带电粒子 $i$ 与 P 相物质只有化学作用，其所作的化学功即为化学位的变化值。

假设带电粒子 $i$ 的电荷量为 $ne_0$，则 1mol 带电粒子 $i$ 迁移进入 P 相所引起的能量变化包括电能和化学能两部分，这一能量变化为带电粒子 $i$ 在 P 相中的电化学位（$\overline{\mu_i}$），即

$$\overline{\mu_i} = \mu_i + nF(\varphi + \chi) \tag{2-1}$$

因此，与不带电粒子建立相间平衡条件类似，带电粒子在两个相互接触的相中建立相间平衡的条件也是它在两相中的电化学位相等，即 $\overline{\mu_i}^A = \overline{\mu_i}^B$。

带电粒子达到平衡后，就会在界面层处形成稳定的非均匀分布，从而建立起稳定的双电层结构，其电位差即为相间电位。

根据不同电位参数的定义，相间电位还可以分为：①外电位差，又称为 Volta 电位差，即 $\Delta^A\varphi^B = \varphi^B - \varphi^A$，其数值是可以直接测量的；②内电位差，又称为 Galvani 电位差，即 $\Delta^A\psi^B = \psi^B - \psi^A$，其数值是无法测量的；③电化学位差，即 $\overline{\mu_i}^A - \overline{\mu_i}^B$。

# 2.2 电极电位与参比电极

## 2.2.1 电极电位的形成

一般地，一个电化学体系总是包含两个独立的电极（阴极和阳极），而每个电极体系又是由两个相互接触的电子导体相和离子导体相所构成，且在两相界面处伴有电荷迁移的化学变化，这种电极体系简称为电极。需要注意的是，在电化学研究中，通常也会将电极材料叫作"电极"，这种所谓的"电极"仅仅代表电极体系中的电子导体相，二者有很大区别。换句话说，一个电极体系必须明确电子导体相和离子导体相才有实际意义，比如，同一种电极材料（电子导体相）在不同电解液（离子导体相）中所表现的电极电位完全不同。

电极电位是相间电位最重要的一种类型，它指的是两个相互接触的电子导体相和离子导体相之间的界面电位差，是这两类不同导体相界面所形成的内电位差。如果电极是由金属 M 和溶液 S 组成的，那么界面电位差就可以表示为 $\Delta^M\psi^S$。

接下来以金属锌/硫酸锌水溶液组成的电极体系（简称锌电极）为例，讨论一下锌电极的电极电位是如何形成的。

当金属锌浸入硫酸锌水溶液后，固液两相界面处的带电粒子，如锌离子、自由电子等，将会同时受到不同力的相互作用。

首先，金属锌的晶格内部存在金属键结合力，可以把这种力看作是由晶格点阵处的锌离子与自由电子之间的静电吸引力。显然，与金属内部的锌离子相比，表面上的锌离子所受的金属键力是不平衡或不饱和的，可以通过自由电子的静电力吸引溶液中的金属离子以保持平衡，其反应为：

$$Zn^{2+} \cdot (H_2O)_n + 2e^- \longrightarrow Zn^{2+} \cdot 2e^- + nH_2O$$

式中，$Zn^{2+} \cdot (H_2O)_n$ 表示被 $n$ 个水分子溶剂化的锌离子。

其次，溶液中的水分子极性很强，容易吸附在金属表面形成定向排列的偶极子层，同时处于热运动的水分子对表面的锌离子具有水化作用，即可以通过吸引和热运动冲击使表面锌离子脱离晶格，相应的反应为：

$$Zn^{2+} \cdot 2e^- + nH_2O \longrightarrow Zn^{2+} \cdot (H_2O)_n + 2e^-$$

因此，上述两种作用力决定着固液两相界面上的锌离子是从晶格中水化脱离进入溶液还是从溶液中脱水化沉积到金属表面。

实验研究表明，对于金属锌/硫酸锌水溶液这一电极体系，溶液中水分子的水化作用是占主导位置的，也就是说，金属锌表面的锌离子会脱离晶格点位，溶解于水溶液中。最终导致金属锌表面富集自由电子而带负电，而溶液一侧就多出了剩余锌离子而带正电，因此，在固液两相界面就会形成如图 2-3 所示的离子双电层，同时在界面处产生一定的电场，阻碍锌离子的继续溶解，随着界面电场的不断增强，溶解速率进一步减小。

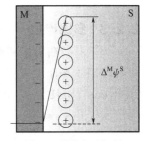

图 2-3 固液两相界面处的离子双电层及其内电位差

当界面电场达到一定强度时，锌离子的溶解速率和沉积速率相等，此时界面处就建立了一个溶解-沉积的动态平衡，积累分布在界面两侧的剩余电荷数量将不再发生变化，从而形成了一个稳定的离子双电层结构，其内电位差就是 $\Delta^M\psi^S$。这个离子双电层的电位差就是电极电位的主要来源。此外，如果电极界面还存在吸附双电层、偶极子层等结构，它们也会贡献一部分电位。

本质上讲，电极电位的形成是金属离子在金属和溶液两相中的电化学位差造成的，是一个从高电化学位相向低电化学位相自发转移的过程，直至金属离子在两相中的电化学位相等。

## 2.2.2 相对电位

电极电位是两个不同导体相之间的内电位差，在 2.1.2 部分已提到内电位差是无法测量的，接下来分析一下其中的原因。

如果要测量一个待测电极（M）的内电位差，首先需要构建一个测量回路，如图 2-4 所示。构建这样一个回路则不可避免地会引入一个新的电极体系 R，也就是说，测量回路是由两个不同的电极 M 和 R 共同组成的，那么根据电路分析可知，从电位计上测得的电位 $E$ 就和三项内电位差有关了：

$$E = \Delta^M\psi^S + \Delta^S\psi^R + \Delta^R\psi^M \tag{2-2}$$

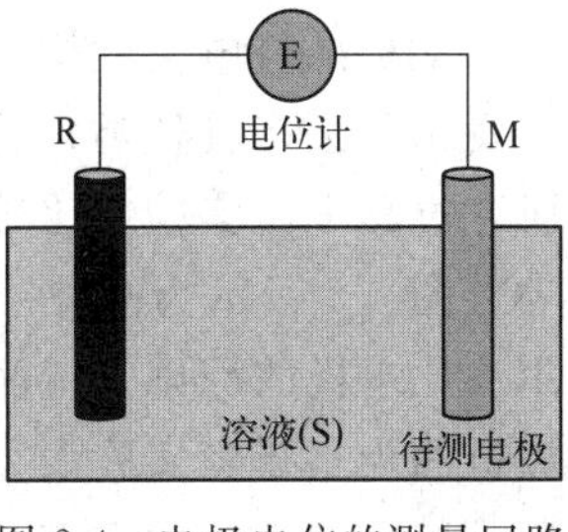

式中，$\Delta^M\psi^S$ 和 $\Delta^S\psi^R$ 分别代表电极 M 和 R 的内电位差，$\Delta^R\psi^M$ 则是两种电极的接触电位差，因为电极材料具有不同功函数。

图 2-4 电极电位的测量回路

可以看出，电位计读数 $E$ 只是三个不同相间电位的代数和，其中任何一项均是未知的，因此，待测电极的内电位差 $\Delta^M\psi^S$ 的绝对数值是无法测量的。

那么，是否意味着电极电位就失去意义了呢？我们先来考察一下电位 $E$ 是否具有其他含义。假设测量回路中的电极材料不变，则第三项 $\Delta^R\psi^M$ 是一个恒定值。如果我们能找到一个电极 R 也能够保持其电位 $\Delta^S\psi^R$ 是恒定的话，那么就能测出待测电极 M 相对于一个恒定电位（即 $\Delta^S\psi^R+\Delta^R\psi^M$）的数值。尽管这个数值本身和电极的内电位差有所不同，但二者的变化次序是一致的，具有重要的意义。

我们把这种能够保持自身电极电位恒定的电极叫作参比电极，可以为待测电极提供一个基准的参考电位。因此，把基于某一种参比电极的电极电位叫作相对电位。在电化学研究过程中，为方便使用，通常会将相对电位直接称作电极电位。这里需要强调的是，填写电极电位的时候务必要标注出参比电极的种类，否则电位数值将失去研究意义。

### 2.2.3 参比电极

为了有效研究不同电极的电极电位，参比电极的使用就显得尤为重要。那么什么样的电极可以用作参比电极呢？目前国际上最重要的参比电极是标准氢电极 [standard hydrogen electrode（SHE）]，有时也叫作常规氢电极 [normal hydrogen electrode（NHE）]。

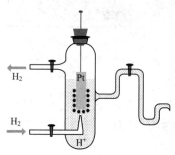

图 2-5 标准氢电极的结构

图 2-5 所示为标准氢电极的结构示意，首先将一个涂有疏松铂黑的金属铂片浸入到氢离子活度为 1 的溶液（浓度约 1.19mol/L）中，然后在工作时，向溶液通入一个标准大气压（1atm=101325Pa）的氢气。

根据电极构造，标准氢电极可表示为：

$$Pt,H_2[p(H_2)=1atm]\,|\,H^+[a(H^+)=1]$$

可见，标准氢电极就是由一个标准大气压氢气和活度为 1 的氢离子溶液所组成的电极体系，其电极反应为：

$$2H^++2e^-\longrightarrow H_2$$

为应用简便，人为规定标准氢电极在任何温度下的电极电位都等于零，即

$$\varphi^{\ominus}_{H_2/H^+}=0$$

因此，将标准氢电极与待测电极组成如图 2-4 所示的原电池回路，那么所测原电池电动势（电位差）就是该待测电极相对于标准氢电极的电极电位，简称氢标电位。

从标准氢电极的构造可以看出，它在实际过程中使用非常不方便。为解决此问题，人们开发出了很多其他类别的参比电极，表 2-1 给出了几种常见的参比电极及其电位。在电化学研究过程中，实验室比较常用的参比电极有饱和甘汞电极、Ag/AgCl 电极、Hg/HgO 电极等。图 2-6 所示为两种常用参比电极的基本构造和具体实物，使用非常方便。一般来说，选用参比电极的原则是待测电极所使用电解液和参比电极中的溶液性质相近，这样可以避免电极被污染，减少实验误差，提高电极使用寿命。例如，中性溶液可以选用饱和甘汞电极和 Ag/AgCl 电极，而碱性溶液尽可能选用 Hg/HgO 电极。除此之外，在处理电化学数据时一定要严格注明所用的参比电极类别。

表 2-1　常见参比电极种类及其电位（25℃）

| 电极名称 | 电极组成 | 电极电位/V（vs.SHE） |
| --- | --- | --- |
| 饱和甘汞电极 | $Hg/Hg_2Cl_2(s)$，KCl（饱和） | 0.242 |

| 电极名称 | 电极组成 | 电极电位/V（vs. SHE） |
|---|---|---|
| 标准甘汞电极 | $Hg/Hg_2Cl_2(s)$，$KCl$（1mol/L） | 0.280 |
| 0.1mol/L 甘汞电极 | $Hg/Hg_2Cl_2(s)$，$KCl$（0.1mol/L） | 0.334 |
| Ag/AgCl 电极 | $Ag/AgCl(s)$，$KCl$(0.1mol/L) | 0.288 |
| Hg/HgO 电极 | $Hg/HgO(s)$，$NaOH$（0.1mol/L） | 0.165 |
| $Hg/Hg_2SO_4$ 电极 | $Hg/Hg_2SO_4(s)$，$SO_4^{2-}$（$a=1$） | 0.615 |
| $Pb/PbSO_4$ 电极 | $Pb(Hg)/PbSO_4(s)$，$SO_4^{2-}$（$a=1$） | $-0.351$ |

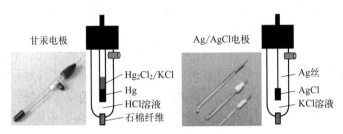

图 2-6　常用参比电极的构造与实物照片

　　一般地，电极电位符号的规定原则如下：如果待测电极上发生还原反应，则其电极电位为正值；如果待测电极上发生氧化反应，则其电极电位为负值。根据表 2-1，这些参比电极都有各自的氢标电位，因而基于不同参比电极的电极电位值之间可以相互换算。

# 2.3　电极的可逆性与能斯特方程

### 2.3.1　电池的可逆性

　　原电池是指能够通过分区的氧化还原反应自发地将化学能转化为电能的电化学体系。根据电池反应的可逆性可以将原电池分为可逆电池和不可逆电池。如果利用热力学原理来分析电池性质，就必须使电池处于可逆变化的热力学平衡状态。那么，可逆电池需要具备哪些条件呢？

　　其一，电池在充放电过程中所发生的化学物质变化必须是可逆的。换句话说，充电过程所发生的电极反应是放电过程所发生反应的逆反应，所有化学物质经过一次充放电过程必须完全恢复到原始状态。

　　以铅酸蓄电池 $PbO_2\mid H_2SO_4\mid Pb$ 为例，其正极为氧化铅（$PbO_2$），负极为金属铅（Pb），电解液为 $H_2SO_4$ 溶液。该蓄电池充放电过程的电化学反应如下：

$$PbO_2+Pb+2H_2SO_4 \xrightarrow[\phantom{xx}]{\text{充放电}} 2PbSO_4+2H_2O$$

　　可以看到，铅酸蓄电池的充电和放电过程是一个完全互逆的化学反应。

　　然而，并非所有电池都具有可逆性。例如，将金属锌和铜同时浸入硫酸溶液时所构成 $Zn\mid H_2SO_4\mid Cu$ 电池体系，放电时，将发生如下电池反应：

$$Zn + H_2SO_4 \longrightarrow ZnSO_4 + H_2$$

充电时所发生的电池反应如下：

$$Cu + H_2SO_4 \longrightarrow CuSO_4 + H_2$$

可见，经过一个循环所有化学物质都发生了改变，并未恢复到原始状态，因而这个电池是不可逆的。

其二，电池在充放电过程中的能量转换是可逆的，即化学能和电能之间的转化是可逆的，不会产生额外的热能。因此，在相互转化过程中整个电池体系和环境都将恢复原状。然而，在实际工作过程中，由于电池内部存在各种内阻，只要有电流产生，就会产生电压降，同时不可避免地产生热能而释放到环境中，这部分能量是无法通过逆过程重新转化为电能或化学能的。

为了能够实现能量完全可逆转换，电池只有在无限接近平衡的状态下工作，也就是通过电池的电流无限小时，充放电过程才能保证没有能量损失，此时外界对电池的电功等于放电时电池对外界所作的电功。电流无限小也就意味着电池反应速率无限缓慢。

因此，只有同时满足化学物质变化可逆和能量转换可逆两个条件，电池才具备可逆性。从上面分析可以看出，电池的热力学可逆性是一种理想行为，只是为了进行理论计算而进行的一种特定假设，而实际电池在使用中均是不可逆的过程，这也反映出热力学具有很大的局限性。

## 2.3.2 可逆电池的热力学性质

处于热力学可逆的电池，其充放电过程是在同一个电动势下进行的，这个电动势称作可逆电池的电动势，符号为 $E$，表示电池在电流无限小或者无电流条件下的端电压。可逆电池在该电动势下所作的电功（$W_e$）等于电量（$Q$）乘以电动势（$E$），假设参与电池反应的电子数为 $n$，则电量 $Q = nF$，因而

$$W_e = QE = nFE \tag{2-3}$$

根据热力学知识，在恒温恒压下，热力学可逆的化学反应对外所能作的最大有用功就是该反应体系吉布斯自由能的变化值（$\Delta G$）。从前面学习可知，电池反应本身是一个氧化还原反应，因此，可逆电池所作的最大电功就是该电池反应体系吉布斯自由能的变化值（取正值，$-\Delta G$），即

$$W_e = -\Delta G \tag{2-4}$$

结合式（2-3）和式（2-4），得

$$E = -\frac{\Delta G}{nF} \qquad 或 \qquad \Delta G = -nFE \tag{2-5}$$

可见，我们既可以通过化学热力学来定量计算电池的电动势，也可以通过电池的电动势来计算该电池体系的吉布斯自由能变化。因此，式（2-5）清晰地给出了电能和化学能之间的定量转换关系。

根据化学反应的等温方程：

$$\Delta G = \Delta G^{\ominus} + RT \ln \prod a_i^{\nu_i} \tag{2-6}$$

式中，$\Delta G^{\ominus}$ 为标准状态下的吉布斯自由能；$a_i$ 为电池反应中各种物质 $i$ 的活度；$\nu_i$ 为物质 $i$ 的化学计量数，反应物取负值，生成物取正值。

因为 $\Delta G^{\ominus} = -RT \ln K^{\ominus}$（其中 $K^{\ominus}$ 为电池反应的标准平衡常数），所以可以计算出标准状态下的电动势，即标准电动势（$E^{\ominus}$）：

$$E^{\ominus} = -\frac{\Delta G^{\ominus}}{nF} = \frac{RT}{nF} \ln K^{\ominus} \tag{2-7}$$

根据式（2-5）~式（2-7），可得

$$E = E^{\ominus} - \frac{RT}{nF} \ln \prod a_i^{\nu_i} \tag{2-8}$$

上式即为非标准状态下电池电动势的热力学计算公式，也叫作能斯特方程，清晰地表达了电池电动势与电池反应中各种物质 $i$ 的活度、环境温度之间的数学关系，是可逆电池电化学热力学计算的基础。

相应地，在恒压下，可逆电池反应的熵变 $\Delta S$ 为：

$$\Delta S = -\left[ \frac{\partial(\Delta G)}{\partial T} \right]_p = nF \left( \frac{\partial E}{\partial T} \right)_p \tag{2-9}$$

进一步根据吉布斯-亥姆霍兹方程 $\Delta H = \Delta G - T\Delta S$，可知可逆电池的焓变为：

$$\Delta H = -nFE - nFT \left( \frac{\partial E}{\partial T} \right)_p \tag{2-10}$$

式中，$(\partial E / \partial T)_p$ 称作该电池电动势的温度系数，是恒压下电池电动势对温度的偏导数，即电动势与温度变化曲线在某一温度下的斜率。如果温度系数等于 0，则电池所作的电功等于其反应的焓变值；如果温度系数小于 0，意味着有部分化学能转变成热能，在绝热条件下电池会慢慢变热；如果温度系数大于 0，则电池将从环境中吸收热能以保持恒温，在绝热条件下电池会慢慢变冷。

通过实验很容易测得恒压下电池电动势与温度变化曲线，从而得到在一定条件下电池的电动势和温度系数，再利用式（2-5）、式（2-9）和式（2-10）可分别计算出热力学参数 $\Delta G$、$\Delta S$ 和 $\Delta H$。利用电动势法计算的反应热力学参数精度非常高，且实验操作也非常方便可靠。此外，通过电动势法还可以用来计算一个电池反应的标准反应平衡常数、难溶盐的溶度积常数以及活度或活度系数。

【例 2-1】 已知丹尼尔铜锌电池的组成为 $Zn \mid ZnSO_4 \mid\mid Cu \mid CuSO_4$，在 25℃时的标准电动势为 1.10V，电动势的温度系数为 $-3.85 \times 10^{-4} \, V/K$，试计算该电池反应的吉布斯自由能变 $\Delta G$、熵变 $\Delta S$、焓变 $\Delta H$ 以及标准反应平衡常数 $K^{\ominus}$。

**解** 铜锌电池的电池反应为：

$$Zn + CuSO_4 \longrightarrow ZnSO_4 + Cu$$

该反应的电子转移数 $n = 2$，则根据式（2-5），可得

$$\Delta G = -nFE = -2 \times 96500 \times 1.10 = -212.3 \, (kJ/mol)$$

根据式 (2-9) 可知熵变为

$$\Delta S = 2 \times 96500 \times (-3.85 \times 10^{-4}) = -74.3 [\text{J}/(\text{K} \cdot \text{mol})]$$

根据式 (2-10) 可知焓变为

$$\Delta H = -212.3 - 298 \times 74.3 \times 10^{-3} = -234.4 (\text{kJ/mol})$$

根据式 (2-7) 可知标准反应平衡常数为

$$\ln K^{\ominus} = \frac{nFE^{\ominus}}{RT}$$

所以 $K^{\ominus} = 1.64 \times 10^{37}$

### 2.3.3 可逆电极及其电位

每一个可逆电池都是由两个相互独立的电极体系组成，每个电极体系又被称为半电池，相应地就可以把一个电池反应分解成两个电极的电极反应。显然，组成这种可逆电池的两个电极也必然具备可逆性，这样的电极叫作可逆电极。

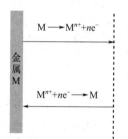

图 2-7 可逆电极反应示意（箭头代表反应速度）

和可逆电池一样，热力学可逆的电极也必须在平衡条件下（没有电流或电流无限小）工作，此时电极反应所发生的物质和电荷交换均是平衡的，如图 2-7 所示，因此，可逆电极的电位也叫作平衡电极电位或平衡电位。

以 $Cu \mid CuSO_4$ 电极体系为例，该可逆电极的电化学反应可写作：

$$Cu^{2+} + 2e^- \Longrightarrow Cu$$

在平衡条件下，上述电极反应的绝对氧化反应速度和绝对还原反应速度是相等的，也就是说，每一时刻通过还原生成的铜原子数和通过氧化生成的铜离子数是相等的，同时得失电子数也是相同的。

从 2.2.2 部分可知，对于一个可逆电极，其绝对电极电位是不可测量的。因此，只能用相对电位来量化可逆电极的平衡电位，此时就必须找一个合适的参比电极和待测可逆电极组成测试体系，通过该体系测得的电位就是平衡电位。

为了统一标准，一般以标准氢电极作为参比电极，和待测电极组成原电池。这里以可逆电极 $Cu \mid CuSO_4$ 为例，用热力学的方法来推导该电极基于标准氢电极的电位，即氢标电位。

该电池结构组成为：

$$H^+ [a(H^+) = 1] \mid H_2 (1\text{atm}) \mid Pt \parallel Cu \mid Cu^{2+} [a(Cu^{2+})]$$

阳极反应为：$H_2 - 2e^- \Longrightarrow 2H^+$

阴极反应为：$Cu^{2+} + 2e^- \Longrightarrow Cu$

电池总反应为：$H_2 + Cu^{2+} \Longrightarrow 2H^+ + Cu$

根据能斯特方程 (2-8) 可知，该电池的电动势为：

$$E = E^{\ominus} - \frac{RT}{2F} \ln \frac{a^2_{H^+} \, a_{Cu}}{p_{H_2} a_{Cu^{2+}}} \tag{2-11}$$

上式可改写成：

$$E = \left( \varphi^{\ominus}_{Cu/Cu^{2+}} - \frac{RT}{2F} \ln \frac{a_{Cu}}{a_{Cu^{2+}}} \right) - \left( \varphi^{\ominus}_{H_2/H^+} - \frac{RT}{2F} \ln \frac{p_{H_2}}{a^2_{H^+}} \right) \tag{2-12}$$

根据规定，标准氢电极的电位为零，即上式的第二项为零，因此电动势 $E$ 即为可逆电极 $Cu \mid CuSO_4$ 相对于标准氢电极的电极电位 $\varphi_{Cu/Cu^{2+}}$：

$$\varphi_{Cu/Cu^{2+}} = \varphi^{\ominus}_{Cu/Cu^{2+}} + \frac{RT}{2F} \ln a_{Cu^{2+}} \tag{2-13}$$

因此，对于一个电极反应：

$$O(氧化态) + ne^- \rightleftharpoons R(还原态)$$

它的平衡电位（$\varphi_e$）为：

$$\varphi_e = \varphi^{\ominus} + \frac{RT}{nF} \ln \frac{a_O}{a_R} \tag{2-14a}$$

或

$$\varphi_e = \varphi^{\ominus} + \frac{2.3RT}{nF} \lg \frac{a_O}{a_R} \tag{2-14b}$$

上式就是可逆电极平衡电位的能斯特计算方程，利用它可以计算任意 O/R 反应对的平衡电极电位。式中 $\varphi^{\ominus}$ 指的是电极反应中反应物和生成物在标准状态下（即活度都为 1）的平衡电位，也叫作标准电极电位。对于同一个电极反应，不管是写成氧化反应还是还原反应的形式，它的计算方式都是相同的。

由于实际测量获得的电动势读数都是正值，因此，当标准氢电极作负极时，待测电极的平衡电位数值就大于零，比如 $Cu \mid CuSO_4$ 电极；反之则小于零，比如 $Zn \mid ZnSO_4$ 电极。

考虑到标准氢电极的使用比较不方便，实验中经常会选用其他参比电极，比如饱和甘汞电极或 $Ag \mid AgCl$ 电极，来测量电极的平衡电位。如果参比电极作正极，则根据 $E = \varphi_R - \varphi_e$，可获得待测电极的电位为：

$$\varphi_e = \varphi_R - E \tag{2-15}$$

同理，如果参比电极作负极，则待测电极的电位为：

$$\varphi_e = E + \varphi_R \tag{2-16}$$

上式中，$\varphi_e$ 和 $\varphi_R$ 的数值均是氢标电位。

【例 2-2】 已知 25℃时 $Zn \mid ZnCl_2$ 电极的标准电极电位为 $-0.763V$，计算该电极在 0.1 mo/L 浓度 $ZnCl_2$ 溶液（活度系数 $\gamma_{\pm} = 0.5$）中的平衡电位。

**解** 电极反应：$Zn - 2e^- \rightleftharpoons Zn^{2+}$
则根据能斯特电极电位方程有

$$\varphi_e = \varphi^{\ominus} + \frac{2.3RT}{nF} \lg a_{Zn^{2+}}$$

其中，$n=2$，$F=96500C/mol$，$R=8.314 J/(mol \cdot K)$，$T=298 K$，$a_{Zn^{2+}}=0.05$，所以，$\varphi_e = -0.801V$。

如果采用饱和甘汞电极（SCE）作为参比电极的话，因为 $\varphi_{SCE}^{\ominus}=0.242V$，则两个电极组成的电池电动势为

$$E = \varphi_{SCE}^{\ominus} - \varphi_e = 1.043(V)$$

### 2.3.4 标准电位序及其作用

从可逆电极的能斯特电位方程可知，任何一个电极反应都有一个基于氢标电位的标准电极电位（$\varphi^{\ominus}$）。许多电极体系的标准电极电位已被精确测定，如果把不同电极反应的标准电极电位按照数值高低，从负到正按序排成一列，我们就可以得到一张次序表，这张表叫作标准电位序。附录给出了在 25℃ 下一些重要电极在电解液中的标准电极电位。

标准电位序给出了一系列电极反应平衡电位的大小顺序，是一个可以从热力学角度来分析判断氧化还原能力的重要工具，反映了电极反应相对于标准氢电极得失电子的难易程度。电极电位越负的反应越容易失去电子，而电极电位越正的反应越容易得到电子。

下面简要介绍一下标准电位序在电化学应用中的一些重要作用。

**（1）判断金属在一定条件下的活泼性**

一般地，标准电极电位越负的金属越容易失去电子被氧化，属于活泼金属，如金属锂、钠、钾、锌、铁等；标准电极电位越正的金属越不容易失去电子，属于不活泼金属，如金属铂、金、银等。进一步利用金属的活泼性可以大致判断金属发生腐蚀的热力学倾向，活泼金属容易发生溶解腐蚀。比如，金属铁的标准电极电位只有 $-0.44V$，因此在潮湿的空气中或酸溶液中比较容易发生腐蚀。这里需要特别指出，标准电位序只是从热力学的角度给出了金属的腐蚀性倾向，但金属的实际耐蚀性还需要结合材料表面状态。例如，金属铁表面通过腐蚀氧化形成的是一层疏松多孔的氧化物，腐蚀反应会不断进行下去，而对于金属铝，尽管其标准电位更负（$-1.66V$），但由于铝表面形成的是一层致密的氧化物膜，可以通过隔绝腐蚀介质来提高其耐蚀性，因而金属铝比金属铁的耐蚀性更强。

此外，金属的活泼性质还可以被应用于电化学保护金属。由于标准电极电位不同的金属在电解液介质中相互接触时会构成腐蚀电池，活泼性大的金属会被加速腐蚀，而另外一极金属相应地就会得到保护。例如，为了防止金属铁被腐蚀，可以选取标准电极电位更负的金属镁来保护，因为金属铁的电位更正，在腐蚀电池中作正极受到保护，而金属镁作为阳极，将失去电子发生腐蚀溶解。

**（2）指出金属在溶液中的置换次序**

本质上，金属之间的置换反应就是一种氧化还原反应，而标准电位序正好反映了金属的氧化还原能力，标准电极电位越负的金属还原能力越强，因而能够置换出标准电极电位更正的金属离子。例如，金属锌电极在水溶液中（$-0.763V$）比金属铜电极（$+0.337V$）的标准电极电位更负，因此，金属锌可以从水溶液中置换出金属铜离子（$Zn+Cu^{2+} \longrightarrow Zn^{2+} + Cu$）。类似地，标准电极电位小于零的金属具备置换水溶液中氢离子的能力，倾向于发生析氢反应。

金属之间的置换反应在电化学工业中经常被利用或防范。例如，如果要在金属铜构件上电镀金属银的话，置换反应（$Cu+2Ag^+ \longrightarrow Cu^{2+}+2Ag$）将导致铜构件表面形成一层结合力很差的疏松"置换银"，严重影响镀件质量。为了防止上述置换反应的发生，工业上一般会先将铜构件置于汞液中使其表面形成一层铜汞齐，提高电极电位，从而在电镀时有效避免了置换银层的出现。

### （3）初步估计水溶液中不同金属离子在阴极析出的次序

在电解过程中，如果电解液中含有不同种类的金属离子，那么标准电极电位更高的金属离子将优先得到电子而被析出。例如，电解含有 $Ag^+$、$Cu^{2+}$、$Fe^{2+}$、$Zn^{2+}$ 的简单盐水溶液时，由于它们各自的标准电极电位分别是 0.799V、0.337V、$-0.44V$、$-0.763V$，因此在阴极上将按照金属银→铜→铁→锌的顺序先后析出。需要指出的是，标准电位序并不是金属析出次序的充分判据，因为根据能斯特电极电位方程，实际上电极的平衡电位还与金属离子的浓度（活度）、离子间的相互作用等其他因素有关。

### （4）粗略构造可逆电池，并判断其正负极性以及计算电动势

一般地，选择两个标准电极电位不同的电极就可以构造出一个可逆电池，其中标准电极电位更低的电极作负极，反之则作正极。以铜锌电池为例，由于金属锌电极（$-0.763V$）比金属铜电极（$+0.337V$）的标准电极电位更负，因此锌电极为负极，铜电极为正极，该电池的标准电动势就是两电极之间的电位差，即 1.10V。如果进一步知道组成该电池电解质的离子活度，那就可以准确计算出电动势。

### （5）判断氧化还原反应进行的方向

如前所述，电极电位越低的还原态物质具有更强的还原性，而对应氧化态物质的氧化性更弱；反之亦然，电极电位越高的氧化态物质具有更强的氧化性，而对应还原态物质的还原性更弱。显然，氧化还原反应自发进行的方向将在电位更低的还原态物质和电位更高的氧化态物质之间进行，而且二者电位相差越大，反应越容易进行且更彻底。还是以铜锌电池为例，由于锌电极比铜电极的标准电极电位更低，因而金属锌的还原性高于金属铜，而铜离子的氧化性高于锌离子。在该电池中锌作还原剂，铜离子作氧化剂。接通电池回路后，电池反应将按照 $Zn+Cu^{2+} \longrightarrow Zn^{2+}+Cu$ 的方向自发进行。

### （6）用以计算各类物理化学参数

通过精确测定标准电极电位和标准电动势，可以计算出各种类型反应的反应平衡常数以及相关的热力学参数（如吉布斯自由能、熵变、焓变等），还可以用来求解电解质溶液的平均活度或活度系数等参数。

在这里，需要再次强调，标准电极电位只是在热力学平衡条件下有用的参数，因此利用它来分析电化学反应时，就不可避免地存在局限性。首先，它并未涉及电极反应的动力学问题，比如反应速度，而只是简单给出了反应发生的可能性。其次，标准电位序中的电极电位基本都是在水溶液和标准状态下的氢标电位，显然，对于涉及非水溶液、气体反应、高温固相反应等情况，标准电极电位都是无能为力的。最后，对于非标水溶液条件，比如改变反应物质的浓度、溶液酸碱度等条件，标准电极电位也只能仅供参考。

# 2.4 可逆电极与不可逆电极

## 2.4.1 可逆电极类型

可逆电极按照其反应的特点，可以划分为以下几种类型。

### （1）阳离子可逆电极

阳离子可逆电极是指金属置于含有该金属阳离子的可溶性盐溶液中所构成的电极，可表示为 M｜$M^{n+}$，这类电极也被称为第一类可逆电极。前面学过的 Zn｜$ZnSO_4$ 和 Cu｜$CuSO_4$ 都隶属于这种电极类型，其主要特点在于，金属阳离子通过电极反应从金属极板上溶解或从电解液中沉积到极板上，通用电极反应可写成：

$$M - ne^- \rightleftharpoons M^{n+}$$

根据能斯特电极电位方程，该电极的平衡电位为：

$$\varphi_e = \varphi^\ominus + \frac{RT}{nF} \ln a_{M^{n+}} \tag{2-17}$$

可见，此类电极的平衡电位与金属阳离子的类别、活度和反应温度有关。

### （2）阴离子可逆电极

阴离子可逆电极是指金属置于该金属难溶性盐和与该难溶性盐具有相同阴离子的可溶性盐溶液中所构成的电极，可表示为 M｜MA(s)，$A^{n-}$，这类电极被称为第二类可逆电极或金属难溶盐电极。前面学过的各类参比电极，比如 Ag｜AgCl(s)，KCl、Hg｜$Hg_2Cl_2$(s)，KCl、Pb｜$PbSO_4$(s)，$SO_4^{2-}$ 等都隶属于这种电极类型，其特点主要在于，电极反应过程中阴离子及其难溶盐在界面间进行溶解或沉积。通用电极反应可写成：

$$MA + ne^- \rightleftharpoons M + A^{n-}$$

根据能斯特电极电位方程，该电极的平衡电位为：

$$\varphi_e = \varphi^\ominus - \frac{RT}{nF} \ln a_{A^{n-}} \tag{2-18}$$

可见，这类电极的平衡电位与阴离子的类别、活度和反应温度有关。

从上面的电极反应式可看到，阴离子在整个过程中并未发生任何改变，真正进行可逆氧化还原反应的物质仍是金属阳离子。因此，该电极类型本质上仍属于阳离子可逆，仅仅是在反应形式上表现为阴离子在固/液界面进行溶解和沉积，所以习惯上仍叫作阴离子可逆电极。

既然发生氧化还原反应的物质是金属阳离子，那为何电极的平衡电位式（2-18）中没有包含阳离子活度呢？这是因为难溶盐中的金属阳离子的活度无法直接测出，只能依靠阴离子的活度来求得，这样采用阴离子活度计算平衡电位更加简便。

接下来我们以 Ag｜AgCl(s)，KCl 电极为例来探讨一下该电极平衡电位与金属阳离子活度、阴离子活度之间的内在联系。

本质上，电极反应 $AgCl + e^- \rightleftharpoons Ag + Cl^-$ 可改写成下面两个组成部分：

① $Ag^+ + e^- \rightleftharpoons Ag$

② $AgCl \rightleftharpoons Ag^+ + Cl^-$

反应①即为阳离子可逆电极，因此，平衡电位可写为：

$$\varphi_e = \varphi^{\Theta'} + \frac{RT}{F}\ln a_{Ag^+} \tag{2-19}$$

反应②是一个非电化学的沉积反应，其反应平衡常数或溶度积为：

$$K_{sp} = a_{Ag^+} a_{Cl^-} \tag{2-20}$$

联立式（2-19）和式（2-20），可得

$$\varphi_e = \varphi^{\Theta'} + \frac{RT}{F}\ln K_{sp} - \frac{RT}{F}\ln a_{Cl^-} \tag{2-21}$$

对比式（2-18）和式（2-21）可知，两式所采用的标准电极电位 $\varphi^{\Theta}$ 和 $\varphi^{\Theta'}$ 是针对不同电极反应的电位，其数学关系为：

$$\varphi^{\Theta} = \varphi^{\Theta'} + \frac{RT}{F}\ln K_{sp} \tag{2-22}$$

可见，阴离子可逆电极的电化学本质虽然是阳离子可逆，但阳离子的活度以沉积反应常数（$K_{sp}$）的形式受制于阴离子活度，因此，电极的平衡电位仍然依赖于阴离子活度。这类电极具有可逆性高、平衡电位稳定、电极制备简单等优点，因而常被制作为参比电极。

### （3）氧化还原电极

氧化还原电极是指将惰性导电极板（如 Pt、石墨、玻碳等）插入化学组分相同但具有不同价态可溶性离子的溶液中所构成的电极，可表示为 $P \mid M^{m+}, M^{(m+n)+}$，这类电极有时称为第三类可逆电极。例如 $Pt \mid Fe(CN)_6^{3+}, Fe(CN)_6^{4+}$、$Pt \mid Fe^{2+}, Fe^{3+}$、$Pt \mid Sn^{2+}, Sn^{4+}$ 等隶属于这一电极类型，其主要特点在于，惰性导电极板本身并不参与电极反应，只起到电子导体作用，电极反应由溶液中两种不同价态离子的氧化还原反应来完成，电极反应可写成：

$$M^{m+} - ne^- \rightleftharpoons M^{(m+n)+}$$

根据能斯特电极电位方程，该电极的平衡电位为：

$$\varphi_e = \varphi^{\Theta} + \frac{RT}{nF}\ln \frac{a_{M^{(m+n)+}}}{a_{M^{m+}}} \tag{2-23}$$

可见，此类电极的平衡电位和溶液中两种离子的活度比以及反应温度有关。

### （4）气体电极

气体电极是指借助惰性极板（如 Pt、石墨、玻碳等）的导电作用，将溶液中的离子通过氧化还原反应在固/液界面上生成气体，可认为是一种气态物质发生氧化还原反应的电极。例如，电解水中的氢电极和氧电极均属于气体电极，电极组成分别为 $Pt, H_2[p(H_2)] \mid H^+[a(H^+)]$ 和 $Pt, O_2[p(O_2)] \mid OH^-[a(OH^-)]$。

根据各自的电极反应

$$2H^+ + 2e^- \rightleftharpoons H_2(g)$$

$$O_2(g) + 2H_2O + 4e^- \rightleftharpoons 4OH^-$$

可以写出电极电位方程式分别为

$$\varphi_e = \varphi^\ominus + \frac{RT}{2F}\ln\frac{a_{H^+}^2}{p_{H_2}} \tag{2-24}$$

$$\varphi_e = \varphi^\ominus + \frac{RT}{4F}\ln\frac{p_{O_2}}{a_{OH^-}^4} \tag{2-25}$$

### 2.4.2 不可逆电极及其特点

除了可逆电极外，许多电化学体系中的电极是不满足热力学可逆条件的，比如，标准电极电位小于零的金属置于酸性溶液所形成的电极，或者铁件在海水中所形成的 Fe｜NaCl 电极。这类电极称为不可逆电极。那么，不可逆电极的电位有什么特点呢？

对于可逆电极，我们知道物质交换和电荷交换必须是可逆的。相应地，如果上述两种交换不可逆的话，那么就会形成不可逆电极。

不可逆电极按照形成条件不同可以分为两种情况，如图 2-8 所示。

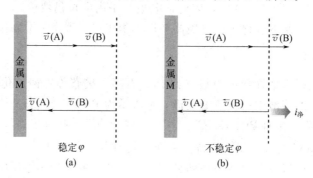

图 2-8　不可逆电极示意

第一种情况：假设电极含有物质 A 和物质 B 的电极反应，如果两种物质的正反应和逆反应速度不相等，则两种物质的交换必定是不可逆的。此时，如果整个电极反应中的电荷交换总量相等的话，那么在界面处就会形成稳定的双电层，此时电极电位仍可以达到稳定状态，具有稳定的电极电位 [图 2-8 (a)]。

第二种情况：如果整个电极反应的电荷交换总量不相等的话，那么就会出现净电流（$i_净$），此时界面处无法形成稳定的双电层，电极电位是不稳定的 [图 2-8 (b)]。以 Zn｜HCl 电极体系为例，金属锌放入盐酸中后，锌的溶解正反应速率（$Zn - 2e^- \longrightarrow Zn^{2+}$）是大于沉积逆反应速率（$Zn^{2+} + 2e^- \longrightarrow Zn$）的，因此出现氧化溶解。与此同时，溶液中的氢离子正逆反应速度也不相等，最终在电极上析出氢气。这种电极不仅物质交换不可逆，电荷交换也不可逆，因此不可逆电极的电位是不稳定的，无法使用能斯特电极电位方程来计算。

为了区别可逆电极的平衡电位，我们把稳定的不可逆电极电位叫作稳定电位。对于同一金属的不同电极体系（比如电解液不同），由于电极反应的类型和速度不一样，因而形成的稳定电位相差很大，这种电位在实际应用中有很大的用处。表 2-2 列出了几种常见金属在不同电解液条件下的电极电位。以铝和锌两种金属为例，如果从标准电极电位来看，由于锌的标准电极电位比铝的更正，似乎铝更容易被腐蚀。然而，从实际情况来看，比如在 3%NaCl 溶液中，铝的稳定电位高达 0.63V，远大于锌的稳定电位（−0.83V），因而铝在这种情况下比锌更耐腐蚀，完全符合实际中铝锌接触腐蚀的规律。

表 2-2　几种常见金属在不同电解液条件下的电极电位（25℃）

| 金属 | 不可逆电极电位 $\varphi$/V | | | | 标准电极电位 $\varphi^{\ominus}$/V |
| | 3%NaCl 溶液 | | 3%NaCl+0.1%$H_2O_2$ 溶液 | | |
| | 开始 | 稳定 | 开始 | 稳定 | |
| --- | --- | --- | --- | --- | --- |
| 铝 | −0.63 | 0.63 | −0.52 | −0.52 | −1.66 |
| 锌 | −0.83 | −0.83 | −0.77 | −0.77 | −0.76 |
| 铬 | −0.02 | 0.23 | 0.40 | 0.60 | −0.74 |
| 铁 | −0.23 | −0.50 | −0.25 | −0.50 | −0.44 |
| 镍 | −0.13 | −0.02 | 0.20 | 0.05 | −0.25 |

稳定电位在电镀领域也具有非常重要的应用。例如，在铁质零件表面电镀一层铜，可以利用稳定电位来判断铜镀层与铁质零件之间的结合力。由于铁的标准平衡电位（−0.441V）比铜的标准平衡电位（0.337V）更低，如果铁质零件置于常规的铜盐电镀液（比如硫酸铜）中，则铁质零件倾向于通过置换反应在其表面形成一层结合力很弱的疏松铜层，严重影响了后续电镀铜的质量。实际上，铁质零件放入镀铜液形成的是不可逆电极，因此，置换反应能否发生不能再使用平衡电位来判断，而应使用稳定电位更为准确。实验表明铁质零件在不同镀铜液中的稳定电位相差很大，如表 2-3 所示。可以看出，当使用氰化物镀铜液时，铜离子与氰根离子将会形成稳定的络合离子，即 $[Cu(CN)_3]^-$，络合离子将大幅降低铜的平衡电位至 −0.614V。而铁在该电解液中的稳定电位为 −0.619V，二者十分接近。此时置换铜难以形成，这样就可以获得结合力很强的高质量铜镀层。

表 2-3　铜和铁在不同电镀液下的电极电位

| 电极电位 | 电镀液 | | |
| | 焦磷酸盐镀铜液 | 三乙醇胺碱性镀铜液 | 氰化物镀铜液 |
| --- | --- | --- | --- |
| 铁的稳定电位/V | −0.422 | −0.250 | −0.619 |
| 铜的平衡电位/V | −0.044 | −0.123 | −0.614 |

## 2.4.3　不可逆电极类型

与可逆电极的分类相似，不可逆电极按照其电极构成也可以分为四类。

### （1）第一类不可逆电极

这类电极是指金属放入不含该金属离子溶液所组成的电极体系，如前面提到的 Zn｜HCl 和 Fe｜$CuSO_4$ 等。以 Zn｜HCl 体系来分析一下不可逆电极电位是如何形成的：当金属 Zn 浸入稀 HCl 中后，金属锌将发生溶解，使电极表面附近产生一定浓度的锌离子，因此锌离子将参与电极过程，最终形成的稳定电位大小必然与锌离子浓度有关。实验表明 Zn 在

1mol/L 的 HCl 溶液中的稳定电位为 $-0.85V$，如果按照能斯特电极电位方程来计算，当锌电极的平衡电位为 $-0.85V$ 时，其锌离子浓度为 $0.001\sim0.1mol/L$，可见，通过锌溶解在电极附近达到这一浓度是完全有可能的。

### （2）第二类不可逆电极

这类电极是指一些标准电极电位比较正的金属，如金属铜和银等，浸入能生成该金属难溶盐或氧化物的溶液中所组成的电极体系，例如，$Cu\,|\,NaOH$、$Cu\,|\,NaCl$、$Ag\,|\,NaCl$ 等。由于生成的难溶物的溶度积很小，非常容易在金属表面析出，表现为阴离子在金属/溶液界面处溶解和沉积，与第二类可逆电极的特点很相似。以 $Cu\,|\,NaOH$ 为例，当铜浸入氢氧化钠溶液中时，由于氢氧化亚铜的溶度积只有 $1\times10^{-14}$，因此铜将与氢氧化钠反应在金属表面形成一层氢氧化亚铜层，显然，这种电极所建立的稳定电位就与氢氧根离子活度或 pH 值有关了。

### （3）第三类不可逆电极

这类电极指的是金属置于具有较强氧化能力的溶液中所形成的电极体系，例如 $Fe\,|\,HNO_3$、$Fe\,|\,K_2Cr_2O_7$ 等。此类电极所建立的不可逆电位主要依赖于溶液中的氧化态物质与还原态物质之间的氧化还原反应，类似于第三类可逆电极，因而也叫作不可逆的氧化还原电极。

### （4）不可逆气体电极

某些氢过电位较低的金属 M 浸入含有氢离子的水溶液中，将会建立起不可逆的氢电极，此时电极反应包括 $H^+ + e^- \Longleftrightarrow H$ 和 $M - ne^- \Longleftrightarrow M^{n+}$ 两个反应，且前者的反应速度远大于后者。因此，该类电极的电位主要依赖于氢的氧化还原，表现出气体电极的特征，因此叫作不可逆气体电极，代表性的电极为 $Fe\,|\,HCl$ 和 $Ni\,|\,HCl$ 等。同理，不锈钢在通气的水溶液中所建立的电位，与氧的分压以及氧在溶液中的扩散速度密切相关，而与金属离子的浓度关系不大，因而表现出氧电极的特征，这种情况就被视作不可逆的氧电极。

## 2.4.4 电极可逆性的判别

在实际应用中，怎么去判别一个电极是可逆电极还是不可逆电极呢？两种电极从结构组成和反应特点上都有很大的不同，因此可以从这两个角度做出初步判断。

例如，金属铜在硫酸铜电解液中所构成的 $Cu\,|\,CuSO_4$ 电极，从电极组成和电极反应特点（$Cu - 2e^- \Longleftrightarrow Cu^{2+}$），初步可以将它判断为阳离子可逆电极（第一类可逆电极）。如果金属铜浸在氢氧化钠电解液中，则构成 $Cu\,|\,NaOH$ 电极，其主要电极反应为：

$$Cu + OH^- - e^- \longrightarrow CuOH$$

$$O + H_2O + 2e^- \longrightarrow 2OH^-$$

式中，O 为吸附在金属/溶液界面上的氧。通过上述电极反应特点，基本可判断其为第二类不可逆电极。

进一步地，可以通过分析理论与实验结果来准确判断。可逆电极的电位可以通过能斯特方程来计算，而不可逆电极的电位是不能的，因此，如果实验获得的电极电位与活度的关系曲线和通过能斯特方程计算的理论曲线相一致的话，则可认为是可逆电极；如果偏差很大，则认为是不可逆电极。实际中某些电极的可逆性还与其离子活度存在很强的相关性，在一定活度范围内电极电位与离子活度的关系符合能斯特方程，呈现出可逆电极的特点，而超出此范围则不再符合，呈现不可逆电极的特点。

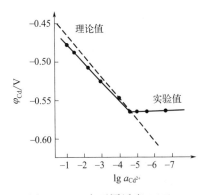

图 2-9　Cd 在不同活度 $CdCl_2$ 溶液中电极电位与活度的关系

　　以 Cd｜$CdCl_2$ 为例，根据电极构成和反应特点，可初步判定为阳离子可逆电极。这种判断是否准确呢？那就需要结合具体实验来进一步验证了。图 2-9 对比了实验测得的 Cd｜$CdCl_2$ 电极电位值和理论电位值。可以看出，当 $\lg a_{Cd^{2+}}$ 在 $-1.0 \sim -4.5$ 之间时，实验值与理论值基本吻合，因此在这一浓度范围内，电极处于可逆状态。当 $\lg a_{Cd^{2+}}$ 小于 $-4.5$ 时，实验值偏离理论值，表明电极已经处于不可逆状态了。

## 2.4.5　电极电位的影响因素

　　电极电位的大小取决于金属/电解液界面形成的双电层结构，因此，影响电极电位的因素主要包括金属性质和电解质溶液性质。其中金属性质包括金属的本性、表面状态、表面成相膜、表面吸附物、机械变形与内应力等等；而电解质溶液性质包括离子的性质与活度、溶液的酸碱度（pH 值）、溶液是否存在氧化剂和络合剂、溶剂的性质、溶解在溶液中的气体。除此之外，外部条件，如温度、压力、光照、高能辐射等，都会对电极电位产生影响。由此可见，影响电极电位的因素十分复杂，必须根据电极体系情况具体分析其影响因素。

　　这里简单讨论几个重要的影响因素。

### （1）电极的本性

　　这里指的是电极的材料组成，从标准电位序可知，不同电极材料的得失电子能力不同，因而在界面形成的电极电位有很大区别。

### （2）金属的表面状态

　　金属加工的表面精度、表面可能形成的氧化物或其他成相膜、表面吸附的各类原子或分子，都对金属的电极电位产生很大影响，甚至导致电极电位的变化值达到 1V。如果在金属表面形成保护性膜层的话，基本会导致电极电位正移；当保护膜被破坏或者溶液中离子对膜的穿透性增强时，则电极电位负移，其变化值可达数百毫伏。如果金属表面吸附气体原子，往往会强烈影响电极电位，一般地，表面氧吸附使电极电位正移，表面氢吸附使电极电位负移。比如，金属铁在 1mol/L KOH 溶液中，如果表面吸附大量氧原子，电极电位为 $-0.27V$，如果是吸附大量氢的话，则电极电位降至 $-0.67V$。

### （3）金属的机械变形和内应力

　　如果金属内部存在机械变形和内应力的话，晶体中金属离子的能量相应就会提高，活性增强，因而更加容易溶解于溶液中形成金属离子。当界面反应达到平衡时，所形成的电极电位就会负移一些。此外，如果机械变形或内应力能够破坏金属表面的保护膜，则电极电位也会变负。可见，金属内部存在的机械变形和内应力往往会造成电极电位负移。

### （4）氧化剂

溶液中如果存在某些氧化剂，例如溶解氧或额外的氧化添加剂，除了吸附氧的作用，还可能形成氧化膜或提高原有保护膜的致密性，因而往往会造成电极电位正移。电位正移程度通常与金属本性有关，如表 2-2 所示，添加 $H_2O_2$ 对金属铝的影响基本可以忽略不计，而对金属铁却产生了近 250mV 的正移。

### （5）络合剂

金属离子在水溶液中总是以水合离子的形式存在，如果溶液中加入某种络合剂，金属离子则会以络合离子的形式存在于溶液中，因而可以通过改变电极反应的性质来影响电极电位的大小，一般情况下，络合剂会降低电极电位，但不同络合剂的影响程度差异很大。

以 $Zn\,|\,ZnSO_4$ 可逆电极体系为例，在常规水溶液中的电极反应为：

$$Zn-2e^- \Longrightarrow Zn^{2+}$$

或

$$Zn+n\,H_2O-2e^- \Longrightarrow Zn(H_2O)_n^{2+}$$

该电极在 25℃时的标准电极电位 $\varphi^\ominus$ 为 $-0.76V$。向溶液加入络合剂 NaCN 后，将会发生如下络合反应：

$$Zn(H_2O)_n^{2+}+4CN^- \Longrightarrow Zn(CN)_4^{2-}+n\,H_2O$$

这意味着溶液中的锌离子将以 $Zn(CN)_4^{2-}$ 的形式存在，因而电极反应将变成：

$$Zn+4CN^- - 2e^- \Longrightarrow Zn(CN)_4^{2-}$$

上述电极反应在 25℃时的标准电极电位 $\varphi^\ominus_{\text{络}}$ 为 $-1.26V$，表明加入络合剂 NaCN 将造成电极电位负移。

金属络合离子存在一个不稳定常数 $K_i$，因此，按照能斯特方程可以推导出络合剂存在时的标准电极电位：

$$\varphi^\ominus_{\text{络}}=\varphi^\ominus+\frac{RT}{nF}\ln K_i \tag{2-26}$$

对于 $Zn\,|\,ZnSO_4$ 可逆电极，有络合剂存在时的电极反应可分解成两个反应：

$$Zn-2e^- \Longrightarrow Zn^{2+} \qquad\qquad \varphi^\ominus=-0.76V$$

$$Zn(CN)_4^{2-} \Longrightarrow Zn^{2+}+4CN^- \qquad K_i=1.3\times10^{-17}$$

则根据式（2-26）可计算得到 $\varphi^\ominus_{\text{络}}=-1.26V$。

在实际应用中，经常会使用络合剂来改变电极电位的大小，从而改变电极反应方向和速度。

### （6）溶剂

从电极电位的形成过程中可知电极电位不仅与材料的得失电子能力有关，还与离子的溶剂化有关。由于金属离子在不同溶剂中的溶剂化形式不同，从而改变电极电位，这一特性经常被用来调控电极反应速度。例如，$Na\,|\,Na^+$ 在水溶剂中的标准电极电位为 $-2.714V$，而在甲醇和乙醇溶剂中的标准电极电位分别为 $-2.728V$ 和 $-2.657V$。

# 2.5 液接电位与膜电位

## 2.5.1 液接电位及其来源

在电化学体系中，除了电极和电解质溶液之间存在液-固相界面外，电解质溶液之间也可能产生液-液相界面，例如，$Zn \mid ZnSO_4 \parallel Cu \mid CuSO_4$ 的丹尼尔电池中两种不同组分电解液之间会产生相界面。因此，如果两种电解质溶液的组分不同或者浓度不同的话，那么在液-液相界面就会产生相间电位，这种电位叫作液体接界电位，简称液接电位，用符号 $\varphi_j$ 表示。

产生液接电位的原因在于两种电解液的组分或浓度不同，带电粒子（如阴离子或阳离子）将自发地从电化学位高的相向电化学位低的相发生扩散迁移，由于带电粒子的扩散运动速度不同，导致在液-液相界面形成双电层，产生一定的电位差。因而这种因扩散迁移速度不同而造成的液接电位也叫作扩散电位。

下面以两个简单的例子来说明一下液接电位形成的基本原则。

图 2-10 所示为两种浓度或活度不同的 $AgNO_3$ 溶液相接触形成的液接电位。假设左侧溶液活度（$a_1$）小于右侧溶液活度（$a_2$），则液-液相界面两侧存在浓度梯度，$Ag^+$ 和 $NO_3^-$ 将从高浓度向低浓度一侧扩散。离子性质不同的 $Ag^+$ 和 $NO_3^-$ 在同一电解液中的扩散运动速度不同，实验表明 $NO_3^-$ 要比 $Ag^+$ 的扩散迁移速度快得多，因此，$NO_3^-$ 在单位时间内通过液-液相界面的扩散量更多，导致界面左侧的 $NO_3^-$ 过剩，右侧则是 $Ag^+$ 过剩，从而在界面两侧形成离子双电层，产生一定的液接电位。随着界面两侧的过剩异号离子不断积累，液接电位随之增大。液接电位将通过静电作用逐渐降低 $NO_3^-$ 的扩散运动速度，同时提高 $Ag^+$ 的扩散迁移速度。当二者的扩散迁移速度相等时，在液-液相界面就会形成一个相对稳定的液接电位。

图 2-11 所示为活度相同组分不同的 $AgNO_3$ 和 $HNO_3$ 溶液相接触形成的液接电位。对于 $NO_3^-$，由于两侧活度相同，因而不发生净扩散。液-液相界面发生扩散的主要是 $H^+$ 和 $Ag^+$，同上分析，因为 $H^+$ 要比 $Ag^+$ 的扩散迁移速度快得多，所以在液-液相界面两侧就会形成左正右负的离子双电层，当 $H^+$ 和 $Ag^+$ 在界面处的扩散迁移速度相等时，在液-液相界面就建立起一个相对稳定的液接电位。

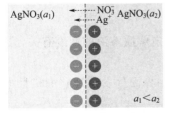

图 2-10 两种不同活度 $AgNO_3$
溶液形成的液接电位

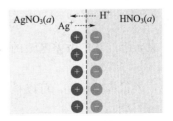

图 2-11 $AgNO_3$ 和 $HNO_3$
溶液形成的液接电位

## 2.5.2 浓差电池

浓差电池是指将同一材料的电极分别进入组分相同但浓度或活度不同的电解质溶液中所构成的电池。因为两种电解质溶液相互接触，带电离子就会通过扩散跨越液-液相界面发生不同程度的迁移，因此，这类电池也被称为有迁移的浓差电池。

图 2-12 所示为 $Ag \mid AgNO_3(a_1) \parallel Ag \mid AgNO_3 (a_2)$ 有迁移的浓差电池的示意。显然，液-液相界面两侧的带电粒子会因浓度差进行不可逆的扩散，因而这个电池是不可逆的，无法通过实验测得该电池的电动势。然而，如果将液-液相界面设计得使两种溶液进行缓慢的滞留，则可以获得相对稳定且易于重现的界面，此时扩散过程就处于稳定的状态，这种条件下的浓差电池也近似视作可逆电池，从而可以利用热力学的方法进行近似计算。

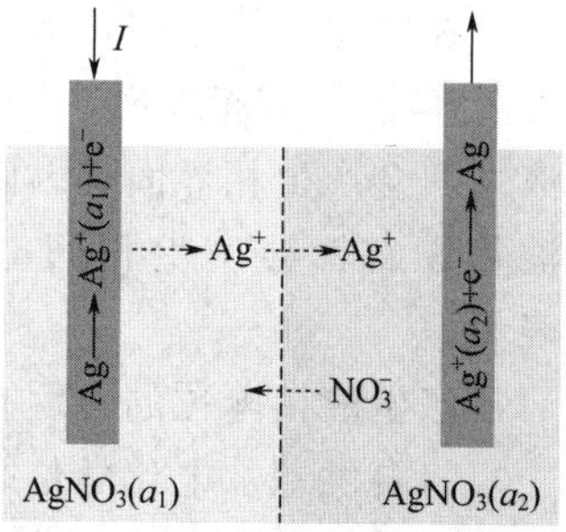

图 2-12 $Ag \mid AgNO_3(a_1) \parallel$
$Ag \mid AgNO_3(a_2)$
有迁移的浓差电池

上述浓差电池在各个区域的电极反应和扩散反应为：

阳极（左侧）：$Ag \longrightarrow Ag^+(a_1) + e^-$

阴极（右侧）：$Ag^+(a_2) + e^- \longrightarrow Ag$

液-液相界面：$t_+ Ag^+(a_1) \longrightarrow t_+ Ag^+(a_2)$

$t_- NO_3^-(a_2) \longrightarrow t_- NO_3^-(a_1)$

电池总反应为：$t_- AgNO_3(a_2) \longrightarrow t_+ AgNO_3(a_1)$

式中，$t_+$ 和 $t_-$ 分别表示 $Ag^+$ 和 $NO_3^-$ 的迁移数，且 $t_+ + t_- = 1$。

根据能斯特电动势方程，可得：

$$E = E^\ominus + \frac{RT}{F} \ln \left( \frac{a_2}{a_1} \right)^{t_-} \tag{2-27}$$

由于阴极和阳极是同一种电极，因此标准电动势等于零。

因此，

$$E = t_- \frac{RT}{F} \ln \frac{a_2}{a_1} \tag{2-28}$$

如果采用平均活度取代电解质活度，则根据 $a_\pm^\nu = a$，$\nu = \nu_+ + \nu_-$，有：

$$E = 2t_- \frac{RT}{F} \ln \frac{a_{2\pm}}{a_{1\pm}} \tag{2-29}$$

由此可见，有迁移的浓差电池的电动势不仅与两种电解质溶液的活度有关，还与离子迁移数有关。

类似地，根据扩散反应，可以推导出离子在液-液相界面处发生迁移的扩散电位（即液接电位）：

$$\varphi_j = (t_- - t_+) \frac{RT}{F} \ln \frac{a_{2\pm}}{a_{1\pm}} \tag{2-30}$$

显然，阴离子和阳离子的迁移数相差越大，则形成的液接电位就越大。以 HCl 为例，

因为 $t(H^+) = 0.821$，$t(Cl^-) = 0.179$，所以两侧电解液的活度每相差 10 倍，就会造成 37.9mV 的液接电位；当 $t_+ \approx t_-$ 时，则产生的液接电位可忽略不计，比如 KCl 溶液，由于 $t(K^+) = 0.4906$，$t(Cl^-) = 0.5094$，因而两侧电解液的活度每相差 10 倍时也仅仅产生 1.1mV 的液接电位。

### 2.5.3 液接电位的消除

尽管液接电位的数值一般只有几十毫伏，比电池电动势至少小一个数量级，但它的存在仍然会干扰高精度电位的测量，严重影响电化学体系中热力学参数（如电动势、平衡电位）的计算。需要指出的是，式（2-30）是基于某些近似条件和假设推导而来的公式，从中可以看出液接电位的计算需要各种离子的迁移数，而迁移数又是浓度的函数，这种函数关系目前还无法准确得知，并且浓度又会随扩散过程而不断发生变化，从而影响离子活度。此外，液-液相界面上的浓度梯度与两个液相的接界形式息息相关，比如两个溶液是直接接触还是用隔膜分开，是静止的还是流动的。可见，准确定量分析液接电位的数值是十分困难的。

考虑到液接电位是一个不稳定的、难以准确计算和测量的参数，因而在实际测量过程中，应尽量消除液接电位的影响，或者使之降到可以忽略的程度。

为了降低液接电位，往往会使用一种"盐桥"来连接两个电解质溶液。"盐桥"是由一种高浓度电解质溶液所组成的，主要起扩散作用。换句话说，全部电流几乎全由盐桥中离子带过液-液相界面；此外，溶液中阳离子和阴离子的扩散迁移速度应尽量相近，因为迁移速度越相近，离子迁移数也越相近，根据式（2-30）可知，此时液接电位越小。

高浓度 KCl 溶液经常被用于制作盐桥，这是因为 $K^+$ 和 $Cl^-$ 的离子迁移率或离子迁移数非常接近。例如，在 0.1mol/L HCl 溶液和 0.1mol/L KCl 溶液之间使用 3.5mol/L 饱和 KCl 溶液作为盐桥，测得的液接电位只有 1.1mV，远低于直接接触下的液接电位（28.2mV）。为了方便使用，实验中常常将饱和 KCl 溶液加入琼脂配成胶体，然后填充到 U 型玻璃管中获得盐桥，盐桥两端分别与两种电解质溶液相连接，凝胶状电解液可以有效抑制两侧溶液的流动。图 2-13 所示为 KCl 盐桥在 $Zn \mid ZnSO_4 \parallel Cu \mid CuSO_4$ 丹尼尔电池中使

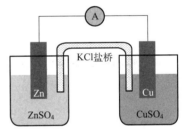

图 2-13 丹尼尔电池使用
盐桥降低液接电位

用的示意图，其中"$\parallel$"代表盐桥，表示已经消除了液接电位或已将液接电位降到最低。

盐桥所使用的电解质溶液除了需要满足浓度高和离子迁移数相近这两个基本条件外，还必须避免与电化学体系中的电解质溶液发生不可逆反应。例如，含有可溶性银盐或汞盐的电解质溶液不能使用 KCl 盐桥，而应当使用阴阳离子迁移数也很相近的饱和硝酸铵或高浓度硝酸钾溶液作为盐桥。

降低液接电位的另一种可能的方式是向两种电解质溶液中加入大量的、具有相近阴阳离子迁移率且与电化学体系无关的局外电解质，此时溶液中大部分电荷的传输将由局外电解质来承担，导致电化学体系中自身离子的迁移数变得很小，因此，根据式（2-30），液接电位也将显著降低。

### 2.5.4 膜电极与膜电位

膜电极是指采用一种半透活性膜将两种电解质溶液隔开，且这种膜只允许某一特定离子

通过，从而在膜附近区域建立电化学渗析平衡，产生膜电位。由此可见，膜电极具有对特定离子选择性响应的功能，也叫作离子选择性电极，可以作为指示电极用于检测溶液中某种特定离子的活度，因而通常用来制作电化学传感器。

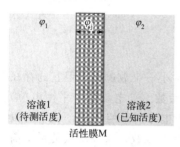

图 2-14 膜电极的结构与电位

图 2-14 所示为一个膜电极的结构示意。一般左侧是未知待测溶液 1，右侧是某一已知活度的内参比溶液 2，半透活性膜将两种溶液隔开。假设活性膜只允许 $i$ 离子通过，$i$ 离子在溶液 1 和溶液 2 中的内电位分别为 $\varphi_1$ 和 $\varphi_2$，$i$ 离子通过活性膜发生扩散迁移，从而在膜两侧形成浓度梯度，产生了一定的扩散电位（$\varphi_j$）。当 $i$ 离子扩散迁移达到平衡时，在整个膜两侧就会形成一个电位差，叫作膜电位，用 $E_M$ 表示：

$$E_M = \varphi_2 - \varphi_1 + \varphi_j \tag{2-31}$$

$i$ 离子处于平衡状态时，其在两侧溶液和活性膜中的电化学位必然相等，即：

$$\mu_{i,1} + n_i F \varphi_1 = \mu_{i,2} + n_i F \varphi_2 \tag{2-32}$$

因此，

$$\varphi_2 - \varphi_1 = \frac{\mu_{i,1} - \mu_{i,2}}{n_i F} \tag{2-33}$$

根据化学位等温式 $\mu_i = \mu_i^\ominus + RT \ln a_i$，有

$$\varphi_2 - \varphi_1 = \frac{\mu_{i,1}^\ominus - \mu_{i,2}^\ominus}{n_i F} + \frac{RT}{n_i F} \ln \frac{a_{i,1}}{a_{i,2}} \tag{2-34}$$

假设两侧溶液均为水溶液，则 $i$ 离子在两种溶液中的标准化学位相等，于是

$$\varphi_2 - \varphi_1 = \frac{RT}{n_i F} \ln \frac{a_{i,1}}{a_{i,2}} \tag{2-35}$$

代入式（2-31），可得

$$E_M = \frac{RT}{n_i F} \ln \frac{a_{i,1}}{a_{i,2}} + \varphi_j \tag{2-36}$$

因为溶液 2 的组成是恒定的，那么活度 $a_{i,2}$ 可以视为常数。对于给定的膜电极，$i$ 离子在活性膜内达到平衡时的扩散电位 $\varphi_j$ 也可以视为常数，因此上式可以进一步简化为

$$E_M = C + \frac{RT}{n_i F} \ln a_{i,1} \tag{2-37}$$

这表明膜电位 $E_M$ 只与待测溶液 1 中 $i$ 离子的活度有关，且二者呈对数关系。膜电极或离子选择性电极就是基于这一数学关系原理制成的。从式（2-36）可以看出，膜电位包含了不可逆的扩散电位，因而是一个非平衡电位。

膜电位是无法直接测量的，一般需要借助参比电极：即在待测溶液 1 和溶液 2 中分别放置一个参比电极来确定 $i$ 离子在这两种溶液中的电位。这两个参比电极分别叫作外参比电极和内参比电极，从而组成如下的测试电池：

外参比电极 1‖待测溶液 1│活性膜│溶液 2│内参比电极 2

因此，所测出的膜电位其实是基于参比电极的电动势。首先选择标准溶液作为待测溶液，所测电动势就是常数项 $C$；然后测试待测溶液的膜电位，根据式（2-37），就可以获得 $i$ 离子在待测溶液中的活度。

活性膜种类包括液体膜、固体膜、高分子膜、生物膜等。基于膜电极制备的电化学传感器在医药、环境监测以及工业过程控制等领域有广泛的应用。其中最为常见的是测量 pH 的玻璃电极，可以看作是一个 $H^+$ 选择性电极，其内、外参比电极分别为 $Ag│AgCl$ 电极和饱和甘汞电极（SCE）。由于电极电位只和 $H^+$ 活度有关，测试过程中首先测定一个已知 pH 值的缓冲溶液，然后通过矫正 pH 计上的 pH 数值获得常数 $C$，最后测试待测溶液即可直接读出 pH 值。

# 2.6 电化学腐蚀与 Pourbaix 图

## 2.6.1 金属的电化学腐蚀

金属腐蚀是常见的现象，它是指金属表面在外围介质的化学或电化学作用下导致材料变质和损坏的过程。大多数金属腐蚀都是由电化学腐蚀造成的，接下来从电化学腐蚀的角度来讨论一下金属的腐蚀与防护问题。

金属的电化学腐蚀是一个由两个电极组成的短路电化学体系。在腐蚀过程中，金属在阳极区失去电子发生氧化反应形成金属离子，外围介质中的某些物质则在阴极区得到电子发生还原反应，反应产生的离子通过外围电解液介质定向输运，电子则通过金属本身进行传导，从而形成了一个回路。腐蚀是一个自发的过程，整个腐蚀反应的原理本质上与原电池相同，区别在于电化学腐蚀是短路的，因此也被称为腐蚀电池或短路的原电池。电化学腐蚀所释放的化学能无法转化为有用的电能对外做功，而是转化为无用的热能逸散到周围环境中，最终结果就是造成金属材料不断被破坏。

实际中，金属腐蚀就是由无数微小的短路原电池引起的。在这里，以最典型的金属铁腐蚀为例，具体说明一下铁的腐蚀电池反应，如图 2-15 所示，反应类型与其所处的介质环境有关。

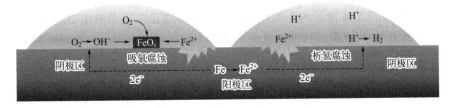

图 2-15　金属铁电化学腐蚀示意

大多数情况下，金属铁是处于潮湿的空气中，凝结在金属表面的水膜成为离子导体介质，溶解于水中的氧则成为氧化剂，因此，腐蚀反应为：

阳极：$Fe-2e^- \longrightarrow Fe^{2+}$

阴极：$O_2+2H_2O+4e^- \longrightarrow 4OH^-$

总反应：$2Fe+2H_2O+O_2 \longrightarrow 2Fe(OH)_2$

上述反应生成的 $Fe(OH)_2$ 在氧气环境下将逐渐被氧化,形成含水的 $Fe_3O_4$ 或 $Fe_2O_3$,即铁锈。可见,金属铁的电化学腐蚀就是铁与氧气在水介质中发生氧化还原反应形成铁锈的过程,因而这类腐蚀也叫作吸氧腐蚀。

如果金属铁处于酸性溶液中,比如吸收并溶解了空气中的二氧化硫、氮氧化合物的水膜,那么 $H^+$ 就会成为主要的氧化剂,此时腐蚀反应就会变成:

阳极:$Fe-2e^- \longrightarrow Fe^{2+}$

阴极:$2H^+ + 2e^- \longrightarrow H_2$

总反应:$Fe + 2H^+ \longrightarrow Fe^{2+} + H_2$

此时腐蚀产物就是氢气和溶解于溶液中的 $Fe^{2+}$,这一过程也叫析氢腐蚀。如果金属铁还暴露在空气环境中,溶解的 $Fe^{2+}$ 还会被氧气继续氧化成 $Fe^{3+}$,新生成的 $Fe^{3+}$ 也能作为氧化剂继续腐蚀金属铁($2Fe^{3+} + Fe \longrightarrow 3Fe^{2+}$),这样就形成了一个恶性循环,腐蚀速率将大幅提高。此外,如果金属含有杂质,这些杂质与金属本身的电位不尽相同,也可构成短路电池引起腐蚀。

## 2.6.2 Pourbaix 图及其绘制

世界上每年因金属腐蚀而造成的直接或间接经济损失是非常巨大的,腐蚀所带来的社会危害也是十分惊人的。因此,金属的腐蚀防护成为人们急切解决的重要问题。为了更好地做好防腐工作,就有必要深入了解电化学腐蚀机理。20 世纪 30 年代比利时学者 Pourbaix 等人制作了金属的电极电位-pH 图用于研究金属腐蚀问题,取得了令人瞩目的成效,并引起了广泛的关注。

Pourbaix 图指的就是金属与溶液之间可能发生的各类反应的平衡电极电位与溶液 pH 图之间的关系图。通过该图,可以清晰地判断出电化学体系中发生各种化学或电化学反应必须具备的电位和 pH 值条件,也可用来判断给定条件下发生某化学或电化学反应的可能性,因而成为研究金属腐蚀与防护的重要工具。

腐蚀中最常遇到的溶液介质是水,本节主要讨论金属与水组成的电化学体系。根据反应是否有 $H^+$ 或电子参与,可以将其分为三种类型。

### (1)纯化学反应

这是一种有 $H^+$ 但没有电子参与的化学反应。既可以是发生在液相中的均相反应,也可以是在发生固-液或液-气界面上的异相反应。例如:$Fe^{2+} + 2H_2O \rightleftharpoons Fe(OH)_2(s) + 2H^+$。

这类反应的通式为:$a\,A + c\,H_2O \rightleftharpoons b\,B + d\,H^+$

其反应平衡常数 $K$ 为:

$$K = \frac{a_B^b a_{H^+}^d}{a_A^a a_{H_2O}^c} \tag{2-38}$$

因为 $pH = -\lg a(H^+)$,对式(2-38)取对数,可得:

$$pH = -\frac{1}{d}\lg K + \frac{1}{d}\lg\frac{a_B^b}{a_A^a} \tag{2-39}$$

可见,这类反应的平衡依赖于溶液的 pH 值。在一定反应温度下,平衡常数 $K$ 保持不变，此时 pH 值只与物质 A 和 B 的活度有关，而与电极电位无关。在电极电位-pH 图（Pourbaix 图）中表现为一组垂线，其中每条垂线都对应于一定反应物质的活度。

（2）无 $H^+$ 参与的电化学反应

这类反应的通式可写成：$a\mathrm{A}+n\mathrm{e}^- \Longrightarrow b\mathrm{B}$。

例如：$\mathrm{Fe}^{2+}+2\mathrm{e}^- \Longrightarrow \mathrm{Fe(s)}$

反应达到平衡时，根据能斯特电极电位方程可知：

$$\varphi = \varphi^\ominus + \frac{2.3RT}{nF}\lg\frac{a_A^a}{a_B^b} \tag{2-40}$$

上式没有与 $H^+$ 有关的表达项，表明此类电化学反应的平衡取决于电极电位，而与溶液的 pH 值无关。在一定反应温度下，平衡电极电位由 $a_A$ 和 $a_B$ 共同决定。在电极电位-pH 图中表现为一组平行于 pH 轴的水平线，每一组 $a_A$ 和 $a_B$ 对应于图中的一条水平线。

（3）有 $H^+$ 参与的电化学反应

前面学过的标准氢电极的电极反应：$2\mathrm{H}^++2\mathrm{e}^- \Longrightarrow \mathrm{H}_2(\mathrm{g})$，就是一个典型的有 $H^+$ 参与的电化学反应。

这类反应的通式可写成：$a\mathrm{A}+m\mathrm{H}^++n\mathrm{e}^- \Longrightarrow b\mathrm{B}+c\mathrm{H}_2\mathrm{O}$。

反应达到平衡时，根据能斯特电极电位方程有：

$$\varphi = \varphi^\ominus + \frac{RT}{nF}\ln\frac{a_A^a a_{H^+}^m}{a_B^b} \tag{2-41}$$

即

$$\varphi = \varphi^\ominus + \frac{2.3RT}{nF}\lg\frac{a_A^a}{a_B^b} - \frac{2.3RT}{nF}m\times\mathrm{pH} \tag{2-42}$$

上式表明该反应的平衡既与溶液 pH 值有关，也与电极平衡电位有关。在一定反应温度和条件下，电极的平衡电位与 pH 值呈线性关系，斜率 $-2.3RTm/nF$。在电极电位-pH 图中，其图像表现为一组相互平行的斜线，每一组 $a_A$ 和 $a_B$ 都对应于图中的一条斜线。

把一个电化学体系中所有可能反应的平衡条件绘制于同一个电极电位-pH 图中，就得到了该体系的电化学平衡图，即 Pourbaix 图。

## 2.6.3　水的 Pourbaix 图

水是日常生活中最常见的溶剂介质，也是导致金属腐蚀的重要因素之一。首先以纯水为例来分析一下水的电化学平衡图。

纯水中的组分包括 $\mathrm{H}_2\mathrm{O}$、$\mathrm{H}^+$ 和 $\mathrm{OH}^-$，可能发生的电极反应包括两个：

(a) $2\mathrm{H}^++2\mathrm{e}^- \Longrightarrow \mathrm{H}_2(\mathrm{g})$

(b) $2\mathrm{H}_2\mathrm{O}-4\mathrm{e}^- \Longrightarrow 4\mathrm{H}^++\mathrm{O}_2(\mathrm{g})$

在 25℃时，两个反应的标准电极电位 $\varphi_a^\ominus=0\mathrm{V}$，$\varphi_b^\ominus=1.229\mathrm{V}$，根据式（2-42）可知反应的平衡条件分别为：

$$\varphi_a = -0.0591\text{pH} - 0.0296\lg p_{H_2} \tag{2-43}$$

$$\varphi_b = 1.229 - 0.0591\text{pH} + 0.0148\lg p_{O_2} \tag{2-44}$$

当氢气和氧气为一个标准大气压时，有：

$$\varphi_a = -0.0591\text{pH} \tag{2-45}$$

$$\varphi_b = 1.229 - 0.0591\text{pH} \tag{2-46}$$

显然，在电化学平衡图中，这是两条斜率为 $-0.0591$ 且间距为 $1.229\text{V}$ 的平行线（a）和（b），如图 2-16 所示。

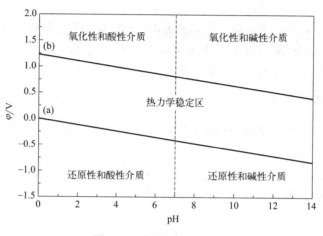

图 2-16 水的电化学平衡

对于反应（a），斜线（a）上的每一点都对应于一个 pH 值下的电极平衡电位。在斜线下方区域，反应（a）处于不平衡状态，区域中任何位置都比反应（a）的平衡电位更负，这意味着电极上有剩余负电荷的积累，将大幅提高反应（a）的正反应速度来消耗负电荷，以力图恢复反应的平衡状态，因此，斜线（a）下方区域具有显著的还原性，将发生还原反应析出氢气。

同理，斜线（b）上的每一点都是反应（b）平衡条件。在斜线上方区域，反应（b）处于不平衡状态，区域中任何位置都比反应（b）的平衡电位更正，表明电极上有剩余正电荷的积累，将大幅提高反应（b）的正反应速度来消耗正电荷，以力图恢复反应的平衡状态，因此，斜线（b）上方区域具有显著的氧化性，将发生氧化反应析出氧气。

可见，只有在斜线（a）和（b）之间的区域，水才不会发生分解形成氢气和氧气，这一区域被认为是水的热力学稳定区。

根据酸碱理论，$H^+$ 活度等于 $OH^-$ 活度可视为中性条件，此时 pH=7，以 pH=7 为界线，在电位-pH 图中，pH<7 和 pH>7 的区域则分别为酸性溶液和碱性溶液。

利用溶液的酸碱性和氧化还原性，水的电位-pH 图可划分为如图 2-16 所示的几个区域。因此，从图中可以清楚地判断出在某一电极电位和 pH 条件下将发生的电化学反应。

## 2.6.4 Fe-H$_2$O 的 Pourbaix 图的绘制及分析

铁是许多领域中最常使用的金属材料。本小节将以 Fe-H$_2$O 为例来介绍并绘制一下金属的 Pourbaix 图，并以此来分析金属铁的腐蚀性与防护手段。

从上一小节可以看出，Pourbaix 图的绘制一般有以下几个步骤：

① 首先列举体系中可能存在的化学组分及其标准化学位数值；

② 分析各组分的特点以及它们之间可能存在的化学作用，推断体系中可能发生的各类化学反应和电化学反应；

③ 通过查表或计算电化学反应的标准电位数值，计算出各反应的平衡条件；

④ 根据平衡条件，在电位-pH 坐标系中做出 Pourbaix 图。

接下来按照上述步骤来构建 $Fe-H_2O$ 的 Pourbaix 图。

第一步，找出 $Fe-H_2O$ 体系中可能存在的化学组分，并给出它们的标准化学位数值，如表 2-4 所示。

表 2-4 25℃下 $Fe-H_2O$ 体系中可能存在的化学组分及其标准化学位 $\mu^\ominus$

| 物态 | 组分 | 符号 | $\mu^\ominus/(kJ/mol)$ |
|---|---|---|---|
| 液态 | 水 | $H_2O$ | $-238.446$ |
| | 氢离子 | $H^+$ | $0$ |
| | 氢氧根离子 | $OH^-$ | $-157.297$ |
| | 亚铁离子 | $Fe^{2+}$ | $-84.935$ |
| | 铁离子 | $Fe^{3+}$ | $-10.586$ |
| | 偏铁酸根离子 | $HFeO_2^-$ | $-337.606$ |
| 固态 | 铁 | $Fe$ | $0$ |
| | 氢氧化亚铁 | $Fe(OH)_2$ | $-483.545$ |
| | 氢氧化铁 | $Fe(OH)_3$ | $-694.544$ |
| 气态 | 氢气 | $H_2$ | $0$ |
| | 氧气 | $O_2$ | $0$ |

第二步，根据表 2-4 中的化学组分，分析它们之间的相互作用，推断 $Fe-H_2O$ 体系中可能发生的化学反应和电化学反应，如表 2-5 所示。

表 2-5 25℃下 $Fe-H_2O$ 体系中可发生的各类反应及其平衡条件

| 序号 | 反应方程 | $\varphi^\ominus/V$ | 反应平衡条件 |
|---|---|---|---|
| (a) | $2H^+ + 2e^- \rightleftharpoons H_2$ | $0$ | $\varphi_a = -0.0591pH$ |
| (b) | $2H_2O \rightleftharpoons O_2 + 4H^+ + 4e^-$ | $1.229$ | $\varphi_b = 1.229 - 0.0591pH$ |
| (1) | $Fe^{2+} + 2e^- \rightleftharpoons Fe$ | $-0.440$ | $\varphi_1 = -0.440 + 0.0296lga(Fe^{2+})$ |
| (2) | $Fe^{3+} + e^- \rightleftharpoons Fe^{2+}$ | $0.771$ | $\varphi_2 = 0.771 - 0.0591lg[a(Fe^{3+})/a(Fe^{2+})]$ |
| (3) | $Fe(OH)_3 + e^- \rightleftharpoons HFeO_2^- + H_2O$ | $-0.810$ | $\varphi_3 = -0.810 + 0.0591lga(HFeO_2^-)$ |
| (4) | $Fe(OH)_2 + 2H^+ + 2e^- \rightleftharpoons Fe + 2H_2O$ | $-0.045$ | $\varphi_4 = -0.045 - 0.0591pH$ |
| (5) | $Fe(OH)_3 + H^+ + e^- \rightleftharpoons Fe(OH)_2 + H_2O$ | $0.271$ | $\varphi_5 = 0.271 - 0.0591pH$ |
| (6) | $Fe(OH)_3 + 3H^+ + e^- \rightleftharpoons Fe^{2+} + 3H_2O$ | $1.057$ | $\varphi_6 = 1.057 - 0.1773pH - 0.0591lga(Fe^{2+})$ |

| 序号 | 反应方程 | $\varphi^{\ominus}/V$ | 反应平衡条件 |
|---|---|---|---|
| (7) | $HFeO_2^- + 3H^+ + 2e^- \rightleftharpoons Fe + 2H_2O$ | 0.493 | $\varphi_7 = 0.493 - 0.0886pH + 0.0296 \lg a(HFeO_2^-)$ |
| (8) | $Fe(OH)_2 + 2H^+ \rightleftharpoons Fe^{2+} + 2H_2O$ | — | $\lg a(Fe^{2+}) = 13.29 - 2pH$ |
| (9) | $Fe(OH)_2 \rightleftharpoons HFeO_2^- + H^+$ | — | $\lg a(HFeO_2^-) = -18.3 + pH$ |
| (10) | $Fe(OH)_3 + 3H^+ \rightleftharpoons Fe^{3+} + 3H_2O$ | — | $\lg a(Fe^{3+}) = 4.84 - 3pH$ |

从表 2-5 可以看出，$Fe-H_2O$ 体系中的各种反应按照 2.6.2 部分可以分为三类。

反应（1）、（2）和（3）属于没有 $H^+$ 参与的电化学反应，根据式（2-40）可以建立反应的平衡条件。以反应（1）为例，其中 $\varphi^{\ominus} = -0.440V$，$n = 2$，可得：

$$\varphi_1 = -0.440 + 0.0296 \lg a(Fe^{2+})$$

根据不同的 $Fe^{2+}$ 活度，就可以在 Pourbaix 图中画出一组平行的水平线。

反应（4）、（5）、（6）和（7）属于有 $H^+$ 参与的电化学反应，根据式（2-42）可以建立反应的平衡条件。以反应（4）为例，其中 $\varphi^{\ominus} = -0.045V$，$n = 2$，可得：

$$\varphi_4 = -0.045 - 0.0591pH$$

可见，$\varphi_4$ 与 pH 值的关系反映在 Pourbaix 图中是一条斜率为 $-0.0591$ 的斜线，与其他反应物质无关。

反应（8）、（9）和（10）属于有 $H^+$ 参与的纯化学反应，根据式（2-39）可以建立反应的平衡条件。以反应（8）为例，该反应在 25℃ 下的平衡常数 $K = 10^{13.29}$，代入可得：

$$\lg a(Fe^{2+}) = 13.29 - 2pH$$

从上式可以看出电极电位与 pH 值无关，不同 $Fe^{2+}$ 活度与 pH 值的关系在 Pourbaix 图中表现为一组平行的垂直线。

采用类似的处理方法，对其他反应的平衡条件或电极电位-pH 值关系进行分析，去除图线相交后的多余部分，就可以绘制成 $Fe-H_2O$ 体系的 Pourbaix 图。图 2-17 所示为 $a(Fe^{2+}) = 1$、$a(Fe^{3+}) = 1$、$a(HFeO_2^-) = 10^{-6}$ 条件下的 Pourbaix 图。图中两条虚线为水在 25℃ 一个标准大气压下的 Pourbaix 图，是一个竞争反应。

图 2-17 中的每一条线都是一条两个物相间的平衡线，对应于表 2-5 中的一个平衡反应。例如，平衡线（2）代表液相中 $Fe^{2+}$ 和 $Fe^{3+}$ 之间的平衡线。三条平衡线的交点表示三个物相的平衡点，例如，平衡线（2）、（6）和（10）的交点就是 $Fe(OH)_3$、$Fe^{2+}$ 和 $Fe^{3+}$ 之间的平衡点。因此，Pourbaix 图也被叫作电化学相图。从这个相图中，可以清晰地找出各个物相的热力学稳定区域，以及物相之间发生反应所需的电极电位和 pH 条件。例如，在平衡线（1）、（4）和（7）下方区域属于固相 Fe 的热力学稳定区；如果要形成 $Fe(OH)_2$，则电极电位和 pH 值必须位于平衡线（4）、（5）、（8）和（9）所包围的区域中。

从 Pourbaix 图还可以判断在水溶液中电沉积金属的可能性。根据图 2-17，析氢线（a）位于析铁线（1）之上，因而在酸性溶液中，阴极易于析氢而难以沉积金属铁。而在中性或碱性溶液中，由于阴极表面易于形成金属氧化物或氢氧化物使其钝化。因此，通过简单的铁离子水溶液来电沉积金属铁是难以实现的。

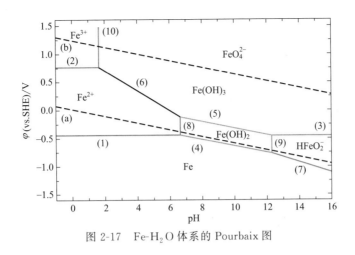

图 2-17　Fe-H$_2$O 体系的 Pourbaix 图

### 2.6.5　Fe-H$_2$O 的电化学腐蚀图及其分析

在实际条件下，难溶物 Fe(OH)$_2$ 和 Fe(OH)$_3$ 经常会发生脱水或氧化形成 Fe$_3$O$_4$ 和 Fe$_2$O$_3$，因此，如果以固相 Fe、Fe$_3$O$_4$ 和 Fe$_2$O$_3$ 为反应或生成物质，则相应的反应及其平衡条件就会发生转变，如表 2-6 所示。

表 2-6　25℃下 Fe-H$_2$O 体系中可发生的各类反应及其平衡条件

| 序号 | 反应方程 | $\varphi^{\ominus}$/V | 反应平衡条件 |
|---|---|---|---|
| （a） | $2H^+ + 2e^- \rightleftharpoons H_2$ | 0 | $\varphi_a = -0.0591 \text{pH}$ |
| （b） | $2H_2O \rightleftharpoons O_2 + 4H^+ + 4e^-$ | 1.229 | $\varphi_b = 1.229 - 0.0591 \text{pH}$ |
| （1） | $Fe^{2+} + 2e^- \rightleftharpoons Fe$ | $-0.440$ | $\varphi_1 = -0.440 + 0.0296 \lg a(Fe^{2+})$ |
| （2） | $Fe^{3+} + e^- \rightleftharpoons Fe^{2+}$ | 0.771 | $\varphi_2 = 0.771 - 0.0591 \lg[a(Fe^{3+})/a(Fe^{2+})]$ |
| （3） | $Fe_3O_4 + 8H^+ + 8e^- \rightleftharpoons 3Fe + 4H_2O$ | $-0.085$ | $\varphi_3 = -0.085 - 0.0591 \text{pH}$ |
| （4） | $Fe_3O_4 + 2H_2O + 2e^- \rightleftharpoons 3HFeO_2^- + H^+$ | $-1.82$ | $\varphi_5 = -1.82 + 0.0296 \text{pH} - 0.089 \lg a(HFeO_2^-)$ |
| （5） | $Fe_3O_4 + 8H^+ + 2e^- \rightleftharpoons 3Fe^{2+} + 4H_2O$ | 0.98 | $\varphi_5 = -0.98 - 0.236 \text{pH} - 0.089 \lg a(Fe^{2+})$ |
| （6） | $3Fe_2O_3 + 2H^+ + 2e^- \rightleftharpoons 2Fe_3O_4 + H_2O$ | 0.221 | $\varphi_4 = 0.221 - 0.0591 \text{pH}$ |
| （7） | $Fe_2O_3 + 6H^+ + 2e^- \rightleftharpoons 2Fe^{2+} + 3H_2O$ | 0.728 | $\varphi_6 = 0.728 - 0.1773 \text{pH} - 0.0591 \lg a(Fe^{2+})$ |
| （8） | $HFeO_2^- + 3H^+ + 2e^- \rightleftharpoons Fe + 2H_2O$ | 0.493 | $\varphi_7 = 0.493 - 0.0886 \text{pH} + 0.0296 \lg a(HFeO_2^-)$ |
| （9） | $Fe_2O_3 + 6H^+ \rightleftharpoons 2Fe^{3+} + 3H_2O$ | — | $\lg a(Fe^{3+}) = -0.72 - 3\text{pH}$ |

在腐蚀学中，当与金属或难溶物发生平衡的可溶性离子浓度小于 $10^{-6}$ mol/L 时，可视为该物质是不溶解的，即不发生腐蚀。如果可溶性离子的浓度大于 $10^{-6}$ mol/L，则认为该物质容易发生腐蚀。因此，金属 Pourbaix 图中的 $10^{-6}$ mol/L 等溶解度线可被看作是金属发生腐蚀或不腐蚀的分界线，根据此溶解度线做出的图称为金属的腐蚀图。图 2-18 所示为 $a(Fe^{2+}) = a(Fe^{3+}) = a(HFeO_2^-) = 10^{-6}$ 条件下的金属腐蚀图。

根据图 2-18，可以清楚地掌握金属的腐蚀倾向。基于物质所在区域存在的形态，可以将腐蚀图划分成三个区域，如图 2-19 所示：

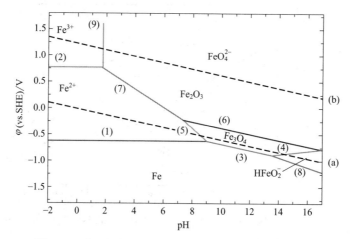

图 2-18　基于固相 Fe、$Fe_3O_4$ 和 $Fe_2O_3$ 的 Pourbaix 图

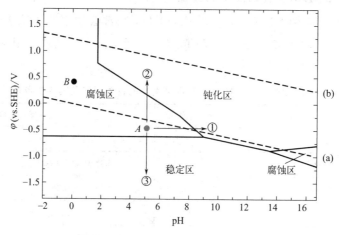

图 2-19　金属 Fe 的电化学腐蚀

① 稳定区或免蚀区　这个区域是金属的热力学稳定区，即在该区域内的所有电极电位和 pH 值条件下，金属能够稳定存在而不发生腐蚀。此外，还可看到这个区域同样位于平衡线（a）之下，意味着这也是氢的稳定区，溶液中的 $H^+$ 可以还原成氢原子或氢分子。因此，在热力学上，该区域有向金属发生渗氢而产生氢脆的倾向。

② 钝化区　该区域处于热力学稳定状态的是将金属与电解液介质分隔的金属难溶物，如金属氧化物、氢氧化物或其他难溶性盐。如果这层难溶物能够均匀覆盖在金属表面上，则可作为保护膜使金属失去活性而免于腐蚀，因此叫作钝化区。如 $Fe-H_2O$ 体系中，金属铁被 $Fe(OH)_2$ 或 $Fe(OH)_3$（或 $Fe_3O_4$、$Fe_2O_3$）所覆盖区域即是钝化区。

③ 腐蚀区　此区域稳定存在的是金属的各种可溶性离子，如 $Fe^{2+}$、$Fe^{3+}$、$HFeO_2^-$ 等，金属在这个区域是热力学不稳定的，有发生腐蚀的倾向。

一般地，金属铁在腐蚀区内存在两种腐蚀机理。

假若铁位于平衡线（a）和（1）之间的腐蚀区，如图 2-19 所示的 $A$ 点，则在此条件下，将在热力学上发生如下腐蚀反应：

阳极反应：$Fe \longrightarrow Fe^{2+} + 2e^-$

阴极反应：$2H^+ + 2e^- \longrightarrow H_2$

腐蚀电池反应：$Fe + 2H^+ \longrightarrow Fe^{2+} + H_2$

可见，铁在此处发生的是析氢腐蚀。反应所形成的氢原子或分子有向金属渗氢而发生氢脆的可能。

假若铁位于平衡线（a）与（b）之间的腐蚀区，如图 2-19 所示的 B 点，此时在热力学上将发生氧的还原反应，其腐蚀反应如下：

阳极反应：$Fe \longrightarrow Fe^{2+} + 2e^-$

阴极反应：$2H^+ + 1/2O_2 + 2e^- \longrightarrow H_2O$

腐蚀电池反应：$Fe + 2H^+ + 1/2O_2 \longrightarrow Fe^{2+} + H_2O$

这个区域与析氢腐蚀机理显著不同，发生的是吸氧腐蚀。

### 2.6.6　金属的电化学防腐保护

腐蚀带来的危害是巨大的，如何控制腐蚀仍然是当前研究的重要课题。从金属 Fe 的电化学腐蚀图可看出，通过控制电极电位和 pH 值可以控制金属的腐蚀。因此，可以根据该图来分析控制金属腐蚀的方法。

仍以图 2-19 中 A 点位置的铁为例，要达到防止金属铁腐蚀的目的，可以采取以下可能的措施将铁移出腐蚀区：

① 调整电解质溶液的 pH。从图 2-19 可以看出，加入碱性物质将电解质溶液的 pH 提高至 9~13 之间，可以较好地使金属铁进入钝化区。在这里需要注意防止溶液 pH 过高，导致形成可溶性 $HFeO_2^-$ 而失去防腐作用。特别指出的是，采用钝化方式来实现防腐的效果严重依赖于金属难溶物保护层的性质，如果保护层均匀而致密的话，那就能达到很好的防腐效果。对于金属铁来说，由于钝化层中的 $Fe_3O_4$、$Fe_2O_3$ 等含水氧化物非常疏松，很难获得理想的防腐效果，这也是 Pourbaix 图的局限所在。

② 提高一定的电极电位使金属铁进入钝化区。一般有两种实现方式：一是阳极保护法，以金属铁作阳极，通入一定的电流使其发生阳极极化，从而提高电位进入钝化区，在金属表面形成一层氧化物保护膜；二是在电解质溶液中加入阳极缓蚀剂或氧化剂，例如聚磷酸盐、聚硅酸盐、铬酸盐、重铬酸盐、硝酸钠等，使金属表面形成一层钝化膜，从而提高金属的电极电位及抗腐蚀性能。

③ 阴极保护法，通过降低金属的电极电位使其进入稳定区，主要是采用外接电源或恒电位仪，被保护金属连接负极，辅助电极连接正极，调节电流或功率使金属的阴极电位到达稳定区。此外，还可以采用牺牲阳极法，通过连接活泼金属，与被保护金属（作阴极）形成短路原电池，例如镀锌的铁件在海水中，锌作阳极，铁作阴极，发生腐蚀的是锌，金属铁则得到了保护。

### 2.6.7　金属 Pourbaix 图的局限性

首先，金属 Pourbaix 图只是从热力学角度来分析金属发生腐蚀的倾向，从中获取的防腐措施也只停留在热力学层面上，并未包含动力学的信息。因此，无法通过此图来判断腐蚀速度和防腐效果。

其次，实际的电化学体系往往十分复杂，比如温度的变化、电解质溶液是否含有局外离子、金属基体中是否存在其他合金元素等等，这些因素对电化学平衡将会产生很大影响，使得理论反应偏离平衡条件。

最后，理论计算中的 pH 值指的是整个电解质溶液的 pH 值，在实际体系中，由于扩散等因素的影响，往往造成金属各个位置的 pH 值有所差别。例如，阳极反应区的 pH 值通常更低，而阴极反应区的 pH 值则稍高些，这些局部 pH 值的差别最终会影响电极电位的判断。

可见，金属 Pourbaix 图的局限性也正是电化学热力学的不足之处。如果要充分利用该理论去指导实践，并解决电化学中遇见的实际问题，则需要结合电化学动力学和热力学共同去深入研究。

# 思考题

1.形成相间电位的原因是什么？构成相间电位有哪些情形？一个电化学体系中可能存在哪些相间电位？

2.电化学位和化学位有什么不同之处？为何电极的绝对电位无法测量？

3.可逆电极的条件有哪些？可逆电极的类型有哪些？如何判断一个电极是不是可逆电极？

4.液接电位是如何形成的？它会对电极电位产生什么影响？如何消除或降低这种影响？

5.试阐述膜电极的工作原理及其应用。

6.已知 25℃时，电池 Ag｜AgCl(s)，HCl($a$)，$Hg_2Cl_2$(s)｜Hg 的电动势为 45.5mV，温度系数为 0.338mV/K，试写出该电池的电极反应和电池反应，以及在该温度下通过 1F 电量时的 $\Delta G$、$\Delta H$ 和 $\Delta S$。

7.已知 25℃时，电池 Cd｜$CdCl_2$(0.01mol/L)，AgCl(s)｜Ag 的电动势为 0.7585V，该电池的标准电动势为 0.5732V，计算该浓度 $CdCl_2$ 的平均活度系数 $\gamma_{\pm}$。

8.已知电池 Pt｜$H_2$(1atm)｜$H_2O$(pH=3)｜$Sb_2O_3$(s)｜Sb 在 25℃时标准吉布斯自由能变 $\Delta G$ =8364J/mol。写出该电池的电极和电池反应，并计算其电动势。

9.已知电极反应 $Cu^{2+}+2e^- \rightleftharpoons Cu$ 和 $Cu^+ +e^- \rightleftharpoons Cu$ 的标准平衡电位分布为 0.337V 和 0.52V，试计算 $Cu^{2+}+e^- \rightleftharpoons Cu^+$ 的标准平衡电位以及 $\Delta G$，并判断此条件下反应自发进行的可能性和行进方向。

10.已知金属 $Zn$-$H_2O$ 体系中可能发生的反应包括：

$Zn^{2+}+2e^- \rightleftharpoons Zn$ $\qquad\qquad$ $\varphi^{\ominus}=-0.763V$

$Zn(OH)_2+2H^+ \rightleftharpoons Zn^{2+}+2H_2O$ $\qquad$ lg $K$ =10.96

$ZnO_2^{2-}+2H^+ \rightleftharpoons Zn(OH)_2$ $\qquad\qquad$ lg $K$ =29.78

$Zn(OH)_2+2H^++2e^- \rightleftharpoons Zn+2H_2O$ $\quad$ $\varphi^{\ominus}=-0.427V$

$ZnO_2^{2-}+4H^++2e^- \rightleftharpoons Zn+2H_2O$ $\qquad$ $\varphi^{\ominus}=-0.440V$

根据上述反应,试建立 $Zn$-$H_2O$ 体系 Pourbaix 图,并分析说明锌在水溶液中的稳定电位为-0.90V 时,在什么 pH 条件下不发生腐蚀。

11.浓度为 0.5443mol/L 和 0.2711mol/L 的无水甲醇硫酸溶液分别用 $A_1$ 和 $A_2$ 表示。已知下面三个电池 Pt｜$H_2$(1atm)｜$A_1$，$Hg_2SO_4$(s)｜Hg、Pt｜$H_2$(1atm)｜$A_2$，$Hg_2SO_4$(s)｜Hg

和 $Hg_2SO_4(s)|Hg$，$A_1|A_2$，$Hg_2SO_4(s)|Hg$ 的电动势分别为 598.9mV、622.6mV 和 17.49mV。试求 25℃时硫酸根离子和氢离子在甲醇溶液中的迁移数。假设迁移数与浓度无关。

12. 假设溶液中含有 0.001mol/kg 的 $ZnSO_4$ 和 0.01mol/kg 的 $CuSO_4$，溶液 pH＝5，假设 25℃时用惰性电极以无限小的电流进行电解，并充分搅拌溶液。试分析：

(1)阴极优先析出的是哪种金属？

(2)当后沉积的金属也开始沉积时，先析出的金属离子的剩余浓度是多少？

# 第 3 章

# 电极/溶液界面的结构与性质

电极/溶液界面是一个位于两个基体相之间的过渡区域,是各类电化学反应发生的重要场所。在电化学研究中,电极/溶液界面结构指的是剩余电荷在界面层的分布情况及其与电极电位之间的关系;界面性质指的是界面层处的物理化学性质。显然,界面的结构与性质必然会对电化学反应产生重要的影响,主要体现在以下两个方面。

首先,电极/溶液界面是由两种异号电荷层组成的双电层结构,两个电荷层之间的距离在原子埃级别,因此,即使电极电位只有 1.0V,假设两个电荷层间距为 1Å(1Å=0.1nm),那么电极/溶液界面处的电场强度也将达到 $10^{10}$ V/m。而电化学反应是由带电粒子(如电子、离子)参与的氧化还原反应,那么电荷在两相间发生迁移的过程必然会受到这个强界面电场的影响。界面电场强度如此之高,必将对电化学反应速度产生巨大的改变,甚至会激活某些常规条件下难以发生的电化学反应。考虑到电极电位可以通过人为控制来实现连续变化,因此可以通过改变电极电位来调控电化学反应速度,这也是电化学反应所独具的一大特色。

其次,电极/溶液界面是由电极材料和电解质溶液组成的,那么两侧物质的基本物理化学性质或表面状态都会显著影响电极/溶液界面的结构和性质,进而影响电化学反应的性质和速度。例如,在相同电极电位和电解质溶液下,使用铂电极获得的析氢反应($2H^+ + 2e^- \rightleftharpoons$ $H_2$)速度远高于使用汞电极获得的反应速度,二者的反应速度差距达到惊人的 $10^7$ 倍以上。又如,在电解质溶液中加入表面活性剂或络合剂,也将显著影响电极反应速度,这在金属腐蚀与防护中已得到广泛的应用。

可见,要实现对电化学反应性质和速度的有效调控,就必须深入研究电极/溶液界面的基本结构与性质,对充分理解电化学反应过程的动力学规律具有重要的科学意义。

## 3.1 理想极化电极

界面结构与界面性质存在紧密的内在联系。能够反映界面性质的参数包括界面张力、微分电容、电极表面剩余电荷密度等,这些参数可以通过设计实验来测量,从而获得其与电极电位之间的数学关系。利用这些实验结果,我们就可以将之与理论界面结构模型推演出来的数值进行比较,如果二者吻合度较高,那么该理论界面结构模型就具备合理性。

为了准确弄清界面结构,首先需要选择一个合适的电极体系用于测量界面参数,这对研究界面结构及其性质至关重要。一般来说,当电流通过一个电极时,常规电极体系可以等效成如图 3-1(a)所示的电路图。

这个电路由以下两个部分组成。

① 电荷可以参与建立或改变双电层结构。电极电位的大小与双电层结构中的电荷量有关,电流通过电极时,就会有一小部分电荷参与建立或改变双电层结构,从而形成具有一定电

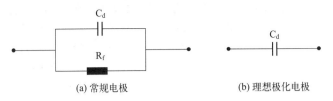

图 3-1　电极体系的等效电路

极电位的双电层结构,这个过程相当于给一个电容器充电,在电路中引起短暂的电流。因此,可以等效成一个电容器元件($C_d$)。

② 电荷参与电化学反应。电化学反应通过得失电子不断消耗电量,因此,要维持一定的反应速度,就必须向电极持续地输入电流,这部分消耗掉的电量就相当于电流通过一个电阻元件($R_f$)。

因此,一个电极体系的等效电路就是由一个电容器元件和一个电阻元件并联而成。如果要研究电极/溶液界面的结构与性质,就需要外部输入的电流全部用于建立或改变界面结构和电极电位,这样就可以获得在某一电极电位下建立双电层结构所需的电量,从而准确测定电极电位与界面参数之间的对应关系。我们把这种在界面处不发生任何电化学反应的电极体系叫作理想极化电极,其等效电路如图 3-1(b)所示。

那么,什么样的电极才可以用作理想极化电极呢? 实际上,绝对的理想极化电极是不存在的。对于某些特殊的电极体系,只有在一定的电极电位范围内才能视作理想极化电极。在电化学研究中最典型用作理想极化电极的是滴汞电极,它是由高纯液态金属汞和氯化钾溶液所构成的一个电极体系。

在该体系中,当电极电位低于 $-1.6$V 时,发生还原反应 $K^+ + e^- \rightleftharpoons K$,当电极电位高于 $+0.1$V 时,发生氧化反应 $2Hg \rightleftharpoons Hg_2^{2+} + 2e^-$。

因此,只有当电极处于 $-1.6 \sim +0.1$V 的电位区间时,滴汞电极才不会发生电化学反应,此时才满足用作理想极化电极的使用条件。

# 3.2　电毛细曲线

## 3.2.1　界面张力

界面是指两个不相溶的两相互相接触后形成的一个只有几个分子厚度的过渡层。常见的界面包括固-液界面、固-气界面、固-固界面、液-气界面、液-液界面。如果其中一相为气体,则习惯上称这种界面为表面。

界面层分子与体相内部分子所处的环境不同:在体相内部,各分子受到周围邻近相同分子的作用力是对称的;而在界面层的分子,既受到体相内部同种分子的作用,又受到性质不同的另一相分子的作用,由于这两种作用力不一定会相互抵消。因此,界面层就会产生一定的力,这种力就叫作界面张力,用符号 $\sigma$ 表示,可定义为单位界面面积内两相分子相对于本相内部相同数量的分子过剩自由能的加和值。

例如,对于液-气界面,液体内部分子对界面层分子的内聚力远大于外部气体分子对其的吸引力,其合力的结果就是界面层分子有向液体内部自动收缩的趋势,以降低液体的表面积,这种具有收缩能力的界面张力常常也叫作该液体界面或表面张力,可以看成是作用在单位长度液体界面上的收缩力,它是液滴力图保持球形的内在原因。液体界面张力的方向与液面相切,并与液面的任何两部分分界线垂直,其数值与界面自由能相等,与液体的性质和温度有关。

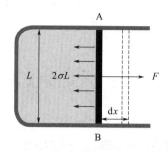

图 3-2　界(表)面张力和界面自由能定义的物理模型

界面张力的力学定义可通过图 3-2 所示的物理模型来表示。假设金属环内有一张液体膜(阴影部分),右端是一个可以自由移动且宽度为 $L$ 的 AB 边,要使体系达到力的平衡,则需要施加一个外力 $F$,因此界面张力就可定义为:

$$\sigma = F/2L \tag{3-1}$$

该界面的自由能可通过设计一个可逆的做功过程来定义:假设 AB 边在力 $F$ 的作用下可逆地移动了 $\mathrm{d}x$ 的距离,由于体系的最终变化就是增加了液膜的表面积 $\mathrm{d}S = 2L\mathrm{d}x$,则该可逆过程所做的功全部转变为表面自由能 $\mathrm{d}G_\mathrm{S}$,由此可定义出表面自由能:

$$\mathrm{d}G_\mathrm{S} = F\mathrm{d}x \tag{3-2}$$

联立式 (3-1) 和式 (3-2),可得

$$\sigma = \mathrm{d}G_\mathrm{S}/\mathrm{d}S \tag{3-3}$$

从式 (3-1) 和式 (3-3) 的定义可知,界面张力就是单位长度所受拉力的数值或单位表面积上的界面自由能,单位为 N/m 或 J/m$^2$。

## 3.2.2　电毛细曲线的测量

毛细管现象是将一根管径很细的管子直插入液体中,由于液体、气体、固体接触面上受到表面张力的作用,液体会在管内爬升或下降的现象。界面张力最早就是对毛细管现象观察所提出的概念。

假设密度为 $\rho$ 的液体在管径为 $r$ 的毛细管内,液面上升高度为 $h$,则根据拉普拉斯公式,可导出 $h$ 与界面张力 $\sigma$ 之间的关系曲线为:

$$h = \frac{2\sigma\cos\theta}{\rho g r} \tag{3-4}$$

对于电极/溶液界面,同样也存在这种界面张力。在电化学体系中,这种界面张力不仅与界面层的物相组成有关,还与电极电位 ($\varphi$) 有关。换句话说,电极/溶液的界面张力会随电极电位的变化而发生改变,这种现象就称为电毛细现象。如果把界面张力与电极电位的关系绘制成一个曲线,则获得了电毛细曲线。

1875 年,法国物理学家李普曼(Lippmann)发明了一种极为灵敏的毛细管静电计,其结构如图 3-3 所示。实验中一般选取液态金属汞作为工作电极,饱和甘汞电极用作辅助兼参比电极,这一装置可以观察到毫伏级别的心电信号,此发明设计获得了 1908 年诺贝尔物理学奖。毛细管静电计非常有利于研究电毛细曲线,当金属汞电极浸入下方溶液时,由于界面张力的作用,金属汞和溶液之间就会形成一个凸起的界面。如果溶液可以完全润湿毛细管,则根据汞柱高度 ($h$),就可以通过关系式 (3-4) 计算出界面张力。而金属汞的电极电位则可以利用外电源来调控,在不同的电极电位下,调节贮汞瓶的高度可以保持恒定汞/溶液界面位置（通过显微镜观察），最终可以测出汞柱高度，并由此计算出不同电极电位下的界面张力（$\sigma$）。

为了保证界面张力只随电极电位的改变而变化，就必须确保外电源所输入的电荷全部用来建立界面结构，也就是说，在实验测定的电极电位范围内，金属汞电极属于理想工作电极，此时就可以绘制出 $\sigma$-$\varphi$ 电毛细曲线。

通过毛细管静电计测出的电毛细曲线如图 3-4 所示，可以看到曲线类似于一个开口向下的抛物线，最高点对应于电极表面剩余电荷为零的情形。由于电极/溶液界面的同一侧携带的是同种符号的剩余电荷，无论是正电荷还是负电荷，同性电荷总是相互排斥，力图扩大界面，这与界面张力力图收缩界面的作用刚好相反，因此，当电极/溶液界面携带剩余电荷时，界面张力总是会降低，且界面剩余电荷密度（$q$）越大，界面张力就下降得越多。考虑到界面剩余电荷密度的大小与电极电位密切相关，因而电毛细曲线会呈现类抛物线式的形状。

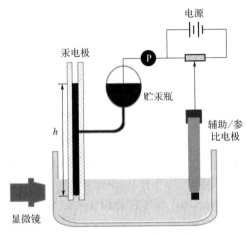

图 3-3　毛细管静电计测量电毛细曲线

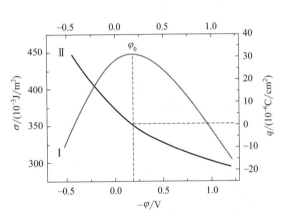

图 3-4　电毛细曲线 $\sigma$-$\varphi$（Ⅰ）与界面剩余电荷密度-$\varphi$ 曲线（Ⅱ）

### 3.2.3　李普曼方程

界面张力与电极电位之间的数学关系式可以通过热力学方法从理论上推导出来。按照 Gibbs 等温吸附方程可知，界面张力（$\sigma$，$J/m^2$）的变化与界面处所吸附的 $i$ 粒子吸附量（$\Gamma_i$，$mol/cm^2$）有如下关系：

$$d\sigma = -\sum \Gamma_i d\mu_i \qquad (3-5)$$

一般地，不带电的固相中不存在可自由移动使其在界面吸附的粒子，但对于电极体系而言，其电极电位与电子有关，因而在电极/溶液界面处，除了考虑电解质溶液相中的吸附粒子，还可以将电子视为电极一侧可自由移动而在界面吸附的粒子。如果电极界面剩余电荷密度为 $q(C/cm^2)$，则电子的吸附量为：

$$\Gamma_e = -\frac{q}{F} \qquad (3-6)$$

相应地，电子的化学位变化为：

$$d\mu_e = -Fd\varphi \tag{3-7}$$

联立式（3-6）和式（3-7），有：

$$\Gamma_e d\mu_e = qd\varphi \tag{3-8}$$

如果将电子作为一种特殊粒子单独列出，则式（3-5）可变成：

$$d\sigma = -\sum \Gamma_i d\mu_i - qd\varphi \tag{3-9}$$

考虑到在电毛细曲线的测量电位范围内，电极体系处于理想极化状态，不会发生任何电化学反应，因此电解质溶液的化学组分是不变的，这意味着任一化学组分的 $d\mu_i$ 均等于 0，于是式（3-5）可变为：

$$d\sigma = -qd\varphi \tag{3-10}$$

改写成微分形式有：

$$q = -\left(\frac{\partial\varphi}{\partial\sigma}\right)_{\mu_i} \tag{3-11}$$

上式即为利用热力学理论推导而来的电毛细曲线的微分方程，也叫作李普曼方程。下面利用式（3-11）来简要分析一下图 3-4 所示的电毛细曲线。

当界面剩余电荷密度为零时，即 $q=0$，即 $\partial\sigma/\partial\varphi=0$，电极/溶液界面处没有离子双电层，因而不存在因同性电荷相斥而力图扩大界面的作用力，此时界面张力达到最大值，对应于电毛细曲线的最高点，所对应的电极电位称为零电荷电位，用符号 $\varphi_0$ 表示。

当电极界面剩余电荷密度为正时，即 $q>0$，则 $\partial\sigma/\partial\varphi<0$，意味着界面张力随着电极电位变正而降低，对应于电毛细曲线的上升分支，即左半部分。

当电极界面剩余电荷密度为负时，即 $q<0$，则 $\partial\sigma/\partial\varphi>0$，意味着界面张力随着电极电位变负而降低，对应于电毛细曲线的下降分支，即右半部分。

可见，不管电极界面存在的是正剩余电荷还是负剩余电荷，界面张力都会伴随着剩余电荷密度的增大而降低。根据李普曼方程，可以通过电毛细曲线的斜率计算出某一电极电位下的界面剩余电荷密度 $q$，同时也可以获得零电荷电位值和界面剩余电荷密度的正负性质。

### 3.2.4 离子界面剩余量

对于在电极/溶液界面处形成的离子双电层，一般地，在金属电极一侧的剩余电荷源自电子的过剩或贫乏，而在溶液一侧的剩余电荷则来自电解液离子在界面层的浓度变化，也就是说，离子会在界面层发生吸附，导致不同离子在界面层的浓度与其在电解液中的本体浓度有所差别。当金属一侧电子过剩带负电时，则在界面处会通过静电作用吸附阳离子，使得阳离子在界面层中的浓度高于其本体浓度，同时阴离子在界面层中的浓度低于其本体浓度；当金属一侧电子贫乏带正电时，阴阳离子的浓度分布情况则刚好相反，如图 3-5 所示。

界面剩余量（$\Gamma$）是指在垂直于电极表面的单位截面积电解液液柱中，在有离子双电层与无离子双电层存在时某种离子的物质的量的差量。因此，在电解液一侧的剩余电荷密度（$Q_s$）等于界面层中所有离子的界面剩余量之和，假设离子的价数用 $z$ 表示，存在 $n$ 种离子，则：

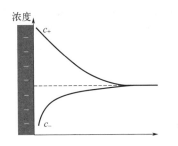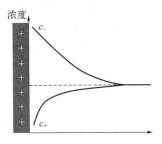

图 3-5　不同荷电状态下电极/溶液界面层中离子浓度的变化曲线

$$Q_s = \sum_{i=1}^{n} z_i F \Gamma_i \tag{3-12}$$

根据电中性原则，有 $Q_s = -q$。

因此，利用电毛细曲线就可以测定离子界面剩余量，实际推导过程可参考相关专业书籍。

图 3-6 给出了在 0.1mol/L 的不同电解质溶液中，金属汞电极上阴离子和阳离子的界面剩余量（或用剩余电荷密度表示）随电极电位变化的曲线，图中小竖线为零电荷电位的位置。从图中可以观察到，当汞电极表面携带负电荷时，此时电极电位低于零电荷电位，对应于曲线的右半部分，随着电极电位不断变负，阳离子剩余电荷密度随之增大，而阴离子剩余电荷密度变化不甚明显，表明携带负电荷的电极界面容易吸附阳离子，而对阴离子的吸附影响不大，这种变化符合库仑静电吸附作用的一般规律。

当汞电极表面携带正电荷时，此时电极电位高于零电荷电位，对应于曲线的左半部分，随着电极电位不断变正，阴离子剩余电荷密度随之显著增大。值得关注的是，此时阳离子剩余电荷密度也会随之增大，这种现象已经无法再用纯粹的库仑静电吸附作用来解释了。此外，在不同电解质中，不同吸附离子随电极电位的电荷

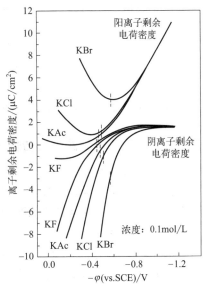

图 3-6　不同电解质溶液中阴阳离子<br>界面剩余量随电极电位变化的曲线

密度变化率差别很大，比如，KCl 和 KBr 溶液中的阳离子剩余电荷密度增长率远高于 KF 溶液，表明在界面层中形成的双电层结构与离子本性之间存在密切关系，必然还存在除库仑静电吸附作用之外的其他作用。可见，要弄清楚双电层的具体结构，就必须厘清其影响因素，并阐明其对双电层结构及其性质的影响规律。

# 3.3　微分电容曲线

## 3.3.1　平板电容器

图 3-7 所示为平板电容器的结构示意，由两块相互平行的金属极板组成，中间被一层电

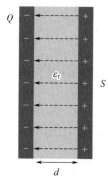

图 3-7 平板电容器
的结构示意

介质薄层隔开。当两个金属极板分别携带等量异号的电荷（$Q$）时，极板间就会形成一定的电压（$U$）。显然，平板电容器具备存储电荷的能力，一般采用电容（$C$）来表示，单位为法拉，符号为 F，其物理意义表示单位电压下储存电荷的能力，即：

$$C = Q/U \tag{3-13}$$

假设两个极板之间的距离为 $d$，电介质的相对介电常数为 $\varepsilon_r$，则单位面积平板电容器的电容可写成

$$C = \frac{\varepsilon_0 \varepsilon_r}{d} \tag{3-14}$$

式中，$\varepsilon_0$ 为真空中的介电常数。

显然，平板电容器的电容与极板面积、介电常数成正比，与极板间距成反比。如果平板电容器的结构参数（面积、极板间距）和电介质材料固定的话，那么平板电容器的电容就是一个恒定数值，与器件是否带电无关。如果用 $W$ 表示平板电容器所能存储的能量，则其能量公式为：

$$W = \frac{1}{2}QU = \frac{1}{2}CU^2 \tag{3-15}$$

对于任意非平板电容器，都可以视作由若干个微小的平板电容器串联或并联而成。

### 3.3.2 界面双电层的电容特性

在一个电极体系中，电极电位的变化是由电极/溶液界面处剩余电荷量引起的，表明这种界面具备存储电荷的能力，类似于电容器的特点。因此，可以把电极/溶液界面的两个剩余电荷层看作是平板电容器的两个极板，前面我们把理想极化电极等效成电容器件就是基于这样的一个特性。

然而，电极/溶液界面层的结构与电极电位、离子本性、离子浓度、电极表面性质等诸多因素有关，因而其双电层电容比平板电容器更加复杂，并不完全是一个恒定值，为了更加精确表达这种电容行为，一般采用微分电容 $C_d$ 来定义界面双电层的电容器，即：

$$C_d = \frac{\mathrm{d}q}{\mathrm{d}\varphi} \tag{3-16}$$

可见，微分电容就是引起电极电位微小变化所需引入界面的电荷量，或者说，界面上电极电位发生微小变化时所具备的存储电荷的能力。

根据李普曼方程（3-11），很容易从电毛细曲线推导出微分电容值，则式（3-16）可变换为

$$C_d = -\frac{\partial^2 \sigma}{\partial \varphi^2} \tag{3-17}$$

如果利用电毛细曲线确定了零电荷电位 $\varphi_0$，则可以通过积分计算出在某一电极电位下，电极/溶液界面的剩余电荷密度 $q$：

$$q = \int_0^q \mathrm{d}q = \int_{\varphi_0}^{\varphi} C_d \mathrm{d}\varphi \qquad (3\text{-}18)$$

同时，也可以计算出 $\varphi_0 \sim \varphi$ 之间的平均电容值 $C_i$：

$$C_i = \frac{q}{\varphi - \varphi_0} = \frac{1}{\varphi - \varphi_0} \int_{\varphi_0}^{\varphi} C_d \mathrm{d}\varphi \qquad (3\text{-}19)$$

### 3.3.3 微分电容曲线

采用经典的交流电桥法可以精确地测出界面双电层的微分电容。图 3-8 给出了滴汞电极在不同浓度氯化钾溶液中实验测得的微分电容曲线。

从图中曲线可以看到，微分电容并不是一个恒定值，而是会随着电极电位和电解液浓度的不同不断发生变化。通过仔细观察，可得到以下一些现象和规律。

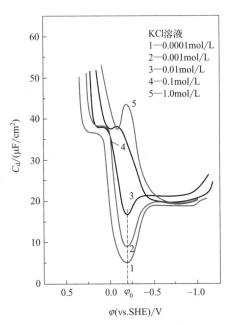

图 3-8　滴汞电极在不同浓度
氯化钾溶液中的微分电容曲线

① 在相同的电极电位下，微分电容会随着电解液浓度的升高而增大。如果把界面双电层类比为一个平板电容器，那么根据式（3-14）可知，电容值的增大，代表着组成双电层的两个剩余电荷层之间的有效距离 $d$ 减小了，表明双电层的精细结构会随电解液浓度变化而发生改变。

② 当氯化钾浓度低于 $0.01\mathrm{mol/L}$ 时，微分电容曲线会出现一个最低值，而且浓度越小，这个极值越低。随着浓度的升高，比如 $0.1\mathrm{mol/L}$ 的氯化钾溶液，曲线上就不再出现最低值了。研究表明，微分电容出现最低值所在的电极电位就是零电荷电位（$\varphi_0$），对应着电毛细曲线上的最高点。以零电荷电位为界线，可以将微分电容曲线分成两个部分，电极电位高于零电荷电位的左侧曲线（$\varphi > \varphi_0$），对应的电极界面剩余电荷密度 $q$ 为正值；而 $\varphi < \varphi_0$ 的右侧曲线对应的电极界面剩余电荷密度 $q$ 为负值。

③ 在零电荷电位附近，即电极界面剩余电荷量较少时，微分电容会随着电极电位的改变发生剧烈的变化。当剩余电荷量增加至一定程度时，微分电容曲线上会出现两个"平台"区，在此范围内，微分电容值几乎不再随电极电位发生变化。当电极界面剩余电荷为负值（$q < 0$，右侧部分）时，平台区对应的微分电容值大约为 $16 \sim 20\mu\mathrm{F/cm}^2$；当电极界面剩余电荷为正值（$q > 0$，左侧部分）时，平台区对应的微分电容值大约为 $32 \sim 40\mu\mathrm{F/cm}^2$。二者相差接近一倍，这意味着，由负电性阴离子和由正电性阳离子构成的双电层结构存在显著的差异。

微分电容曲线出现上述这些复杂的变化现象或规律，表明电极/溶液界面结构对微分电容会产生重要的影响。为了能够从理论上去解释这些现象或规律，就需要建立合理的双电层结构模型，而对微分电容曲线的分析能够为此提供很多有价值的信息，因此成为研究电极/溶液界面结构及其性质的重要方法。

### 3.3.4 微分电容曲线与电毛细曲线的比较

对比微分电容曲线和电毛细曲线，可以看出通过微分电容曲线可以获得更加丰富的细节，因此，更有利于解析界面的双电层结构。

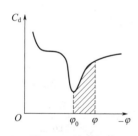

图 3-9 利用微分电容曲线计算电极界面剩余电荷密度

在给定电极电位下确定电极界面电荷密度时，微分电容曲线是通过式（3-18）来计算的，即利用 $C_d$-$\varphi$ 曲线下方的积分面积求 $q$，对应于图 3-9 所示的阴影面积。而电毛细曲线是根据李普曼方程（3-11）求解曲线斜率来获得的。可以看出，应用微分电容法，实验测得的界面参数 $C_d$ 是 $q$ 的微分函数（$C_d = \dfrac{\mathrm{d}q}{\mathrm{d}\varphi}$）；而应用电毛细曲线法，实验测得的界面参数 $\sigma$ 是 $q$ 的积分函数（$\sigma = -\int q\,\mathrm{d}\varphi$）。一般地，微分函数总是比积分函数更灵敏地反映原函数的细微变化，因此，应用微分电容法确定 $q$ 更为精确和灵敏。

此外，电毛细曲线的测量比较依赖液态金属电极，例如金属汞，而微分电容曲线的测量就不局限于此，还可以在固态电极上进行。因此，微分电容法在实际工作中的应用更加广泛。然而，微分电容法确定界面电荷密度 $q$ 时需要确定零电荷电位，从图 3-8 可以看出，曲线只有在稀溶液下才出现最低值，对于更高浓度的电解液就难以确定零电荷电位了。而电毛细曲线就不存在这个问题，在实际工作中，通常会结合电毛细曲线来确定零电荷电位。因此，协同利用这两种方法来研究电极/溶液界面的结构与性质是相辅相成的。

### 3.3.5 零电荷电位

通过前面对电毛细曲线和微分电容曲线的分析，可以看出，零电荷电位（$\varphi_0$）是分析电极/溶液界面结构与性质的重要参数。零电荷电位指的是电极表面剩余电荷为零，此时在电极/溶液界面不存在离子双电层的电极电位，其数值大小是相对于某一参比电极测出的。需要注意的是，零电荷电位并不是电极/溶液相间电位的零点，因为由剩余电荷构建的离子双电层只是相间电位的组成部分之一，还可能存在吸附双电层、偶极子层和金属表面电位，因此不能将零电荷电位和绝对电位的零点等同起来。

零电荷电位的测量方法有很多。对于液态金属，如汞、汞齐和熔融态金属，可以采用电毛细曲线法，界面张力达到最大值时的电极电位即为零电荷电位，如图 3-4 所示。对于固态金属，无法直接测量界面张力，则可以测量与界面张力有关的表面硬度、润湿接触角等参数，根据这些参数的最大或最小值确定零电荷电位。比如，在零电荷电位下溶液对电极的润湿性最差。此外，还可以利用大比表面积的金属电极在不同电位下形成双电层时离子吸附量的变化来确定零电荷电位，或者利用金属中电子的光敏发射现象来求零电荷电位等。

目前测量零电荷电位最精确的方法是微分电容曲线法，即利用在稀溶液下微分电容出现最小值的特点来确定，如图 3-8 所示。需要指出，如果溶液中含有有机分子，则在一定电位范围内会发生特性吸脱附，从而引起电容峰值（详见 3.5 节），此时在两个电容峰之间出现的极小值并不是零电荷电位，因此，在测量过程中需要加以甄别，避免这种现象的干扰。

实验表明，影响零电荷电位数值的因素非常复杂，例如，不同金属材料组成的电极或者同一金属不同晶面在相同电解液中的零电荷电位是不相同的，此外，电极表面状态、溶剂本性、额外溶液添加剂（如表面活性剂）、pH 值、温度、氢和氧的吸附等因素都或多或少会对零电荷电位产生影响。如此复杂的影响因素通常会造成不同研究小组测得的数值不一致，缺乏可比性。表 3-1 列出了 25℃下一些金属在不同溶液中推荐使用的零电荷电位数值。

**表 3-1　不同金属/溶液体系的零电荷电位（25℃）**

| 类型 | 金属电极 | 溶液组成 | $\varphi_0$（vs. SHE）/V |
|---|---|---|---|
| 液态金属 | Hg | 0.01mol/L NaF | −0.19 |
| | Ga | 0.008mol/L HClO$_4$ | −0.60 |
| | Ga+In（16.7%） | 0.001mol/L HClO$_4$ | −0.68±0.01 |
| | Tl-Hg（41.5%） | 0.5mol/L Na$_2$SO$_4$ | −0.65±0.01 |
| | In-Hg（64.6%） | 0.5mol/L Na$_2$SO$_4$ | −0.64±0.01 |
| 不吸附氢的固态金属 | Cd | 0.001mol/L NaF | −0.75 |
| | Cu | 0.001～0.01mol/L NaF | 0.09 |
| | Pb | 0.001mol/L NaF | −0.56 |
| | In | 0.01mol/L NaF | −0.65 |
| | Sb | 0.002mol/L NaF | −0.14 |
| | Sb | 0.002mol/L KClO$_4$ | −0.15 |
| | Sn | 0.001mol/L K$_2$SO$_4$ | −0.38 |
| | Tl | 0.001mol/L NaF | −0.71 |
| | Ag（多晶） | 0.005mol/L Na$_2$SO$_4$ | −0.70 |
| | Ag（100） | 0.005mol/L NaF | −0.61 |
| | Ag（110） | 0.005mol/L NaF | −0.77 |
| | Ag（111） | 0.001mol/L KF | −0.46 |
| | Au（多晶） | 0.005mol/L NaF | 0.25 |
| | Au（100） | 0.005mol/L NaF | 0.38 |
| | Au（110） | 0.005mol/L NaF | 0.19 |
| | Au（111） | 0.005mol/L NaF | 0.50 |
| | Bi（多晶） | 0.0005mol/L H$_2$SO$_4$ | −0.40 |
| | Bi（多晶） | 0.002mol/L KF | −0.39 |
| | Bi（111） | 0.01mol/L KF | −0.42 |
| 铂系金属 | Pt | 0.3mol/L HF+0.12mol/L KF（pH=2.4） | 0.19 |
| | Pt | 0.5mol/L Na$_2$SO$_4$+0.005mol/L H$_2$SO$_4$ | 0.16 |
| | Pd | 0.05mol/L Na$_2$SO$_4$+0.001mol/L H$_2$SO$_4$（pH=3） | 0.10 |
| | Rh | 0.3mol/L HF+0.12mol/L KF（pH=2.4） | −0.005 |
| | Rh | 0.5mol/L Na$_2$SO$_4$+0.005mol/L H$_2$SO$_4$ | −0.04 |
| | Ir | 0.3mol/L HF+0.12mol/L KF（pH=2.4） | −0.01 |
| | Ir | 0.5mol/L Na$_2$SO$_4$+0.005mol/L H$_2$SO$_4$ | −0.06 |

零电荷电位是一个非常有用的电化学参数，通过它可以判断出电极界面剩余电荷的符号和数量。例如，已知金属汞电极在 0.01mol/L NaF 溶液中的零电荷电位为 -0.19V，那么，当电极电位小于 -0.19V 时，电极界面携带负电荷，且电极电位越负，剩余负电荷量越多。反之，当电极电位大于 -0.19V 时，电极界面携带正电荷，且电极电位越正，剩余正电荷量越多。此外，电极/溶液界面的许多性质都与零电荷电位有关，比如双电层中的电位分布、界面电容、界面张力、离子在界面的吸附行为、溶液对电极的润湿性、气泡在电极上的附着、电动现象以及电极与溶液间的光电现象等。

采用零电荷电位作为参考电位来研究界面结构和电极过程动力学十分方便，因为它可以非常直观地给出电极界面电荷符号和数量、双电层结构、界面吸附等重要信息。因此，可以将零电荷电位作为零点，以此电位标度下的相对电极电位则称为零标电位，后面讨论界面结构时所用的双电层电位差（$\varphi_a$）就是一种零标电位。需要指出的是，每一个电极体系的零标电位都是基于自身的零电荷电位作为零点的，而从表 3-1 可以看出，不同电极体系的零电荷电位差别很大，因此，不同电极体系的零标电位是无法统一的，相互之间没有可比性。显然，零标电位不适合用于研究电化学热力学的问题。

# 3.4 界面双电层结构模型

电毛细曲线和微分电容曲线是界面双电层结构的外在反映，如何去解构这些曲线的变化规律，从而获得剩余电荷在界面层处的真实分布情况，就需要建立一个符合实验结果的双电层结构模型。

随着电化学理论和先进表征技术的不断发展，研究人员提出了日臻完备的界面双电层结构模型。本节将系统介绍几类具有代表性的界面双电层结构模型，并剖析它们合理以及不足之处。

### 3.4.1 紧密层结构模型

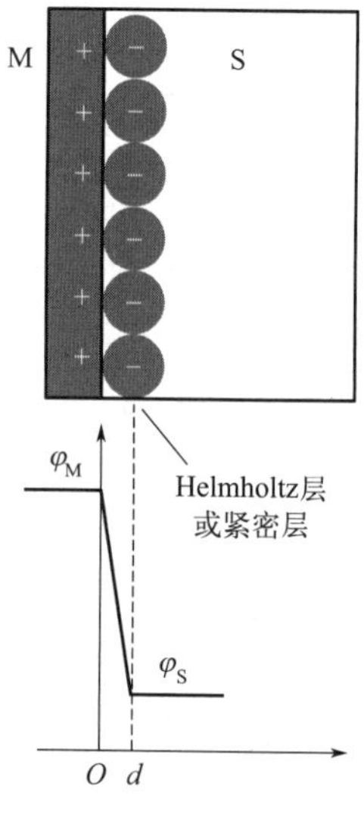

图 3-10 紧密层结构及其电位分布

早在 1879 年，德国物理学家亥姆霍兹（H. Helmholtz）从当时已有的物理学知识出发，率先提出了类似于平板电容器的双电层模型。该模型认为位于电极表面和溶液两相中的异号剩余电荷通过库仑力的静电作用在界面两侧均匀整齐地排列，形成如图 3-10 所示的紧密双电层结构。两侧剩余电荷层之间的距离 $d$ 约等于离子半径，通常将溶液中紧靠电极表面一个离子半径的剩余电荷层叫作紧密层或 Helmholtz 层，电位在紧密层内呈线性变化。

按照平板电容器的相关理论，可知电极表面电位 $\varphi_0$ 与电荷密度 $q$ 之间有如下关系：

$$q = \frac{\varepsilon_0 \varepsilon_r}{d} \varphi_0 \tag{3-20}$$

则其微分电容为

$$C_d = \frac{\varepsilon_0 \varepsilon_r}{d} \tag{3-21}$$

上式表明，如果溶液中的离子固定的话，该模型的微分电容就是一个常数，这就很好地解释了微分电容曲线上出现的平台段。为了更好地解释两个平台段的差异，该模型还假定溶液中阴离子比阳离子更容易接近电极表面，即阴离子组成的剩余层具有更小的 $d$ 值。

亥姆霍兹双电层结构模型虽然对早期电动现象的研究起到了推动作用，但它存在着许多不足之处：①只考虑了异号离子之间的库仑静电作用力，而完全忽视了离子自身的热运动；②无法解释微分电容为何在稀溶液中会出现极小值，并未触及微分电容曲线的精细结构；③没有考虑离子在溶液中的水化作用，明显不符合实际情形。

### 3.4.2 分散层结构模型

考虑到紧密层结构模型存在的不足，Gouy 和 Chapman 分别于 1910 年和 1913 年对紧密层模型进行了修正，提出了扩散双电层模型，如图 3-11 所示。该模型认为溶液中的离子不仅受到电极表面的库仑静电作用力，还处于不停的热运动之中，热运动促使离子在溶液中倾向于均匀分布，导致溶液一侧的剩余电荷无法紧贴于电极表面。当静电作用力和热运动达到平衡时，离子就会在溶液中形成具有一定分散性的分布状态，电位呈非线性分布。

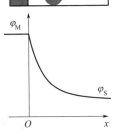

图 3-11 分散层结构及其电位分布

为了对模型进行定量处理，Gouy 和 Chapman 作出了如下几点假设：

① 双电层的厚度比电极曲率小得多，将电极视为是一个无限大的平面，电荷在其表面分布均匀，双电层中电位只是 $x$ 方向的一维函数；

② 溶液中参与构建双电层的离子是点电荷，忽略其体积，且服从玻尔兹曼（Boltzmann）分布定律；

③ 溶液通过其介电常数来影响双电层，且介电常数处处相同。

分散层结构模型最大的贡献是实现了对双电层模型的定量描述，较好地解释了稀溶液中在零电荷电位附近出现最小值的现象，以及电容会随电极电位变化而变化的规律。然而，这个模型虽然考虑了库仑静电力与热运动的平衡，但没有考虑固体表面范德瓦耳斯力的吸附作用，这种作用足以克服热运动，使离子比较牢固地吸附于电极表面。此外，模型中把离子视为没有体积的点电荷，完全忽视了紧密层的存在，但事实上离子不但有体积，还会形成水化离子。当溶液浓度较高或者界面剩余电荷密度较大时，按照该模型计算出的电容值远大于实验值，并且无法解释微分电容曲线上出现的平台稳定区。

### 3.4.3 紧密-分散层结构模型

1924 年，斯特恩（Stern）在上述紧密层结构模型和分散层结构模型的基础上，充分吸收了这两个模型的合理之处，提出了紧密-分散层结构模型，即整个双电层是由紧密层和扩散层两个部分组成的，从而使理论更加贴近实际情况，这一模型也被人叫作 Stern 模型或 Gouy-Chapman-Stern 模型。

图 3-12 所示为紧密-分散层结构及其电位分布。$d$ 为紧密层的厚度，表示离子电荷中心到电极表面的距离，是离子最能接近电极表面的距离。在 $0 \sim d$ 的范围内不存在剩余电荷，如果紧密层内的介质常数不变，那么电位在紧密层内呈线性分布。从 $d$ 到剩余电荷为零的

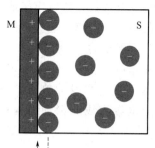

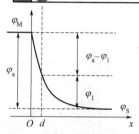

图 3-12　紧密-分散层
结构及其电位分布

部分为分散层，其电位分布是非线性变化的。一般规定本体溶液深处的电位 $\varphi_S$ 为 0，则在 $d$ 位置处的平均电位叫作 $\varphi_1$ 电位，是紧密层和分散层交界处的平均电位。

如果用 $\varphi_a$ 表示整个双电层的电位差，那么分散层的电位差为 $\varphi_1$，紧密层的电位差为 $\varphi_a - \varphi_1$。由于 $\varphi_a = (\varphi_a - \varphi_1) + \varphi_1$，则双电层的电容可表示为

$$\frac{1}{C_d} = \frac{d\varphi_a}{dq} = \frac{d(\varphi_a - \varphi_1)}{dq} + \frac{d\varphi_1}{dq} = \frac{1}{C_{紧}} + \frac{1}{C_{分}} \tag{3-22}$$

也就是说，这一模型的双电层微分电容是由紧密层电容（$C_{紧}$）和分散层电容（$C_{分}$）串联组成的。

紧密-分散层结构模型是离子受库仑静电力、表面范德瓦耳斯力以及热运动的综合作用的结果。如果电极界面剩余电荷密度很大或溶液浓度很高的话，则离子双电层在库仑静电力的作用下倾向于紧密分布；反之热运动增强，离子则倾向于分散分布。当电极表面不带电时，分散达到极致，此时已不存在双电层结构，对应于电毛细曲线的顶点以及微分电容曲线的最小值。

紧密-分散层结构模型对分散层的讨论比较深入细致，但对紧密层的描述过于粗糙，只是简单地描述成一个厚度 $d$ 不变的离子电荷层，而没有考虑到紧密层的组成细节以及由此引起的紧密层结构与性质特点。

### 3.4.4　双电层方程式

Stern 模型采纳了与 Gouy 和 Chapman 相同的数学方法来处理分散层中的剩余电荷以及电位分布，并由此推导出了相应的数学关系式，即双电层方程式。此外，Stern 还指出了离子特性吸附的可能性，但没有考虑其对双电层结构的影响。

首先，如果双电层中所有离子处于热运动中，那么它们在双电层中的分布服从 Boltzmann 定律，则在距离电极表面 $x$ 位置的 $i$ 离子浓度分布为：

$$c_{i(x)} = c_i^0 \exp\left(-\frac{z_i F \varphi_x}{RT}\right) \tag{3-23}$$

式中，$c_{i(x)}$ 为 $i$ 离子在电位为 $\varphi_x$ 的液层中的浓度；$z_i$ 为 $i$ 离子的价电数，阳离子为正数，阴离子为负数；$c_i^0$ 为远离电极表面离子的浓度，即溶液的本体浓度。

因此，在距离电极表面 $x$ 位置的液层中，剩余电荷的体电荷密度（$\rho$）等于各种离子体电荷密度之和，即

$$\rho = \sum z_i F c_{i(x)} = \sum z_i F c_i^0 \exp\left(-\frac{z_i F \varphi_x}{RT}\right) \tag{3-24}$$

其次，假定点电荷离子属于连续分布（实际以粒子形式存在，并非连续），则利用静电学的泊松（Poisson）方程，建立剩余电荷分布与电位分布的关系。由于电位只是 $x$ 方向的一维函数，根据泊松方程：

$$\frac{\partial^2 \varphi_x}{\partial x^2} = -\frac{\rho}{\varepsilon_0 \varepsilon_r} \tag{3-25}$$

联立式（3-23）和式（3-24），并利用数学关系 $\dfrac{\partial^2 \varphi}{\partial x^2} = \dfrac{1}{2} \dfrac{\partial}{\partial \varphi}\left(\dfrac{\partial \varphi}{\partial x}\right)^2$，可得

$$\partial\left(\frac{\partial \varphi_x}{\partial x}\right)^2 = -\frac{2}{\varepsilon_0 \varepsilon_r} \sum z_i F c_i^0 \exp\left(-\frac{z_i F \varphi_x}{RT}\right) \tag{3-26}$$

将上式在 $x=(d, \infty)$ 区间进行积分，并根据边界条件：当 $x=d$ 时，$\varphi_x = \varphi_1$；当 $x \to \infty$ 时，$\varphi_x = 0$ 且 $\partial \varphi/\partial x = 0$，则有：

$$\left(\frac{\partial \varphi_x}{\partial x}\right)^2 = \frac{2RT}{\varepsilon_0 \varepsilon_r} \sum c_i^0 \left[\exp\left(-\frac{z_i F \varphi_x}{RT}\right) - 1\right] \tag{3-27}$$

为简单起见，假定电解质为 $z$-$z$ 对称型，溶液只有两种粒子，即 $z_+ = -z_- = z$，则离子浓度可统一用 $c$ 来表示，于是式（3-27）变为：

$$\left(\frac{\partial \varphi_x}{\partial x}\right)^2 = \frac{2cRT}{\varepsilon_0 \varepsilon_r}\left[\exp\left(\frac{zF\varphi_x}{RT}\right) - \exp\left(-\frac{zF\varphi_x}{RT}\right) - 2\right] \tag{3-28}$$

即

$$\left(\frac{\partial \varphi_x}{\partial x}\right)^2 = \frac{2cRT}{\varepsilon_0 \varepsilon_r}\left[\exp\left(\frac{zF\varphi_x}{2RT}\right) - \exp\left(-\frac{zF\varphi_x}{2RT}\right)\right]^2 = \frac{8cRT}{\varepsilon_0 \varepsilon_r} \sinh^2 \frac{zF\varphi_x}{2RT} \tag{3-29}$$

按照绝对电位符号，当电极表面带正电时，则 $\varphi_x > 0$ 且 $\partial \varphi_x/\partial x < 0$，则上式开方取负值：

$$\frac{\partial \varphi_x}{\partial x} = -\sqrt{\frac{2cRT}{\varepsilon_0 \varepsilon_r}}\left[\exp\left(\frac{zF\varphi_x}{2RT}\right) - \exp\left(-\frac{zF\varphi_x}{2RT}\right)\right] \tag{3-30}$$

根据静电学的高斯定律可知，电极表面电荷密度 $q$ 与电极表面电位梯度的关系为：

$$q = -\varepsilon_0 \varepsilon_r \left(\frac{\partial \varphi}{\partial x}\right)_{x=0} \tag{3-31}$$

考虑到离子具有一定体积，双电层中溶液一侧的剩余电荷离电极表面的最小距离为一个离子的半径 $d$，在 $d$ 处的电位为 $\varphi_1$，在 $0 \sim d$ 范围内不存在剩余电荷，电位与距离 $x$ 呈线性关系（图3-12），因而

$$\left(\frac{\partial \varphi}{\partial x}\right)_{x=0} = \left(\frac{\partial \varphi}{\partial x}\right)_{x=d} \tag{3-32}$$

将其代入式（3-31），可得

$$q = -\varepsilon_0 \varepsilon_r \left(\frac{\partial \varphi}{\partial x}\right)_{x=d} \tag{3-33}$$

联立式（3-30）和式（3-33），有

$$q = \sqrt{2\varepsilon_0 \varepsilon_r cRT}\left[\exp\left(\frac{zF\varphi_1}{2RT}\right) - \exp\left(-\frac{zF\varphi_1}{2RT}\right)\right] \tag{3-34}$$

该式清晰地表达了分散层电位（$\varphi_1$）与电极界面电荷密度（$q$）、溶液浓度（$c$）之间的

数学关系。通过该式即可分析出分散层的结构特点及其影响因素。

为了简化处理，假设 $d$ 是一个常数，与电极电位无关。那么，紧密层结构就可以视为是一个平板电容器，其电容 $C_\text{紧}$ 是一恒定值，与电极界面电荷密度（$q$）存在如下关系：

$$q = C_\text{紧}(\varphi_\text{a} - \varphi_1) \tag{3-35}$$

联立式（3-34）和式（3-35），有

$$\varphi_\text{a} = \varphi_1 + \frac{1}{C_\text{紧}} \sqrt{2\varepsilon_0 \varepsilon_\text{r} cRT} \left[ \exp\left(\frac{zF\varphi_1}{2RT}\right) - \exp\left(-\frac{zF\varphi_1}{2RT}\right) \right] \tag{3-36}$$

上式即为紧密-分散层结构模型的双电层方程式。

下面根据此式讨论一下在电极/溶液界面所形成的电位 $\varphi_\text{a}$ 在紧密层和分散层中是如何进行分配的，且溶液浓度（$c$）和电极电位变化对电位分布会产生什么样的影响。

① 当电极界面电荷密度（$q$）和溶液浓度（$c$）均很低时，此时双电层中的离子与电极之间的静电库仑力（$zF\varphi_1$）远弱于离子热运动作用（$RT$），则式（3-34）和式（3-36）按泰勒级数（$e^x = 1 + x + x^2/2! + x^3/3! + \cdots$）展开，略去高次项，可得

$$q = \sqrt{\frac{2\varepsilon_0 \varepsilon_\text{r} c}{RT}} zF\varphi_1 \tag{3-37}$$

$$\varphi_\text{a} = \varphi_1 \left(1 + \frac{zF}{C_\text{紧}} \sqrt{\frac{2\varepsilon_0 \varepsilon_\text{r} c}{RT}}\right) \tag{3-38}$$

在稀溶液中，$c$ 很小，上式第二项就可忽略不计，此时 $\varphi_\text{a}$ 近似于 $\varphi_1$，表明溶液侧离子剩余电荷分散性很大，双电层结构基本由分散层组成，整个双电层电容近似于分散层电容。如果将分散层等效成平板电容器，则由式（3-37）可知，

$$C_\text{分} = \frac{q}{\varphi_1} = \sqrt{\frac{2\varepsilon_0 \varepsilon_\text{r} c}{RT}} zF \tag{3-39}$$

与式（3-14）相比可得平板电容器的有效极板间距为 $\dfrac{1}{zF} \sqrt{\dfrac{\varepsilon_0 \varepsilon_\text{r} RT}{2c}}$，代表着分散层的有效厚度，也叫作德拜长度，与 $\sqrt{c}$ 成反比，与 $\sqrt{T}$ 成正比。也就是说，当溶液浓度升高或温度降低时，分散层的有效厚度会减小，相应地其微分电容就增大了，这就很好地解释了微分电容随溶液浓度升高而增大的变化规律（图 3-8）。对于 I-I 价型电解质，计算表明在 0.001mol/L 的浓度下，有效厚度可达 10 nm，而在 0.1mol/L 的浓度下，有效厚度只有几个埃。

② 当电极界面电荷密度（$q$）较高、溶液浓度（$c$）不高但仍处于稀溶液状态时，此时双电层中的离子与电极之间的静电库仑力（$zF\varphi_1$）远大于离子热运动作用（$RT$）。

若 $\varphi_1 > 0$，则式（3-36）右端的第一项远大于第二项，可略去第二项，此时双电层结构主要以紧密层为主，而分散层所占比例很小，可以认为 $\varphi_\text{a} - \varphi_1$ 近似于 $\varphi_\text{a}$，因而可得

$$\varphi_\text{a} = \frac{1}{C_\text{紧}} \sqrt{2\varepsilon_0 \varepsilon_\text{r} cRT} \exp\left(\frac{zF\varphi_1}{2RT}\right) \tag{3-40}$$

改成对数形式

$$\varphi_1 \approx -\frac{2RT}{zF}\ln\frac{1}{C_{\text{紧}}}\sqrt{2\varepsilon_0\varepsilon_r RT} + \frac{2RT}{zF}\ln\varphi_a - \frac{RT}{zF}c \qquad (3\text{-}41)$$

同理，若 $\varphi_1 < 0$，可得

$$\varphi_1 \approx -\frac{2RT}{zF}\ln\frac{1}{C_{\text{紧}}}\sqrt{2\varepsilon_0\varepsilon_r RT} - \frac{2RT}{zF}\ln(-\varphi_a) + \frac{RT}{zF}c \qquad (3\text{-}42)$$

从式（3-41）和式（3-42）可知，随着 $|\varphi_a|$ 的增大，$|\varphi_1|$ 则按照对数关系增大，考虑到 $|\varphi_1|$ 的增大速率远低于 $|\varphi_a|$，表明分散层的电位差 $|\varphi_1|$ 在整个双电层电位差 $|\varphi_a|$ 中的比例不断减小。当 $|\varphi_a|$ 增大到一定程度时，$|\varphi_1|$ 就可以忽略不计了。此外，$|\varphi_1|$ 也会随着溶液浓度的升高而降低。例如，Ⅰ-Ⅰ电解质溶液在25℃时，浓度每增加一个数量级（10倍），则 $|\varphi_1|$ 相应降低约59mV。上述分析表明溶液浓度越大且 $|\varphi_a|$ 越大时，双电层结构的分散性降低了，趋向于紧密层分布，同时也意味着分散层的有效厚度减小了，因而微分电容随之增大，这也就解释了微分电容为何随电极电位和溶液总浓度增大而增加的规律。

根据双电层方程式，可以从理论上获得诸如 $\varphi_1$、$C_{\text{分}}$ 等彰显分散层性质的重要参数，从而深入解析双电层结构。计算表明该理论模型得到的曲线与实验结果吻合得较好，证明了紧密-分散层双电层结构的合理性。例如，如果电极界面剩余电荷密度和溶液浓度一定的话，同时将微分电容曲线上的平台区电容视作 $C_{\text{紧}}$，即当电极表面带负电和正电时，$C_{\text{紧}}$ 分别取 $18\mu F/cm^2$ 和 $36\mu F/cm^2$，再通过式（3-39）的微分可以计算出分散层电容 $C_{\text{分}}$，并作出理论微分电容曲线。图3-13所示为电极在Ⅰ-Ⅰ价型电解质溶液中的理论微分电容曲线，可以看出，这和实际曲线（图3-8）在一定程度上具有较好的吻合度。

尽管紧密-分散层结构模型能够较好地反映界面结构，然而，通过理论获得的曲线与实际曲线仍存在较大的差距，这主要是因为该模型在处理过程中使用

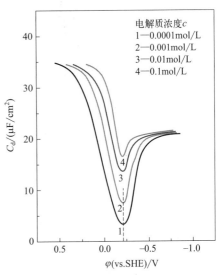

图3-13　电极在Ⅰ-Ⅰ价型电解质溶液中的理论微分电容曲线

了过多的假设，例如假定了介质的介电常数是恒定值，以及将离子视作连续分布的点电荷，这些假设均与实际情况有较大出入，因而该模型仍然是一种近似的、统计平均的结果。

# 3.5 紧密层的精细结构

从前面学习的电毛细曲线（图3-4）、离子界面剩余量（图3-6）和微分电容曲线（图3-8）可知，电极界面携带正剩余电荷所表现出来的性质与其携带负剩余电荷时的性质有显著区别。例如，当电极界面携带剩余正电荷时，电毛细曲线左侧部分的曲线斜率更大，微分电容曲线平台区上的电容值更高，溶液界面一侧除了存在阴离子剩余量外，还存在一定数量的阳离子剩余量，且随电极电位的正移而增大。这些实验现象均表明由阴离子和阳离子组成

的双电层结构仍有许多不同之处，其精细结构还需要进一步解析。

### 3.5.1 电极界面的水偶极子层

20 世纪 60 年代，Bockris 等人在 Stern 模型的基础上，重点考虑了水偶极子在电极界面的定向排列情况，进一步修正了紧密层的精细结构，并由此提出了 BDM（Bockris-Devanathan-Muller）模型。

水分子是一种强极性的分子，与电极界面存在镜像力和色散力等短程力作用，因此，不管电极界面是否携带剩余电荷，都有一定数量的水分子会定向吸附于电极界面，其覆盖度可达 70％ 以上，从而形成水偶极子层。如果电极界面携带剩余电荷，水分子则会发生高度有序的定向排列，如图 3-14 所示，箭头代表水偶极子，箭头所指方向为偶极子的正电端。可见，在水溶液中，电极界面和离子都会被强极性的水分子溶剂化，这种溶剂化作用必然对电极/溶液界面的双电层结构产生重大影响。

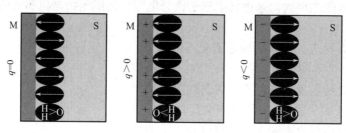

图 3-14　水分子在电极/溶液界面形成的偶极子层

一般情况下，当电极界面携带剩余电荷时，水分子会在强界面电场作用下发生定向排列，并优先紧贴于电极界面形成偶极子层。因此，吸附于电极界面的第一层是定向排列的水偶极子层，然后才是由水化离子组成的剩余电荷层。由于定向偶极化，第一层水分子会达到介电饱和，其相对介电常数将显著降低至 5～6，远低于常规水的相对介电常数（正常结构水分子为 78.5）。在电极外围的水分子，离电极界面越远，其相对介电常数逐渐增大，直至恢复至正常水平。在紧密层内，离子周围水化层的相对介电常数可增至 40 左右。

### 3.5.2 特性吸附

为了解释电极界面分别吸附阴离子和阳离子时所表现出的巨大差异，Grahame 提出了离子特性吸附理论，认为溶液中的离子在界面层不仅受到库仑静电力的作用，还可能受到某种特性吸附力的作用。

特性吸附是指溶液中离子与电极界面发生短程相互作用（如镜像力、色散力等）而发生的物理吸附或化学吸附，是一种由库仑静电力之外的作用力引起的离子吸附，与离子本性及其水化程度、电极材料等因素有关。因此，特性吸附与电极界面是否携带剩余电荷无关，即使剩余电荷为零，电极界面仍可能因特性吸附而形成吸附双电层结构。

发生特性吸附时，离子首先需要脱除自身的水化膜，然后破入电极界面的水偶极子层，直接吸附于电极界面，这一过程将引起体系吉布斯自由能的增加。因此，只有那些与电极界面相互作用较强的离子才能降低体系的总吉布斯自由能，从而发生特性吸附。

一般地，大多数阳离子都不会发生特性吸附，只有少数水化能力较弱的阳离子，如尺寸大、价数低的 $Tl^+$、$Cs^+$ 等离子能够发生特性吸附。而对于阴离子，情况则刚好相反，几乎

除了 $F^-$ 外的所有无机阴离子都具有不同程度的特性吸附能力。

图 3-15 所示为汞电极在浓度为 0.5 mo/L 的 $Na_2SO_4$ 溶液中的电毛细曲线，以及分别加入 KCl（0.01 mo/L）、KBr（0.01 mo/L）、KI（0.01 mo/L）和 $K_2S$（0.005mo/L）等物质后的曲线变化。其中 $SO_4^{2-}$ 的表面活性很小，发生特性吸附的能力很弱，因此可以假定 $SO_4^{2-}$ 为无特性吸附的情形，再根据加入其他离子后界面张力的变化，来判断离子的吸附行为。从图中可以获得以下几个变化特点。

① 如果有离子吸附在界面，则界面张力会相应地降低。从图 3-15 可以清楚地观察到，阴离子的吸附主要发生在带异号电荷的电极界面，即发生在零电荷电位附近以及更正的电位范围内，且电极电位越正，阴离子的吸附量也越大，这完全符合静电吸附的规律。而当电极界面携带异号电荷时，电荷密度稍微变大就会产生较强的静电排斥力，从而弱化吸附作用力使得阴离子发生脱附，此时界面张力就会重新恢复至原始状态，即电毛细曲线开始重合。

② 加入等电荷当量的阴离子后，其界面张力下降的幅度有显著区别，这意味着不同阴离子的特性吸附能力是不同的或表面活性不同。一般界面张力下降越多，离子的特性吸附能力越强。实验表明，常见的几种阴离子在汞电极上的特性吸附能力大小顺序为：

$$SO_4^{2-} < OH^- << Cl^- < Br^- < I^- < S^{2-}$$

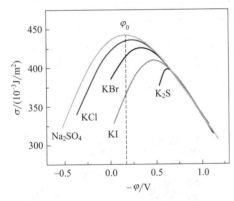

图 3-15　阴离子特性吸附
对电毛细曲线的影响

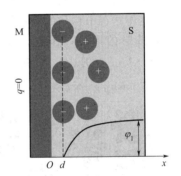

图 3-16　零电荷电位下的吸附
双电层结构及其引起的电位分布

③ 加入具有表面活性的阴离子后，零电荷电位 $\varphi_0$（电毛细曲线的顶点）会发生负移，并且离子表面活性越强，$\varphi_0$ 负移的幅度就越大。这种电位移动的现象可以从界面双电层结构来解释：当电极界面没有剩余电荷和特性吸附时，电极/溶液界面上就不存在双电层结构，此时的电极电位就是 $\varphi_0$。当电极界面发生阴离子的特性吸附时，则吸附的阴离子层会通过静电库仑力再吸引阳离子，从而在溶液一侧形成一个双电层结构，即吸附双电层，如图 3-16 所示，此时在溶液一侧就会建立吸附双电层电位差，由于吸附双电层位于溶液一侧，该电位差就分布于分散层中，因此电位差即为分散层电位 $\varphi_1$。由于吸附双电层的存在，零电荷电位相应地就会负移 $\varphi_1$ 的电位。

少数阳离子发生特性吸附时，与阴离子特性吸附具有相似的规律：界面张力下降、微分电容升高以及零电荷电位发生移动。不同的是，由于阳离子携带的是正电荷，因此零电荷电位将向正移，其吸附主要发生在零电荷电位附近及更负的电位范围内。

### 3.5.3 内紧密层和外紧密层

从上述分析可知，大部分阴离子和阳离子所具备的特性吸附能力差异显著，因此，当电极界面携带不同符号的剩余电荷时，由阴离子和阳离子构成的紧密层将会呈现出完全不同的结构特点。

当电极界面携带正剩余电荷时，根据异号离子静电相吸定律可知，电极界面将吸引溶液中阴离子，由于大部分阴离子会发生特性吸附，将挤开已吸附在电极界面的水偶极子层直接与电极接触，其结构模型如图 3-17 所示。阴离子的特性吸附造成紧密层的厚度只有一个阴离子半径的距离，通常称阴离子电荷中心所在的液层为内紧密层或内亥姆霍兹层（inner helmholtz plane，IHP）。

需要指出的是，阴离子的特性吸附使得内紧密层中负电荷数量超过了电极界面携带的正电荷数量，这种因特性吸附造成的现象叫作超载吸附。此时紧密层中的负电荷过剩，进一步又会通过库仑静电作用吸引溶液一侧的阳离子，从而形成如图 3-17 所示的三电层结构。当电极电位不断正移时，双电层中阳离子的数量会不断增大，这就是图 3-6 中阳离子剩余电荷密度不断增大的原因。此外，从图 3-17 还可以看出三电层结构中的电位分布，特性吸附造成的扩散电位 $\varphi_1$ 总是与电极电位 $\varphi_a$ 相反。

同理分析，当电极界面携带负剩余电荷时，电极界面将吸引溶液中阳离子，由于大部分阳离子不会发生特性吸附，因而溶剂化的阳离子将紧贴着水偶极子层，如图 3-18 所示。很明显，在这种情况下构建的紧密层厚度几乎等于一个水分子层和一个阳离子半径之和，远远大于内紧密层的厚度，因此，这种紧密层结构称为外紧密层或外亥姆霍兹层（outer Helmholtz plane，OHP）。此时双电层中的扩散电位 $\varphi_1$ 与电极电位 $\varphi_a$ 是一致的。

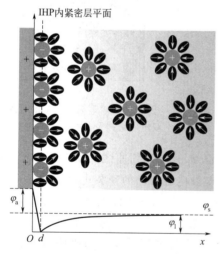

图 3-17 电极携带正剩余电荷时的
内紧密层结构及双电层电位分布

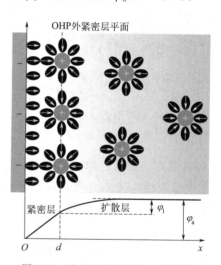

图 3-18 电极携带负剩余电荷时的
外紧密层结构及双电层电位分布

### 3.5.4 紧密层结构与微分电容

当向含 $SO_4^{2-}$ 水溶液中添加具有特性吸附的卤素阴离子时，特性吸附能力越强的阴离子替换水偶极子层的数量越多，导致内紧密层的平均厚度越小，从而使其微分电容越高，如图

3-19 所示。

从图 3-17 和图 3-18 可知，由阴离子构成的内紧密层厚度只有一个阴离子的半径，比外紧密层小了一个水偶极子层的厚度，正是这种厚度的差别，导致实验获得的微分电容曲线上（图 3-8）左侧部分（$q > 0$）平台区的数值接近于右侧部分（$q < 0$）平台数值的两倍。

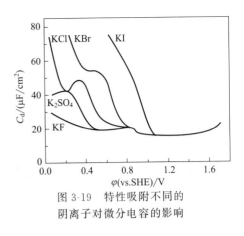

图 3-19　特性吸附不同的阴离子对微分电容的影响

对于阳离子构成的外紧密层，尽管不同种类水化阳离子的半径不尽相同，但由于水偶极子层的存在，它们所表现出的微分电容差别不甚明显，如表 3-2 所示。实验表明，不同水化阳离子的双电层电容基本稳定在 $16 \sim 18 \mu F/cm^2$。

表 3-2　在 0.1mol/L 氯化物溶液中双电层的微分电容

| 离子种类 | 离子半径/Å | 水化离子半径/Å | 微分电容[①]/($\mu F/cm^2$) |
|---|---|---|---|
| $Li^+$ | 0.60 | 3.4 | 16.2 |
| $K^+$ | 1.33 | 4.1 | 17.0 |
| $Rb^+$ | 1.48 | 4.3 | 17.5 |
| $Mg^{2+}$ | 0.65 | 6.3 | 16.5 |
| $Sr^{2+}$ | 1.13 | 6.7 | 17.0 |
| $Al^{3+}$ | 0.50 | 6.7 | 16.5 |
| $La^{3+}$ | 1.15 | 6.8 | 17.1 |

① 界面剩余电荷密度为 $-12 \ \mu C/cm^2$。

下面从理论上解释外紧密层结构的微分电容现象。在浓度较高的溶液以及远离零电荷电位的位置，双电层的分散性很小，双电层结构基本近似于紧密层结构，因而实验获得的双电层微分电容可视作为紧密层电容。根据图 3-18 所示的外紧密层结构模型，紧密层电容可以等效为一个水偶极子层电容（$C_{H_2O}$）和一个水化阳离子层电容（$C_+$）串联而成，可得：

$$\frac{1}{C_d} = \frac{1}{C_{H_2O}} + \frac{1}{C_+} \tag{3-43a}$$

假定水偶极子层的厚度为 $d_{H_2O}$，相对介电常数为 $\varepsilon_{H_2O}$，水化阳离子层的厚度为 $d_+$，相对介电常数为 $\varepsilon_+$，则按照平板电容器定义，上式可转换为：

$$\frac{1}{C_d} = \frac{d_{H_2O}}{\varepsilon_0 \varepsilon_{H_2O}} + \frac{d_+}{\varepsilon_0 \varepsilon_+} \tag{3-43b}$$

一般地，紧贴于电极界面的水偶极子层的相对介电常数很小，只有 5 左右，水化阳离子层的相对介电常数则大得多，可达 40，考虑到两个介质层的厚度相差不大，则式（3-43b）右边第二项的数值比第一项小得多，可忽略不计。因此，紧密层的微分电容近似于第一层水偶极子层的微分电容，而与阳离子种类关系不大，即：

$$\frac{1}{C_d} \approx \frac{d_{H_2O}}{\varepsilon_0 \varepsilon_{H_2O}} \tag{3-44}$$

假定 $d_{H_2O}=0.28$ nm，$\varepsilon_{H_2O}=5$，$\varepsilon_0=8.85\times10^{-8} \mu F/cm$，则按照式（3-44），可计算得到 $C_d=16\mu F/cm^2$，基本接近于表3-2给出的实验结果，表明外紧密层结构模型具有很高的可靠性。

# 3.6 电极/溶液界面的分子和原子吸附

前面主要讨论的是溶液中的离子和溶剂分子对电极/溶液界面结构的影响规律。在实际中，溶液中通常会添加诸如有机物分子等局外物质，这些物质对界面的双电层结构及其电位分布同样会产生很大的影响。本节将主要介绍有机物粒子、氢和氧在界面的吸附特点以及它们对界面结构的影响。

## 3.6.1 表面活性物质

吸附是一种常见的现象，是指某一物质以分子、原子或离子形态在另一固体或液体界面富集的一种行为。造成界面富集的本质在于两种物质间存在吸附作用力，其大小与物质的种类和本性有关。如果吸附作用力是分子间的短程力作用，如镜像力、色散力等，这种吸附就称为物理吸附。如果是类似于化学键的作用力，则称为化学吸附。对于电极/溶液界面，电极携带剩余电荷时，还可能存在静电力吸附。本节所讨论对象是以物理和化学吸附为主的非静电力吸附，在3.5.2所讨论的特性吸附即属于非静电力吸附。

表面活性物质泛指能够有效降低界面张力的粒子。例如，3.5.2中所讨论的卤素离子（如 $Cl^-$、$Br^-$、$I^-$）和 $S^{2-}$ 均能够有效降低界面张力，因此是表面活性粒子。除了这些无机阴离子之外，还有很多其他类别的有机离子〔如 $N(C_4H_9)_4^+$〕、原子（如氢原子、氧原子）以及有机分子（如硫脲、多元醇、苯胺及其衍生物）都是表面活性粒子。

与无机离子的特性吸附相似，有机物粒子在电极/溶液界面上的吸附也需要先脱除自身的水化膜，然后再挤入已吸附在电极界面的水偶极子层，最后才能与电极发生短程作用。前面脱水化和取代水分子层的两个过程会增加体系自由能，而最后的短程相互作用会降低体系自由能。当体系的总自由能降低时，才会发生界面的吸附现象。可见，表面活性粒子在电极上能否发生吸附，完全取决于电极与表面活性粒子之间（静电作用和化学作用）、电极与溶剂之间、表面活性粒子与溶剂之间以及活性粒子之间的共同相互作用，其中前面两个作用还与电极界面剩余电荷密度有关。因此，不同表面活性粒子发生特性吸附的能力不同，并且同一表面活性粒子在不同电极/溶液界面的吸附行为也不尽相同。

对于饱和脂肪族化合物，其表面活性主要取决于极性基团。在碳氢链长度相同的情况下，表面活性按照羧酸、胺、醇、脂的顺序由强变弱。此外，同一系列的脂肪族化合物的表面活性则与碳氢链长度有关，碳氢链越长，其表面活性越强，例如芳香醇的表面活性顺序为：$C_2H_5OH < n\text{-}C_3H_7OH < n\text{-}C_4H_9OH < n\text{-}C_5H_{11}OH$。对于碳原子数目相同支链不同的同素异构体，则支链越少，表面活性越强。对于正丁基化合物，其表面活性按照极性基团的不同有如下次序：

$$=CO>=S>-SH>-COOH>-CHO>-CN>-OH$$

对于芳香族化合物，其吸附性能与脂肪族化合物不同。含有相同极性基团的芳香族化合物的表面活性比脂肪族的高，且随着苯环数目的增加，其表面活性也随之增强好几倍。例如，萘基化合物比苯基化合物的活性大，这可能是芳香族化合物分子中的π电子云与电极界面剩余电荷或镜像电荷相互作用的结果，即π电子效应。一般地，π电子云密度变小，则表面活性也下降。例如，不饱和烃的表面活性比饱和烃的大；双键数目越多的分子，其表面活性也越强。此外，表面活性粒子的浓度越大，越有利于其在电极界面上吸附。

表面活性粒子在电极/溶液界面的吸附行为对电极过程动力学会产生重要的影响。如果表面活性粒子只是参与构建双电层结构，那么它会通过改变电极界面状态和电位分布来影响反应物粒子在电极界面的有效浓度和反应活化能，从而进一步影响电极反应速度。例如，在电镀实践中，常会使用少量某种有机表面活性添加剂来调控镀层质量，获得光亮致密的镀层。又如，在金属电池体系中，也有许多研究通过添加某种有机分子来控制沉积速率、沉积形貌以及抑制金属腐蚀。如果表面活性粒子会参与电极反应（本身是反应物粒子、中间或最终产物粒子），那么它将直接影响相关步骤的动力学规律。可见，研究电极/溶液界面的吸附现象具有重要的理论和实际意义。

### 3.6.2 有机物的界面吸附特点

在电化学体系中，通过添加表面活性有机分子来改变电极/溶液界面结构，进而调控电极过程，是一种惯用的技术手段。那么，表面活性有机分子在电极界面发生特性吸附有什么规律呢？它对界面结构和性质又会产生哪些影响呢？仍然采用电毛细曲线和微分电容曲线来分析表面活性有机分子特性吸附的特点。

#### （1）电毛细曲线的变化规律

图 3-20 所示为不同浓度的叔戊醇加入 1mol/L 的 KCl 溶液后的电毛细曲线。可以观察到，在零电荷电位附近，界面张力显著降低，且零电荷电位会出现正移，这表明表面活性有机分子主要是在零电荷电位附近的电位范围内发生吸附。此外，随着表面活性有机分子浓度的升高，界面张力下降得越多，且发生吸附的电位范围也将不断扩大。

出现上述变化现象是因为在零电荷电位附近，极性水分子在电极界面上的吸附量最少，并且与电极之间的作用力最弱，此时表面活性有机分子最容易取代这层水偶极子，进而被吸附在电极界面上，这是一个体系自由能降低的自发过程。因此，界面张力总是在零电荷电位附近降低。

因为表面活性有机分子（如醇、酸、胺、醛等）均是极性分子，一般由易水化的极性基团（亲水端）和难水化的碳氢链部分（憎水端）组成，在水溶液中，憎水端倾向于逸出溶液，而亲水端则留在溶液中，形成如图 3-21 所示定向吸附结构，从而得到了一个

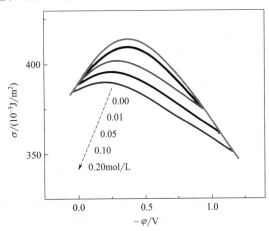

图 3-20 不同浓度的叔戊醇加入 1mol/L 的 KCl 溶液后的电毛细曲线

由表面活性有机分子组成的吸附偶极子层，使得电极界面剩余电荷为零时的相间电位电位差发生改变。如果偶极子的带正电端朝着电极，则零电荷电位会发生正移，反之则发生负移。

**（2）微分电容曲线的变化规律**

为了更灵敏地反映表面活性有机分子在电极上的吸附现象，研究人员更多地采用微分电容曲线来研究其界面吸附特点。

图 3-22 所示为表面活性有机分子正戊醇（$n\text{-}C_5H_{11}OH$）在电极界面发生吸附前后的微分电容曲线的变化情况。可以看到，在零电荷电位附近的电位范围内，微分电容值明显降低，且在两侧会出现两个很高的电容峰值，这两个电容峰对应于吸附电位和脱附电位，也就是说，表面活性有机分子发生界面吸附的电位范围在吸附电位和脱附电位之间。此外，表面活性有机分子浓度越高，其在电极界面的吸附覆盖度越大，这将导致微分电容下降得越多。

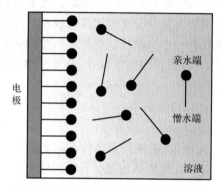

图 3-21 表面活性有机分子在电极/
溶液界面的定向吸附结构

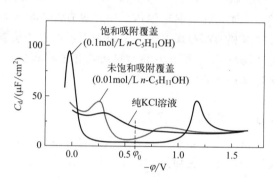

图 3-22 表面活性有机分子吸附对
微分电容曲线的影响

出现上述变化现象的原因在于表面活性有机分子的介电常数常常比水分子的小，同时其分子体积却大得多。当表面活性有机分子逐渐取代水分子后，双电层内的介电常数逐渐降低，同时双电层的有效厚度逐渐增大，根据平板电容器的电容公式（3-21）可知，电极/溶液界面的微分电容将不断降低。当电极界面完全被表面活性有机分子覆盖时，即吸附达到饱和时，界面的微分电容值最低。

表面活性有机分子在电极界面会发生吸附和脱附的原因可以从能量变化的角度进行分析。首先，吸附是一个体系自由能降低的过程。与此同时，它也会引起双电层电容器的能量发生变化。根据电容器能量公式：

$$W = \frac{1}{2}q\varphi \tag{3-45}$$

利用 $q = C\varphi$ 和 $C = \varepsilon_0\varepsilon_r/d$ ，可得

$$W = \frac{q^2 d}{2\varepsilon_0\varepsilon_r} \tag{3-46}$$

在一定的电极电位下，即 $q$ 一定时，如果介电常数更小且体积更大的表面活性有机分子在电极界面发生吸附，由上式可知，电容器的能量将会增加。因此，当电容器能量增加量大于吸附所引起的体系自由能减少量时，表面活性有机分子将会发生脱附。脱附后，微分电容曲线将重合在一起。

再考虑另一问题：为什么表面活性有机分子在界面开始吸附或脱附时会出现一对电容峰呢？这是因为微分电容 $C_d$ 与电极电位 $\varphi$ 有关。假设在 $\varphi_1$ 电位下，表面活性有机分子在界面的吸附覆盖度为 $\beta$，已覆盖部分的电容为 $C_0$，未覆盖部分的电容为 $C_1$，则界面剩余电荷密度可以表示为：

$$q = C_1 \varphi_1 (1 - \beta) + C_0 \varphi_1 \beta \qquad (3\text{-}47)$$

那么，整个电极的微分电容为：

$$C_d = \frac{\mathrm{d}q}{\mathrm{d}\varphi} = C_1 (1 - \beta) + C_0 \beta - \frac{\partial \beta}{\partial \varphi}(C_1 - C_0)\varphi_1 \qquad (3\text{-}48)$$

在吸附电位范围内，$C_0$ 和 $C_1$ 可视为常数，吸附覆盖度为 $\beta$ 基本保持不变，因而上式最后一项可忽略，因此微分电容 $C_d$ 近似为一个常数。但在界面开始吸附或开始脱附的电位下，吸附覆盖度 $\beta$ 会发生快速的变化，即 $|\partial\beta/\partial\varphi|$ 值很大，导致微分电容 $C_d$ 发生急剧的变化，从而出现电容峰，代表着吸附峰和脱附峰。需要注意的是，这里的电容值并不是微分电容的真实反映，因此是一对假电容峰。可以根据它们的电位值来估计表面活性有机分子发生特性吸附的电位区间。

### 3.6.3　氢原子和氧的界面吸附特点

氢和氧是水溶液中最基本的两种元素，它们在电极界面的吸附可以改变双电层结构和电极电位，从而影响电极的电化学性质，例如反应速度。因此，掌握氢和氧的界面吸附特点对研究金属阳极氧化、电催化、腐蚀与防护等过程有着重要的理论和实际意义。

在发生氢和氧的吸附电位范围内，界面所吸附的氢原子（$H_{ad}$）和氧原子（$O_{ad}$）极有可能会发生如下的电化学反应：

$$H_{ad} \rightleftharpoons H^+ + e^-$$
$$O_{ad} + 2H^+ + 2e^- \rightleftharpoons H_2O$$

此时的电极体系就不再是理想极化电极了，也就无法再用前面所学的电毛细曲线法和微分电容曲线法来分析氢和氧的吸附性质。目前，主要采用充电曲线法和循环伏安法来研究。

相比充电曲线法，通过循环伏安法测得的循环伏安曲线能够更加直接而清晰地获得有价值的信息，成为研究氢和氧在金属电极上吸附特点的重要方法。图 3-23 所示为金属铂电极在硫酸溶液中的循环伏安曲线。在正向扫描过程中，依次进行的是吸附氢的脱附（氧化）、双电层电容充电和氧的吸附；在反向扫描过程中，则分别发生的是吸附氧的脱附（还原）、双电层电容充电和氢的吸附。

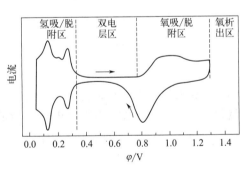

图 3-23　金属铂电极在硫酸溶液中的循环伏安曲线

#### （1）氢原子的吸附特点

常温下，氢分子与金属电极之间的物理吸附作用力很弱，同时价饱和的氢分子又无法以分子态进行化学吸附。实验研究发现氢是以原子态发生化学吸附的，这意味着氢的吸附过程必然会经过氢分子的分解阶段，随后分解出的氢原子与电极表面相互作用形成吸附键。氢的吸附过程会释放大量的吸附热，导致吸附态氢原子比自由氢原子的能量高得多。由于氢分子分解为氢原子的热效应为 428 kJ/mol，因此，只有氢原子的吸附热大于 214 kJ/mol 时，氢分子才会分解并最终以原子态的形式在电极表面进行吸附。

氢的吸附具有选择性的特点。不同金属组成的电极对氢的吸附作用力有很大的区别，只有某些对氢原子的亲和力很大的金属能够克服上述热效应，导致氢原子的吸附。实验表明，氢的吸附倾向于发生在铂族金属（如 Pt、Pd 等）和过渡金属（如 Fe、Ni 等）的表面，此外，同一金属不同晶面的表面对氢的吸附也会产生很大的影响。

氢的吸附是分两个步骤进行的，且具有很高的可逆性。这可以从图 3-23 的图形中观察到，即在氢的吸附/脱附区域，循环伏安曲线上出现了两对高度可逆的吸脱附峰。实验表明，这种分步吸附现象与氢的吸附覆盖度有关，覆盖度越大，氢原子与金属表面的吸附热会随之降低。在吸附初期，氢的吸附覆盖度很小，吸附热很高，氢原子优先占据能量更低的电极表面位点，与电极形成的吸附键很强，需要在更高的电位（如图中的 0.2～0.4V）才能发生脱附。随着电极表面逐渐被氢原子吸附所覆盖，氢的吸附热不断降低，后面氢原子与电极表面所形成的吸附键变弱，这部分氢原子只需在 0.2V 之前就可以发生脱附。

氢原子的吸附还会受阴离子的影响。实验研究表明，在同等氢吸附覆盖度下，氢的吸附热按照 $OH^-$、$SO_4^{2-}$、$Cl^-$、$Br^-$ 的次序降低。也就是说，氢在 NaOH 溶液中的吸附键强度很大，脱附最不容易发生，所需的电位更高。而在 HBr 溶液中吸附键强度最弱，脱附所需的电位更低，接近于氢电极的平衡电位。

氢原子在电极表面吸附后将改变电极/溶液界面的双电层结构及其电位分布。由于氢原子属于易失去电子的强还原剂，因此吸附态氢原子中的电子倾向于转移到金属电极，使得吸附态氢带正电，金属电极表面带负电，从而形成一个额外的吸附双电层，并产生一个负电位差（$\Delta\varphi_H$），如图 3-24 所示。

此外，由于氢原子尺寸很小，具有向金属晶格内部扩散的能力，因此，氢原子的吸附还可能会造成氢脆，降低金属的韧性，最终破坏材料或构件。

### （2）氧的吸附特点

氧的吸附泛指氧原子和其他各种含氧粒子在电极表面的吸附行为。目前对氧的吸附行为的认识仍有待于进一步深化。一般情况下，大部分含氧粒子是在氧的还原或 $OH^-/H_2O$ 的氧化过程中逐步形成并吸附在电极表面的。例如，在 NaOH 溶液中，随着电极电位不断正移，电极表面上氧的氧化过程首先进行的是 $OH^-$ 的吸附，随后生成氢氧基团（·OH）和氧原子并在电极上吸附，最后形成氧化物层。当电极电位从平衡电位不断负移时，电极表面上氧的还原过程会依次生成过氧离子（$O^{2-}$）或 $HO_2$、$OH^-$ 或 $H_2O_2$ 等含氧粒子并吸附在电极上，这些含氧粒子在吸附电位范围内并没有明确的区分，吸附后的含氧粒子有可能会发生反应形成各种各样的氧化物或氢氧化物。可见，氧的吸附行为极其复杂，这也是研究人员难以清楚认识的内在原因。

从图 3-23 可以看出，与氢原子高度可逆的吸脱附峰相比，氧的吸附电位和脱附电位之间的差异很大，且正向和反向扫描获得的曲线极其不对称，表明氧的吸脱附过程具有显著的不可逆性特点。

氧的吸附同样也会对电极/溶液界面的双电层结构和电位分布产生很大的影响，如图3-25所示。由于氧的吸附容易生成氧化物或氢氧化物表面膜层，对后续的电化学反应起到钝化作用，大大降低电极的反应速度。此外，氧的吸附会降低其他表面活性粒子在电极表面的吸附能力，从而弱化表面活性添加剂在电极过程中的效果。

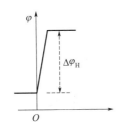

图 3-24　吸附氢原子对双电层
结构及其电位分布的影响

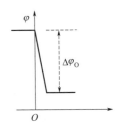

图 3-25　吸附氧原子对双电层
结构及其电位分布的影响

# 思考题

1. 试述理想极化电极与理想不极化电极的区别及其在电化学中的用途。

2. 试述电毛细曲线的特点，并通过李普曼方程来解释。

3. 什么是零电荷电位？如何通过电毛细曲线和微分电容曲线来确定？它和电极电位的绝对零点有什么区别？

4. 电极处于零电荷电位时，电极/溶液界面会出现哪些性质的变化？

5. 为什么微分电容曲线会出现两个高低不同的"平台"？

6. 试述三种双电层模型——Helmholtz 模型、Gouy-Chapman 模型以及 Stern 模型的优点和不足。

7. 什么是特性吸附和超载吸附？它对双电层结构及其电位有什么影响？

8. 对于由阳离子构成的双电层，为何其微分电容平台值都是 $16\sim18\mu F/cm^2$，而与阳离子的半径无关？

9. 什么是表面活性物质？它对电毛细曲线和微分电容曲线有什么影响？

10. 为何表面活性物质在电极上的吸附会出现一对假电容峰？通过假电容峰可以得到哪些有用的信息？

11. 研究氢和氧的吸附有哪些方法？为何电毛细曲线和微分电容曲线不再适用？

12. 试述氢和氧在电极表面吸附时具有哪些特点？

13. 对于电极 $Cd \mid CdCl_2$（$a=0.001$，$\varphi^{\ominus}=-0.404V$），已知其零电荷电位为 $-0.71V$，计算该电极在 25℃下的平衡电位，并画出在此电位下的双电层结构示意图和电位分布图。

14. 已知电极 $Zn \mid ZnSO_4$（$a=0.1$，$\varphi^{\ominus}=-0.763V$），假设该电极的双电层电容为 $18\mu F/cm^2$，且与电位无关。试求：

（1）该电极的平衡电位以及在此电位下的界面剩余电荷密度。

（2）如果向电解质溶液中加入一定量的 KBr，那么电极的界面剩余电荷密度和微分电容会发生哪些变化？

（3）如果将电极电位极化到 0.4V，此时电极的界面剩余电荷密度是多少？

15.已知金属汞电极在 0.5mol/L $Na_2SO_4$ 溶液中的电毛细曲线和微分电容曲线分别如图 3-26（a）、（b）中曲线 1 所示，当加入某种物质后，分别变成了曲线 2。试分析加入的是哪类物质？从这两个曲线的变化还可以获得哪些信息？

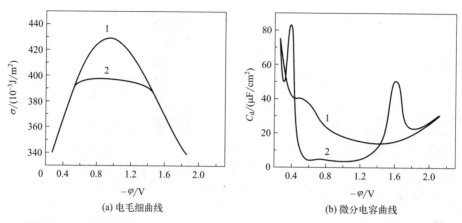

(a) 电毛细曲线  (b) 微分电容曲线

图 3-26　金属汞电极在 0.5mol/L $Na_2SO_4$ 溶液中的电毛细曲线和微分电容曲线

16.已知某电极的微分电容曲线如图 3-27 所示，假设 $\varphi_0 = -0.25V$，$\varphi_1 = 0.38V$，$\varphi_2 = -0.47V$，$\varphi_3 = -0.59V$，且在上述电位下的微分电容值为 $5\mu F/cm^2$、$18\mu F/cm^2$、$18\mu F/cm^2$、$18\mu F/cm^2$。

（1）试估算在 $\varphi_1$ 和 $\varphi_3$ 下的界面剩余电荷密度。

（2）试画出 $\varphi_0$、$\varphi_1$ 和 $\varphi_3$ 三个电位下的双电层结构示意图及其电位分布图。

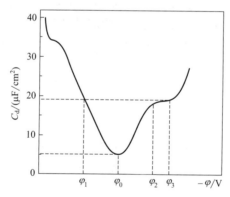

图 3-27　某电极的微分电容曲线

# 第 4 章

# 电化学动力学概论

前面章节主要介绍的是电化学体系处于热力学平衡或可逆状态下的基本性质，电极在这种条件下的正逆反应速率相等，即净反应速率等于零。但在实际应用中，我们更多遇到的是净反应速率不为零的电化学反应。例如，电极上的物质通过电化学反应生成了新物质，或者电极界面附近存在浓度梯度，都会导致电极偏离热力学平衡状态，这些情形即是本章即将开始探讨的非平衡过程，属于动力学讨论的范畴。

对于一个电化学体系，电化学反应是由阴极反应、阳极反应和反应物质在溶液中扩散（液相传质）三个过程串联进行的。因此，通常把发生在电极/溶液界面上的电极反应、化学变化和液相传质等一系列行为的总和叫作电极过程。电化学动力学的核心就是研究整个电极过程的基本历程、反应速度及其影响因素的理论。在电化学动力学的研究中，由于电化学反应属于分区反应，所以上述三个电极过程具有独立性，可以把整个电化学反应分解成单个过程加以独立研究，从而充分了解并掌握单个电极过程动力学的基本规律。同时，这三个电极过程之间还可能存在相互关联和影响，例如，如果阳极反应产物是可溶的，将会迁移至阴极区域而影响阴极过程，因此需要考虑不同电极过程之间的影响关系。只有综合考虑上述两点，才能全面并正确认识电化学动力学的全貌。

## 4.1 极化与极化曲线

### 4.1.1 电极的极化与极化曲线

对于发生在电极上的一个电化学反应：$O + ne^- \rightleftharpoons R$，假设电极表面的面积为 $S$，单位时间内反应物浓度的变化为 $dc/dt$，则电极反应速度（$v$）可表示为：

$$v = \frac{1}{S} \frac{dc}{dt} \tag{4-1}$$

为了方便实际测试，实验上一般采用外电流密度（$j$）来表示电极反应速度，因而根据法拉第定律，式（4-1）可以改写成：

$$j = nFv = nF \frac{1}{S} \frac{dc}{dt} \tag{4-2}$$

式中，$n$ 为参与电极反应的电子数。

前面已经学到，电极体系在热力学平衡状态下的电位即为该电极的平衡电位（$\varphi_e$），此时正逆反应速率相等，流过电极的净电流或外电流为零。如果有外电流通过电极时，那么电极电位会发生什么变化呢？

图 4-1 所示为 15℃时镍金属电极（阴极）在 0.5mol/L 的硫酸镍溶液中电极电位（$\varphi_c$）

随外电流密度（$j_c$）的变化关系曲线。可以观察到，随着外电流密度的增加，电极电位偏离平衡电位的程度越大。这种电极电位因外电流密度变化而发生偏离平衡电位的现象叫作电极的极化。相应的极化曲线就是电极电位随电流密度变化的关系曲线。这种曲线一般采用三电极体系测量而得，利用极化曲线可以完整而直观地反映一个电极的极化性质。

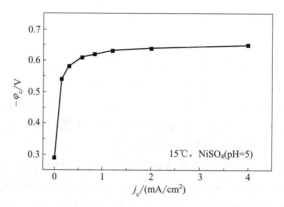

图 4-1　镍电极的阴极电位（$\varphi_c$）与电流密度（$j_c$）的关系

　　在电化学体系中，电极极化存在如下一般规律：阴极发生极化时，其电极电位总是比平衡电位更负，而阳极发生极化时，其电极电位总是比平衡电位更正。因此，阴极极化总是使电极电位偏离平衡电位负移，而阳极极化总是使电极电位偏离平衡电位正移。

　　电极发生极化的内在原因在于电化学反应速度无法跟上电子的迁移速度，使得电荷在电极界面处不断积累。当有外电流通过电极时，电极/溶液界面处将出现两种不同的作用：其一，电子的快速迁移导致电极表面持续积累电荷，最终造成电极电位不断偏离平衡电位，这种作用叫极化作用；其二，界面处通过发生电化学反应不断吸收电子运动所传递过来的电荷，力图使电极电位恢复平衡状态，这种作用叫去极化作用。

　　实验研究表明，电子的迁移速度总是大于电化学反应速度，也就是说，在上述过程中，极化作用总是占主导地位，因而电极电位会发生偏离。对于阴极，电子流入电极的速度更快，电极表面不断积累负电荷，导致阴极电位发生负移；对于阳极，情况恰好相反，电子流出电极的速度更快，电极表面不断积累正电荷，导致阳极电位发生正移。

　　在电化学中，经常会遇到两种比较极端的情况：理想极化电极和理想不极化电极。理想极化电极的概念第 3 章已经学过，从产生极化的角度来讲，理想极化电极就是在一定条件下没有去极化的作用，使得流入电极的电荷全部参与构建双电层结构，因而只起到改变电极电位的作用。实际应用中，可以控制通入的电流（电荷量）来极化电极而获得所需的电极电位。理想不极化电极指的是不发生极化现象的电极，出现这种情况的原因在于它的电化学反应速度非常快，导致有电流通过电极时，去极化作用几乎接近于极化作用，电极电位几乎保持不变，因此，具备理想不极化电极性质的电极常用作参比电极。例如，第 2 章介绍的饱和甘汞电极等参比电极，在一定的电流密度范围内均可视作理想不极化电极。

## 4.1.2　过电位与极化度

　　为了表征一个电极的极化程度，研究人员提出了过电位的概念，用符号 $\eta$ 表示，其含义为：在一定电流密度下，电极电位（$\varphi$）偏离其平衡电位（$\varphi_e$）的差值，可表示为：

$$\eta = \varphi - \varphi_e \tag{4-3}$$

过电位是研究电化学动力学的重要参数，一般取正值。因此，发生阴极极化时，阴极过电位为 $\eta_c = \varphi_e - \varphi_c$；而发生阳极极化时，阳极过电位为 $\eta_a = \varphi_a - \varphi_e$。

然而，实际研究的电极体系并不都是可逆电极，因此，在没有电流通过时，该电极体系的电极电位有可能是可逆电极的平衡电位，也有可能是不可逆电极的稳定电位。为了研究方便，我们常常把无电流通过时的电极电位统一使用静止电位（$\varphi_s$）来表示。此时，当有一定电流密度通过电极时，其极化电位与静止电位的差值叫作极化值，一般用 $\Delta\varphi$ 表示，以示区别：

$$\Delta\varphi = \varphi - \varphi_s \tag{4-4}$$

这里需要指出的是，无论是使用过电位还是极化值来表示极化程度，都必须指出电流密度的大小，否则相互之间将毫无对比价值。从图 4-1 可以看出，不同电流密度下所需的过电位差别很大，一般地，过电位随电流密度的增大而增大。因此，为了更好地反映一个电极在整个电流密度范围内的极化规律，通常采用极化曲线上某一电流密度下的斜率，即 $d\varphi/dj$ 或 $d\eta/dj$，来表示该电流密度下的极化度，这是一个具有电阻性质的量纲，被称为反应电阻。实际测试过程中，往往只需要测定某一电流密度区间内的平均极化度。

极化度代表着电极在一定电流密度下的极化趋势，通过它可以判断电极过程进行的难易程度：极化度越大表明电极越容易发生极化，即反应电阻很大，电极过程不容易进行。此时要实现电极反应速度的细微改变，就需要电极电位发生显著的变化。反之，极化度越小则意味着反应电阻很小，电极过程更容易进行，电极电位的微小改变就会引起较大的反应速度变化。

图 4-2 给出了金属锌电极在氰化锌 $[Zn(CN)_2]$ 和氯化锌（$ZnCl_2$）溶液中的阴极极化曲线。可以看出，在无电流通过时，金属锌电极在两种溶液中的静止电位相差不大，但是当电极通电后，在氰化锌电镀液中的电极电位变化十分剧烈，极化度明显大得多，表明金属锌电极在此溶液中反应电阻更高，更容易发生极化，电极过程更难于进行，即锌的沉积速度要缓慢得多，与实际情况十分吻合。

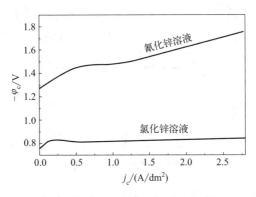

图 4-2  金属锌电极在氰化锌和氯化锌溶液中的阴极极化曲线

## 4.1.3  两种电化学体系的极化图

前面所讨论的是单电极的极化曲线，采用三电极电化学测试系统获得。对于由两个不同电极构成的原电池和电解池，电化学体系中的阴极和阳极仍然遵循着其极化的一般规律，即有电流通过时，阴极的电极电位发生负向偏移，而阳极的电极电位发生正向偏移。然而，通过之前章节的学习，我们已经知道，在原电池和电解池中，阴极和阳极的正负极性刚好是相反的，导致在这两种电化学体系中由极化引起的两电极电位差（即端电压）的变化趋势也是相反的。

下面通过两个电化学体系的等效电路来说明端电压随电流密度的变化规律。

对于氧化还原反应是自发进行的原电池，其阴极和阳极分别对应于正极和负极，相应的等效电路图和有电流通过时端电压的变化如图 4-3 所示。可以看到，每个电极均能等效成一个反应电阻（$R_{ct}$）和一个双电层电容器（$C_{dl}$），两个电极之间的电解液还存在一个溶液电阻（$R_s$），三个组成部分串并联在一起。

在没有电流通过时，其端电压（$U$）就是原电池的电动势（$E$）：

$$U = E = \varphi_{c,e} - \varphi_{a,e} \tag{4-5}$$

当有电流通过原电池时，电流从阴极流出，流入阳极，假设电流密度为 $I$，由反应电阻引起的极化过电位分别为 $\eta_c$ 和 $\eta_a$，溶液电阻引起的欧姆电压降为 $IR_s$，则根据电路原理可知，此时原电池的端电压为

$$U = (\varphi_{c,e} - \eta_c) - (\varphi_{a,e} + \eta_a) - IR_s$$

即
$$U = E - (\eta_c + \eta_a) - IR_s \tag{4-6}$$

因此，有电流通过时，原电池的端电压和电动势的变化如图 4-3 所示（虚线），显然，端电压总是小于电动势（$U < E$），且随着电流密度的增大而变小。

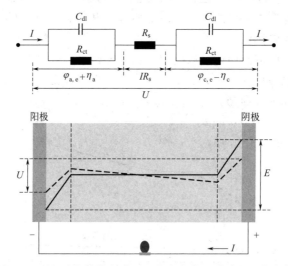

图 4-3　原电池的等效电路图和有电流通过时端电压的变化

类似地，图 4-4 所示为电解池的等效电路图和有电流通过时端电压的变化，可以看出，与原电池相比，两个电化学体系的等效电路图并没有多大区别，但是电解池的阴极和阳极分别对应于负极和正极，和原电池的正负极性刚好相反。因此，采用相同的处理方法，可以得到电解池的端电压与电动势之间的关系为：

$$U = (\varphi_{a,e} + \eta_a) - (\varphi_{c,e} - \eta_c) + IR_s$$

即
$$U = E + (\eta_c + \eta_a) + IR_s \tag{4-7}$$

当有电流通过时，电解池端电压的变化如图 4-4 中的虚线所示，显然，其端电压总是大于电动势（$U > E$），且随着电流密度的增大而变大。

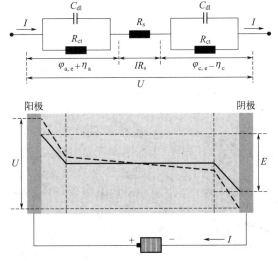

图 4-4　电解池的等效电路图和有电流通过时端电压的变化

为了方便理解，我们可以把电化学体系中两个电极的过电位之和（$\eta_c + \eta_a$）叫作超电位，用符号 $U_{超}$ 表示，因此，原电池和电解池的端电压分别为：

原电池：
$$U = E - U_{超} - IR_s \tag{4-8}$$

电解池：
$$U = E + U_{超} + IR_s \tag{4-9}$$

从上式可以看出，两个电化学体系的端电压变化源自两个电极的极化（$U_{超}$）和溶液的欧姆电压降（$IR_s$）。如果将阴极和阳极的极化曲线同时画在同一个坐标系中，这样所组成的曲线图叫作极化图。图 4-5 给出了原电池和电解池的极化示意图，从极化图可以很清楚地观察到电化学体系的端电压随电流密度的变化规律，非常有利于研究体系的电化学动力学。此外，在不考虑溶液电阻的情况下，根据极化图还可以非常直观地看出，在一定的电流密度（$j_0$）下，电化学体系的端电压（$U$）与其电动势（$E$）、两个电极的过电位（$\eta_a$、$\eta_c$）之间的数学关系。然而，溶液电阻是无法忽略的，因此极化图虽然在一定程度上反映了端电压随电极极化变化的规律，但却无法反映溶液电阻所带来的欧姆电压降的影响。

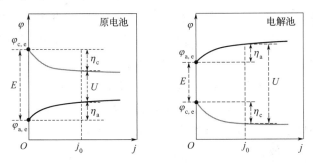

图 4-5　原电池和电解池的极化示意

# 4.2 电极过程的基本历程及电化学反应类型

## 4.2.1 基本历程

电极过程是指有电流通过时，在电极/溶液界面附近发生的一系列性质不同的单元步骤串联或并联进行的变化过程。要使电化学反应顺利进行，一般电极过程主要包括以下几个串联单元步骤，如图4-6所示。

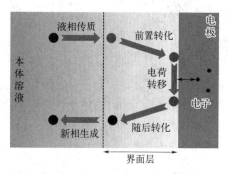

图4-6 一般电极过程基本历程

① 液相传质过程 反应物粒子（如离子、分子等）从本体溶液向电极/溶液界面附近液层进行迁移。

② 前置转化过程 电极/溶液界面附近液层中的反应物粒子在电化学反应之前进行某种没有电子参与的转化行为，使之处于中间"活化态"，其进行速度与电极电位无关。例如，反应物粒子在界面上发生物理或化学吸附，或络合离子进行配位重排或降低配位数。

③ 电化学反应过程 反应物粒子在电极/溶液界面上通过得失电子发生氧化还原反应，是一个有电子参与的过程，因此也被称为电荷转移过程，其反应速度与电极电位存在较强的依赖关系。

④ 随后转化过程 电化学反应后的还原或氧化产物在电极/溶液界面附近进行某种没有电子参与的转化行为。例如，反应产物从电极表面发生脱附或反应产物进行复合、分解、歧化等化学变化。

⑤ 新相生成过程 反应产物粒子通过结合生成气体而逸出电极或形成固相沉积在电极，抑或可溶性反应产物粒子向本体溶液内部进行液相传质。

可见，电极过程是一个复杂的多步骤过程，需要指出的是，并非所有电极过程都必须包含上述全部单元步骤。另外，一个单元步骤还可能涉及多个转化或反应过程，因此，一个实际的电极过程必须具体情况具体分析。以银氰络合离子 $\left[Ag(CN)_3^{2-}\right]$ 为例，分析其阴极还原的电极过程。

首先，溶液本体的 $Ag(CN)_3^{2-}$ 通过液相传质迁移至电极/溶液界面附近；

然后，$Ag(CN)_3^{2-}$ 在界面附近进行前置转化，脱出一个氰根离子降低银离子的配位数，形成具有电化学活性的 $Ag(CN)_2^-$ 并吸附在电极表面；

紧接着，$Ag(CN)_2^-$ 在电极表面进行电化学反应，得到一个电子形成一个吸附态银原子，同时释放两个氰根离子，即 $Ag(CN)_2^- + e^- \longrightarrow Ag + 2CN^-$；

最后，吸附态银原子不断聚集并电结晶成晶态银，与此同时，可溶性氰根离子通过液相传质从界面迁移至本体溶液。

可以看出，整个阴极还原过程只有四个串联的单元步骤。一般来说，一个电极过程必定包含液相传质、电化学反应、新相生成三个单元步骤。除了上述串联的单元步骤，电极过程还可能存在并行的单元步骤。例如，在氢离子的阴极还原过程中，两个并行进行的电化学反应生成的吸附态氢原子可能直接会复合形成氢分子。此外，对于多电子反应的电极过程，其电化学反应过程则通常需要多个单电子反应步骤串联完成。

### 4.2.2　电化学反应的特点及其类型

电极过程最核心的单元步骤是有电子参与的电化学反应，它是发生在电极/溶液界面上的氧化还原反应。与传统的氧化还原反应相比，电化学反应具有以下特点：

① 电化学反应是一种界面反应，氧化反应和还原反应分别在阳极和阴极的界面上进行，具有空间分隔性；

② 电化学反应的速度受界面双电层结构和性质的影响，可以人为地通过控制电极电位来改变，具有异相催化的特点；

③ 界面层的厚度很薄，界面电场强度很高，一些难以进行的化学反应可以通过电化学反应得以实现，比如高活泼性金属（Na、K）的电还原制备。

根据反应产物和生成产物的物相形态，电化学反应可以分为以下类型。

① 液-液电化学反应。可溶性反应粒子借助惰性电极发生氧化还原反应生成新的可溶性产物粒子。例如，$Sn^{4+}$ 在铂电极上发生还原反应：$Sn^{4+} + 2e^- \longrightarrow Sn^{2+}$。

② 液-固电化学反应。可溶性反应粒子在电极上发生氧化还原反应生成固相并附着于电极表面，这类反应主要包括金属和无机化合物的电沉积以及有机物的电合成，典型示例如：

$$Cu^{2+} + 2e^- \longrightarrow Cu$$
$$Mn^{2+} + 2H_2O - 2e^- \longrightarrow MnO_2 + 4H^+$$

③ 固-液电化学反应。覆盖于电极表面的固态粒子发生氧化还原反应生成可溶性产物粒子。例如：

$$Fe - 2e^- \longrightarrow Fe^{2+}$$

④ 液-气/气-液电化学反应。溶液中可溶性反应粒子在惰性电极上发生氧化还原反应生成气体，或者气体借助惰性电极发生氧化还原反应生成可溶性反应粒子。例如：

$$2H^+ + 2e^- \longrightarrow H_2, O_2 + 2H_2O + 4e^- \longrightarrow 4OH^-$$

⑤ 固-固电化学反应。覆盖于电极表面的固态粒子发生氧化还原反应生成另外一种固态覆盖物。例如：

$$PbO_2 + 4H^+ + SO_4^{2-} + 2e^- \longrightarrow PbSO_4 + 2H_2O$$

# 4.3　电极过程的决速步骤与极化类型

### 4.3.1　反应活化能

活化能的概念最早由瑞典物理化学家阿伦尼乌斯（Arrhenius）于1889年引入，用来表示一个化学反应发生所需要的最小能量。根据化学动力学，一个反应体系从初始反应物到最终生成物的过程中必然会经过一个中间过渡状态，即活化态。活化能就是这个中间过渡状态和初始状态之间的能量差值，如图4-7所示。从微观角度来说，反应物粒子需要吸收一定的

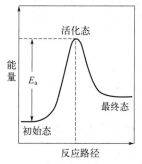

图 4-7 化学反应的活化能

能量使之成为活化态粒子，这个能量的临界最低值就是活化能，常常也叫作能垒或势垒，反应只有克服这个能垒才能得以进行。因此，活化能反映了一个化学反应发生的难易程度。

大量实践和理论研究表明，一个化学反应进行的反应速度与温度（$T$）存在如下指数关系：

$$v = A \exp\left(-\frac{E_a}{RT}\right) \tag{4-10}$$

式中，$A$ 和 $E_a$ 分别代表的是指前因子和活化能（kJ/mol），是化学动力学中十分重要的两个参数。活化能越低，化学反应速度越快。反应温度越高，活化态分子在反应体系中所占的百分比越大，因而反应速度越快。

## 4.3.2 决速步骤

如前所述，电极过程是由一系列性质不同的单元步骤串联组成的，其中每一个单元步骤都有不同的活化能，其大小只取决于该步骤本性。也就是说，在一定的反应条件下，每一个单元步骤都可能具有不同的反应速度，体现的是该步骤的反应潜力。对于一个电极过程，由于其所包含的几个单元步骤是串联进行的，导致它们的行进速度相互制约，在稳态条件下，整个电极过程的反应速度必定受制于全部单元步骤的实际速度，那么，决定该电极过程反应速度的必然是速度最慢的那个单元步骤，而其他单元步骤只能以最慢的这个速度进行，无法充分发挥它们的全部反应潜力。因此，我们把决定整个电极过程速度的单元步骤称为电极过程的决速步骤或者速度控制步骤。显然，电极过程的动力学规律就取决于该决速步骤的动力学规律，要想提高电极的反应速度，就必须提高决速步骤的反应速度。可见，要厘清一个电极过程的动力学规律，就必须首先确定该过程的决速步骤，然后才能围绕该决速步骤开展系统的电化学研究。

决速步骤的概念还可以通过反应路径上的活化能来进一步深化理解。如图 4-8 所示，每一个单元步骤都有其对应的活化能，活化能越大，表明该单元步骤所需要克服的能垒越高，则其所具有的反应速度潜力越小。当这些单元步骤串联进行时，电极过程的最终速度将受制于活化能最高或反应速度最小的那个单元步骤。对于图 4-8 所示的电极过程，显然单元步骤（3）所需的活化能最高，因此该步骤即为决速步骤。

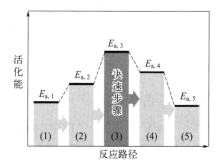

图 4-8 一个电极过程的反应路径活化能及其决速步骤

需要指出的是，一个电极体系的决速步骤并不是一成不变的，因为电极过程总是处于动态变化过程中，随着反应的不断进行，反应条件（如反应物浓度）会随之发生改变，决速步骤也可能会发生改变。例如，假设电荷迁移步骤在电极反应初期是决速步骤，但随着反应进行，反应物浓度不断降低，液相传质速度就会随之变慢，最终导致决速步骤转变为液相传质步骤。此外，还可以人为地改变决速步骤。比如，我们可以通过搅拌来提高液相传质速度使之成为非决速步骤，也可以通过改变电极电位提高电荷转移速度使之成为非决速步骤。

理论计算表明，如果两个单元步骤的标准活化能相差不大，比如小于 5kJ/mol，那么它们的反应速度差距就不足 5 倍，在这种特殊情况下，决速步骤可能不止一个，上述两个单元步骤有可能同时会成为决速步骤，使得电极过程处于"混合控制"状态，其动力学规律也将变得更加复杂一些，但仍有一个决速步骤在其中起着主导作用。

### 4.3.3 极化类型

根据电极过程中决速步骤的不同，可以将极化分为不同类型，包括浓差极化（液相传质过程）、电化学极化（电化学反应过程）、表面转化极化（前置或随后转化过程）等。其中最常见的类型是浓差极化和电化学极化，这里予以简单介绍，其动力学规律将在后面章节予以详细讨论。

#### （1）浓差极化

所谓浓差极化，是指当液相传质过程成为电极过程的决速步骤时所引起的电极极化。在平衡电极电位下，即无电流通过时，电极界面附近的反应物粒子浓度等于电解液的本体浓度。当有电流通过时，电极界面附近的反应物粒子将通过氧化还原反应而不断被消耗，从而在本体溶液和界面液层之间形成浓度差，反应物粒子或产物粒子将在本体溶液和界面液层之间发生扩散（液相传质）。如果扩散输运的粒子总数少于电化学反应消耗或生成的粒子总数，那么界面液层的反应物粒子浓度将降低或者产物粒子浓度将提高，电化学反应速度随之下降，电极上就会不断积累多余的电荷，导致电极电位发生负移或正移。此时的电极电位相当于电极置于一个反应物粒子浓度更低或产物粒子浓度更高的溶液中的平衡电位，偏离了初始溶液条件下的平衡电位。这种由于在界面液层和本体溶液间形成浓度差而引起的极化就称为浓差极化。

#### （2）电化学极化

电化学极化是指当电荷转移过程成为电极过程的决速步骤时所引起的电极极化。由于电化学反应转移电子的速度是有限的，当有电流通过时，如果电子转移速度小于外电源流入或流出的电子速度，将导致电极上不断积累过剩的电荷，从而使电极电位偏离平衡电位。这种由于电化学反应速度滞后而引起的极化就称为电化学极化。

综上可见，电极极化的本质就是由于决速步骤太慢导致电荷在电极上积累而引起平衡电位发生偏离。因此，要研究某个单元步骤的极化规律，就必须采取措施使该单元步骤成为决速步骤。比如，要研究电化学极化的动力学规律，就可以通过加强搅拌来消除浓差极化的影响，使得电化学极化成为决速步骤。只有如此，实验测得的极化曲线所表现出来的规律才是电化学极化的动力学规律。

此外，如果电极本身的电子导电率不高，例如，半导体电极或者金属电极表面覆盖了一层导电性很差的物质，当有电流通过时，电极上也会产生欧姆电压降，导致电极电位偏离平衡电位，这种由电极欧姆电阻引起的极化现象习惯上叫作电阻极化或欧姆极化。其特点在于电阻值比较固定，电压降与电流满足欧姆定律，没有电流通过时，这种极化现象就会消失。电阻极化并没有对应电极过程中某个单元步骤，因此严格意义上并不能称为极化。然而，考虑到电阻极化在大多数实际电化学体系中都存在，因而在研究电化学动力学时应予以重视。

# 4.4 研究电极过程的分析方法

## 4.4.1 近平衡态

前节已述,电极过程是一个非常复杂的过程。如果每一个单元步骤都采用动力学的方法来处理的话,那么问题就会变得异常复杂。考虑到电极过程的动力学规律取决于决速步骤,电极的反应速度也是按照决速步骤的反应速度进行的。因此,对于其他串联进行的非决速步骤,其反应速度也必须按照决速步骤的反应速度进行,由于非决速步骤反应速度的潜力并未完全发挥,其所具备的潜在反应速度要往往比电极反应速度快得多。在这种情况下,可以认为非决速步骤的平衡状态几乎没有遭到破坏,仍然近似地处于平衡态。非决速步骤这种类似于平衡的状态叫作近平衡态。

假设电极反应:$O + ne^- \longrightarrow R$

当电极按照一定的反应速度($j_0$)稳态进行时,$j_0$ 就是各个单元步骤的净反应速度,其数值等于决速步骤和非决速步骤的正、逆反应绝对速度之差:

$$j_0 = \overrightarrow{j_{绝}} - \overleftarrow{j_{绝}}$$

$$j_0 = \overrightarrow{j_{非}} - \overleftarrow{j_{非}}$$

显然,

$$j_0 < \overrightarrow{j_{绝}}$$

由于非决速步骤的绝对反应速度比决速步骤快很多,因而也必然比 $j_0$ 快得多,即:

$$\overrightarrow{j_{非}} \gg j_0, \overleftarrow{j_{非}} \gg j_0$$

因此,对于非决速步骤,$j_0$ 可忽略不计,可得:

$$\overrightarrow{j_{非}} \approx \overleftarrow{j_{非}}$$

这表明非决速步骤的正逆反应绝对速度近似相等,因而可认为它们的平衡态并未遭到破坏,处于近平衡状态,此时就可以采用热力学的方法来处理相关问题。例如,对于处于近平衡态的电荷转移过程,可以采用能斯特方程来计算电极电位;对于处于近平衡态的表面转化过程,则可以采用吸附等温式来计算反应物粒子的吸附量。需要指出,处于近平衡态的非决速步骤本质上仍处于非平衡状态,近平衡态的引入只是为了简化问题而采用的一种近似处理方法。

## 4.4.2 电极过程的分析步骤

通过前面的学习,可以看到,尽管电极过程非常复杂,影响因素也极其繁多,但是只要抓住电极过程中的关键环节——决速步骤,就能掌握电极过程的动力学规律,厘清影响电极反应速度的基本因素,最终就可通过调控电极电位来改变电极反应的方向和速度。因此,研究一个电极过程的动力学,其分析方法可以按照以下几个步骤进行。

首先,要弄清楚整个电极反应的基本历程,找出具体是由哪些单元步骤组成的,并判断出这些单元步骤的进行顺序，以及判定它们是以串联还是并联的方式组合。

其次，确定电极过程的决速步骤，需要指出的是，当电极过程处于混合控制时，决速步骤可能不止一个。

再次，通过电化学手段测量稳态电极过程时决速步骤的动力学参数，这些参数也即是整个电极过程的动力学参数。

最后，利用近平衡态的处理方式，测定非决速步骤的热力学平衡常数或其他热力学数据。

由上可见，为了快速判断一个待研究电极体系的决速步骤，并找出影响电极反应速度的有效方法，我们应该先了解各个单元步骤的动力学特点，然后对比实验测定的动力学参数，如果二者信息相一致，就可以判定该单元步骤是整个电极过程的决速步骤。影响电极过程最重要的两个单元步骤是电荷转移过程（即电化学极化）和液相传质过程（即浓差极化），后面章节将详细介绍这两个单元步骤的动力学特点。

# 思考题

1. 电极产生极化的本质原因是什么？阴极极化和阳极极化时，为什么电极电位发生偏移的方向不同？

2. 试分析过电位、极化值、极化度的区别。

3. 画出原电池和电解池的等效电路图，并分析它们的极化图有哪些异同之处。

4. 试述电极过程的基本过程以及电极反应的特点。

5. 什么是决速步骤？试从反应活化能的角度分析决速步骤的特点。

6. 电极极化最重要的两种类型是什么？它们各自有什么特点？产生这两种极化的原因是什么？

7. 研究电化学动力学，为什么要引入近平衡态？其意义是什么？

8. 25℃时，用 0.01A 的电流电解含有 0.1mol/L $CuSO_4$ 和 1mol/L $H_2SO_4$ 的混合水溶液，已知电解槽的端电压为 1.86V，阳极上析氧过电位为 0.42V，溶液电阻为 50Ω，如果阴极上只有金属铜被析出，试计算阴极上铜析出的过电位。

9. 25℃时，已知电极反应 $Ag^+ + e^- \longrightarrow Ag$ 的反应速度为 $0.1A/cm^2$，根据各单元步骤的活化能可知，电荷转移步骤的速度为 $1.04 \times 10^{-2} mol/(m^2 \cdot s)$，液相传质步骤的速度为 $0.1mol/(m^2 \cdot s)$。

（1）判断该电极在上述条件下的决速步骤。

（2）如果决速步骤的活化能降低了 10kJ/mol，决速步骤会不会发生变化？

10. 已知电池 $(-)Zn|ZnCl_2(1mol/L, \gamma_\pm = 0.33)||HCl|H_2(1mol/L), Pt(+)$，在外线路中按上述正负极方向从正极到负极通过电流，电流密度为 $1 \times 10^{-4} A/cm^2$ 时，电池的端电压为 1.24V，溶液的欧姆电压降为 0.1V。试问：

（1）该电池在通过上述电流时，是属于原电池还是电解池？

（2）锌电极上发生的是阴极极化还是阳极极化？

（3）已知在上述电流密度下氢电极的过电位为 0.164V，试求锌电极在此条件下的过电位。

# 第 5 章

# 电化学反应动力学

在第 4 章中，我们已经学习到，电化学反应步骤是反应物粒子在电极/溶液界面上通过得失电子发生氧化还原反应而生成新物质的过程，是一个需要电子迁移的化学反应，也是整个电极过程的关键步骤。当该步骤成为决速步骤时，那么研究电化学反应动力学的极化规律就是研究整个电极过程的极化规律，其目的就是确定反应机理（或反应历程）并掌握不同影响因素对反应速度的作用规律，从而实现对电极过程反应速度和方向的精准调控。前面章节已提到，电极电位会对电化学反应速度产生重大影响。因此，本章将从理论和实验上建立电化学反应速度与电极电位之间的数学关系，进一步掌握电化学反应步骤的动力学特征。

## 5.1 电化学反应动力学理论发展简介

19 世纪后半叶到 20 世纪初期，电化学家对电化学热力学研究取得了巨大的理论成果，但也出现了试图采用热力学方法来处理一切电化学问题的错误倾向。显然，热力学研究是建立在完全可逆的电极反应上，描述的是处于平衡状态下的电极电位，即能斯特方程；而当有电流通过电极时，电极电位就会偏离平衡电位，此时已不再适用热力学分析。

直到 1905 年，瑞士化学家塔菲尔（J. Tafel）通过系统研究，发现并总结了一些电化学极化的基本规律，并在其《关于氢气阴极析出过程的极化研究》的论文中，首次提出了著名的塔菲尔经验公式，定量描述了析氢反应速度与过电位之间的数学关系，即在一定电位范围内，反应速度与过电位存在如下线性关系：

$$\eta = a + b \lg |j| \tag{5-1}$$

式中，$\eta$ 为过电位；$j$ 为外电流密度；$a$ 和 $b$ 为两个常数，其大小和电极材料性质、表面状态、溶液组成以及反应温度有关。根据上式可知，$a$ 代表的是单位电流密度（$1A/cm^2$）下的过电位值，直接反映了不同电极体系进行电化学反应的难易程度；$b$ 通常称为塔菲尔斜率，是一个与温度有关的常数，反映的是一个电极过程极化受阻的程度。

塔菲尔经验公式的发现对研究电化学极化具有重要的意义，因为在很宽的电流密度范围内该式都十分适用。比如在汞电极上，当决速步骤是电化学反应步骤时，那么在 $10^{-7} \sim 1A/cm^2$ 的电流密度范围内式（5-1）都有效。然而，当电流密度很小时，就会出现不符合实际的情形。例如，当 $j \longrightarrow 0$ 时，按照塔菲尔经验公式，过电位会出现一个极值，这显然有悖于常识，因为电流密度很小时，电极偏离平衡状态的程度就很低，此时过电位很小，即 $\eta \longrightarrow 0$。为了解决此问题，研究人员随后又总结出了另外一个经验公式：

$$\eta = \omega j \tag{5-2}$$

式中，$\omega$ 是一个与 $a$ 值类似的常数，其大小和电极材料性质、表面状态、溶液组成以及反应温度有关。此式表明，在极小电流密度下，过电位与电流密度呈现线性关系。

尽管式（5-1）和式（5-2）能够基本表达电化学极化的基本规律，然而，这些关系都是通过大量实验而总结出的经验公式。在其建立之初乃至其后二十余年，研究人员并未彻底弄清楚这些公式本身的内在机理，一度缺乏对其数学关系的深刻理解。

直到 1930 年前后，巴特勒（Butler）和沃尔默（Volmer）利用化学动力学中的过渡态理论和能斯特方程，精确地推导出了电极过程动力学的核心基本方程——Butler-Volmer 方程，该方程完美地解释了式（5-1）和式（5-2）所表达的基本规律，并赋予了上述常数的物理内涵。此外，电化学动力学和热力学并不是完全割裂的，所讨论的只是不同电极过程的状态，当电极过程达到平衡状态时，动力学方程就必须和热力学方程相一致，在这一点上，Butler-Volmer 方程很好地把电化学动力学和热力学联结起来了。因此，Butler-Volmer 方程成为研究电极动力学的最基础理论，也是本章最重要的学习内容。

Butler-Volmer 方程所描述的是宏观电化学反应动力学的基本规律，是通过测定反应速率常数来推断总反应过程中可能存在的基元反应及其反应机理，但对于电子是如何在电极/溶液界面实现迁移的并未给出答案。因此，要真正认识电极反应过程和反应机理，就必须采用一个更加微观的理论从原子和分子水平去直接研究基元反应。随着量子力学，尤其是量子化学的建立和发展，运用量子理论去研究电极反应动力学已成为一个新的方向，形成了量子电化学分支。1992 年诺贝尔化学奖得主 R. A. Marcus 等在此方面做出了重要的贡献，逐步完善了电子在界面处发生迁移的微观机制理论。基于电子迁移的 Marcus 理论在电化学动力学研究中也得到了广泛的应用，通过少量的计算就能较好地预测结构对电化学动力学的影响。目前有关电子迁移动力学的微观理论尚未完善，感兴趣的读者可以查阅相关专业文献。

# 5.2 电化学反应的活化能与反应速度

## 5.2.1 电化学反应活化能

根据化学动力学中过渡态理论可知，一个化学反应要得以顺利进行，则反应物粒子必须吸收一定的能量以过渡到一个亚稳定的中间活化状态，才能转化为产物粒子，这个能垒就是所谓的活化能，如图 4-7 所示。类似地，对于电化学反应，仍然可以采用一个电化学反应活化能来处理反应进行的方向和速度。

假设有电化学反应：

$$O+ne^- \Longleftrightarrow R$$

式中，O 和 R 分别代表氧化态和还原态粒子（如离子、分子或原子等）；$n$ 为电化学反应步骤一次转移的电子数。一般情况下，一个电化学反应步骤中一次只能转移一个电子，同时转移两个或两个以上电子的可能性很小。因此，$n$ 一般为 1，极少数情况下为 2。

为了便于理解，以反应物粒子在电极/溶液界面发生转移所引起的位能变化来表示体系的自由能变化。假定界面处不存在特性吸附，只考虑离子双电层的影响，氧化态粒子 O 位于外亥姆霍兹平面（d），还原态粒子 R 位于电极中，中间活化态位于 O 和 R 之间某个位置。同时假定溶液的总浓度很大，离子双电层完全为紧密层结构，即双电层电位差完全线性分布于紧密层中，此时扩散层电位 $\varphi_1$ 为 0。图 5-1 所示为在零电荷电位下反应物粒子的位能曲线。其中 $OO'$ 表示发生还原反应的位能变化曲线，$RR'$ 表示发生氧化反应的位能变化线，两个曲线的交点 $I$ 即为中间活化态。因此，$OIR$ 线就是反应物粒子在界面处发生相间转移的位能曲线，图中 $\Delta \overrightarrow{G^0}$ 和 $\Delta \overleftarrow{G^0}$ 则分别代表发生还原反应和氧化反应所需的活化能。

由于处于零电荷电位状态的界面不存在离子双电层结构，则电极/溶液之间的内电位差（$\Delta \varphi$）为零，根据电化学位的定义 $\bar{\mu} = \mu + nF\Delta\varphi$ 可知，在零电荷电位下，电化学位和化学位是相等的。这说明，在没有界面电场的情况下，反应物粒子的位能变化等于其化学位的变化，反应本质只是一个纯化学反应，此时所需的活化能和纯化学的氧化还原反应并没有任何区别。

下面分析一下电极/溶液界面处存在离子双电层或界面电场时，反应物粒子的位能变化情况。假设界面处离子双电层电位差为 $\Delta\varphi$，我们以 $\Delta\varphi > 0$ 为例来具体讨论一下反应物粒子的位能变化曲线。

前面已经假定离子双电层为紧密层结构，那么电位差 $\Delta\varphi$ 在界面处呈线性分布状态，如图 5-2 中曲线 1 所示。按照电化学位，反应物粒子在上述界面电场的作用下，其位能在不同位置上将会有不同程度的增加，即 $F\Delta\varphi$（$n=1$），如曲线 2 所示。因此，当界面存在离子双电层时，反应物粒子的位能就是纯化学位（曲线 3）和界面双电层电位（曲线 2）的叠加，形成如曲线 4 所示的变化趋势。

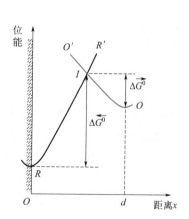

图 5-1 零电荷电位下反应物粒子的位能曲线

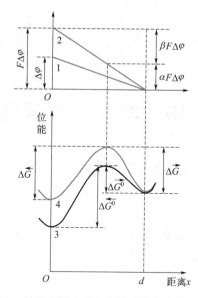

图 5-2 界面电场对反应物粒子位能曲线的影响

从图 5-2 可知，在界面电场的作用下，还原反应的活化能 $\Delta\overrightarrow{G}$ 增加了 $\alpha F\Delta\varphi$，而氧化反应的活化能 $\Delta\overleftarrow{G}$ 减小了 $\beta F\Delta\varphi$，即：

$$\Delta\overrightarrow{G} = \Delta\overrightarrow{G^0} + \alpha nF\Delta\varphi \tag{5-3}$$

$$\Delta\overleftarrow{G} = \Delta\overleftarrow{G^0} - \beta nF\Delta\varphi \tag{5-4}$$

式中，系数 $\alpha$ 和 $\beta$ 分别表示界面电场或电极电位对还原反应活化能和氧化反应活化能的影响程度，也叫作传递系数或对称系数。显然，$\alpha + \beta = 1$，对于任何一个具体的电化学反应，$\alpha$ 和 $\beta$ 是一个大于 0 小于 1 的常数。在实际中，可以采用零标电位 $\varphi_a$ 或氢标电位 $\varphi$ 来取代上式中的绝对电位 $\Delta\varphi$，此时 $\Delta\overrightarrow{G^0}$ 和 $\Delta\overleftarrow{G^0}$ 则代表的是所选用的电位坐标系为零点时的反应活化能。

可见，当界面存在一定的电场强度时，反应物粒子发生还原反应和发生氧化反应所需的活化能发生了变化，且二者的变化趋势正好相反。

### 5.2.2 电化学反应速度

根据化学动力学理论，一个化学反应的反应速度 ($v$) 与反应活化能 ($\Delta G$) 存在如下的指数关系：

$$v = kc\exp\left(-\frac{\Delta G}{RT}\right) \tag{5-5}$$

式中，$k$ 为指前因子；$c$ 为反应物粒子的浓度。

对于电化学反应 $O + ne^- \rightleftharpoons R$，可以采用电流密度来表示其反应速度，因此，还原反应和氧化反应的反应速度可表示为：

$$\overrightarrow{j} = nF\overrightarrow{k}c_O^*\exp\left(-\frac{\Delta\overrightarrow{G}}{RT}\right) \tag{5-6}$$

$$\overleftarrow{j} = nF\overleftarrow{k}c_R^*\exp\left(-\frac{\Delta\overleftarrow{G}}{RT}\right) \tag{5-7}$$

式中，$\overrightarrow{j}$ 和 $\overrightarrow{k}$ 分别为还原反应的绝对反应速度和指前因子；$\overleftarrow{j}$ 和 $\overleftarrow{k}$ 分别为氧化反应的绝对反应速度和指前因子；$c_O^*$ 和 $c_R^*$ 代表的分别是 O 粒子和 R 粒子在电极表面的浓度。

当电化学反应步骤成为决速步骤时，可以把其他非决速步骤视为处于近平衡态。由于液相传质非决速步骤处于近平衡态，并且已经假定双电层为紧密层结构，因此，电极表面附近液层的粒子浓度可近似于本体溶液的粒子浓度，即 $c_O^* \approx c_O$ 和 $c_R^* \approx c_R$。

结合式 (5-3) 和式 (5-4)，于是式 (5-6) 和式 (5-7) 可变换为

$$\overrightarrow{j} = nF\overrightarrow{k}c_O\exp\left(-\frac{\Delta\overrightarrow{G^0} + \alpha nF\varphi}{RT}\right) = nF\overrightarrow{K}c_O\exp\left(-\frac{\alpha nF\varphi}{RT}\right) \tag{5-8}$$

$$\overleftarrow{j} = nF\overleftarrow{k}c_R\exp\left(-\frac{\Delta\overleftarrow{G^0} - \beta nF\varphi}{RT}\right) = nF\overleftarrow{K}c_R\exp\left(\frac{\beta nF\varphi}{RT}\right) \tag{5-9}$$

式中，$\overrightarrow{K}$ 和 $\overleftarrow{K}$ 分别为电位坐标零点处 ($\varphi = 0$) 的反应速度常数，即：

$$\overrightarrow{K} = \overrightarrow{k}\exp\left(-\frac{\Delta\overrightarrow{G^0}}{RT}\right) \tag{5-10}$$

$$\overleftarrow{K} = \overleftarrow{k}\exp\left(-\frac{\Delta\overleftarrow{G^0}}{RT}\right) \tag{5-11}$$

如果采用 $\overrightarrow{j}^0$ 和 $\overleftarrow{j}^0$ 表示电位坐标零点处 ($\varphi = 0$) 的反应速度，则式 (5-8) 和式 (5-9)

可以进一步变换为:

$$\vec{j} = \vec{j^0} \exp\left(-\frac{\alpha n F \varphi}{RT}\right) \tag{5-12}$$

$$\overleftarrow{j} = \overleftarrow{j^0} \exp\left(\frac{\beta n F \varphi}{RT}\right) \tag{5-13}$$

对上式取对数,整理可得

$$\varphi = \frac{2.3RT}{\alpha n}(\lg \vec{j^0} - \lg \vec{j}) \tag{5-14}$$

$$\varphi = -\frac{2.3RT}{\beta n}(\lg \overleftarrow{j^0} - \lg \overleftarrow{j}) \tag{5-15}$$

上述两组方程就是一个电化学反应步骤的基本动力学公式,表达了一个电极体系发生氧化反应和还原反应的绝对反应速度与电极电位的数学关系,如图 5-3 所示,$\lg \overleftarrow{j}$ 或 $\lg \vec{j}$ 与电极电位 $\varphi$ 成线性关系,电极电位越负,则还原反应的绝对速度越大;反之,电极电位越正,则氧化反应的绝对速度越大。

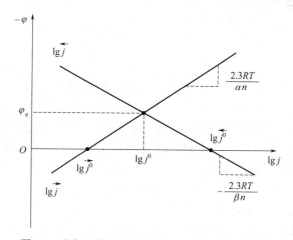

图 5-3 电极反应绝对速度与电极电位之间的关系

因此,在保持其他条件不变的情况下,电化学反应进行的方向和速度可以通过人为控制电极电位来改变,而且只需改变较小的电极电位,电极反应速度就能产生巨大的变化,这也是电化学反应的独特之处。

例如,假设电极体系 $Ag \mid AgNO_3$(0.1mol/L,25℃)在电极电位为 0.75V 时的氧化溶解反应绝对速度为 $10mA/cm^2$,如果电极电位正移 0.25V,那么反应速度会发生多大的变化?

根据式(5-12)可知:

$$\overleftarrow{j} = \overleftarrow{j^0} \exp\left[\frac{\beta F(\varphi + 0.25)}{RT}\right] = \overleftarrow{j_1} \exp\left(\frac{0.25\beta F}{RT}\right)$$

式中,$\overleftarrow{j_1} = 10mA/cm^2$,假设传递系数 $\beta = 0.5$,则可计算出该氧化反应的绝对速度达到了 $1302mA/cm^2$,二者相差了整整 130 倍之多,如此惊人的速度之差表明电极电位对电化学反应速度具有十分显著的影响。

此外，两条直线相交的位置代表着电极氧化反应和还原反应的绝对速度相等，此时电极电位处于平衡电位（$\varphi_e$），电极的净电流密度为零，即宏观上没有物质变化和外电流通过，但是微观上仍然发生着物质交换，只是电极的氧化反应和还原反应处于动态平衡。为便于使用，可以采用一个统一的符号 $j^0$ 来表示在平衡电位下的两个绝对反应速度，即：

$$j^0 = \overrightarrow{j^0} \exp\left(-\frac{\alpha n F \varphi_e}{RT}\right) = \overleftarrow{j^0} \exp\left(\frac{\beta n F \varphi_e}{RT}\right) \tag{5-16}$$

可以看出，$j^0$ 就是在平衡电位下氧化态粒子和还原态粒子在电极/溶液界面处的交换速度，因此，通常也将之称作交换电流密度。

# 5.3 Butler-Volmer 方程

## 5.3.1 Butler-Volmer 基本方程及其特点

前面已介绍，一个电极体系中发生氧化反应和还原反应的绝对反应速度会受到电极电位的影响。需要指出的是，这里所讲的绝对反应速度是指微观反应速度，而不是该电化学反应步骤的净反应速度，也就是说，并不是电极达到稳态时的外电流密度。

在任何一个电极电位下，同一个电极体系总是存在 $\overrightarrow{j}$ 和 $\overleftarrow{j}$，二者的差值就是通过电极的净电流密度。当电化学极化处于稳定状态时，净电流密度就等于外电流密度，也叫作极化电流密度。考虑到电化学反应步骤是一个决速步骤，因此，上述净电流密度就等于整个电极反应的净反应速度，可用下式表示：

$$j = \overrightarrow{j} - \overleftarrow{j} = \overrightarrow{j^0} \exp\left(-\frac{\alpha n F \varphi}{RT}\right) - \overleftarrow{j^0} \exp\left(\frac{\beta n F \varphi}{RT}\right) \tag{5-17}$$

假设电化学极化过电位为 $\Delta\varphi$，则上式可改写为：

$$j = j^0 \left[\exp\left(-\frac{\alpha n F \Delta\varphi}{RT}\right) - \exp\left(\frac{\beta n F \Delta\varphi}{RT}\right)\right] \tag{5-18}$$

上式即为电极反应达到稳态时的电化学极化方程式，也叫作 Butler-Volmer 基本方程。在大多数情况下，一个电化学反应步骤只能转移一个电子，因此，单电子反应的 Butler-Volmer 基本方程就是：

$$j = j^0 \left[\exp\left(-\frac{\alpha F \Delta\varphi}{RT}\right) - \exp\left(\frac{\beta F \Delta\varphi}{RT}\right)\right] \tag{5-19}$$

按照一般习惯规定，当阴极上发生净还原反应时，净电流密度 $j$ 为正值，可用 $j_c$ 表示阴极反应速度；当阳极上发生净氧化反应时，净电流密度 $j$ 为负值，可用 $j_a$ 表示阳极反应速度。由于阴极过电位 $\eta_c$ 和阳极过电位 $\eta_a$ 均取正值，因此，$j_c$ 和 $j_a$ 可写成：

$$j_c = j^0 \left[\exp\left(\frac{\alpha F \eta_c}{RT}\right) - \exp\left(-\frac{\beta F \eta_c}{RT}\right)\right] \tag{5-20}$$

$$j_a = j^0 \left[ \exp\left(-\frac{\alpha F \eta_a}{RT}\right) - \exp\left(\frac{\beta F \eta_a}{RT}\right) \right] \qquad (5\text{-}21)$$

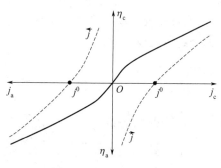

图 5-4　电化学极化曲线

根据 Butler-Volmer 基本方程可作出阴极和阳极的极化曲线，如图 5-4 所示，其中实线为净电流密度 $j$-$\eta$ 关系曲线，虚线为绝对电流密度 $\vec{j}$-$\eta$ 和 $\overleftarrow{j}$-$\eta$ 的关系曲线。从该图可以看出，净电流密度与过电位的关系曲线近似于双正弦函数，具有如下特点。

① 当过电位 $\eta = 0$ 时，即电极电位处于平衡电位时，净电流密度 $j = 0$。这表明在平衡电位下的界面电场中，电极上不会出现净反应，也就是说，电极发生净反应的必要条件并不是存在界面电场，而是必须存在剩余界面电场或者过电位。因此，过电位 $\eta$ 才是电极出现净电流密度的推动力，只有过电位不为零时，净电流密度才不等于零，这也说明在电化学动力学中，真正影响电极反应速度的并不是电极的绝对电位，而是电极电位的相对变化值，即过电位。

② 过电位 $\eta$ 的大小与净电流密度（$j$）、交换电流密度（$j^0$）有关。对于交换电流密度越大的电极反应，产生一定的净电流密度所需的过电位越小，或者说，越容易进行的电极反应所需的过电位越小。而对于交换电流密度一定的电极反应，产生更大的净电流密度则需要更高的过电位。因此，决定过电位大小的内因是交换电流密度，而外因则是净电流密度，内因和外因共同决定着一个电极反应的过电位大小。

### 5.3.2　电化学反应动力学的基本参数

根据 Butler-Volmer 基本方程，可以看出描述电化学反应动力学的基本参数包括传递系数、交换电流密度和标准反应速度常数。下面予以详细介绍。

#### （1）传递系数 α 和 β

传递系数 $\alpha$ 和 $\beta$ 在前一小节中已提过，分别代表的是当电极电位发生改变时，还原反应活化能和氧化反应活化能占总能变化值的比例，其物理意义是电极电位的改变对电化学反应活化能的影响程度，是无量纲参数，具体数值大小取决于电极反应自身的性质。从图 5-2 可以进一步看出，传递系数度量的是还原反应和氧化反应位能曲线的对称程度。对于单电子反应来说，二者的关系为 $\alpha + \beta = 1$，大多数单电子电极体系的 $\beta$ 值在 $0.3 \sim 0.7$ 之间。例如，$H^+ \longrightarrow H$ 反应在汞电极上的 $\beta$ 值为 0.5，$Ti^{4+} \longrightarrow Ti^{3+}$ 反应在汞电极上的 $\beta$ 值为 0.42，$Ce^{4+} \longrightarrow Ce^{3+}$ 反应在铂电极上的 $\beta$ 值为 0.75。对于没有未确定的电极体系，可以将 $\beta$ 近似取为 0.5。

#### （2）交换电流密度 $j^0$

有关交换电流密度的定义和概念在式（5-16）中已清楚地给出，它是一个表征电极反应在平衡状态下动力学性质的重要参数。从式中很明显可以看出，交换电流密度与反应速度常数、电极体系（如电极材料、溶液组成与浓度、表面状态等）有关。

根据式（5-10）和式（5-11）可知，反应速度常数 $\vec{K}$ 和 $\overleftarrow{K}$ 受指前因子（$\vec{k}$、$\overleftarrow{k}$）、反应活化能（$\Delta \vec{G}^0$、$\Delta \overleftarrow{G}^0$）和温度的影响，而前两者与电极反应性质密切相关。因此，除了温度

之外，交换电流密度的大小主要取决于电极反应本性。表 5-1 给出了一些电极反应在室温下的交换电流密度数值，可以看出，不同的电极反应，其交换电流密度大小的差别十分显著，表明电极反应本性强烈影响着交换电流密度的大小。例如，Hg 电极在 $0.5\,mol/L\ H_2SO_4$ 溶液中电极反应（$H^+ + e^- \rightleftharpoons 1/2H_2$）的交换电流密度为 $5 \times 10^{-13}\,A/cm^2$，而相同的 Hg 电极在 $10^{-3}\,mol/L\ Hg_2(NO_3)_2 + 2.0\,mol/L\ HClO_4$ 溶液中电极反应（$1/2Hg_2^+ + e^- \rightleftharpoons Hg$）的交换电流密度只有 $5 \times 10^{-1}\,A/cm^2$，二者相差了近 12 个数量级。

除了电极反应本性之外，由于电化学反应是一种异相催化反应，导致不同的电极材料对同一电极反应的催化能力也不尽相同，因而电极材料也显著影响着交换电流密度的大小。如表 5-1 所示，电极反应 $H^+ + e^- \rightleftharpoons 1/2H_2$ 在 Hg 电极上的交换电流密度（$5 \times 10^{-13}\,A/cm^2$）比其在 Pt 电极上的交换电流密度（$1 \times 10^{-3}\,A/cm^2$）小近 9 个数量级之多。此外，交换电流密度还与反应物粒子的浓度有关，其大小可根据式（5-16）定量计算出来。

表 5-1　室温下某些电极反应的交换电流密度

| 电极材料 | 电解液 | 电极反应 | $j^0/(A/cm^2)$ |
|---|---|---|---|
| Fe | $1.0\,mol/L\ FeSO_4$ | $1/2Fe^{2+} + e^- \rightleftharpoons 1/2Fe$ | $1 \times 10^{-8}$ |
| Co | $1.0\,mol/L\ CoCl_2$ | $1/2Co^{2+} + e^- \rightleftharpoons 1/2Co$ | $8 \times 10^{-7}$ |
| Ni | $1.0\,mol/L\ NiSO_4$ | $1/2Ni^{2+} + e^- \rightleftharpoons 1/2Ni$ | $2 \times 10^{-9}$ |
| Cu | $1.0\,mol/L\ CuSO_4$ | $1/2Cu^{2+} + e^- \rightleftharpoons 1/2Cu$ | $2 \times 10^{-5}$ |
| Zn | $1.0\,mol/L\ ZnSO_4$ | $1/2Zn^{2+} + e^- \rightleftharpoons 1/2Zn$ | $2 \times 10^{-5}$ |
| Ni | $0.25\,mol/L\ H_2SO_4$ | $H^+ + e^- \rightleftharpoons 1/2H_2$ | $6 \times 10^{-6}$ |
| Pt | $0.25\,mol/L\ H_2SO_4$ | $H^+ + e^- \rightleftharpoons 1/2H_2$ | $1 \times 10^{-3}$ |
| Hg | $0.5\,mol/L\ H_2SO_4$ | $H^+ + e^- \rightleftharpoons 1/2H_2$ | $5 \times 10^{-13}$ |
| Hg | $10^{-3}\,mol/L\ Hg_2(NO_3)_2 +$ $2.0\,mol/L\ HClO_4$ | $1/2Hg_2^+ + e^- \rightleftharpoons Hg$ | $5 \times 10^{-1}$ |

### （3）标准反应速度常数 $K$

从式（5-16）可以看出，交换电流密度受反应物粒子浓度的影响，因此，为了更加便于比较不同电极体系的基本反应性质，需要一个与反应物粒子浓度无关的动力学参数，为此提出了标准反应速度常数，符号为 $K$，其定义为：当电极电位为标准电极电位（$\varphi^\ominus$）且反应物粒子浓度为单位浓度时电极反应的绝对速度，单位为 cm/s。

根据上述定义可知，此时电极体系处于平衡状态，氧化反应和还原反应的绝对速度相等，即 $\overrightarrow{j} = \overleftarrow{j}$，因而，对于单电子反应，有

$$\overrightarrow{K}c_O \exp\left(-\frac{\alpha F \varphi^\ominus}{RT}\right) = \overleftarrow{K}c_R \exp\left(\frac{\beta F \varphi^\ominus}{RT}\right) \tag{5-22}$$

又由于反应物粒子浓度均为单位浓度，因此，可令

$$K = \overrightarrow{K}\exp\left(-\frac{\alpha n F \varphi^\ominus}{RT}\right) = \overleftarrow{K}\exp\left(\frac{\beta n F \varphi^\ominus}{RT}\right) \tag{5-23}$$

显然，标准反应速度常数 $K$ 其实就是交换电流密度 $j^0$ 的一种特例表示，是一个排除了粒子浓度影响的重要参数。因此，该参数可以用来替代交换电流密度来描述一个电极体系的动力学性质，而无须注明反应物粒子的浓度。然而，在实际应用中，交换电流密度非常容易通过极化曲线来测定，因此，交换电流密度仍是目前使用最为广泛的动力学参数。

既然标准反应速度常数 $K$ 具有交换电流密度 $j^0$ 的性质，那二者存在什么样的数学关系呢？下面我们来推导一下：

在平衡电位下，交换电流密度可写作：

$$j^0 = FKc_O \exp\left[-\frac{\alpha F(\varphi_e - \varphi^\ominus)}{RT}\right] \tag{5-24}$$

根据能斯特方程，有 $\varphi_e = \varphi^\ominus + \dfrac{RT}{F}\ln\dfrac{c_O}{c_R}$，代入上式整理可得：

$$j^0 = FKc_O \exp\left(-\alpha\ln\frac{c_O}{c_R}\right) = FKc_O\left(\frac{c_O}{c_R}\right)^{-\alpha} \tag{5-25}$$

已知 $\alpha + \beta = 1$，因此

$$j^0 = FKc_O^\beta c_R^\alpha \tag{5-26}$$

上式即为标准反应速度常数 $K$ 与交换电流密度 $j^0$ 之间的数学关系。

### 5.3.3 平衡状态下电极反应动力学和热力学之间的联系

对于处于平衡状态的电极反应，从宏观上讲，电极并没有净电流的产生，因而表现出热力学的性质；从微观上讲，氧化反应和还原反应仍在进行中，只是以相同的反应速率达到了动态平衡，因而也表现出了动力学的性质。

在电化学中，电极反应的热力学和动力学性质分别通过平衡电位和交换电流密度来描述，但二者并无必然的联系。有时两个热力学性质相近的电极反应，其动力学性质可能差别迥异。例如，Cd｜CdSO$_4$ 电极和 Fe｜FeSO$_4$ 电极的标准电位十分接近，分别为 $-0.402V$ 和 $-0.44V$，但二者的交换电流密度却相差数千倍。表 5-2 列出了氢电极反应（$H^+ + e^- \rightleftharpoons 1/2H_2$）在不同金属电极上的交换电流密度。当溶液中氢离子浓度和氢气分压相同时，电极的平衡电位均相等。然而，该反应在不同金属电极上的交换电流密度相差可达 $10^9$ 数量级之多。表中同时给出了不同电极体系平衡电位下的反应活化能（$\Delta G_e$），可以看出交换电流密度和反应活化能存在密切的关联。

表 5-2 室温下氢电极在不同金属上的交换电流密度（0.1mol/L H$_2$SO$_4$）

| 金属电极 | Hg | Ga | 光滑 Pt |
|---|---|---|---|
| $j^0$/(A/cm$^2$) | $6\times10^{-12}$ | $1.6\times10^{-7}$ | $3\times10^{-3}$ |
| $\Delta G_e$/(kJ/mol) | 75.3 | 63.6 | 41.8 |

既然处于平衡状态下的电极反应同时具有热力学和动力学特征，那么，二者的数学关系是否存在联系呢？下面从动力学的角度来推导反映热力学性质的能斯特方程。

以电极反应 $O + e^- \rightleftharpoons R$ 为例，结合式（5-8）、式（5-9）和式（5-16）可知，在平衡

电位下，有

$$F\overrightarrow{K}c_O\exp\left(-\frac{\alpha F\varphi_e}{RT}\right)=F\overleftarrow{K}c_R\exp\left(\frac{\beta F\varphi_e}{RT}\right) \tag{5-27}$$

对上式取对数，已知 $\alpha+\beta=1$，整理可得：

$$\varphi_e=\frac{RT}{F}\ln\frac{\overrightarrow{K}}{\overleftarrow{K}}+\frac{RT}{F}\ln\frac{c_O}{c_R} \tag{5-28}$$

又由于 $a_O=\gamma_O c_O$，$a_R=\gamma_R c_R$，因此

$$\varphi_e=\frac{RT}{F}\left(\ln\frac{\overrightarrow{K}}{\overleftarrow{K}}+\ln\frac{\gamma_R}{\gamma_O}\right)+\frac{RT}{F}\ln\frac{a_O}{a_R} \tag{5-29}$$

显然，上式与能斯特方程具有相同的数学表达形式，通过比较，可知：

$$\varphi^\ominus=\frac{RT}{F}\left(\ln\frac{\overrightarrow{K}}{\overleftarrow{K}}+\ln\frac{\gamma_R}{\gamma_O}\right) \tag{5-30}$$

### 5.3.4 电极反应动力学性质与交换电流密度的一般性规律

当电极处于非平衡状态时，从 Butler-Volmer 基本方程可以得出，净电流密度的大小主要取决于交换电流密度（$j^0$）和极化过电位（$\Delta\varphi$ 或 $\eta$）。

对于单电子电极反应，传递系数 $\alpha$ 和 $\beta$ 可近似为 0.5。对于不同的电极反应来说，如果极化过电位相等，则式（5-19）中的指数项之差接近于常数，此时，净电流密度取决于交换电流密度 $j^0$，且交换电流密度越大，则净反应速度越大，表明该电极反应越容易进行；如果不同的电极反应要以相同的净电流密度进行，则交换电流密度越大的电极反应所需的极化过电位（绝对值）越小。因此，当电极上出现净电流时，尽管其电极电位会偏离平衡电位（即极化现象），但交换电流密度更大的电极反应所需的过电位更小，偏离平衡状态的程度更低，换个角度来说，交换电流密度更大的电极反应力图恢复平衡状态的能力越强，即去极化的能力更强，这种能力所反映的正是电极反应的可逆性。

总之，交换电流密度越大，电极反应越容易进行，电极体系越难于被极化，则电极反应的可逆性越高；反之，交换电流密度越小的电极反应越容易被极化，电极反应的可逆性越低。因此，可以借助交换电流密度的大小来判定一个电极反应的可逆性。

表 5-3 列出了电极体系动力学性质与其交换电流密度之间的一般性规律，相应的净电流密度（$j$）与极化过电位（$\eta$）的关系曲线如图 5-5 所示。当交换电流密度趋近于零时，电极上几乎不发生反应，完全不可逆，参与电极反应的电荷只用于改变电极电位（$\varphi$），实际中的 $j$-$\eta$ 的关系如曲线（a）所示，在一定电位范围内电极完全极化，这就是第 3 章所学过的理想极化电极。随着交换电流密度的增大，电极体系的去极化能力增强，电极反应的可逆性不断提高，$j$-$\eta$

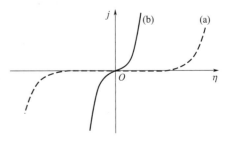

图 5-5 具有不同交换电流密度
电极的 $j$-$\eta$ 关系曲线

的关系如曲线（b）所示，满足式（5-1）和式（5-2）。当交换电流密度趋于无穷大时，电极体系几乎不发生极化，电极反应完全可逆，此时电极电位几乎不发生改变，其 $j$-$\eta$ 关系曲线与纵坐标几乎重合，前面我们所学的参比电极就属于这种情况。

表 5-3　电极体系动力学性质与交换电流密度之间的关系

| 动力学性质 | 交换电流密度 $j^0$ 的大小 | | | |
|---|---|---|---|---|
| | $j^0 \rightarrow 0$ | $j^0$ 小 | $j^0$ 大 | $j^0 \rightarrow \infty$ |
| 极化情况 | 理想极化 | 易极化 | 难极化 | 理想不极化 |
| 反应可逆性 | 完全不可逆 | 可逆性低 | 可逆性高 | 完全可逆 |
| $j$-$\eta$ 关系 | 可任意改变 $\varphi$ | 半对数关系 | 线性关系 | $\varphi$ 不改变 |

# 5.4　单电子反应的稳态电化学极化特点

当电化学反应步骤成为决速步骤时，电化学极化规律可采用 Butler-Volmer 基本方程来描述。为了更加清晰地说明该理论方程与实验结果的吻合度，下面分别讨论在高过电位和低过电位下的稳态电化学极化特点。

## 5.4.1　高过电位下的极化特点

当过电位值较高时，电极反应的平衡状态已遭到破坏，其正、逆反应的绝对速度相差很大（$\vec{j} \gg \overleftarrow{j}$），此时净电流密度或极化电流密度很大，远高于交换电流密度。以阴极极化为例，探讨在此情况下的电化学极化特点。

当过电位值较高时，式（5-20）中指数项存在如下关系：

$$\exp\left(\frac{\alpha F \eta_c}{RT}\right) \gg \exp\left(-\frac{\beta F \eta_c}{RT}\right)$$

因此，第二个指数项可以略去不计，方程可简化为：

$$j_c \approx j^0 \exp\left(\frac{\alpha F \eta_c}{RT}\right) \tag{5-31}$$

对上式取对数，可得阴极极化的电化学极化特点：

$$\eta_c = -\frac{2.3RT}{\alpha F}\lg j^0 + \frac{2.3RT}{\alpha F}\lg j_c \tag{5-32}$$

采用类似的处理，也可以获得阳极极化的极化特点：

$$\eta_a = -\frac{2.3RT}{\beta F}\lg j^0 + \frac{2.3RT}{\beta F}\lg j_a \tag{5-33}$$

式（5-32）和式（5-33）就是 Butler-Volmer 基本方程在高过电位条件下的近似公式，与塔菲尔经验公式（5-1）相比较，可以看出这两组公式是完全一致的，都是半对数关系，表明 Butler-Volmer 基本方程完全吻合实验结果，且各参数所表达的物理含义更加具体丰富。

对比经验公式，常数 $a$ 和 $b$ 可以表达成：

阴极极化：

$$a = -\frac{2.3RT}{\alpha F}\lg j^0 \tag{5-34a}$$

$$b = \frac{2.3RT}{\alpha F} \tag{5-34b}$$

阳极极化：

$$a = -\frac{2.3RT}{\beta F}\lg j^0 \tag{5-35a}$$

$$b = \frac{2.3RT}{\beta F} \tag{5-35b}$$

可见，通过理论公式，常数 $a$ 和 $b$ 被赋予了明确的物理含义。对于某一具体的电极反应，其反应速度所需的过电位数值取决于电极反应的本性（通过参数 $\alpha$、$\beta$、$j^0$ 体现）和反应温度 $T$。

在实际应用时，人们更关心的是过电位在什么范围内，式（5-32）和式（5-33）或者塔菲尔经验公式才有效？根据前面的推导过程，我们假定了正、逆反应速度相差很大，从而选择性地忽略了指数项更小的一项，一般认为，两个指数项的大小相差 100 倍以上，就可以采取上述近似处理的方式。

以阴极极化为例，假设 $\alpha \approx 0.5$，则适用条件为：

$$\exp\left(\frac{\alpha F\eta_c}{RT}\right) > 100\exp\left(-\frac{\beta F\eta_c}{RT}\right)$$

在 25℃时，可解得 $\eta_c > 118\text{mV}$，对应于 $j_c > 10j^0$。

对于阳极极化，也有相同的计算结果。也就是说，当 $\eta > 118\text{mV}$ 或 $j > 10j^0$ 时，就可以采用塔菲尔经验公式来处理实际问题。

## 5.4.2 低过电位下的极化特点

当电极反应的净电流密度 $j$ 远小于交换电流密度 $j^0$ 时，由于 $|j| = |\vec{j} - \overleftarrow{j}|$，因此其正、逆反应的绝对速度只需要有很小的差别就能引起比交换电流密度小得多的净电流密度，电极反应近似于近平衡态；或者说，只需要非常小的过电位，电极就能产生如此小的净电流密度，这就是低过电位下的电化学极化，在实际中这种情况只有交换电流密度很大或者净电流密度很小时才会出现。

当过电位很小时，指数项中 $-\frac{\alpha F}{RT}\Delta\varphi$ 和 $\frac{\beta F}{RT}\Delta\varphi$ 都很小，因此，式（5-17）可以按泰勒级数展开，并略去高次项，可得：

$$j = j^0\left[\left(1 - \frac{\alpha F\Delta\varphi}{RT}\right) - \left(1 + \frac{\beta F\Delta\varphi}{RT}\right)\right] = -j^0\frac{F\Delta\varphi}{RT} \tag{5-36}$$

即

$$\Delta\varphi = -\frac{RT}{Fj^0}j \qquad (5-37)$$

与经验公式（5-2）相比较，可以看出二者完全一致，表明在低过电位下，过电位与净电流密度呈线性关系。其中线性系数 $\omega$ 的表达式为：

$$\omega = \frac{RT}{Fj^0} \qquad (5-38)$$

因此，$\omega$ 是一个与交换电流密度和温度有关的系数，相当于一个具有电阻量纲的参数，因而也被称作电化学反应电阻或极化电阻或者电荷传递电阻（$R_{ct}$，charge transfer resistance），这只是一个形式上的等效电阻，而非真实存在的电阻，可以通过电化学阻抗谱实验直接获得，反映了电极反应动力学的快慢，即 $R_{ct}$ 越大，$j^0$ 越小，则电化学反应可逆性越差，动力学越慢，反之亦然。

一般认为，$-\frac{\alpha F}{RT}\Delta\varphi$ 和 $\frac{\beta F}{RT}\Delta\varphi$ 小于 0.2 时，可采取上述近似处理。对于单电子反应，假设 $\alpha = \beta = 0.5$，则在 25℃时，可解得 $|\Delta\varphi| < 10\text{mV}$，大约对应于 $j < 0.5j^0$，这就是线性极化公式的适用条件。需要指出的是，该公式的误差受传递系数的影响较大，即当 $\alpha \neq \beta$ 时，过电位更小，适用范围更窄。

除了高过电位区和低过电位区这两种极端情况，在这两个电位区之间还存在一个既不符合塔菲尔关系也不符合线性关系的过渡区域，被称为弱极化区。在这一区域，无法进行近似简化处理，只能直接使用 Butler-Volmer 基本方程来描述。在研究电化学反应动力学过程中，当电极极化到塔菲尔区时，由于电极表面状态往往会发生较大的变化，已无法反映出电极的初始面貌，使得塔菲尔关系发生偏离而引起较大的测量误差。当电极处于线性极化区时，由于电信号较弱，信噪比很大，也会造成一定的测量误差。因此，随着电化学理论和技术的日臻完善，人们愈加重视弱极化区的动力学特点研究，从而利用这些特点进行电化学测量以获得更加准确的数据。

### 5.4.3 电化学反应动力学参数的测量原理

根据上面讨论的稳态电化学极化特点，可以采用图解的方法直接把过电位（$\eta$）、净电流密度（$j$）和各个动力学参数（$\alpha$、$\beta$、$j^0$、$K$ 或者 $a$、$b$、$\omega$）之间的关系表达出来，如图 5-6 所示，该图和图 5-4 是一致的，只是为了方便处理，将纵坐标改成了 $\lg|j|$，其中阴极极化曲线（$\eta\text{-}\lg j_c$）和阳极极化曲线（$\eta\text{-}\lg j_a$）可以通过实验测定，则根据图中所示的关系，可以求得各个基本动力学参数。

① 将阴极和阳极极化曲线的塔菲尔线性区外推，就可以得到正、逆反应的绝对速度与过电位的关系，$\eta\text{-}\lg\vec{j}$ 或 $\eta\text{-}\lg\overleftarrow{j}$，即图中两条虚线，它们的交点对应的就是在平衡电位（$\varphi_e$）下的交换电流密度（$\lg j^0$），据此关系可以求得交换电流密度 $j^0$。

② 将上述两条虚线继续外推至 $\lg j = 0$ 处，则纵坐标上的

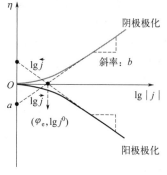

图 5-6　电化学极化曲线

截距就是塔菲尔经验公式中的 $a$ 值。根据曲线中获得的 $j^0$ 和 $a$，则通过式（5-34a）和式（5-35a）可求出传递系数 $\alpha$。

③ 阴极和阳极极化曲线的塔菲尔线性区的斜率即为 $b$ 值，这就是著名的塔菲尔斜率。根据曲线中获得的 $j^0$ 和 $b$，则通过式（5-34b）和式（5-35b）可求出另一传递系数 $\beta$。

④ 根据在平衡电位（$\varphi_e$）附近测出的 $\varphi$-$j$ 极化曲线（图 5-4），其线性部分的斜率即为 $\omega$，进一步利用式（5-38）也可计算出交换电流密度 $j^0$。

⑤ 根据上述各类方法求得的交换电流密度 $j^0$，利用式（5-26）则可计算出电极反应标准速度常数 $K$。

# 5.5 多电子反应动力学

## 5.5.1 多电子电化学反应的特征

在实际的电极体系中，除了包含前面所讨论的单电子电极反应，还有很多化学反应涉及两个甚至更多个电子的转移。对于多电子电化学反应，其反应历程更加复杂，那么它的极化动力学又会呈现哪些特点呢？

以酸性条件下的析氢反应（$2H^+ + 2e^- \rightleftharpoons H_2$）为例，研究表明该反应在电极界面存在两种可能的反应历程：

历程（1）
$$H^+ + e^- \rightleftharpoons H_{ad}$$
$$H_{ad} + H_{ad} \rightleftharpoons H_2$$

历程（2）
$$H^+ + e^- \rightleftharpoons H_{ad}$$
$$H_{ad} + H^+ + e^- \rightleftharpoons H_2$$

理论研究表明，电化学反应过程中转移一个电子所需的能量是最低的，也就是说，只发生单电子反应的基元步骤是最容易进行的。因此，一般情况下，多电子电化学反应是由一系列单电子反应基元步骤串联组成的。

对于所有串联在一起的基元反应步骤，同样也存在一个速控步骤决定着整个电极过程的反应速度。需要指出的是，并非所有基元步骤都是串联进行的，也有可能是并行的，或者说，决速步骤有时可能要重复多次才能进行下一步骤。例如，前面所述析氢反应中的历程（1）就需要重复两次决速步骤（$H^+ + e^- \rightleftharpoons H_{ad}$）才会发生下一个单元步骤。此外，有些电化学反应的中间步骤还可能发生与电极电位无关的歧化反应。

## 5.5.2 多电子反应的 Butler-Volmer 方程

下面我们推导一下多电子反应的 Butler-Volmer 方程，假设多电子电化学反应式为：

$$O + ne^- \rightleftharpoons R$$

按照多电子反应的特征，可以将其反应历程描述成 $n$ 个串联的单电子基元反应步骤，即：

$$O + e^- \rightleftharpoons M_1$$
$$M_1 + e^- \rightleftharpoons M_2$$
$$\cdots\cdots$$

$$M_{i-2} + e^- \rightleftharpoons M_{i-1}$$

$$M_{i-1} + e^- \rightleftharpoons M_i$$

$$M_i + e^- \rightleftharpoons M_{i+1} \qquad \text{（决速步骤）}$$

……

$$M_{n-1} + e^- \rightleftharpoons R$$

其中 $M_i$ 为中间反应粒子，假定基元步骤（$i$）为决速步骤，其他为非决速步骤。对于决速步骤，其正、逆反应绝对速度可写成：

$$\overrightarrow{j_i} = F \overrightarrow{K_i} c_{M_{i-1}} \exp\left(-\frac{\alpha_i F}{RT}\varphi\right) \tag{5-39}$$

$$\overleftarrow{j_i} = F \overleftarrow{K_i} c_{M_i} \exp\left(\frac{\beta_i F}{RT}\varphi\right) \tag{5-40}$$

式中，$\overrightarrow{K_i}$ 和 $\overleftarrow{K_i}$ 为决速步骤的反应速度常数；$\alpha_i$ 和 $\beta_i$ 为其传递系数；$c_{M_i}$ 和 $c_{M_{i-1}}$ 为两种中间反应粒子的表面浓度。则决速步骤的净电流密度为：

$$j_i = F \overrightarrow{K_i} c_{M_{i-1}} \exp\left(-\frac{\alpha_i F}{RT}\varphi\right) - F \overleftarrow{K_i} c_{M_i} \exp\left(\frac{\beta_i F}{RT}\varphi\right) \tag{5-41}$$

中间反应粒子的表面浓度是难以测定的，但我们可以充分利用其他处于近平衡态的非决速步骤推导出来。

以非决速步骤（$i-1$）为例，在近平衡态下，有 $\overrightarrow{j_{i-1}} \approx \overleftarrow{j_{i-1}}$，即：

$$F \overrightarrow{K_{i-1}} c_{M_{i-2}} \exp\left(-\frac{\alpha_{i-1} F}{RT}\varphi\right) = F \overleftarrow{K_{i-1}} c_{M_{i-1}} \exp\left(\frac{\beta_{i-1} F}{RT}\varphi\right)$$

整理可得：

$$c_{M_{i-1}} = \frac{\overrightarrow{K_{i-1}}}{\overleftarrow{K_{i-1}}} c_{M_{i-2}} \exp\left(-\frac{F}{RT}\varphi\right)$$

以此类推至非决速步骤（1），则中间粒子 $M_{i-1}$ 的浓度 $c_{M_{i-1}}$ 可表示为：

$$c_{M_{i-1}} = \prod_{j=1}^{i-1} \frac{\overrightarrow{K_j}}{\overleftarrow{K_j}} c_O \exp\left[-\frac{(i-1)F}{RT}\varphi\right] \tag{5-42}$$

类似地，中间粒子 $M_i$ 的浓度 $c_{M_i}$ 可表示为：

$$c_{M_i} = \prod_{j=i+1}^{n} \frac{\overleftarrow{K_j}}{\overrightarrow{K_j}} c_R \exp\left[\frac{(n-i)F}{RT}\varphi\right] \tag{5-43}$$

将式（5-42）和式（5-43）代入式（5-41），得：

$$j_i = F \overrightarrow{K_i} \prod_{j=1}^{i-1} \frac{\overrightarrow{K_j}}{\overleftarrow{K_j}} c_O \exp\left[-\frac{(i-1+\alpha_i)F}{RT}\varphi\right] - F \overleftarrow{K_i} \prod_{j=i+1}^{n} \frac{\overleftarrow{K_j}}{\overrightarrow{K_j}} c_R \exp\left[\frac{(n-i+\beta_i)F}{RT}\varphi\right]$$

令 $K_c = \overrightarrow{K_i} \prod\limits_{j=1}^{i-1} \dfrac{\overrightarrow{K_j}}{\overleftarrow{K_j}}$，$K_a = \overleftarrow{K_i} \prod\limits_{j=i+1}^{n} \dfrac{\overleftarrow{K_j}}{\overrightarrow{K_j}}$，$\overrightarrow{\alpha} = i - 1 + \alpha_i$，$\overleftarrow{\alpha} = n - i + \beta_i$，其中 $\overrightarrow{\alpha}$ 和 $\overleftarrow{\alpha}$ 分别表示还原反应和氧化反应的总传递系数，则

$$j_i = FK_c c_O \exp\left(-\frac{\overrightarrow{\alpha}F}{RT}\varphi\right) - FK_a c_R \exp\left(\frac{\overleftarrow{\alpha}F}{RT}\varphi\right) \tag{5-44}$$

在平衡电位下，决速步骤的交换电流密度为：

$$j_i^0 = FK_c c_O \exp\left(-\frac{\overrightarrow{\alpha}F}{RT}\varphi_e\right) = FK_a c_R \exp\left(\frac{\overleftarrow{\alpha}F}{RT}\varphi_e\right)$$

假设电极反应的极化过电位为 $\Delta\varphi$，根据 $\varphi = \varphi_e + \Delta\varphi$，则式（5-44）可转化为：

$$j_i = j_i^0 \left[\exp\left(-\frac{\overrightarrow{\alpha}F}{RT}\Delta\varphi\right) - \exp\left(\frac{\overleftarrow{\alpha}F}{RT}\Delta\varphi\right)\right] \tag{5-45}$$

当整个电极的极化达到稳态时，则所有单电子基元步骤的反应速度和决速步骤的反应速度相等，因此，由 $n$ 个单电子反应步骤组成的多电子反应步骤的总净电流密度（$j$）等于各单电子反应步骤的净电流密度（$j_i$）之和，即 $j = nj_i$。令 $j^0 = nj_i^0$，表示多电子反应的总交换电流密度，则多电子反应的总净电流密度可写成：

$$j = j^0 \left[\exp\left(-\frac{\overrightarrow{\alpha}F}{RT}\Delta\varphi\right) - \exp\left(\frac{\overleftarrow{\alpha}F}{RT}\Delta\varphi\right)\right] \tag{5-46}$$

上式即为多电子反应的 Butler-Volmer 方程，和单电子反应式（5-19）相比，可以看出二者在形式上并无差别，不同的是，交换电流密度和传递系数要使用整个电极反应的总交换电流密度和总传递系数，是一个普适化的方程。

在上面的推导过程中，我们假设决速步骤只进行了一次，然而对于某些反应，决速步骤可能要重复进行数次，例如析氢反应的历程（1）。在这种情况下，尽管式（5-44）的形式并未变化，但相应的参数都有所改变。假设决速步骤重复次数为 $\nu$，则总电流密度就不再是 $j_i$ 的 $n$ 倍了，而是 $\dfrac{n}{\nu} \times j_i$ 倍，总传递系数也相应地发生了变化，即：

$$\overrightarrow{\alpha} = \frac{i-1}{\nu} + \alpha_i$$

$$\overleftarrow{\alpha} = \frac{n-i}{\nu} + \beta_i$$

### 5.5.3 多电子反应的极化特点

接下来对多电子反应的 Butler-Volmer 方程进行讨论。与单电子反应中的讨论类似，也可以从高过电位区和低过电位区进行近似。

① 在高电位区域，同样可以获得塔菲尔公式。

阴极极化：

$$j_c = j^0 \exp\left(-\frac{\overrightarrow{\alpha}F\eta_c}{RT}\right) \tag{5-47}$$

取对数：

$$\eta_c = -\frac{2.3RT}{\overrightarrow{\alpha}F}\lg j^0 + \frac{2.3RT}{\overrightarrow{\alpha}F}\lg j_c \tag{5-48}$$

类似地，阳极极化：

$$j_a = j^0 \exp\left(\frac{\overleftarrow{\alpha}F\eta_a}{RT}\right) \tag{5-49}$$

$$\eta_a = -\frac{2.3RT}{\overleftarrow{\alpha}F}\lg j^0 + \frac{2.3RT}{\overleftarrow{\alpha}F}\lg j_a \tag{5-50}$$

显然，在高电位区，其反应动力学规律符合塔菲尔关系。

② 在低电位区域，按照泰勒级数展开后，仍可以得到一个线性方程：

$$j_c = -j^0 \frac{nF}{RT}\Delta\varphi \tag{5-51}$$

可见，多电子电极反应的动力学规律与单电子电极反应的动力学规律是一致的，这是因为控制多电子电极反应速度的决速步骤仍旧是单电子基元反应，二者只是在基本动力学参数上有所区别。

# 5.6 分散层对电化学反应动力学的影响

## 5.6.1 分散层结构对电化学反应动力学的影响

前面分析电极电位对电化学反应活化能和反应速度的影响时，我们提前假设了电极/溶液界面不存在特性吸附且双电层电位差完全分布于紧密层中。通过第 3 章的学习，我们已经掌握，界面双电层是由紧密层和分散层两个部分串联组成的，或者说，电极电位是由紧密层电位（$\varphi-\varphi_1$）和分散层电位（$\varphi_1$）组成的。在实际情况下，只有当电极表面电荷密度很高且电解质溶液浓度较高时，我们才可以忽略分散层结构，只考虑将紧密层结构近似视为双电层结构。

然而，在浓度比较低的电解质溶液中，当电极电位位于零电荷电位附近或者电极表面发生表面活性物质的特性吸附时，分散层结构及其产生的电位变化将成为整个电极双电层结构及其电位变化不容忽视的重要组成部分。此时，分散层电位变化对电化学反应速度的影响就不能再忽略了。这种由分散层电位变化而引起整个双电层结构及其电位变化的影响称为 $\varphi_1$ 效应。这种影响在电化学动力学中主要表现为两个方面。

① 紧密层电位差的影响。如果电极表面发生特性吸附，则溶液中参与电化学反应的粒子位于紧密层平面，电子迁移在紧密层中进行，也就是说，只有紧密层电位差（$\varphi-\varphi_1$）的变化才会影响电化学反应的反应活化能和反应速度。在前面的讨论中，$\varphi_1$ 被忽略了，直接将双电层电位差 $\varphi$ 替代了 $\varphi-\varphi_1$。但如果存在 $\varphi_1$ 效应，则动力学方程中必须将 $\varphi_1$ 电位考虑进去，因此，只需将 $\varphi-\varphi_1$ 替代方程中的电位 $\varphi$。

② 由于电化学反应过程为决速步骤，浓差极化处于近平衡态，电极表面附近的反应物

粒子浓度（$c^s$）和本体溶液的粒子浓度 $c^0$ 之间的浓度差可忽略不计。如果忽略 $\varphi_1$ 效应，则紧密层平面的反应物粒子浓度等于反应物粒子的表面浓度（$c^s$）。如果考虑 $\varphi_1$ 效应，则分散层外的反应物粒子浓度就是其表面浓度（$c^s$），而紧密层平面的反应物粒子浓度就会发生变化。假定反应物粒子的荷电数为 $z$，其在紧密层平面的浓度为 $c^*$，受界面电场的影响，带电粒子在界面处的分布服从经典的微观粒子在势能场中的玻尔兹曼分布规律，即：

$$c^* = c^s \exp\left(-\frac{zF}{RT}\varphi_1\right) = c^0 \exp\left(-\frac{zF}{RT}\varphi_1\right) \tag{5-52}$$

可见，对于不带电的反应物粒子，有 $c^* = c^0$，表明 $\varphi_1$ 效应可以忽略不计。而对于带电粒子，必然会受 $\varphi_1$ 效应的影响。因此，必须使用式（5-52）中的 $c^*$ 来取代前面动力学方程中使用的本体浓度（$c_O$、$c_R$）。

### 5.6.2　$\varphi_1$ 效应下的反应动力学方程

根据上述讨论可知，分散层的 $\varphi_1$ 效应不仅能影响该步骤的反应活化能，即电极电位 $\varphi$ 改写为 $\varphi - \varphi_1$，还能影响参与电子迁移步骤的反应物粒子的浓度，即按式（5-52）来表示粒子浓度。因此，在推导电化学反应的基本动力学方程时，只需将这两方面的因素考虑进去，则正、逆反应的绝对反应速度可写成：

$$\vec{j} = nFK_c c_O^0 \exp\left(-\frac{z_O F}{RT}\varphi_1\right) \exp\left[-\frac{\vec{\alpha}F}{RT}(\varphi - \varphi_1)\right] \tag{5-53}$$

$$\overleftarrow{j} = nFK_a c_R^0 \exp\left(-\frac{z_R F}{RT}\varphi_1\right) \exp\left[\frac{\overleftarrow{\alpha}F}{RT}(\varphi - \varphi_1)\right] \tag{5-54}$$

将全部有关 $\varphi_1$ 效应的项单独列出来，则上面两式子可改写为：

$$\vec{j} = nFK_c c_O^0 \exp\left(-\frac{\vec{\alpha}F}{RT}\varphi\right) \exp\left[-\frac{(z_O - \vec{\alpha})F}{RT}\varphi_1\right] \tag{5-55}$$

$$\overleftarrow{j} = nFK_a c_R^0 \exp\left(\frac{\overleftarrow{\alpha}F}{RT}\varphi\right) \exp\left[-\frac{(z_R + \overleftarrow{\alpha})F}{RT}\varphi_1\right] \tag{5-56}$$

因此，在平衡电位（$\varphi_e$）下，考虑了 $\varphi_1$ 效应的电极反应的交换电流密度可相应地表示为：

$$\begin{aligned}
j^0 &= nFK_c c_O^0 \exp\left(-\frac{\vec{\alpha}F}{RT}\varphi_e\right) \exp\left[-\frac{(z_O - \vec{\alpha})F}{RT}\varphi_1\right] \\
&= nFK_a c_R^0 \exp\left(\frac{\overleftarrow{\alpha}F}{RT}\varphi_e\right) \exp\left[-\frac{(z_R + \overleftarrow{\alpha})F}{RT}\varphi_1\right]
\end{aligned} \tag{5-57}$$

按照类似 5.3 节的推导方式，将式（5-55）和式（5-56）代入 $j = \overleftarrow{j} - \vec{j}$，即可得到考虑了 $\varphi_1$ 效应的电化学极化动力学基本方程。

按照类似 5.4 节的处理办法，也可以分析出，在高过电位条件下电极反应的净电流密度与电极电位之间的关系。

以阴极极化为例，其关系为

$$j_c = nFK_c c_O^0 \exp\left(-\frac{\vec{\alpha}F}{RT}\varphi\right)\exp\left[-\frac{(z_O - \vec{\alpha})F}{RT}\varphi_1\right] \tag{5-58}$$

对上式取对数，并利用 $\eta_c = \varphi_e - \varphi$，整理可得

$$\eta_c = \varphi_e - \frac{RT}{\vec{\alpha}F}\ln(nFK_c c_O^0) + \frac{RT}{\vec{\alpha}F}\ln j_c + \frac{z_O - \vec{\alpha}}{\vec{\alpha}}\varphi_1 \tag{5-59}$$

与塔菲尔经验公式相比，上式中前两项的代数和相当于常数 $a$，第三项相当于塔菲尔经验公式中的第二项 $b\ln|j|$，而第四项就是 $\varphi_1$ 效应的影响项。可见，当忽略 $\varphi_1$ 效应时，式（5-59）和塔菲尔经验公式并无区别。当考虑 $\varphi_1$ 效应后，极化规律已不再符合塔菲尔关系了。需要指出的是，$\varphi_1$ 效应一般在零电荷电位附近范围内会产生较大的影响，当电极电位远离零电荷电位时，$\varphi_1$ 效应的作用会越来越弱直至消失，此时反应动力学又将恢复塔菲尔规律。

### 5.6.3　$\varphi_1$ 效应对阴极还原反应的影响

#### （1）阳离子的阴极还原反应

对于阳离子的阴极还原反应，由于 $z_O \geqslant n > \vec{\alpha}$，因此，式（5-59）右侧第四项的系数 $\dfrac{z_O - \vec{\alpha}}{\vec{\alpha}} > 0$。

以析氢反应 $H^+ + e^- \rightleftharpoons 1/2 H_2$ 为例，我们来详细讨论一下 $\varphi_1$ 效应对电化学反应速度的影响。假设 $\vec{\alpha} = 0.5$，则 $\dfrac{z_O - \vec{\alpha}}{\vec{\alpha}} = 1$，因而式（5-59）可简化成：

$$\eta_c = C + \frac{2RT}{F}\ln j_c + \varphi_1 \tag{5-60}$$

显然，阴极反应的阴极过电位 $\eta_c$ 与净电流密度 $j_c$、$\varphi_1$ 电位有关。当 $j_c$ 一定时，则凡是能让 $\varphi_1$ 电位变正的因素均能够提高 $\eta_c$。如果 $\eta_c$ 保持不变时，则提高 $\varphi_1$ 电位就会降低 $j_c$。例如，如果阳离子在电极/溶液界面发生特性吸附时，界面上就会增加一个正的吸附双电层，使得 $\varphi_1$ 电位变正，从而阻碍阳离子的阴极还原反应速度。又如，当电极表面携带负电荷时，如果加入大量局外电解质提高溶液总浓度，此时双电层结构中的分散层就会减小，电极反应速度同样也会因为 $\varphi_1$ 电位变正而降低。反之，凡是能让 $\varphi_1$ 电位变负的因素都能促进阴极还原反应，例如阴离子的表面特性吸附。

$\varphi_1$ 电位变化对反应速度产生上述影响的原因可从两个方面来解释：首先，如果 $\varphi_1$ 电位变正，则紧密层中阳离子的浓度会按照式（5-52）的规律降低，导致阴极还原反应速度变小；其次，如果 $\varphi_1$ 电位变正，则紧密层电位差 $(\varphi - \varphi_1)$ 会相应减小，根据式（5-53），阴极还原反应速度会提高。这是两种作用相反的效果，然而，前者 $\varphi_1$ 的系数是 $\dfrac{z_O F}{RT}$，而后者 $\varphi_1$ 的系数是 $\dfrac{\vec{\alpha}F}{RT}$，由于 $z_O > \vec{\alpha}$，因而前者的影响更大，其综合作用效果就是降低了反应

速度。

**（2）中性分子的阴极还原反应**

如果阴极还原的反应物粒子是中性分子，则 $z_O=0$。

以电极反应 $H_2O+e^- \longrightarrow 1/2H_2+OH^-$ 为例，其极化方程可简化为

$$\eta_c = C + \frac{RT}{\alpha F}\ln j_c - \varphi_1 \qquad (5-61)$$

可见，与阳离子阴极还原的情况相比，$\varphi_1$ 电位对中性分子阴极还原反应的 $\eta_c$ 和 $j_c$ 的影响正好相反。也就是说，$\varphi_1$ 电位的变正会导致 $\eta_c$ 降低和 $j_c$ 提高。这是因为 $\varphi_1$ 电位只影响紧密层电位差（$\varphi-\varphi_1$），而对紧密层中粒子浓度没有影响。

**（3）阴离子的阴极还原反应**

对于阴离子〔例如 $Ag(CN)_2^-$、$MnO_4^-$、$BrO_3^-$、$IO_3^-$、$S_2O_8^{2-}$、$CrO_4^{2-}$、$PtCl_6^{2-}$、$Fe(CN)_6^{3-}$ 等〕的阴极还原反应，由于 $z_O<0$ 且 $|z_O| \geqslant n > \overrightarrow{\alpha}$，所以 $\left|\dfrac{z_O-\overrightarrow{\alpha}}{\overrightarrow{\alpha}}\right| > 1$。

以电极反应 $Ag(CN)_2^- + e^- \longrightarrow Ag + 2CN^-$ 为例，假设 $\overrightarrow{\alpha}=0.5$，则 $\dfrac{z_O-\overrightarrow{\alpha}}{\overrightarrow{\alpha}}=-3$，其极化方程可简化为

$$\eta_c = C + \frac{RT}{\overrightarrow{\alpha} F}\ln j_c - 3\varphi_1 \qquad (5-62)$$

可见，阴离子与中性分子的阴极还原反应相似，$\varphi_1$ 电位的变正也会导致 $\eta_c$ 降低和 $j_c$ 提高，但是由于其作用系数更大，因此，$\varphi_1$ 电位对阴离子的阴极还原反应的影响更加明显。这种强烈的 $\varphi_1$ 效应会导致阴离子的阴极还原反应出现特殊形状的极化曲线。

必须再次强调，$\varphi_1$ 效应的应用有一定的局限性，主要发生在 $\varphi_1$ 电位变化较大的电位范围内，比如零电荷电位附近、稀溶液或界面发生特性吸附。如果不在上述电位范围内，$\varphi_1$ 电位随电极电位的变化很小，此时就无须再考虑 $\varphi_1$ 效应的影响。在零电荷电位附近，$\varphi_1$ 效应会对电极过程动力学产生较大的影响，为了消除 $\varphi_1$ 效应的影响，在电化学测量中常常加入大量局外电解质。

# 思考题

1. 已知电极反应 $Zn^{2+}+2e^- \rightleftharpoons Zn$，试利用过渡态理论画出 $\varphi=\varphi_0$ 和 $\Delta\varphi>0$ 时该反应的位能曲线图和双电层电位分布图，并说明电极电位对电极反应活化能的影响规律。

2. 电化学反应的基本动力学参数有哪些？它们的物理意义是什么？

3. 交换电流密度描述了电极反应平衡状态的重要信息，同时包含了动力学和热力学信息，试从动力学角度推导体现热力学特性的能斯特方程。

4. 试说明标准反应速度常数与交换电流密度之间的联系和区别？

5. 试从 Butler-Volmer 基本方程导出塔菲尔经验公式，并说明其适用条件。

6. 描述电化学反应可逆性的参数是什么？它们之间的关系是什么？

7. 为什么 $\varphi_1$ 电位的变化会影响电化学反应速度？什么情况下需要考虑 $\varphi_1$ 效应？如何消除 $\varphi_1$ 效应的影响？

8. 多电子反应体系和单电子反应体系的动力学规律是否相同？为什么？

9. 在 25℃时，将 Pt 电极浸入含有 $Fe^{3+}$ 和 $Fe^{2+}$ 的溶液进行 $Fe^{3+} + e^- \longrightarrow Fe^{2+}$ 的阴极反应。已知 $Fe^{3+}$ 和 $Fe^{2+}$ 的浓度为 0.2mol/L，活度系数为 0.5，$Fe^{3+}/Fe^{2+}$ 标准电极电位为 0.771V。如果该电极反应只发生电化学极化，其交换电流密度为 $6 \times 10^{-3} A/cm^2$，传递系数 $\alpha = 0.5$。试计算：

(1) 反应速度为 $0.5A/cm^2$ 时的电极电位；

(2) 阴极过电位为 10mV 时的电极反应速度。

10. 已知在 $ZnSO_4$ 溶液中阴极还原反应是 $Zn^{2+} + 2e^- \longrightarrow Zn$，而在 ZnO 和 NaOH 混合溶液中的阴极还原反应是 $Zn(OH)_4^{2-} + 2e^- \longrightarrow Zn + 4OH^-$。假设 $\vec{\alpha} = 0.5$，试分析在上述两种电解液中，$\varphi_1$ 电位的变化对阴极还原反应速度的影响规律是否相同。

11. 在 25℃时，已知电极反应 $O + 2e^- \longrightarrow R$ 的交换电流密度为 $2 \times 10^{-12} A/cm^2$，传递系数 $\alpha = 0.46$。假定电极过程的决速步骤为电化学反应步骤，且未通电时电极电位为 -0.68V。试计算在 -1.44V 电位下的阴极反应速度。

12. 在 25℃时，镍在 1mol/L 浓度的 $NiSO_4$ 溶液中的交换电流密度为 $2 \times 10^{-9} A/cm^2$，如果用 $0.04A/cm^2$ 的电流密度进行电沉积镍时，阴极发生电化学极化，传递系数 $\alpha = 1.0$，试求此时的电极电位。

13. 在 25℃时，已知 1mol/L 浓度的 $ZnSO_4$ 溶液的平均活度系数 $\gamma_{\pm} = 0.044$，标准电极电位为 -0.763V。如果在此溶液中进行电解，阴极还原反应是什么？假设该反应是电极过程的决速步骤，且传递系数 $\alpha = 0.45$。当阴极电位为 -1.013V 时，金属锌的沉积速度为 $0.03A/cm^2$。计算该电极反应的交换电流密度。

14. 在 18℃时，已知 $Cu \mid CuSO_4$ 电极体系的平衡电极电位为 0.31V，交换电流密度为 $1.3 \times 10^{-9} A/cm^2$，传递系数 $\alpha = 0.5$，$Cu/Cu^{2+}$ 标准电极电位为 0.3419V。假设电极过程只发生电化学极化，试计算电解液中 $Cu^{2+}$ 在平衡电极电位下的活度；并计算将电极电位极化到 -0.23V 时的极化电流密度。

15. 在 20℃时，已知电极反应 $O + ne^- \rightleftharpoons R$ 只发生电化学极化，该反应的交换电流密度为 $1 \times 10^{-9} A/cm^2$，当阴极过电位为 0.556V 时，阴极电流密度为 $1A/cm^2$，试计算该电极反应的传递系数 $\alpha$。当阴极过电位增大一倍时，其反应速度变化多少？

16. 在 25℃时，将两个面积为 $1 cm^2$ 的铂电极放入某电解液中进行电解。当外电流密度为 0 时，电解池的端电压为 0.832V。当外电流密度为 $1A/cm^2$ 时，溶液欧姆电压降为 0.4V，电解池的端电压为 1.765V。假设参与阴极反应和阳极反应的电子数为 2，其中阴极反应的交换电流密度为 $1 \times 10^{-9} A/cm^2$，传递系数 $\alpha = 1.0$。试计算：

(1) 外电流密度为 $1A/cm^2$ 时的阳极过电位；

(2) 阳极反应的交换电流密度。

# 第 6 章

# 液相传质动力学

液相传质过程是电极反应的重要环节之一，该过程往往进行得比较缓慢，常常成为电极反应过程的速控步骤，决定着整个电极反应的动力学特征。因此，研究液相传质动力学的规律具有重要的意义。由于电极过程中的各个步骤是连续且相互影响的，若想单独研究液相传质步骤，则需假定其他步骤发生的速度非常快，处于近平衡态，以便将研究过程简化，从而得到液相传质动力学规律。

在液相传质动力学的研究中，主要关注的是电极反应过程中电极表面附近液层中物质浓度变化的速度。物质浓度的变化速度虽与电化学反应速度有关，但如果假定电反应速度很快，那么这种物质浓度的变化速度就主要取决于液相传质的方式及其速度。因此，本章首先介绍几种液相传质的方式，随后系统分析各种传质方式的特点与规律，最后深入讨论液相传质动力学的基本规律。只有全面掌握液相传质动力学规律，我们才能知道如何消除因液相传质而引起的动力学限制，为加快反应速度和提高工业生产效率提供理论依据。

# 6.1 液相传质方式

### 6.1.1 液相传质的三种方式

液相传质方式主要分为三种，即电迁移、对流和扩散。

（1）电迁移

电迁移是指当电极上有电流通过时，电解质溶液中的带电粒子（离子）在电场作用下沿一定方向移动的现象。需要指出的是，发生电迁移作用的粒子（离子）不一定会参加电极反应，其中一部分只是起到传导电流的作用。

电迁移过程中电极表面液层中离子浓度发生变化的数量可用电迁移量（$J_i$）来表示，电迁移量是指单位时间内，在单位截面积上流过的物质的量：

$$J_{e,i} = \pm c_i v_i = \pm c_i u_i E \tag{6-1}$$

式中，$J_{e,i}$ 表示 $i$ 离子的电迁移量，$mol/(cm^2 \cdot s)$；"+"表示阳离子；"−"表示阴离子；$c_i$ 表示 $i$ 离子的浓度，$mol/cm^3$；$v_i$ 表示 $i$ 离子的电迁移速度，$cm/s$；$u_i$ 表示 $i$ 离子的迁移率，$cm^2/(s \cdot V)$，即单位电场强度下离子运动速度；$E$ 表示电场强度，$V/cm$。

由式（6-1）可知，电迁移量与离子的迁移率成正比，与电场强度成正比，与离子的浓度成正比，即与离子的迁移数有关。

（2）对流

对流是指一部分溶液与另一部分溶液之间的相对流动。对流是一种重要的液相传质方式，可以在液相中进行物质传输。根据对流产生的原因不同，可将对流分为自然对流和强制对流。

自然对流是指因浓度差、温度差、密度差等变化而自然产生的一种对流现象，这一现象在自然界中是普遍存在的。比如由于电极反应可能引起溶液温度的变化，电极反应可能会有气体析出，从而引起自然对流；又比如传统铝电解工业的电解槽中就存在着由于熔融盐电解质密度差带来的自然对流。

强制对流是指由于搅拌等外力加入而引起的一种对流现象。导致强制对流的外力方式比较多样：比如在新型电化学储能技术——液流电池中，就存在着由泵带动的电解液强制对流；又比如旋转圆盘电极就是通过高速旋转从而减少或消除扩散层对电极表面电流密度分布情况等的影响。

对流可以使电极表面液层中的溶液浓度发生变化，其变化量通常用对流流量来表示。对流流量是指：在单位时间内，垂直于电极表面方向，单位截面积上流过的物质的量：

$$J_{c,i} = c_i v_x \qquad (6\text{-}2)$$

式中，$J_{c,i}$ 表示 $i$ 离子的对流流量，$mol/(cm^2 \cdot s)$；$c_i$ 表示 $i$ 离子的浓度，$mol/cm^3$；$v_x$ 表示与电极表面垂直方向上的液体的流速，$m/s$。

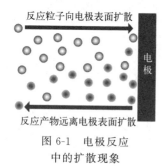

反应粒子向电极表面扩散

反应产物远离电极表面扩散

图 6-1　电极反应
中的扩散现象

**（3）扩散**

当溶液中某一组分存在浓度差，即在不同区域内某组分的浓度不同时，该组分将自发地从高浓度区域向低浓度区域移动，这种液相传质运动叫扩散。如图 6-1 所示，反应粒子在电极表面不断反应消耗，造成了溶液内部反应粒子浓度要高于电极表面，形成了浓度差，从而造成了反应粒子从高浓度溶液（即图示的左边）自发地向低浓度电极表面方向（即图示的右边）扩散。同样，反应产物则从右到左向着远离电极表面的方向扩散。

电极体系中的扩散传质过程是一个比较复杂的过程，通常可分为两个阶段：稳态扩散和非稳态扩散（暂态扩散）。

例如，有一个可溶的氧化态物质在阴极上得到电子还原成不可溶的还原态物质的阴极反应。当电极上有电流通过时，电极开始发生电化学反应，这时只有距离电极表面非常近距离的反应粒子参与了电化学反应，并且其浓度急剧降低；随着反应时间的推移和反应粒子的不断消耗，距离电极表面远一些的地方的反应粒子浓度差范围是不断扩展的，同时，电极表面与溶液本体中反应粒子的浓度差也越来越大。总的来说，在整个反应时间段内，反应粒子的浓度随时间的不同和离电极表面的距离不同而不断变化，如图 6-2 所示。其中，扩散层中各点的反应粒子浓度是时间和距离的函数，即：

$$c_t = f(x,t) \qquad (6\text{-}3)$$

这种反应粒子浓度 $c$ 随距离 $x$ 和时间 $t$ 不断变化，是一种不稳定的扩散传质过程。这个阶段的扩散就是我们所说的非稳态扩散或暂态扩散。

如果随着时间的推移，扩散速度不断提高，有可能使得扩散补充到电极表面的反应粒子数与电极反应所消耗的粒子数相等，这时就达到了一个动态的平衡，反应粒子在扩散层中各点的位置不再随时间变化而变化，而仅仅是距离的函数，即：

$$c_t = f(x) \tag{6-4}$$

这种电极表面浓度分布只和距离有关而与反应时间无关的阶段就是稳态扩散。

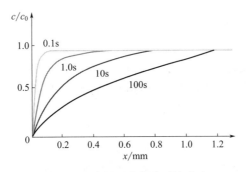

图 6-2　反应粒子的暂态浓度分布

在稳态扩散中，电极反应消耗的粒子恰好等于通过扩散传质输送到电极表面的反应粒子，其扩散流量满足菲克（Fick）第一定律：

$$J_{\mathrm{d},i} = -D_i \frac{\mathrm{d}c_i}{\mathrm{d}x} \tag{6-5}$$

式中，$J_{\mathrm{d},i}$ 表示 $i$ 离子的扩散流量，$\mathrm{mol/(cm^2 \cdot s)}$；$D_i$ 表示 $i$ 离子的扩散系数，$\mathrm{m^2/s}$；$\mathrm{d}c_i/\mathrm{d}x$ 表示 $i$ 离子的浓度梯度，$\mathrm{mol/cm^4}$；"$-$" 表示扩散传质方向与浓度增大的方向相反。

### 6.1.2　液相传质的基本方程

在实际电化学反应过程中，液相传质的三种方式通常都起着各自的作用，不可分割。因此，当有电流通过电极时，在液相中存在的三种传质方式，他们的总的流量应该是三者流量之和，即液相传质总的基本方程式如下：

$$J_i = J_{\mathrm{e},i} + J_{\mathrm{c},i} + J_{\mathrm{d},i} = \pm c_i u_i E + c_i v_x - D_i \frac{\mathrm{d}c_i}{\mathrm{d}x} \tag{6-6}$$

值得注意的是，上式为平面电极系统的一维（垂直于电极表面）"液相传质基本方程式"。

# 6.2　理想稳态扩散

6.1.1部分单独讨论了电迁移、扩散和对流三种传质方式，但在实际的电化学反应过程中，这三种传质方式总是相互伴随的，并且对电化学反应动力学影响巨大。因此，为了单独研究扩散过程对电化学反应动力学的影响规律，需要创造一个理想的条件来排除电迁移和对流这两种传质方式的影响。由于这种条件是人为创造的理想条件，因而被称为理想条件下的稳态扩散过程。

### 6.2.1　理想稳态扩散的实现

为了研究理想稳态扩散，可设计一个特殊的电解池（图 6-3），其主体由一个体积巨大

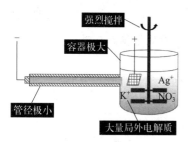

图 6-3 研究理想稳态
扩散过程的实验装置

的容器和左侧连接的毛细管组成。以 $Ag^+$ 在阴极得电子还原为金属 Ag 的反应为例，电解液采用 $AgNO_3$ 水溶液，其中包含一定量的 $Ag^+$ 和 $NO_3^-$。首先，为了最大限度地消除 $Ag^+$ 电迁移在阴极反应过程中的影响，向电解液中加入大量的 $KNO_3$ 作为局外电解质，由于 $KNO_3$ 可解离出大量 $K^+$，且 $K^+$ 会参与电迁移过程，但不发生阴极还原反应，因此，$Ag^+$ 的电迁移流量将远远小于 $K^+$ 的电迁移流量，从而可以忽略不计。

另外，为了消除对流对阴极反应的影响，在容器中安置一个搅拌器，通过其强烈搅拌，电解液将产生强烈对流。因为左侧毛细管的内径非常小，所以可以认为强烈搅拌对毛细管内部溶液不会产生影响，也就是说，对流传质的作用只发生在右侧的容器中，而在左侧的毛细管中只有扩散才起作用，使得扩散区与对流区分开。因此，该装置为后续讨论理想稳态扩散的动力学规律提供了实验基础。

### 6.2.2 理想稳态扩散的假设条件

在理想稳态扩散过程中，电极表面附近液层中反应离子的浓度分布情况如图 6-4 所示。为了方便推导理想稳态扩散的动力学规律，理想稳态扩散过程需要满足一些假设条件。首先，电极表面扩散区与对流区的分界线恰好对应于装置中毛细管与大容器的连接口。其次，由于强烈搅拌的存在，在对流区（容器内），因为容器的体积远远大于毛细管内，故认为通电前后各处 $Ag^+$ 浓度均匀且等于 $Ag^+$ 的初始浓度（$c_i^0$）。在扩散区（毛细管内），通电前，电极最表面的 $Ag^+$ 浓度（$c_i^s$）就是它的初始浓度 $c_i^0$。通电后，随着反应的进行，其表面附近的 $Ag^+$ 不断减少，浓度开始下降。随着反应继续进行，电极表面浓度与毛细管和容器连接口处浓度差越来越大，毛细管内 $Ag^+$ 扩散也越来越快，最后当连接口处进来一个 $Ag^+$，电极表面正好消耗一个 $Ag^+$ 时，就到达了稳态扩散，扩散层的厚度随之固定为毛细管长度。

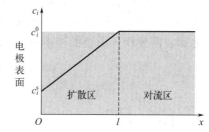

图 6-4 理想稳态扩散过程中电极表面
附近液层中反应粒子浓度分布

通过上述分析可以看出：在毛细管内，$Ag^+$ 的浓度分布与时间无关，只与和电极表面的距离 $x$ 成线性关系，整个扩散层内浓度差则为 $(c_i^0 - c_i^s)/l$，等于一个常数，完全符合 6.1.1 节中提到的稳态扩散的函数关系。

### 6.2.3 理想稳态扩散的动力学规律

利用 6.2.2 节的分析方法，进一步结合菲克第一定律，$Ag^+$ 的理想稳态扩散流量为：

$$J_{Ag^+} = -D_{Ag^+} \frac{dc_{Ag^+}}{dx} = -D_{Ag^+} \frac{c_{Ag^+}^0 - c_{Ag^+}^s}{l} \tag{6-7}$$

若扩散步骤为控制步骤，整个电极反应速度由扩散速度来决定，因此可以用电流密度来表示扩散速度，则有：

$$j_c = -FJ_{Ag^+} = FD_{Ag^+} \frac{c^0_{Ag^+} - c^s_{Ag^+}}{l} \qquad (6\text{-}8)$$

对于反应 $O + ne^- \Longleftrightarrow R$，式（6-8）可以拓展为一般形式，即：

$$j = -nFJ_i = nFD_i \frac{c^0_i - c^s_i}{l} \qquad (6\text{-}9)$$

特别地，讨论一种特殊情况，随着反应的不断进行，当电极最表面的 $Ag^+$ 浓度降到 0 时，如图 6-5 中实线所示，此时反应粒子浓度梯度最大，扩散速度也最大，相应的电流密度也最大。相应的动力学规律表达式也可以简化为：

$$j_d = nFD_i \frac{c^0_i}{l} \qquad (6\text{-}10)$$

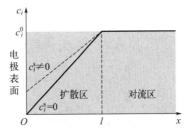

图 6-5　极限理想稳态扩散时电极表面附近液层中反应粒子浓度分布

式中，$j_d$ 被称为极限扩散电流密度，这时的浓差极化称为"完全浓差极化"。

将式（6-10）代入到式（6-9）可以得到：

$$j = j_d \left( 1 - \frac{c^s_i}{c^0_i} \right) \qquad (6\text{-}11)$$

$$c^s_i = c^0_i \left( 1 - \frac{j}{j_d} \right) \qquad (6\text{-}12)$$

可以看出，当出现极限扩散电流密度（$j_d$）时，就意味着每扩散过来一个反应粒子，电极表面就会消耗一个反应粒子，电化学反应的速度就达到了它的极限，从而出现极限扩散电流密度。需要强调的是，极限扩散电流密度在电化学中是一个特别重要的概念，是出现稳态扩散过程的重要特征。如果在电化学反应的实验测试过程中，该反应出现了极限电流密度，那么就基本可以推断这个电极过程很有可能是由扩散步骤来控制的。

# 6.3　浓差极化规律及判别

第 4 章已经学习过电极极化的概念，即有电流通过时，电极电位偏离平衡电位的现象。根据极化产生的原因可知，电极极化的特征取决于控制步骤的动力学特征。当电极过程由液相传质的扩散步骤控制时，电极所产生的极化就是浓差极化；与之相对应的另一种常见情况是电化学极化，也就是电极过程由电子转移步骤控制时，电极所产生的极化，这部分内容将在 6.5 节中进行详细学习。实际上，浓差极化的规律就是通过掌握浓差极化的方程式以及极化曲线特征等信息，从而准确地判断某一电极过程是否由扩散步骤所控制，如果是，就可以利用所学的扩散步骤控制的相关动力学理论对该电化学反应进行调控，以满足生产或者科研工作的需要。

### 6.3.1　浓差极化的基本规律

以电极反应 $O + ne^- \Longleftrightarrow R$ 为例，其中 O 为氧化态物质，即反应粒子；R 为还原态物质，即反应产物；$n$ 为参加反应的电子数。由浓差极化的定义可知，浓差极化时扩散步骤是电极过程的控制步骤，为简化问题方便讨论，可以认为电极过程中其他的步骤（如电子转移步骤）进行得足够快，其平衡状态基本上未遭遇破坏。因此，当电极上有电流通过时，其电极电位遵循能斯特方程，即：

$$\varphi = \varphi^{\ominus} + \frac{RT}{nF} \ln \frac{\gamma_O c_O^s}{\gamma_R c_R^s} \tag{6-13}$$

式中，$\gamma_O$ 为反应粒子在 $c_O^s$ 浓度下的活度系数；$\gamma_R$ 则为反应产物在 $c_R^s$ 浓度下的活度系数。假定 $\gamma_O$ 和 $\gamma_R$ 不随浓度而变化，则通电前的平衡电位就可以表示为：

$$\varphi_e = \varphi^{\ominus} + \frac{RT}{nF} \ln \frac{\gamma_O c_O^0}{\gamma_R c_R^0} \tag{6-14}$$

当获得浓差极化条件下电极电位以及平衡电极电位的表达式之后，就可以进一步按照反应产物的溶解情况来讨论其动力学规律。

**（1）反应产物为独立相时的情况**

此种情况下，反应产物为不溶于电解液的气体或者固体，因此，可以认为通电前后反应产物活度为 1。因此：

$$\begin{aligned} \gamma_R c_R^s &= 1 \\ \gamma_R c_R^0 &= 1 \end{aligned} \tag{6-15}$$

因此，这种情况下式（6-13）和式（6-14）可以表示为：

$$\varphi = \varphi^{\ominus} + \frac{RT}{nF} \ln \gamma_O c_O^s \tag{6-16}$$

$$\varphi_e = \varphi^{\ominus} + \frac{RT}{nF} \ln \gamma_O c_O^0 \tag{6-17}$$

结合式（6-12）可以得到

$$\varphi = \varphi^{\ominus} + \frac{RT}{nF} \ln \gamma_O c_O^0 + \frac{RT}{nF} \ln \left(1 - \frac{j}{j_d}\right) \tag{6-18}$$

即：

$$\varphi = \varphi_e + \frac{RT}{nF} \ln \left(1 - \frac{j}{j_d}\right) \tag{6-19}$$

$$或 \quad \varphi = \varphi_e + \frac{2.3RT}{nF} \lg \left(1 - \frac{j}{j_d}\right) \tag{6-20}$$

可见，浓差极化的极化值 $\Delta\varphi$ 为：

$$\Delta\varphi = \varphi - \varphi_e = \frac{2.3RT}{nF} \lg \left(1 - \frac{j}{j_d}\right) \tag{6-21}$$

当 $j$ 值远小于 $j_d$ 时，式（6-19）可按级数展开并略去高次项，可得：

$$\Delta\varphi = -\frac{RT}{nF}\frac{j}{j_\mathrm{d}} \tag{6-22}$$

式（6-19）~式（6-22）即为反应产物不溶时浓差极化的动力学方程。根据式（6-19），可以绘制出产物不溶时的浓差极化特征曲线，如图 6-6 所示。其特征在于通电前，电极电位处于平衡电位，电流密度为 0；通电后，随着电极电位变负，电流密度逐渐增大，直到出现极大值 $j_\mathrm{d}$。之后电极电位继续变负，电流密度则不变，恒定为 $j_\mathrm{d}$。

根据式（6-20），可以进一步得到 $\varphi$ 与 $\lg\left(1-\dfrac{j}{j_\mathrm{d}}\right)$ 之间的线性关系，如图 6-7 所示。如果在实验中测得了直线斜率，则可以计算出未知电化学反应式中参加反应的电子数 $n$。

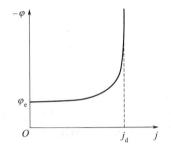

图 6-6　产物不溶时的浓差极化曲线

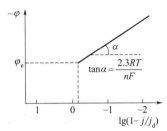

图 6-7　$\varphi$ 与 $\lg\left(1-\dfrac{j}{j_\mathrm{d}}\right)$ 之间的线性关系

### （2）反应产物可溶时的情况

当反应产物可溶时，反应产物的活度就不等于 1 了。因此，若想求得此时的浓差极化方程式，应知道反应产物在电极表面附近的浓度 $c_\mathrm{R}^\mathrm{s}$。对于还原产物 R 来讲，在稳态扩散下，由于反应前产物浓度 $c_\mathrm{R}^0$ 为 0，故可进一步将方程式（6-9）推导为：

$$j = nFD_\mathrm{R}\frac{c_\mathrm{R}^\mathrm{s} - c_\mathrm{R}^0}{\delta_\mathrm{R}} = nFD_\mathrm{R}\frac{c_\mathrm{R}^\mathrm{s}}{\delta_\mathrm{R}} \tag{6-23}$$

式中，$\delta_\mathrm{R}$ 为扩散层厚度，则 $c_\mathrm{R}^\mathrm{s}$ 可表示为：

$$c_\mathrm{R}^\mathrm{s} = \frac{j\delta_\mathrm{R}}{nFD_\mathrm{R}} \tag{6-24}$$

同样地，对于氧化产物 O，根据式（6-10）有：

$$j_\mathrm{d} = nFD_\mathrm{O}\frac{c_\mathrm{O}^0}{\delta_\mathrm{O}} \tag{6-25}$$

可以推导得到其反应前电极表面附近的初始浓度，即：

$$c_\mathrm{O}^0 = \frac{j_\mathrm{d}\delta_\mathrm{O}}{nFD_\mathrm{O}} \tag{6-26}$$

将式（6-24）和式（6-26）代入式（6-13），并结合 $c_\mathrm{O}^\mathrm{s} = c_\mathrm{O}^0\left(1-\dfrac{j}{j_\mathrm{d}}\right)$，可以得到当反应产物可溶时浓差极化的动力学方程式：

$$\varphi = \varphi^{\ominus} + \frac{RT}{nF} \ln \frac{\gamma_O \delta_O D_R}{\gamma_R \delta_R D_O} + \frac{RT}{nF} \ln \frac{j_d - j}{j} \qquad (6\text{-}27)$$

注意到，当 $j = 1/2 j_d$ 时，方程式最右边一项为 0，这种条件下的电极电位被定义为半波电位（$\varphi_{1/2}$），其表达式如下：

$$\varphi_{1/2} = \varphi^{\ominus} + \frac{RT}{nF} \ln \frac{\gamma_O \delta_O D_R}{\gamma_R \delta_R D_O} \qquad (6\text{-}28)$$

基于本节开始提出的浓差极化假设，可以将半波电位看成只与电极反应性质有关，而与浓度无关的常数。于是反应产物可溶时的浓差极化动力学方程可以进一步简化为：

$$\varphi = \varphi_{1/2} + \frac{RT}{nF} \ln \frac{j_d - j}{j}$$

或

$$\varphi = \varphi_{1/2} + \frac{2.3RT}{nF} \lg \frac{j_d - j}{j} \qquad (6\text{-}29)$$

根据式（6-28），可以绘制出产物可溶时的浓差极化特征曲线，如图 6-8 所示。其特征与产物不溶时类似，即随着电极电位变负，电流密度逐渐增大，直到出现极大值 $j_d$。但在 $\varphi_{1/2}$ 处，曲线会出现一个变化趋势的拐点。

类似地，根据式（6-29），可以得到 $\varphi$ 与 $\lg \frac{j_d - j}{j}$ 之间的线性关系，如图 6-9 所示。如果通过实验测得了直线斜率，那么就可以计算出未知电化学反应式中参加反应的电子数 $n$。

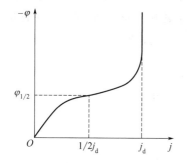

图 6-8　反应产物可溶时的浓差极化曲线

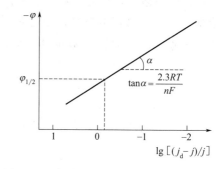

图 6-9　$\varphi$ 与 $\lg[(j_d - j)/j]$ 之间的直线关系

## 6.3.2　判别方法

一般地，我们可以通过浓差极化的动力学特征，来判断电极过程是否由扩散步骤控制的，这些动力学特征包括：

① 在一定的电极电位范围内，出现一个不受电极电位变化影响的极限扩散电流密度（$j_d$），且 $j_d$ 受温度变化的影响较小，即 $j_d$ 的温度系数较小。

② 动力学公式及极化曲线。6.3.1 节中我们对此进行了详细讨论，因此当用 $\varphi$ 对 $\lg\left(1 - \frac{j}{j_d}\right)$ 或 $\lg \frac{j_d - j}{j}$ 作图时，均可以得到线性关系，且直线的斜率为 $\frac{2.3RT}{nF}$。

③ 极限扩散电流密度以及电流密度均随着搅拌强度的提高而增大。

④ 扩散电流密度与电极真实表面积无关，只与其表观面积有关。

需要强调的是，在做出判别时，如果仅用其中一个特征来判断，条件是不充分的，可能出现误判。例如，单一出现 $j_d$ 并不能说明电极过程一定是扩散步骤控制，还有可能是前置转化或者催化步骤等成为电极过程的控制步骤，这时候也会出现极限电流密度。因此，需要同时从几个特征来进行全面综合判断，才能得出可靠的结论。

# 6.4 非稳态扩散

前面我们已经学习过稳态扩散与非稳态扩散的基本概念，也了解了要达到稳态扩散，必须先经历非稳态扩散的阶段，那么本节我们就来进一步学习非稳态扩散的动力学规律。

## 6.4.1 菲克第二定律

在讨论非稳态扩散时，整体思路仍然是借鉴稳态扩散讨论的思路，即从扩散流量出发，求出扩散电流密度，在此基础上，建立电流密度与电极电位关系，最后得到有关非稳态扩散的动力学规律。和讨论稳态扩散类似，为了简化问题，在这里我们首先也给出了一些假设条件：①在三种传质方式中，忽略对流与电迁移的影响；②在扩散方向上，仅考虑垂直于平面电极表面的一维扩散；③假定 $i$ 离子的扩散系数与粒子的浓度无关。

在非稳态扩散中，某一瞬间的非稳态扩散流量满足如下公式：

$$J_i = -D_i \left( \frac{\mathrm{d}c_i}{\mathrm{d}x} \right)_t \tag{6-30}$$

可以看到式中浓度梯度 $\mathrm{d}c_i/\mathrm{d}x$ 与稳态扩散不同，它不再是一个常数，而是与时间 $t$ 有关。因此，要求出 $J_i$ 就必须先求出浓度 $c_i$ 与距电极表面距离 $x$ 以及时间 $t$ 的关系。为此，首先假设有两个互相平行的液面 $S1$ 和 $S2$，面积均为单位面积，两液面间的距离非常近，为 $\mathrm{d}x$（图 6-10）。如果在某一瞬间，通过 $S1$ 的扩散粒子浓度为 $c_i$，则通过 $S2$ 的扩散粒子浓度为 $c_i + \frac{\mathrm{d}c_i}{\mathrm{d}x}\mathrm{d}x$。根据菲克第一定律，可以得到通过 $S1$ 和 $S2$ 两个平面的扩散流量：

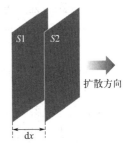

图 6-10 两个平行液面间的扩散

$$J_{S1} = -D_i \frac{\mathrm{d}c_i}{\mathrm{d}x} \tag{6-31}$$

$$J_{S2} = -D_i \frac{\mathrm{d}}{\mathrm{d}x}\left( c_i + \frac{\mathrm{d}c_i}{\mathrm{d}x}\mathrm{d}x \right) = -D_i \frac{\mathrm{d}c_i}{\mathrm{d}x} - D_i \frac{\mathrm{d}^2 c_i}{\mathrm{d}x^2}\mathrm{d}x \tag{6-32}$$

那么此时，累积在 $S1$ 和 $S2$ 之间的扩散粒子物质的量就应该是扩散流量 $J_{S1}$ 与 $J_{S2}$ 之差：

$$\Delta J = D_i \frac{\mathrm{d}^2 c_i}{\mathrm{d}x^2}\mathrm{d}x \tag{6-33}$$

将上式再除以液面间的体积，可以得到由于非稳态扩散而导致的单位时间内单位体积中累积的扩散粒子的物质的量，而它就刚好等于液面 $S1$ 与 $S2$ 之间在单位时间内的浓度变化，因而有：

$$\frac{\mathrm{d}c_i}{\mathrm{d}x} = \frac{\Delta J}{\mathrm{d}V} = D_i \frac{\mathrm{d}^2 c_i}{\mathrm{d}x^2} \tag{6-34}$$

若改写为偏微分形式，则为：

$$\frac{\partial c_i}{\partial x} = D_i \frac{\partial^2 c_i}{\partial x^2} \tag{6-35}$$

式（6-35）就是大家比较熟悉的菲克第二定律。它反映的是在非稳态扩散过程中，扩散粒子浓度 $c_i$ 随距电极表面距离 $x$ 以及时间 $t$ 变化的关系式。从解数学方程式的角度出发，求出它的特解，就可以知道其具体的函数关系。而要求出特解就需要先确定特解所对应的初始条件和边界条件。由于不同极化电极形状和不同极化方式都对应不同的初始和边界条件，得到的方程特解也不同，因此，接下来以平面电极上完全浓差极化的情况作为代表展开讨论。

## 6.4.2 平面电极上的非稳态扩散

讨论平面电极上非稳态扩散的规律，即根据平面电极的特点确定菲克第二定律的初始条件和边界条件，再根据这些条件求得该方程式的特解。

平面电极主要有以下两个特征：①与电极表面平行的液面上各点粒子浓度相同，且粒子只沿与电极表面垂直方向发生一维扩散；②溶液体积非常大，而电极面积很小，这样距离电极表面足够远处，可以认为通电前后浓度不变，一直为其初始浓度。

根据特征①，可以得到平面电极上非稳态扩散特解的一个初始条件，即 $t=0$，刚要开始反应时，距离电极表面各点粒子浓度均为初始浓度 $c^0$。根据特征②，还可以得到一个边界条件，即无论反应时间多长，距离电极表面足够远处的反应粒子浓度近似不变，恒定为 $c^0$。为了确定求解还需第二个边界条件，而其需要根据具体的极化条件才能确定，这里则主要讨论完全浓差极化条件下的情况。

完全浓差极化就是当扩散为控制步骤，阴极电极电位很负（或外加一个很大的阴极极化电位）时，电极表面附近液层中的反应粒子浓度 $c^s=0$，从而出现极限扩散电流密度（$j_d$）。根据定义，可以得到第二个边界条件，即电极最表面反应粒子的浓度不随反应时间变化而变化，且恒定为 $0$。

根据上述初始条件和两个边界条件，就能求出完全浓差极化时，菲克第二定律的特解为：

$$c_i(x,t) = c_i^0 \,\mathrm{erf} \frac{x}{2\sqrt{D_i t}} \tag{6-36}$$

式中，erf 为高斯误差函数的表示符号，其表达式为一个定积分：

$$\mathrm{erf}(\lambda) = \frac{2}{\sqrt{\pi}} \int_0^\lambda \mathrm{e}^{-y^2}\, \mathrm{d}y \tag{6-37}$$

由于特解表达式反映的是反应粒子浓度 $c_i$ 随 $x$ 和 $t$ 变化的情况，而该表达式中又包含了高斯误差函数，因此，为了弄清楚反应粒子在非稳态扩散过程中浓度分布情况，首先就需要掌握高斯误差函数的基本性质。图 6-11 反映了高斯误差函数的几个重要特性。

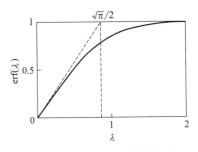

图 6-11　高斯误差函数的性质

从图 6-11 可以看出高斯误差函数的性质包括：

① 当 $\lambda = 0$ 时，$\mathrm{erf}(\lambda) = 0$；

② 当 $\lambda \to \infty$ 时，$\mathrm{erf}(\lambda) = 1$，一般 $\lambda \geqslant 2$，$\mathrm{erf}(\lambda) \approx 1$；

③ 当 $\lambda < 0.2$ 时，$\mathrm{erf}(\lambda) \approx 2\lambda/\sqrt{\pi}$。

根据高斯误差函数的特性，我们可将特解的形式进一步改写：

$$\frac{c_i}{c_i^0} = \mathrm{erf}\frac{x}{2\sqrt{D_i t}} \qquad (6\text{-}38)$$

由于在所讨论的情况下，令 $\lambda = \dfrac{x}{2\sqrt{D_i t}}$，则：

$$\frac{c_i}{c_i^0} = \mathrm{erf}(\lambda) \qquad (6\text{-}39)$$

也就是电极表面浓度与初始浓度的比值关系符合高斯误差函数的曲线特征。此时，我们可以利用高斯误差函数曲线来表示电极表面附近液层中反应粒子的暂态浓度分布曲线（图 6-12），并且它们具有如下类似特征。

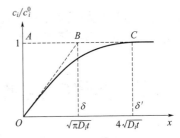

图 6-12　电极表面附近液层中反应粒子的暂态浓度分布

① 当 $x = 0$（即 $\lambda = 0$）时，$\dfrac{c_i}{c_i^0} = 0$，即 $c_i = 0$；

② 当 $x > 4\sqrt{D_i t}$（即 $\lambda \geqslant 2$）时，$\dfrac{c_i}{c_i^0} \approx 1$，即 $c_i \approx c_i^0$；该区域反应粒子浓度基本不变了，因此将它称之为扩散层的真实厚度，用 $\delta'$ 表示：

$$\delta' = 4\sqrt{D_i t} \qquad (6\text{-}40)$$

将式（6-40）对 $x$ 微分，则可得到：

$$\frac{\partial c_i}{\partial x} = \frac{c_i^0}{\sqrt{\pi D_i t}}\exp\left(-\frac{x^2}{4D_i t}\right) \qquad (6\text{-}41)$$

上式表明，浓度梯度是随 $x$ 和 $t$ 而变化的变量，但由于电极反应主要发生在电极/溶液界面上，则影响极化条件下非稳态扩散流量的主要是 $x = 0$ 处的浓度梯度，将 $x = 0$ 代入上式可以得到：

$$\left(\frac{\partial c_i}{\partial x}\right)_{x=0} = \frac{c_i^0}{\sqrt{\pi D_i t}} \qquad (6\text{-}42)$$

将其代入前面讲过的扩散电流密度表达式，则可得到完全浓差极化条件下平面电极上的非稳态扩散电流密度表达式：

$$j = nFD_i \left( \frac{\partial c_i}{\partial x} \right)_t \tag{6-43}$$

将式（6-42）代入式（6-43）可以得到：

$$j_d = nFD_i \frac{c_i^0}{\sqrt{\pi D_i t}} \tag{6-44}$$

将其与前面学过的对流扩散条件下电流密度表达式（6-10）相比较，此时的 $\sqrt{\pi D_i t}$ 就相当于前面讲过的扩散层的有效厚度 $\delta$ 了。

根据上述分析可以看出，扩散层的有效厚度和真实厚度存在明显差距。

综上所述，可以得到在完全浓差极化条件下的非稳态扩散过程的特点：

① $c_i(x,t) = c_i^0 \, \mathrm{erf} \dfrac{x}{2\sqrt{D_i t}}$；

② $\delta = \sqrt{\pi D_i t}$，$\delta' = 4\sqrt{D_i t}$；

③ $j_d = nFD_i \dfrac{c_i^0}{\sqrt{\pi D_i t}} = nFD_i c_i^0 \sqrt{\dfrac{D_i}{\pi t}}$。

上述特点均反映了扩散过程的非稳定性，即可以认为在只有扩散物质作用存在的条件下，从理论上讲，平面电极的半无限扩散是不可能达到稳态的。

# 6.5 电化学极化与浓差极化共存时的动力学规律

### 6.5.1 实际反应中的极化现象

通过前面章节的学习，我们分别掌握了电化学极化与浓差极化的动力学规律，但实际中这两种情况单独存在的情况并不多。通常只有极化电流密度远小于极限扩散电流密度，溶液中的对流作用很强时，电极过程才有可能完全为电化学反应步骤控制，只出现电化学极化而不出现浓差极化。相应地，只有外电流密度很大，接近于极限扩散电流密度，溶液中没有强制对流作用时，才可能只出现浓差极化。因此，通常情况下，往往是两种情况并存的状态，可能以电化学极化为主、浓差极化为辅或者以浓差极化为主、电化学极化为辅。本节将继续探讨两种极化同时存在时的动力学规律。

### 6.5.2 混合控制时的动力学规律

当电极过程为电子转移步骤和扩散步骤混合控制时，我们应同时考虑两者对电极反应速度的影响。在这里我们讨论比较简便的处理方法，就是在电化学极化的动力学公式中加入或者说体现浓差极化的影响。从前面所讲内容中我们知道，浓差极化是指当电极过程由液相传质的扩散步骤控制时，电极所产生的极化，它很大程度上受到电极表面反应粒子浓度 $c^s$ 的影响。当扩散步骤处于平衡态或准平衡态，即非控制步骤时，电极表面与溶液内部没有浓度差，所以可以用本体浓度 $c$ 代替表面浓度 $c^s$。

但是当扩散步骤缓慢，也作为控制步骤之一时，表面浓度不再等于它的本体浓度了。对于电极反应：

$$O+ne^- \Longleftrightarrow R$$

将还原反应绝对速度表达式中本体浓度 $c^0$ 用 $c^s$ 替代，即成功将电化学极化的动力学公式中加进了与浓差极化相关的因素 $c^s$ 了，可以得到：

$$\overrightarrow{j} = nFK_c c_O^s \exp\left(-\frac{\overrightarrow{\alpha F}}{RT}\varphi\right) = j^0 \frac{c_O^s}{c_O^0}\exp\left(-\frac{\overrightarrow{\alpha F}}{RT}\Delta\varphi\right) \tag{6-45}$$

同理，可以得到：

$$\overleftarrow{j} = j^0 \frac{c_R^s}{c_R^0}\exp\left(\frac{\overleftarrow{\alpha F}}{RT}\Delta\varphi\right) \tag{6-46}$$

式中，$c_O^0$ 和 $c_R^0$ 分别为反应离子 O 和 R 的本体浓度。由上述两式可以得到电极反应的净速度为：

$$j = j^0\left[\frac{c_O^s}{c_O^0}\exp\left(-\frac{\overrightarrow{\alpha F}}{RT}\Delta\varphi\right) - \frac{c_R^s}{c_R^0}\exp\left(\frac{\overleftarrow{\alpha F}}{RT}\Delta\varphi\right)\right] \tag{6-47}$$

从上式可以看出 $\frac{c_O^s}{c_O^0}$ 和 $\frac{c_R^s}{c_R^0}$ 两项都与电极表面浓度有关。

通常，出现电化学极化与浓差极化共存时的电流密度不会太小，故假设 $j$ 的绝对值 $\gg j^0$，因而，可以忽略逆向反应。例如阴极极化时，有 $j_c = \overrightarrow{j} - \overleftarrow{j}$，将其代入式（6-47）可将表达式简化为：

$$j_c = j^0 \frac{c_O^s}{c_O^0}\exp\left(-\frac{\overrightarrow{\alpha F}}{RT}\Delta\varphi\right) = j^0 \frac{c_O^s}{c_O^0}\exp\left(\frac{\overrightarrow{\alpha F}}{RT}\eta_c\right) \tag{6-48}$$

根据极限电流密度公式（6-12），将其代入式（6-48）后可得关系式：

$$j_c = \left(1 - \frac{j_c}{j_d}\right)j^0\exp\left(\frac{\overrightarrow{\alpha F}}{RT}\eta_c\right) \tag{6-49}$$

对式（6-49）两边取对数后可以得到：

$$\eta_c = \frac{RT}{\overrightarrow{\alpha F}}\ln\frac{j_c}{j^0} + \frac{RT}{\overrightarrow{\alpha F}}\ln\left(\frac{j_d}{j_d - j_c}\right) \tag{6-50}$$

上式就是电化学极化与浓差极化共存时的动力学规律，清晰地表达了过电位与电流密度之间的数学关系式。从该关系式中，可以看到，等式右边第一项与塔菲尔公式一致，表明此部分过电位是由电化学极化引起的，可称为电化学过电位；而等式右边第二项，则包含了液相传质过程动力学规律中的特征参数——极限电流密度 $j_d$，表明这部分是由浓差极化所引起的，因此可称为浓差过电位。

### 6.5.3 两类极化规律特征的比较

前面已经学习了电化学极化动力学规律和浓差极化动力学规律,为了更好地帮助我们在实际中判别电极过程的决速步骤,这里将这两类极化的动力学特征进行全面总结和比较。

① 过电位与净电流密度之间的关系满足不同的极化规律:其中电化学极化规律在高电位和低电位分别满足塔菲尔关系〔式(5-1)〕和线性关系〔式(5-2)〕,而浓差极化在产物不溶和可溶时分别满足式(6-20)和式(6-29)。

② 根据两类极化的影响因素可知,双电层结构对浓差极化没有影响,但对电化学极化会产生影响,这种影响在稀溶液中或在零电荷电位附近或电极发生特性吸附等情形时表现尤甚,存在典型的 $\varphi_1$ 效应。此外,由于双电层结构的构建与电子导体有关,因此电极材料及其表面状态对电化学极化下的反应速度有显著的影响。

③ 浓差极化涉及粒子的传质扩散,因此搅拌对其反应速度有很大的影响,一般搅拌强度越大,反应速度也越大。

④ 电化学极化的活化能高,因而反应速度的温度系数较大;而浓差极化的活化能很低,相应的温度系数很小,一般为 $2\%/℃$。

⑤ 电化学极化的反应速度正比于电极的真实面积,而对于浓差极化,当扩散层厚度大于电极表面粗糙度时,反应速度与电极的真实面积无关,只与电极表观面积成正比。

因此,利用上述不同极化规律的特点,可以采取合适的方法来调控电极反应速度,并将之付诸实践中。例如,当电极过程的决速步骤是电化学反应时,根据电化学极化的特点可知,要提高电极反应速度,采取的方法包括提高过电位、提高反应温度、扩大电极的真实面积、甄选新型电极材料或者改变电极表面状态等。当决速步骤是液相传质时,则根据浓差极化的特点可知,采取提高过电位以及加强溶液搅拌等手段均能有效提高电极反应速度。

# 思考题

1. 液相传质方式有哪些种类?如何定量描述每一种传质中的流量?

2. 理想稳态扩散需要满足什么条件?研究理想稳态扩散的典型装置是什么?请画出示意图并做简要说明。

3. 什么是极限电流密度?写出其表达式。若反应出现极限电流密度,能否说明电极过程就是由扩散步骤控制的,原因是什么?

4. 什么是浓差极化?如何判断电极发生的是浓差极化?

5. 电极在发生浓差极化后,当电极反应产物为独立相(气体/固体)及可溶相时,试写出电极电位与反应速度之间的关系,并画出相应的浓差极化曲线。

6. 当电极发生浓差极化时,将电极电位 $\varphi$ 对 $\lg\left(1-\dfrac{j}{j_d}\right)$ 作图获得一条直线,且其斜率为 $A$,请计算出参与电极反应的电子数。

7. 为什么在浓差极化条件下,当电极表面附近的反应粒子浓度为零时,稳态电流并不为零,反而得到最大值(极限扩散电流)?

8. 什么是半波电位?其表达式是什么?半波电位在电化学应用中有什么意义?

9. 在20℃时，在0.1mol/L的$ZnCl_2$溶液中电解还原$Zn^{2+}$时，假设阴极过程为浓差极化，已知$Zn^{2+}$的扩散系数为$1.2\times10^{-5}cm^2/s$，扩散层有效厚度为$1.5\times10^{-2}cm$。求：(1) 阴极的极限扩散电流密度；(2) 如果测得的阴极过电位为0.03V，则对应的阴极电流密度是多少？

10. 在25℃时，假设在$Cu^{2+}$浓度为0.5mol/L的溶液中的阴极反应$Cu^{2+}+2e^-\longrightarrow Cu$受扩散步骤控制。已知$Cu^{2+}$在溶液中的扩散系数为$1.2\times10^{-5}cm^2/s$，扩散层有效厚度为$1.3\times10^{-2}cm$。试求阴极电流密度为$0.05A/cm^2$时的浓差极化值。

11. 已知阴极反应$Ag^++e^-\longrightarrow Ag$在25℃时受扩散步骤控制，假设浓差极化过电位（$\eta_{浓差}$）为$-59mV$，且$c_{Ag^+}^0=1mol/L$，$\left(\dfrac{dc_{Ag^+}}{dx}\right)_{x=0}=7\times10^{-2}mol/cm^4$，阴离子的扩散系数（$D_{Ag^+}$）为$6\times10^{-5}cm^2/s$。试求：

(1) 稳态扩散电流密度；

(2) 扩散层有效厚度；

(3) $Ag^+$的表面浓度$c_{Ag^+}^s$。

12. 已知下列电极上的阴极过程都是受扩散控制的。请比较其极限扩散电流密度是否相同？原因是什么？

(1) 0.1mol/L $ZnCl_2$＋3mol/L NaOH；

(2) 0.05mol/L $ZnCl_2$；

(3) 0.1mol/L $ZnCl_2$。

13. 测得锌在$ZnCl_2$溶液中的阴极稳态极化曲线如图6-13所示。各曲线所代表的溶液组成与极化条件为：

曲线1：0.05mol/L $ZnCl_2$，不搅拌；

曲线2：0.1mol/L $ZnCl_2$，不搅拌；

曲线3：0.1mol/L $ZnCl_2$，搅拌。

请判断该阴极过程的控制步骤并给出判断依据。

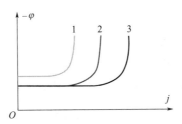

图6-13　锌在$ZnCl_2$溶液中的阴极稳态极化曲线

# 第 7 章

# 电化学能量存储技术

电化学能量存储技术是指通过电化学氧化还原反应将物质所存储的化学能转换成电能的一种技术，具有这种能量释放性质并持续向外输出电能的装置通常称为化学电源或电池。电池中能够发生氧化还原反应并释放能量的物质叫作活性物质。根据活性物质的可充电性，可以将电池分成两大类：如果电池中的活性物质放电后无法通过充电使其复原，即电化学反应是不可逆的，这种只能放电一次的电池叫作一次电池或原电池，比如锌锰电池等；如果电池中的活性物质放电后仍可以通过充电使其再生，其电化学反应是可逆的，这种能够反复循环使用的电池叫作二次电池或蓄电池，例如铅酸电池、锂离子电池等。电池在电子产品、轨道交通、航空航天、智能电网等诸多领域中得到了非常广泛的应用。随着世界各国对环境和能源的日益重视，以及我国"碳中和""碳达峰"宏伟目标的制定，具有绿色可再生性质的电化学能量存储技术得到了快速的发展。

电池一般由正极、负极和电解质组成，其中影响电池性能最核心的因素是活性物质，包括发生还原反应的正极活性物质和发生氧化反应的负极活性物质。在本章中，首先将介绍衡量电池性能表现的基本参数，然后按照不同电池的类型，重点介绍其电极结构组成、工作原理以及当前研究进展和应用状况。

## 7.1 电池的基本性能参数

### 7.1.1 开路电压与工作电压

在第 2 章中，我们已经学习到，一个可逆电池体系的电动势是指两个电极的平衡电位之差，这是衡量电池做电功能力的重要参数。根据电化学热力学可知，恒温恒压条件下可逆电极所能做的最大功就是该电池反应的吉布斯自由能变化值，即 $\Delta G = -nFE$，式中 $n$ 为电池反应所需要转移的电子物质的量。因此，一个电池体系的理论电动势（$E$）为：

$$E = -\frac{\Delta G}{nF} \tag{7-1}$$

上式清晰地表明了电池的电能本质上源自于电极材料所储存的化学能。对于由不同电极材料组成的电池体系，每一类电池都有其自身的电动势，其大小可以通过热力学的方式计算出来。

在实际的电池体系中，通常采用的是开路电压，它是指电池无电流通过时正负极之间的电位差，是一个实测值。一般地，电池的开路电压近似于它的电动势，但总是会小于电动势，这是因为电池的两极在电解液溶液中所建立的电极电位往往并不是平衡电极电位，而是稳定电极电位，也就是说，电动势是正负两极平衡电位之差，而开路电压是两极稳定电位之差。一个电池体系的可逆程度越高，则其开路电压的数值就越接近于电动势，只有当电池体系完全处于热力学可逆状态时，二者的数值才相等。

实际电池的开路电压并不总是固定不变的，因而往往取其具有代表性的数值规定为该电池的开路电压（$U_{OC}$），这个数值也叫作额定电压。例如，锌/锰电池的额定电压为1.5V，实际上电池的电压在1.5～1.6V之间；又如，铅酸电池的额定电压为2.0V，而实际电池的电压为2.0～2.3V。

当电池处于放电工作状态时，此时电池的端电压叫作工作电压（$U_{CC}$），它是有电流流过时电池正负极之间的电位差。当电流通过电池内部时，由于电池内部存在内阻（$R_i$），包括极化电阻（$R_f$）和欧姆内阻（$R_s$），就会形成一定电压降，因而电池的工作电压总是低于开路电压。

当放电电流密度为$I$时，则电池的工作电压可表示为：

$$U_{cc} = E - IR_i \tag{7-2}$$

可见，电池的工作电压受放电制度的影响。电流密度越大，电池的工作电压则越低。为了提高电池的工作电压，需要尽可能地降低电池内阻。此外，为了获得更高的工作电压，通常会使用电子亲和力强且容易还原的物质用作正极活性物质；同理，负极活性物质就要使用电子亲和力弱且容易氧化的物质。

## 7.1.2 容量与比容量

电池的容量是指在一定的放电条件下电池所给出的电量，常用$C$表示，单位为$A \cdot h$或$mA \cdot h$，可以分为理论容量、实际容量和额定容量。

根据法拉第定律，可以计算出电池中活性物质的理论容量$C_0$，即活性物质全部参加电池反应所能释放的全部电量。如果某活性物质完全反应的质量为$m$，其摩尔质量为$M$，且该物质参加电化学反应时化合价变化数为$n$，则依据法拉第定律，可计算出该物质的理论容量：

$$C_0 = 26.8 \frac{m}{M} n = \frac{m}{q} \tag{7-3}$$

式中，$q$称为电化学当量。显然，理论容量与电池中活性物质的质量成正比，与电化学当量成反比。理论容量在电池设计时应用较多。例如，金属锌的电化学当量为1.22，则100克质量的金属锌的理论容量约为82A·h。

电池的实际容量（$C$）是指在一定的放电条件下，电池实际放出的电量。

在恒电流（$I$）放电一定时间（$t$）的条件下，其容量为

$$C = It \tag{7-4}$$

在恒电阻（$R$）放电一定时间（$t$）的条件下，其容量为

$$C = \int_0^t I \, dt = \frac{1}{R} \int_0^t U \, dt \approx \frac{1}{R} U_{平均} \, t \tag{7-5}$$

式中，$R$为放电电阻；$U$为平均放电时的平均电压；$t$为放电时间。

电池的实际容量主要取决于电池中的电极活性物质的数量和该物质的利用率（$\theta$）。

$$\theta = \frac{C}{C_0} \times 100\% \tag{7-6}$$

当电池的实际容量与理论容量相等时，物质的利用率为 100%。然而，在实际电池中，由于存在内阻等多种因素，$\theta$ 值总是不足 100%。

为了更好地对比不同电池的性能，一般还会引入比容量的概念。我们将基于单位质量（$m$）或单位体积（$V$）的电池所释放出的容量分别称为质量比容量（$C_m$）或体积比容量（$C_V$），表示为：

$$C_m = \frac{C}{m} \tag{7-7}$$

$$C_V = \frac{C}{V} \tag{7-8}$$

质量比容量和体积比容量的单位分别是 mA·h/g 或 A·h/kg、A·h/L。电池的容量取决于正极（或负极）的容量，理论上，电池中通过正极和负极的电量总是相等的，但由于构成正负极的物质具有不同电化学性质，导致正负容量并不总是相等的，电池实际放出的容量取决于容量较小的那个电极。实际工作中，通常使用正极容量来控制整个电池的容量，而负极容量总是处于过剩状态。

### 7.1.3 库仑效率和能量效率

能量转化效率是指电池放电释放的能量与充电消耗的能量之间的比值，这个参数是针对二次电池而言的。一般地，充入蓄电池的电量（$Q_{充电}$）总是高于放电时放出的电量（$Q_{放电}$），这是由于充电电流无法完全转化为可利用的反应产物，而总是伴随无用热反应的发生。

电池的效率可以通过库仑效率和能量效率来描述。其中库仑效率（$f_{Ah}$）的定义为：

$$f_{Ah} = \frac{Q_{放电}}{Q_{充电}} \tag{7-9}$$

库仑效率的倒数也叫作充电因子。例如，镍-镉电池的电化学转化库仑效率为 70%～90%，而锂离子蓄电池的库仑效率几乎为 100%。

能量效率（$f_{Wh}$）的定义为：

$$f_{Wh} = f_{Ah} \times \frac{\overline{U}_{放电}}{\overline{U}_{充电}} \tag{7-10}$$

式中，$\overline{U}_{放电}$ 和 $\overline{U}_{充电}$ 分别为放电和充电时的平均极限电压。由于电池总是存在一定的内阻，导致 $\overline{U}_{放电} < \overline{U}_{充电}$，即能量效率总是小于库仑效率。电池的效率除了受到充电效率的影响之外，还受到放电电流和充电过程的影响，表 7-1 给出了几种不同蓄电池的效率。

表 7-1　几种蓄电池效率的比较

| 电池体系 | 库仑效率/% | 能量效率/% |
| --- | --- | --- |
| 铅酸蓄电池 | 80 | 65～70 |

电化学原理与应用

| 电池体系 | 库仑效率/% | 能量效率/% |
|---|---|---|
| 镍-镉蓄电池 | 65～70 | 55～65 |
| 镍-金属氢化物蓄电池 | 65～70 | 55～65 |

### 7.1.4　能量密度和功率密度

电池在一定的放电制度下对外所能释放的电能叫作电池的能量，单位为 W·h，1W·h 相当于 3600 焦耳（J）的能量。理论上，一个可逆电池在恒温恒压下的理论能量等于该电池的容量与电动势的乘积，而电池实际能够放出的能量等于该电池实际输出的容量与平均工作电压之积。

单位质量或单位体积的电池所能输出的能量称为能量密度或比能量（W），单位分别为 W·h/kg 和 W·h/L。

$$W_m = \frac{C\overline{U}_{放电}}{m} \quad 或 \quad W_V = \frac{C\overline{U}_{放电}}{V} \tag{7-11}$$

电池的能量密度是由其所组成的电极材料特性所决定的。例如，铅酸电池的理论能量密度为 170.5W·h/kg，而实际能量密度约为 40W·h/kg。常用的电动车用铅酸电池为 48V/10A·h，因此可以估计出这种电池至少需要 12 kg 以上才能存储这 480W·h 的能量。由此可见，铅酸电池的能量密度比较低，无法用作电动汽车的动力源。如果使用铅酸电池驱动家用汽车行驶 200 km 以上，则需要将近 1 吨的电池，如此之高的重量注定使其无法在电动汽车上得到应用。相比之下，锂离子电池的能量密度可以达到 200～300W·h/kg，并且其循环性能要远优于铅酸电池，这是锂离子电池成为电动汽车首选电池的根本原因。

电池的功率是指在一定放电条件下，单位时间内所能输出的能量。单位质量或单位体积的电池所能输出的功率称为功率密度或比功率（P，W/kg 或 W/L）：

$$P_m = \frac{W_m}{t} \quad 或 \quad P_V = \frac{W_V}{t} \tag{7-12}$$

功率密度的大小代表着电池所能承受工作电流的大小，这也是由电池材料基本特性决定的。需要指出的是，功率密度和能量密度并没有直接关系，并不是说能量密度越高就是功率密度越高。事实上，功率密度描述的是电池的倍率性能，即电池可以以多大的电流进行放电。功率密度对电池以及电动车的开发起着非常重要的作用，如果电池具有很高的功率密度，则表明电动汽车具有非常优异的加速性能。传统的铅酸电池只能表现出几十瓦每千克的低功率密度，相比之下，锂离子电池目前的功率密度已经可以达到数千瓦每千克，表明其具有更加优异的高倍率放电性能。

需要指出的是，电池的能量密度和功率密度都是一个会变化的参量。在循环使用多次后，电池的容量会发生衰减，导致其能量密度和功率密度都会随之降低。此外，这两个参量也会随着环境的变化而变化。例如，在极寒或炎热的季节中，能量密度和功率密度在一定程度上都会发生变化（一般是减少）。

提高能量密度是目前电池研发中的重点和难点。在安全性能够得到保障的前提下，如果电池的能量密度可以达到 $300\sim400W\cdot h/kg$ 的水平，那么它就具备了和传统燃油汽车续航里程相媲美的能力。

## 7.1.5　倍率与循环寿命

对于实际工作中的电池容量或能量，必须指出其放电条件，即电流（或电流密度）的大小，通常采用放电率来表示，其中最常用的是"倍率"，它是指电池在规定时间内释放其全部额定容量所需要的电流密度，在数值上等于额定容量的倍数。例如，"1 倍率"（用 1C 表示）是指电池容量在 1 小时内全部释放所需的电流大小。例如，假设电池额定容量为 $5A\cdot h$，则 1C 的电流大小为 5A。可见，电池额定容量等于放电电流（$I$）和放电时间（$t$）的乘积。

寿命是衡量电池性能的一个重要参数。对于一次电池，其寿命是指电池释放全部额定容量的工作时间，与放电倍率大小有关。对于二次电池，其寿命可以分为充放电循环使用寿命和搁置使用寿命（即贮存性能，见 7.1.6 部分）。二次电池经过一次充放电过程就是一次使用周期。一般地，在一定的放电条件下，电池容量衰减至规定的容量水平（通常规定为额定容量的 80%）前，电池所经历的充放电循环次数，称为电池的循环寿命。由于经济和生态的原因，具有长循环寿命的电池更容易得到人们的青睐。影响二次电池循环寿命的因素有很多，主要包括电极上活性材料的腐蚀失活或者相变失活、活性物质从电极上粉化脱落、电池发生内短路、隔膜损坏以及在充放电过程中生成惰性物质导致极化增大等。

比较不同电池的循环寿命，除了循环次数外，还需要考察它的放电深度。所谓放电深度是指在使用电池的过程中，电池放出的容量占标准容量的百分比。电池的放电深度越大，则其循环寿命越短。因此，要延长电池的使用寿命，除非迫不得已，应该尽量不要让电池处于深度放电的状态。

## 7.1.6　贮存性能与自放电

电池的贮存性能是指荷电状态的电池在开路以及一定温度、湿度等外部条件下贮存时容量保持的能力。一般情况下，电池在贮存过程中会发生容量衰减，主要是因为电极材料与电解液或杂质会发生不可逆的副反应或腐蚀或溶解。例如，对于一些标准电极电位比氢电极更负的活泼金属，杂质的存在往往容易与活泼金属形成腐蚀微电池。此外，正极上发生副反应时也会消耗正极活性物质，导致容量不断下降。以铅酸电池正极活性物质 $PbO_2$ 为例，它会与板栅铅发生如下反应而不断被消耗：$PbO_2+Pb+2H_2SO_4\longrightarrow 2PbSO_4+2H_2O$。对于常用二次电池的湿搁置贮存寿命，镉镍电池为 $2\sim3$ 年，铅酸电池为 $3\sim5$ 年，锂离子电池为 $5\sim8$ 年。

电池容量在贮存过程中自行发生衰减的现象叫作自放电，又称为荷电保持能力。在一定时间内通过电池自放电损失的容量占总容量的比例叫作自放电率，一般采用月自放电率来衡量。一次电池的自放电率较小，例如，碱锰 $MnO_2$-Zn 圆形电池的月自放电率约为 2%，而锂-$MnO_2$ 纽扣电池仅有 1%。相比之下，二次电池的自放电率更大，例如，铅酸电池的月自放电率为 15%～20%。

可见，自放电会降低电池的贮存寿命。降低电池的自放电是一个重要的研究课题，可采取的措施有很多，例如，去除电极中的杂质、采用高纯度的电极材料。在水系电池中，可以在负极中添加氢过电位较高的金属，如 Cd、Hg、Pb 等，或在电解液中加入具有抑制析氢能力的缓蚀剂。

# 7.2 锂离子电池

## 7.2.1 锂离子电池概述

锂离子电池（lithium-ion battery，LIB）是二十世纪下半叶研发出来的新型二次电池，具有比能量高、工作电压高、循环寿命长、自放电小、无记忆效应、安全性好等优点，已被广泛应用于各类便携式电子设备和轨道交通等领域。二十世纪六十年代末，贝尔实验室的 Broadhead 等人最早开始开展"电化学嵌入反应"方面的研究，随后以锂金属和插层化合物或硫化物的锂二次电池取得了快速进展，并一度推向了商业化市场，但终因安全问题而失败。二十世纪八九十年代，M. Armand 等人提出了以低嵌锂电位层间化合物为负极的"摇椅式电池"概念，J. B. Goodenough 等人先后开发了钴酸锂、镍酸锂、锰酸锂、磷酸铁锂等材料，将其用作锂离子电池正极，为锂离子电池的发展做出了里程碑式的贡献。1990 年，日本 SONY 公司发明了以嵌锂焦炭为负极、含锂化合物（钴酸锂）为正极的锂二次电池，首次提出了"锂离子电池"的全新概念，最终实现了大规模产业化并在全世界范围内取得了巨大成功。锂离子电池相关研究人员（J. B. Goodenough、M. S. Whittingham、A. Yoshino）也因此获得了 2019 年诺贝尔化学奖。

虽然我国在锂离子电池研究方面起步相对较晚，但在短短二十多年间，锂离子电池得到了前所未有的迅猛发展，目前我国锂离子电池的研发及产业化已经处于世界领先水平。

## 7.2.2 电池结构与反应原理

锂离子电池是在锂金属电池基础上发展起来的一种新型锂离子浓差电池，主要由正极、负极、电解液、隔膜、正负极集流体、外壳等几部分组成。锂离子电池有很多的分类方法：①根据电解质的不同可分为全固态锂离子电池、聚合物锂离子电池和液态锂离子电池；②根据使用温度可分为高温锂离子电池和常温锂离子电池；③按电池外形分类一般可分为圆柱形、方形、扣式和薄板形。

锂离子电池实际上是一种 $Li^+$ 在正负极之间进行反复可逆嵌入和脱出的新型二次电池，因而也称为摇椅式电池。这种电池从电化学本质上属于浓差电池，$Li^+$ 在嵌入和脱出的过程中一般不会破坏电极材料的晶相及化学结构。因此，锂离子电池的充放电过程在理论上发生的是一种高度可逆的电化学反应和物理传导过程。由于充放电过程中不存在金属锂的沉积和溶解过程，避免了锂枝晶的生成，因而大幅改善了电池的安全性和循环寿命，这也是锂离子电池比锂金属二次电池优越并取而代之的根本原因。

锂离子电池的工作原理如图 7-1 所示。充电时，$Li^+$ 从正极脱出，穿过隔膜嵌入负极；放电时则正好相反。以磷酸亚铁锂（$LiFePO_4$）/石墨组成的锂离子电池为例，充电时，$Li^+$ 从 $LiFePO_4$ 晶格中脱出来，然后迁移至负极并嵌入其中，此过程使正极成为贫锂状态而负极处于富锂状态。正极发生氧化反应，Fe 由 +2 价变为 +3 价，同时释放了一个电子。游离出的 $Li^+$ 则通过隔膜嵌入石墨负极，发生还原反应形成 $Li_xC_6$ 的插层化合物；放电过程正好是其逆反应，即 $Li^+$ 从石墨中脱出，重新嵌入 $FePO_4$ 中，Fe 由 +3 价降为 +2 价，同时电子从负极流出，经外电路流向正极以保持电荷平衡。电极反应如下：

正极：$LiFePO_4 \rightleftharpoons Li_{1-x}FePO_4 + xLi^+ + xe^-$

负极：$6C + xLi^+ + xe^- \rightleftharpoons Li_xC_6$

总电池反应：$LiFePO_4 + 6C \rightleftharpoons Li_{1-x}FePO_4 + Li_xC_6$

由上可知，锂离子电池的核心部分是正、负极材料，直接决定了锂离子电池的工作电压、比能量以及循环稳定性等性能参数。

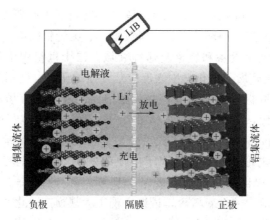

图 7-1 锂离子电池工作原理

除了电极材料外，锂离子电池其他重要组成部分包括电解液和隔膜。电解液的作用在于为锂离子输运提供介质，必须具备较高的离子电导率、热稳定性、安全性以及相容性，一般为有机电解液，由电解质锂盐溶于高电压下不分解的有机溶剂组成，其中电解质盐主要有 $LiPF_6$、$LiClO_4$、$LiBF_4$、$LiCF_3SO_3$、$LiAsF_6$ 等锂盐，目前最常用的是 $LiPF_6$。有机溶剂通常使用碳酸丙烯酯（PC）、氯代碳酸乙烯酯（CEC）、碳酸甲乙酯（EMC）、碳酸乙烯酯（EC）、二乙基碳酸酯（DEC）等烷基碳酸酯中的一种或多种混合溶剂。隔膜主要起到隔离正负电极，使电子无法通过电池内电路，但允许离子自由通过的作用。由于隔膜自身对离子和电子绝缘，在正、负极间加入隔膜会降低电极间的离子电导率，所以应使隔膜孔隙率尽量高，厚度尽量薄，以降低电池内阻。因此，隔膜一般采用可透过离子的高分子聚烯烃树脂做成的多孔膜，如聚乙烯（PE）、聚丙烯（PP）或它们的复合膜，尤其是 Celgard 公司生产的 Celgard2300（PP/PE/PP 三层微孔隔膜）不仅熔点较高，能够起到热保护作用，而且具有较高的抗刺穿强度。

## 7.2.3 负极材料

负极材料是决定锂离子电池能量密度和电化学性能的关键因素之一，是锂离子电池的重要组成部分，其性能的好坏直接影响锂离子电池的电化学性能。作为锂离子电池负极材料应满足以下要求：

① 锂离子嵌入时的氧化还原电位（相对于金属锂）足够低，以确保电池有较高的输出电压；

② 尽可能多地使锂离子在正、负极活性物质中进行可逆脱嵌，保证可逆比容量值较大；

③ 锂离子可逆脱嵌过程中，负极活性物质的基体结构几乎不发生变化或者变化很小，确保电池具有较好的循环稳定性；

④ 随着锂离子不断嵌入，负极材料的电位应保持不变或变化很小，确保电池具有稳定

的充放电电压平台，满足实际应用的需求；

⑤ 离子和电子电导率较高，用于减少因充放电倍率提高对锂离子嵌入和脱出可逆性的影响，降低极化程度，提高大倍率性能；

⑥ 表面结构稳定，在电解液中形成具有保护作用的固体电解质膜，减少不必要的副反应；

⑦ 锂离子扩散系数较大，用以实现快速充放电；

⑧ 资源丰富、价格低廉、环境友好等。

锂离子电池负极材料按照其储锂反应机理可以分为三种类型：嵌入反应型、转化反应型和合金化反应型，如图 7-2 所示。嵌入型负极在充电过程中锂离子插入电极材料晶格中，不会引起基体体积的显著变化，循环稳定性较好，典型材料为石墨，但这类材料的储锂容量通常较低，石墨的理论比容量只有 $372mA \cdot h/g$。转化型负极材料在充放电过程中会发生可逆的氧化还原反应，具有较高的可逆容量和能量密度，材料包括各类过渡金属化合物。转化型负极的初始库仑效率一般很低，且固态电解质界面不稳定，体积膨胀严重，循环稳定性差。

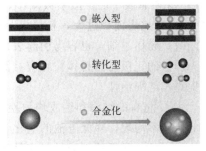

图 7-2 锂离子电池负极材料类型及其储锂机理

合金化型负极材料在充电过程中与锂离子形成合金，具有极高的理论比容量，例如硅的理论比容量可以达到 $4200mA \cdot h/g$。然而，此类材料的电极极化较大且在充放电过程中发生巨大的体积变化。因此，三种类型的负极材料都各具优势，但同时也存在一些弊端。

## 7.2.4 正极材料

正极材料对于提高锂离子电池的电化学性能同样至关重要，一般选择氧化还原电位较高且在空气中能够稳定存在并可提供锂源的储锂材料，目前主要有层状结构的钴酸锂、尖晶石型的锰酸锂、镍钴锰酸锂三元材料、富锂材料以及不同聚阴离子新型材料，如磷酸盐材料、硅酸盐材料、氟磷酸盐材料以及氟硫酸盐材料等。理想的锂离子电池的正极材料应该具备以下特征：

① 在与 $Li^+$ 的反应中具有较大的可逆吉布斯自由能，减少由于极化造成的能量损耗，并且可以保证具有较高的电化学容量；此外，放电反应应具有较大的负吉布斯自由能变化，使电池的输出电压高，提高能量效率。

② 具有较大的 $Li^+$ 扩散系数，保证较快地充放电，以获得高的功率密度；此外，嵌入化合物的分子量要尽可能小并且允许大量的锂可逆嵌入和脱嵌，以获得高的比容量。

③ 在锂的嵌入/脱嵌过程中，主体结构及其氧化还原电位随脱嵌锂量的变化应尽可能地小，以获得好的循环性能和平稳的输出电压平台。

④ 材料的放电电压平稳性好，在整个电位范围内应具有良好的化学稳定性，不与电解质发生反应，这样有利于锂离子电池的广泛应用。

影响正极材料的电化学性能的因素有很多，除自身结构因素外，主要还有以下几点：

① 结晶度。晶体结构发育好，即结晶度高，有利于结构的稳定以及有利于 $Li^+$ 的扩散，材料的电化学性能好；反之，则电化学性能就差。

② 化学计量偏移。材料在制备过程中，条件控制的差异易出现化学计量偏移，影响材

料的电化学性能。

③ 颗粒尺寸及分布。锂离子电池电极片为一定厚度的薄膜，并要求这种膜结构均匀、连续。电池正极包括活性材料之间界面（平整的而且只有分子层厚度，除了原组成物质外界面上不含其他物质的界面）和正极活性材料-电解质界面（亚微米级的界面反应物层的界面）。若材料的粒径过大，则比表面积较小，粉体的吸附性相对较差，正极活性材料界面间相互吸附较为困难，难以形成均匀、连续的薄膜结构，这样容易引起电极片表面出现裂痕等缺陷，降低电池的使用寿命。此外，如果电解质对正极材料的浸润性较差，界面电阻增大，$Li^+$ 在电解质中的扩散系数减小，电池的容量减小。如果活性材料的粉体粒径过小（纳米级），则比表面积过大，粉体极易团聚，电极片活性物质局部分布不均匀，电池性能下降；同时，粉体过细，也容易引起表面缺陷，诱发电池极化，降低正极的电化学性能。因此，较为理想的正极材料粉体粒径应控制在微米级而且分布较窄，以保证较理想的比表面积，从而提高其电极活性。

④ 材料的结构和组成均匀性。若材料的结构和组成不均匀，会造成电极片活性物质局部分布不均匀，降低电池的电化学性能。

可见，理想的正极材料应具有如下特征：电化学活性良好、对 Li 电极电位高、储锂容量大、结构稳定性好、电极电位变化平缓、对电解液是惰性的、$Li^+$ 传导能力好、储量丰富、价格低廉、无毒等。

锂离子电池正极材料主要包括层状结构的过渡金属氧化物 $LiMO_2$（M 为过渡金属离子 Mn、Ni、Co、Fe 等）、橄榄石结构的磷酸亚铁锂（$LiFePO_4$）、尖晶石结构的锰酸锂（$LiMn_2O_4$）和富锂锰基材料。目前已经实用化的主要是磷酸亚铁锂、锰酸锂、钴酸锂（$LiCoO_2$）和三元镍钴锰酸锂 $[Li(Ni_xCo_yMn_z)O_2]$，常见的锂离子电池正极材料及性能见表 7-2。

**表 7-2　常见锂离子电池正极材料及性能**

| 材料名称 | 磷酸亚铁锂 | 锰酸锂 | 钴酸锂 | 三元镍钴锰酸锂 |
|---|---|---|---|---|
| 化学式 | $LiFePO_4$ | $LiMn_2O_4$ | $LiCoO_2$ | $Li(Ni_xCo_yMn_z)O_2$ |
| 晶体结构 | 橄榄石 | 尖晶石 | 层状 | 层状 |
| 振实密度/(g/cm³) | 0.8～1.1 | 2.2～2.4 | 2.8～3.0 | 2.6～2.8 |
| 压实密度/(g/cm³) | 2.2～2.3 | >3 | 3.6～4.2 | >3.4 |
| 理论比容量/(mA·h/g) | 170 | 148 | 274 | 273～285 |
| 实际比容量/(mA·h/g) | 130～140 | 100-120 | 135～150 | 155～220 |
| 电芯比能量/(W·h/kg) | 130～160 | 130～180 | 180～240 | 180～240 |
| 电压范围/V | 3.2～3.7 | 3.0～4.3 | 3.0～4.5 | 2.5～4.6 |
| 循环性能/次 | 2000～6000 | 500～2000 | 500～1000 | 800～2000 |
| 环保性 | 无毒 | 无毒 | 钴有毒 | 镍、钴有毒 |
| 安全性能 | 好 | 良好 | 差 | 尚好 |
| 适用温度/℃ | −20～75 | >50 快速衰退 | −20～55 | −20～55 |

### 7.2.5　锂离子电池的应用

锂离子电池在便携式电子设备、电动汽车、航空航天和国防军事等领域得到广泛运用。在便携式电子设备领域，随着手机、相机、笔记本电脑等设备向轻、薄、小方向发展，人们对电池的稳定性、持续使用时间、体积、充电次数和充电时间等性能的要求也越来越高。作为先进二次电池的代表，锂离子电池具备的质量轻、体积小、续航时间长等优点恰好满足这些要求，在便携式电子设备领域获得了绝对优势的应用。在军事国防领域，锂离子电池也被广泛使用在陆军方面的单兵系统、陆军战车和军用通信设备，海军方面的微型潜艇和水下航行器（UUV），以及航空方面的无人侦察机中。例如，单兵系统的夜视系统、紧急定位器和GPS跟踪装置的电池供电设备中，大多使用锂离子电池。

在航天方面的卫星和飞船等领域，锂离子电池质量比能量高，发射质量小，可大幅度降低发射成本，将其与太阳能电池联用成为最佳选择。例如，欧洲太空局的火星快车采用的锂离子电池组的能量为 $1554W \cdot h$，比能量为 $115W \cdot h/kg$。

在电动汽车领域，目前提高纯电动汽车巡航里程是最为迫切的要求。锂离子电池的质量比能量高，是动力电池首选体系，已经广泛应用于混合动力电动汽车和纯电动汽车。目前最先进的锂离子电池代表是我国比亚迪公司生产的刀片电池和CATL公司生产的麒麟电池。受益于全球新能源汽车产业的迅速发展，对动力电池需求必将迅猛增长。

# 7.3　锂金属电池

## 7.3.1　锂金属负极的发展历史与性能特点

在锂离子电池发展之初，锂金属其实是最早得到研究和开发的负极材料。1912 年G. N. Lewis 提出了金属锂负极的概念，1958 年 Harris 发现金属锂可稳定存在于非水溶剂中。二十世纪六七十年代，一大批以金属锂负极和非水溶剂电解液为组成的一次电池体系 [如 $Li \mid MnO_2$、$Li \mid (CF)_n$、$Li \mid CuCl_2$、$Li \mid Ag_2V_4O_{11}$] 得到了大量研究。可充电锂电池之父 M. S. Whittingham 在 20 世纪 70 年代率先发明了以锂铝合金为负极、嵌入式 $TiS_2$ 为正极的二次锂金属电池，为可充电锂金属电池的发展奠定了理论基础。二十世纪八十年代末，Moli 公司开发了能够循环数百次的商业化 $MoS_2/Li$ 电池，其能量密度得到了大幅提升，迅速占据了市场，但由于发生了多次爆炸起火事件，导致该电池被召回。这是因为锂金属负极在充放电过程中容易形成枝晶而刺穿隔膜，导致电池短路而热失控。锂金属负极致命的安全隐患问题迄今都尚未得到彻底解决，导致可充电锂金属电池还很难进入市场，目前只能以锂一次电池相见于市场。

随着科技的迅速发展，尤其是近年来世界各国对环境和能源问题的日益重视，当前商业化锂离子电池已逐渐接近其性能极限，难以满足人们对更高能量密度电池的需求，这就迫使金属锂负极的研究再次回到研究人员的视野中来，经过多年的研究取得了长足的进展。

与商业石墨负极相比，金属锂负极具有无与伦比的电化学优势：①理论比容量高了一个数量级，达到 $3860mA \cdot h/g$（体积比容量为 $2061mA \cdot h/cm^3$）；②质量密度很低，只有 $0.59g/cm^3$；③标准电极电位最低（$-3.04V$）。基于锂金属负极构建的新型电池体系，例如，锂硫电池和锂氧电池的能量密度可分别达到 $650W \cdot h/kg$ 和 $950W \cdot h/kg$。即使将金属锂负极替换石墨负极，与现有的商业正极进行配对，锂离子电池的能量密度也能从 250W·h/kg 提升至 440W·h/kg。因此，锂金属负极被认为是所有负极材料中的"圣杯"。

## 7.3.2 锂一次电池

金属锂的化学活泼性很强，遇水就会发生激烈的化学反应，只能在非水溶剂中稳定存在。因此，锂一次电池的电解液必须由有机溶剂和无机锂盐组成，常用的有机溶剂包括碳酸丙烯酯（PC）、二甲氧基乙烷（DME）、γ-丁内酯（GBL）、四氢呋喃（THF）和乙腈（AN），无机锂盐包括 $LiClO_4$、$LiAsF_6$、$LiAlCl_4$、$LiBF_4$、$LiBr$ 和 $LiCl$，该电解液不能和金属锂及电池其他材料发生化学反应。在此原则下，锂一次电池以金属锂片为负极，金属氧化物或其他固体、液体氧化剂为正极活性物质，电池的整体性能主要取决于正极材料。

能够用于锂一次电池正极的材料有很多，表 7-3 列出了最常用的几类正极材料及其储锂反应机理。由于材料的种类和结构存在差异，因此锂离子会因其嵌入位置的不同发生不同的氧化还原反应。

**表 7-3　锂一次电池常用的正极材料及其反应机理**

| 正极 | 反应机理 | 理论电压/V | 理论比能量/(W·h/kg) |
|---|---|---|---|
| $MnO_2$ | $Li + MnO_2 \longrightarrow LiMnO_2$ | 3.50 | 1005 |
| $(CF_x)_n$ | $nxLi + (CF_x)_n \longrightarrow nC + nxLiF$ | 3.10 | 2260 |
| $CuO$ | $2Li + CuO \longrightarrow Li_2O + Cu^0$ | 2.24 | 1280 |
| $FeS_2$ | $4Li + FeS_2 \longrightarrow 2Li_2S + Fe^0$ | 1.75 | 920 |
| $V_2O_5$ | $Li + V_2O_5 \longrightarrow LiV_2O_5$ | 3.40 | 490 |
| $Ag_2CrO_4$ | $2Li + Ag_2CrO_4 \longrightarrow Li_2CrO_4 + 2Ag^0$ | 3.35 | 515 |
| $Bi_2O_3$ | $6Li + Bi_2O_3 \longrightarrow 3Li_2O + 2Bi^0$ | 2.00 | 640 |
| $Bi_2Pb_2O_5$ | $10Li + Bi_2Pb_2O_5 \longrightarrow 5Li_2O + 2Bi^0 + 2Pb^0$ | 2.00 | 544 |
| $SO_2$ | $2Li + 2SO_2 \longrightarrow Li_2S_2O_4$ | 3.10 | 1170 |
| $SOCl_2$ | $4Li + 2SOCl_2 \longrightarrow 4LiCl + S + SO_2$ | 3.65 | 1470 |
| $SO_2Cl_2$ | $2Li + SO_2Cl_2 \longrightarrow 2LiCl + SO_2$ | 3.91 | 1405 |

自 1962 年以来，至少有 6 个品种的锂一次电池得到了商业化，其中市场上最为常见的有锂-二氧化锰（$Li$-$MnO_2$）电池和锂-氟化碳 $[Li$-$(CF_x)_n]$ 电池，分别用字母 CR 和 BR 表示，下面简单介绍这两种电池。

### （1）$Li$-$MnO_2$ 电池

$Li$-$MnO_2$ 电池是第一个商品化的锂/固体正极体系电池，也是当今应用最为广泛的锂一次电池。该电池的电解质采用 $LiClO_4/(PC+DME)$，正极活性物质为经过煅烧热处理而成的 γ-β 混合晶型 $MnO_2$ 粉末。

电池总反应为：$Li + MnO_2 \longrightarrow LiMnO_2$

作为嵌入化合物，锂的嵌入使 $MnO_2$ 从四价还原成三价，同时 $Li^+$ 进入 $MnO_2$ 晶格形成 $LiMnO_2$。该电池的理论电压大约是 3.5V（新电池典型开路电压值为 3.3V）。电池一般需要预放电到较低的开路电压以降低腐蚀的发生。

$Li$-$MnO_2$ 电池可以有多种结构形式，包括扣式、碳包式、卷绕式和方形电池组合体。

根据不同的用途，可设计成低倍率、中高倍率和高倍率放电应用。一般商品化 Li-MnO$_2$ 电池最大容量为 2.5A·h。该电池具有较高的工作电压（3.0V 左右），比能量可达 250W·h/kg 和 535W·h/L。此外，此种电池还具有工作温度宽（-20~50℃）、贮存寿命长、自放电小和价格低廉等优势，广泛用于诸如备用电源、袖珍电子计算机、助听器、照相机、安全与防护装置等领域。

（2）Li-(CF$_x$)$_n$ 电池

Li-(CF$_x$)$_n$ 电池的正极活性物质为固体聚氟化碳［(CF$_x$)$_n$］固体材料，(CF$_x$)$_n$ 可以通过碳粉和氟高温反应生成，是一种热稳定性良好的灰色或灰白色"插入式"夹层化合物，电解液通常采用 LiBF$_4$/GBL＋THF 或 LiBF$_4$/PC＋1.2DME。

电池的总反应为：

$$(CF_x)_n + nLi \longrightarrow nLiF + nC(x=1)$$

当电池放电时，正极由最开始不导电的 CF$_x$ 逐渐转变为导电性好的导电碳，覆盖在 (CF$_x$)$_n$ 外层，从而增强了导电性，弥补了 (CF$_x$)$_n$ 导电性差的缺陷。电池开始放电后，最初电压稍有上升，之后电压平台稳定，因此提高了 (CF$_x$)$_n$ 正极材料的利用率，但是在低温下这种电池会出现电压延迟。放电后，正极形成无定形导电性碳和 LiF 晶体，在此过程中，反应产生的 LiF 副产物容易堵塞正极，引起放电后的正极氟化碳出现溶胀现象。

Li-(CF$_x$)$_n$ 电池制成小型化和轻量化的扣式、圆柱形、方形和针形电池很容易，开路电压 2.8~3.3V，放电电压平台比较长，放电深度可以很大，工作电压一般稳定在 2.6V，是质量能量密度最大的锂一次电池，其理论比能量可达 2260W·h/kg，实际比能量约为 285W·h/kg 和 500W·h/kg。此外，该电池的使用温度范围很宽，自放电率极低，可长时间存放（＞10 年）且安全性能好。然而，(CF$_x$)$_n$ 材料的振实密度比较低，因此，单位体积可提供的电量相对于其他正极材料更少。此外，由于 (CF$_x$)$_n$ 导电性很差，一般以小电流工作为主，其中扣式电池可用作手表、袖珍计算器的电源，较大的圆柱形和方形电池也可以作为存储器、电台接收机及摄影设备的电源，针形电池可以与发光二极管匹配用作钓鱼的发光浮标。

### 7.3.3 锂硫二次电池

如何充分利用锂金属负极的优点，基于锂金属负极的二次电池成为近年来的研究热点，其中锂硫二次电池（简称锂硫电池）成为新一代高比能锂二次电池的新宠。最早的锂硫电池可以追溯到 1962 年，当时 Herbert 和 Ulam 首次提出了硫正极的概念。尽管经过几十年的研究，但锂硫电池长期以来一直受到放电容量低和循环稳定性差的困扰，研究一度终止。随着电动汽车、电网储能等新兴应用的快速发展，对电池的比能量提出了更高的要求，锂硫电池的研究得以复兴。Nazar 等人在 2009 年使用介孔碳 CMK-3 作为纳米级通道来载硫，实现了较为稳定循环的高放电容量。此后，锂硫电池的研究呈爆炸式增长，在提高比容量和循环性能方面均取得了重大进展。

（1）锂硫电池的结构与工作原理

锂硫电池以单质硫为正极、锂金属为负极，电解质一般为锂盐溶于醚类溶剂的有机电解液，其组成结构示意图如图 7-3 所示。不同于锂离子电池的离子脱嵌机理，锂硫电池的储能机理是基于单质硫与金属锂之间的氧化还原反应：在放电过程中，负极上的金属锂失去电子生成 $Li^+$ 溶于电解液，然后 $Li^+$ 迁移至正极与硫发生反应形成硫化锂（$Li_2S$）；在充电过程中，$Li_2S$ 分解形成 $Li^+$ 和硫，$Li^+$ 溶于电解质迁移至负极得到电子被还原成金属锂不断沉积在电极上。锂硫电池的理论放电电压为 2.287V，硫在放电时被还原为 $Li_2S$，在充电时被氧化回硫，硫的理论放电质量比容量为 $1675mA \cdot h/g$，相应的电池理论比能量达到 $2600W \cdot h/kg$。此外，单质硫在地球中储量非常丰富，具有成本低廉、环境友好等特点。因此，锂硫电池被认为是一种极具应用前景的高比能二次电池。

锂硫电池典型的充放电曲线如图 7-4 所示，不同的充放电平台电位代表着不同的反应途径，多步放电平台表明锂硫电池的氧化还原过程十分复杂，其中硫正极需要多步界面反应才能形成最终产物 $Li_2S$。

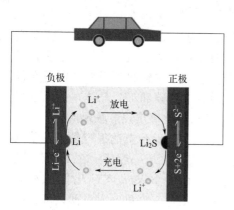

图 7-3　锂硫电池的结构

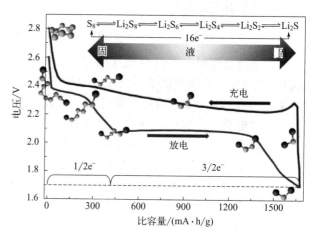

图 7-4　锂硫电池典型的充放电曲线

放电过程主要涉及以下两个阶段，分别对应以下两个放电平台。

第一阶段（高电位放电平台）：在外电路作用下，锂金属负极表面析出 $Li^+$ 并向硫正极迁移。当 $Li^+$ 到达硫正极界面时，环状结构的 $S_8$ 通过断裂 S—S 键与 $Li^+$ 结合生成可溶性高阶多硫化锂（$Li_2S_n$，$n \geqslant 4$），此过程理论上可释放 $419mA \cdot h/g$ 的比容量，其反应方程如下：

$$S_8 + 2Li \longrightarrow Li_2S_8$$
$$3Li_2S_8 + 2Li \longrightarrow 4Li_2S_6$$
$$2Li_2S_6 + 2Li \longrightarrow 3Li_2S_4$$

此阶段产生的 $Li_2S_n$ 在醚类电解液中会发生解离，形成可溶性多硫化物阴离子（$S_n^{2-}$，$n = 4 \sim 8$），$S_n^{2-}$ 在浓度梯度的作用下扩散至负极表面被锂金属还原，加速金属锂的腐蚀。此外，溶解在电解液中的 $S_n^{2-}$ 还容易发生歧化反应生成短链多硫化物，造成活性材料的不断损失。因此，高平台反应阶段对硫正极的循环稳定性会产生重大影响。

第二阶段：此阶段对应于锂硫电池的低电位放电平台，是一个可溶性 $Li_2S_n$ 向固态 $Li_2S$ 发生转换的过程，其反应路径如下所示

$$Li_2S_4 + 2Li \longrightarrow 2Li_2S_2$$
$$Li_2S_2 + 2Li \longrightarrow 2Li_2S$$

此过程所释放的比容量是第一阶段的 3 倍，达到 $1256\text{mA}\cdot\text{h/g}$。由于反应所形成的 $Li_2S_2$ 或 $Li_2S$ 产物皆为电子绝缘固体相，沉积在导电基体表面，易形成离子和电子钝化层，不利于电子和离子传输，因此此阶段实际所释放的容量普遍低于理论值。

锂硫电池的充电过程普遍认为是放电过程的逆向反应，即正极一侧的 $Li_2S$ 或 $Li_2S_2$ 分子脱离 $Li^+$ 氧化为高阶多硫化物或 $S_8$，$Li^+$ 在负极侧被还原为金属锂。需要注意的是，锂金属电极表面存在的一系列如离子耗尽区、强离子溶剂化等问题，导致金属锂的析出而发生枝晶生长，从而诱发严重的安全问题。

### （2）锂硫电池的特点

锂硫电池除了能量密度高外，还具有以下几个特点。

① 宽温域性能。锂硫电池在很宽的温度范围均能保持良好的性能，不存在其他电池体系在高温和低温条件下性能劣化严重的问题。例如，锂离子电池不适合在高于 $60℃$ 温度下充电，而锂硫电池在 $-40\sim+80℃$ 的相对较宽的温度范围内均具有相当好的性能。

② 固有的安全特性。相对于锂离子电池需要不断改进安全性，锂硫电池虽然也存在锂枝晶问题，但相对不明显，其性能衰减主要是由硫正极失效造成的，在开发设计测试中已经证明锂硫电池技术能够满足安全标准。

③ 高功率放电。常规锂离子电池的电极反应是以 $Li^+$ 的插入/脱出为主，因此电极反应速率受 $Li^+$ 的扩散控制。而在锂硫电池中，多硫电极的反应速率由电解质媒介扩散速率决定，因而可以实现更高的功率密度。

### （3）锂硫电池存在的问题

尽管锂硫电池理论比容量很高，但在实际上其容量利用率并不高，主要还存在如下几个问题，这些也是制约锂硫电池商业化发展的主要因素。

① 电子导电性差。在室温下，硫分子是由 8 个 S 原子相连组成的冠状结构，是典型的电子和离子绝缘体（电子导电率约 $5\times10^{-30}\text{S/cm}$，离子导电率约 $10^{-14}\text{S/cm}$）。此外，电池反应最终生成的 $Li_2S_2$ 和 $Li_2S$ 也都是电子绝缘体，沉积在电极导电骨架的表面上形成钝化层，导致正极材料中硫的利用率很低。

② 多硫离子穿梭效应强。放电反应形成的中间多硫化物产物会大量溶解于电解液中，通过扩散穿梭于两电极之间，即"穿梭效应"现象。穿梭效应是造成电池容量快速衰减的重要原因，不仅会增加电解液的黏度并降低离子导电性，还会导致正极活性物质的流失和电池库仑效率的下降。此外，扩散至负极的多硫化物还会腐蚀锂金属。穿梭效应严重时，可能会导致锂硫电池的过充现象，即在同一放/充电过程中，充电容量高于放电容量，充电过程达不到截止电压。

③ 硫和最终产物 $Li_2S$ 的密度分别为 $2.07\text{g/cm}^3$ 和 $1.66\text{g/cm}^3$，在充放电过程会产生 79% 的体积膨胀/收缩，巨大的体积变化会导致正极活性物质的粉化，最终电极结构遭到破坏，造成容量快速衰减。这种体积效应现象在小型纽扣电池中并不显著，但在大型电池中会表现得尤为显著。

④ 除了硫正极的问题外，金属锂负极也存在枝晶生长和体积变化的问题，这也是导致锂硫电池失效和安全的重要因素。这一点将单独在后面一节中详述。

### （4）锂硫电池的解决策略

为了解决锂硫电池存在的上述问题，近年来人们做了很多研究工作，并取得了较大的成效。目前解决策略主要从电解液、正极材料和隔膜等几个方面着手。

首先是电解液方面，主要是在醚类电解液中使用添加剂（如 $LiNO_3$、离子液体），或者采用固体电解质或凝胶电解质等手段，其目的在于限制电极反应过程中产生的多硫化锂溶解并缓解其穿梭效应问题，从而提高活性物质硫的利用率，并改善其循环性能。

其次是正极材料方面，主要是将具有良好导电性能、丰富孔道结构或特定催化转化特性的基质材料与单质硫进行复合，使活性硫在基质材料均匀分散，形成硫基复合正极材料。基质材料可以为炭材料（如活性炭、介孔碳、纳米碳纤维、多壁碳纳米管、石墨烯等）、导电聚合物（如聚苯胺、聚吡咯、聚噻吩等）、金属化合物（如氧化物、硫化物、氮化物、磷化物等）中的一种或多种复合。基质材料不仅可以提高硫的导电性和电化学利用率，还具有抑制穿梭效应的作用。

最后是隔膜改性方面，主要是将上述基质材料直接涂覆于隔膜上，从而形成中间层以抑制多硫化物的穿梭。目前基质材料对多硫化物锚定的描述有物理空间限域理论、表面物理-化学吸附理论以及电催化界面转化模型，尤其是电催化界面转化模型得到了越来越多的关注，如何提高多硫化物催化转化动力学已成为当前研究的重点。

需要指出的是，目前对锂硫电池的研究大都还停留在实验室中，单位面积硫载量普遍在 $3.0 mg/cm^2$ 以下，要实现锂硫电池的商业化应用，还必须着重开展高硫负载量极片以及贫电解液的深入研究。

## 7.3.4 锂-空气电池

锂-空气电池（简称锂空电池）是一种以金属锂为负极、空气中的氧气为正极活性材料的电池，其中正极结构由载有催化剂的多孔碳材料组成。由于氧气直接从空气环境中获取而不占用电池重量。因此，根据电池反应 $4Li + O_2 \longrightarrow 2Li_2O$，可计算出锂空气电池的理论开路电压为 2.91V，理论能量密度为 $5200 W \cdot h/kg$，如果排除氧气，则其能量密度高达 $11430 W \cdot h/kg$，是所有储能电池中最大的一类，还具有成本低廉、绿色环保的优点，因此被认为是电池的最终形态。

锂空电池根据所采用电解液类型，可分为水系、有机、全固态和混合型电解液四大体系，其基本结构如图 7-5 所示。最早的锂空电池模型是由 Lockheed 提出，电解液采用碱性水溶液，由于金属锂极易与水发生反应，因此在锂金属负极界面需要放置一层阻水导锂的 LiSICON 膜，整个电池反应为：

$$4Li + O_2 + 2H_2O \longrightarrow 4LiOH$$

在放电过程中金属锂表面容易形成一层保护膜，阻碍电化学反应的进行。此外，在水系电解液中，总是会伴随金属锂的腐蚀反应，导致锂空电池的自放电率很高。因此，水系锂空电池难以获得最终的实际应用。

下面介绍另外三种类型的锂空电池。

### （1）有机系锂空电池

此体系采用含有可溶性锂盐的有机电解液。由于使用了与金属锂兼容的有机溶剂，因而避免了金属锂的腐蚀问题，展现出了良好的充放电性能。在有机体系中，充电过程 $O_2$ 被还原为 $O_2^{2-}$，与 $Li^+$ 结合形成 $Li_2O_2$；充电过程 $Li_2O_2$ 被分解生成 $O_2$。因而电池反应为：

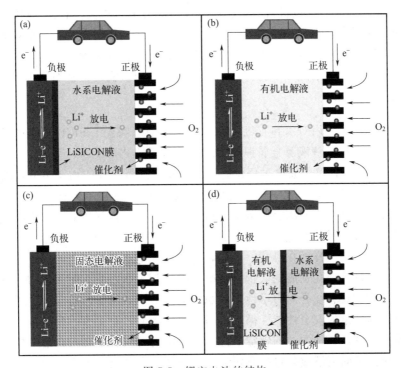

图 7-5　锂空电池的结构

（a）水系电解液；（b）有机系电解液；（c）全固态电解液；（d）混合型电解液

$$2Li + O_2 \longrightarrow Li_2O_2$$

需要指出的是，目前基于有机体系的锂空电池同样面临着巨大的挑战。首先，需要以纯 $O_2$ 作为活性正极材料。一方面是由于空气中的 $H_2O$ 和 $CO_2$ 会与放电产物 $Li_2O_2$ 发生反应，使其充电电位增大。另一方面是因为这些气体在有机电解液通过扩散，会不断腐蚀金属锂负极。因此，常常会在正极侧添加一层净化 $O_2$ 的膜。其次，在放电生成 $Li_2O_2$ 的过程中，容易产生超氧根等强氧化性物质。此外，该体系还存在充电电位大，造成电解液的分解以及碳正极的氧化。

**（2）全固态锂空电池**

全固态锂空电池中间的电解质由三个部分组成，最中间一层比例最大的是耐水性很好的玻璃陶瓷，靠近锂负极和氧气正极分别是两个不同高分子材质的薄层。全固态锂空电池不存在漏液问题，安全性有所提高，具有稳定性好、循环性能好、避免形成锂枝等优点。相对有机系锂空电池，全固态体系的构造较为复杂。在全固态体系中，其反应机理与有机体系基本相同，放电产物均为 $Li_2O_2$，但会进一步与空气中的 $H_2O$ 和 $CO_2$ 化学反应生成 $LiOH$ 和 $Li_2CO_3$。

当前基于全固态体系的锂空电池仍存在以下问题亟待解决。

① 正极反应需要催化剂来降低过电位以减少副反应。

② 全固态锂空电池普遍使用对空气稳定的氧化物固态电解质，其离子电导率偏低（$<10^{-3}S/cm$），制约了全固态锂空电池在室温下的倍率性能。此外，目前固态电解质受限于烧结和成膜工艺，使用的固态陶瓷片都很厚，导致该体系的能量密度大幅减少。

③ 对于全固态体系，正极材料、金属锂负极与固态电解质是一种固-固接触状态，无法像液体电解质那样紧密，因而面临着界面阻抗大的问题，严重限制了其容量和能量密度的发挥。此外，大多固态电解质与金属锂接触不稳定，会反应生成中间副产物，进一步增大界面阻抗。减小界面阻抗可以通过热处理工艺和采用合金负极来实现紧密的固-固界面接触。

### （3）混合型锂空电池

混合型锂空电池是利用对水和有机环境较稳定的固态陶瓷 LiSICON 膜将正极区的水系电解液和负极区的有机电解液及金属锂隔开。这种新颖的结构设计，其正极放电反应生成的是可溶性的 LiOH，而且整个放电过程没有超氧化物等强氧化性的物质生成，因此能够避免有机体系里 $Li_2O_2$ 阻塞电极、强氧化环境对电解液攻击的问题，从而能够放出更高的比容量。此外，金属锂负极被固态陶瓷膜隔离，避免了空气中其他气体对金属锂的腐蚀，因而无须使用额外净化空气的膜。

混合型锂空电池也同样存在挑战。首先，为降低充电过程氧析出的过电位，需要贵金属催化剂，因而亟须设计催化性能高、价格低廉的催化剂，如过渡金属氧化物、掺杂碳等。其次，固态电解质需要具有优异的力学性能、稳定的耐酸耐碱化学性质和高的离子电导率等综合性能，这对提高电池的安全性能、循环寿命和倍率性能具有重大的意义。

截至目前，无论是哪种类型的锂空电池，其面临的挑战均主要来自电解质、空气电极和催化剂三个方面。不同电解质各自的问题前面已赘述，空气电极主要是面临电极材料的选择及电极结构设计的问题，而催化剂则面临着成本、催化效率和稳定性的问题。因此，要实现锂空电池的商业化应用，还有很长一段路要走。

## 7.3.5 金属锂负极的挑战与解决策略

尽管金属锂负极拥有许多卓越的优点，但它面临着两大关键科学问题——锂枝晶生长和界面稳定性差。

### （1）锂枝晶生长

枝晶生长在金属电镀沉积过程中是一个非常普遍的现象。作为二次锂电池的负极，金属锂在充放电过程中是一个反复沉积和溶解的过程，因而容易在负极表面积累大量枝晶，严重影响电池的安全性能和循环性能。下面详细介绍一下锂枝晶的生长机理、结构形貌及其影响因素。

锂枝晶的生长过程大致可以分为形核和长大两个阶段，如图 7-6 所示。金属锂沉积最初的形核点对于其后续的枝晶长大会产生很大的影响。根据热力学理论分析，金属锂具有较低的比表面能，本质上容易在沉积过程中形成具有高比表面能的低维枝晶形貌。在形核过程中，溶液中的锂离子得到电子，还原为金属锂沉积到基体上。对于异相形核的过程，形核位点受集流体基体类型、平整度以及表面缺陷的影响。

金属锂在基体上形成稳定的晶核后，将沿着长轴或短轴方向继续长大形成枝晶。锂枝晶的后续长大主要受空间电荷区场强和锂离子扩散的影响：最开始主要受到空间电荷区场强的作用，由于空间电荷层很薄，当锂枝晶尺寸超出空间电荷区域时，后续生长将主要受到锂离子扩散的作用。锂枝晶长大后的形貌主要包括针状、苔藓状和树枝状。在大电流密度条件下容易形成针状锂枝晶，其特征为沿着长轴方向生长，没有分叉且保持完整的一维结构。针状锂枝晶的结晶程度很高，很容易刺穿隔膜，造成电池短路而引起安全隐患。在小电流密度下主要受锂离子扩散作用，容易形成苔藓状锂枝晶，由于枝晶生长没有特定的方向，因而具有三维结构的特征。苔藓状锂枝晶在溶解过程中会造成大部分活性的金属锂脱离基体，形成死锂。树枝状锂枝晶不像前两种枝晶常见，其特征为无特定的生长方向。

除了形核和长大的影响，枝晶生长还受到固态电解质膜（SEI膜）、温度以及压力等外界条件的影响。SEI膜可以阻断金属锂与电解液的直接接触，有利于稳定金属锂界面。然而，SEI膜的生成与反应位点的活性息息相关，不同界面处生成的SEI膜的成分和结构不均一，导致锂离子通过SEI膜扩散到基体的速度也是不均匀的，从而诱发金属锂的不均匀沉积以及锂枝晶形核和长大。温度主要是通过影响电解液黏度和SEI膜形成来影响锂枝晶的形成和形貌。低温条件下的电解液黏度增大，锂离子迁移速度变慢，锂枝晶倾向于长成针状而刺破隔膜。当外部施加压力，新沉积的金属锂会受到电解液和基体的压力，因此在一定程度上会抑制锂枝晶的生长。实验中常用的纽扣电池由于受到金属外壳的压力，因此锂枝晶生长受到了一定的抑制。但对于软包电池，由于外部压力的作用小，其枝晶生长会更加严重。

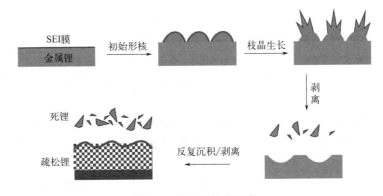

图 7-6　锂枝晶生长示意

### （2）金属锂的界面稳定性

金属锂的氧化还原电位很低，具有极高的反应活性，容易与电解液反应在金属锂界面形成一层电子绝缘但离子导电的SEI膜，有利于抑制副反应的进一步进行。研究表明SEI膜的化学成分由内外两层构成：靠近金属锂一侧主要由低氧化态的无机盐组成，如氧化锂、氟化锂和氮化锂等含锂化合物，来源于电解液中锂盐的分解，较为致密。靠近电解液一侧则主要由高氧化态的有机化合物组成，能够提高SEI膜的柔韧性。

然而，实际SEI膜的生成会因为金属锂表面复杂的拓扑结构和微观缺陷等因素，导致其成分和空间分布都不均匀，继而引起不均匀的锂沉积以及枝晶生长，从而破坏已形成的SEI膜，使金属锂重新暴露于电解液中；与此同时，由于锂枝晶没有支撑结构，充放电过程产生的巨大体积变化将使锂枝晶从基体中脱落，形成游离的死锂。在之后的循环过程中，金属锂负极界面就会反复持续地生成SEI膜和死锂，从而不断加速电解液和金属锂不可逆的消耗，最终降低金属锂电池的库仑效率和循环寿命。因此，金属锂负极在大多数电解液中都难以形成稳定均匀的反应界面。

### （3）金属锂负极的解决策略

针对上述金属锂负极存在的锂枝晶生长和界面稳定性差的核心问题，近年来研究人员提出了很多行之有效的解决策略，主要措施包括设计人工 SEI 膜、构建亲锂框架、改性电解液以及开发固态电解质。此外，还有一些研究另辟蹊径地通过设计和开发低电位的液态锂基负极体系来解决金属锂负极存在的问题。

① 设计人工 SEI 膜。通过对金属锂表面构建一层稳定的人工 SEI 膜，这层膜应该具有优异的化学稳定性、良好的电子绝缘性和锂离子导电率、组分均匀且致密（阻止锂被电解质腐蚀）。人工 SEI 膜包括无机层、有机聚合物层或有机-无机杂化层，例如 $Li_3PO_4$、碳球、氮化硼、氧化铝等，既可以通过金属锂与特定的化学物质反应得到，也可以利用其他沉积技术（如原子层沉积、溅射法、旋涂法）获得。

② 构建亲锂框架。由于锂离子在电极表面空间分布不均匀会直接造成枝晶的形成，因此，调控均匀的锂离子扩散十分重要，一般可以通过在集流体上构建一层亲锂的纳米材料来诱导锂离子的均匀扩散，也可以使用亲锂的三维框架基体（例如泡沫铜、表面修饰碳纤维等），通过增加电极的有效表面积来分散电流密度并均匀化电场。

③ 电解液改性。可以引入添加剂或采用高浓度锂盐溶液等手段，其中使用添加剂是最直接有效的方式，电解液添加剂能够在金属锂表面分解、吸附和聚合，从而提升 SEI 膜的均匀性，改善镀锂过程中电极表面的电流分布，提高金属锂的稳定性。常见的添加剂包括含氟组分添加剂（如 LiF 和氟代碳酸乙烯酯等）、具有与 $Li^+$ 电化学位相近的金属离子、$LiNO_3$ 等。

④ 固态电解质。开发先进的固态电解质可以有效防止锂枝晶的生长以及界面副反应，这是一种直接的物理抑制枝晶的方法。固态电解质包括无机陶瓷电解质和固态聚合物电解质两类。一般固态电解质需要满足弹性模量高、良好的锂离子电导率、电化学窗口宽、电极黏附性好和界面电阻低的要求。无机陶瓷，例如 $Li_{10}GeP_2S_{12}$ 等，具有较好的离子电导率和弹性模量，但电极黏附性较差且电化学窗口窄。固态聚合物电解质比液态电解质的离子电导率小 2～5 个数量级，其弹性模量也很低（<0.1GPa），但与电极的黏附性更好，且具有良好的柔韧性，有利于实际生产应用。此外，为结合二者的优点，将固态聚合物电解质与锂离子电导率高的无机陶瓷结合也是一种很好的新思路，例如，最近，研究人员提出了一种聚合物/陶瓷/聚合物三明治结构，将 $Li_{1.3}Al_{0.3}Ti_{1.7}(PO_4)_3$ 与聚（乙烯醇）甲基醚丙烯酸酯结合，使其兼具柔软的表面和高的机械强度。

# 7.4 钠离子电池

## 7.4.1 钠离子电池概述

锂离子电池在便携式电子设备、电动汽车和航空航天等诸多应用领域获得了巨大的成功，然而锂资源在全球的储量有限且分布极其不均匀，这将影响其在大规模储能方向的应用。近年来，钠离子电池引起了研究人员的极大关注，这是由于其与锂离子电池具有相似的工作原理和电池构件，并且具有钠盐资源丰富、成本低廉等先天优势。

早在 20 世纪 70 年代末期，人们对钠离子电池与锂离子电池的研究几乎同步进行，然而，随着锂离子电池的迅速商业化，钠离子电池的性能仍难尽人意，因此对其研究的步伐逐渐放缓。虽然这两种电池在工作原理、材料体系和电池构件方面都非常相似，但由于电荷载体存在巨大差异（$Li^+$ vs. $Na^+$），对钠离子电池的研究可以借鉴锂离子电池的研究经验却又无法完全移植。所以，寻找适合钠离子电池的正负极材料，构建合适的钠离子电池体系是其走向商业化的关键。

2000 年，钠离子电池的研究迎来了它的第一个发展转折点，Stevens 和 Dahn 通过热解葡萄糖制备了一种储钠比容量高达 $300mA \cdot h/g$ 的硬碳负极材料。第二个转折点来源于日本 Okada 课题组报道的 $Fe^{3+}/Fe^{4+}$ 氧化还原电对在 $NaFeO_2$ 中的可逆转变，这一材料的发现与锂离子电池中 $LiCoO_2$ 的发现具有类似的重要意义。基于这些重要发现，钠离子电池凭借其成本优势重新引起了研究人员的关注。

近十年来，钠离子电池的研究迎来了高潮，研究者相继报道了各种各样的钠离子电池正极材料、负极材料和电解质体系。其中，正极材料主要有层状和隧道结构的氧化物、聚阴离子化合物、普鲁士蓝及其类似物和有机材料等；负极材料主要有碳材料、钛基材料、转化型材料和合金型材料等。除了对新材料体系的研究，钠离子电池的商业化进程也在努力推进。2017 年，中国首家从事钠离子电池研发与生产的公司——中科海钠科技有限责任公司成立，该公司分别于 2018 年和 2019 年推出了全球首辆钠离子电池低速电动车和首座 $100kW \cdot h$ 钠离子储能电站。与此同时，为了发展更加安全的大规模储能用钠离子电池，水系钠离子电池和固态钠离子电池的研发也在同步进行。

### 7.4.2 电池结构与储钠反应原理

与锂离子电池相似，钠离子电池的构成主要包括正极、负极、隔膜、电解液和集流体。正负极之间由隔膜隔开防止短路，电解液（溶解在有机溶剂中的钠盐溶液）浸润正负极确保离子的快速传输，集流体则起到收集和传输电子的作用。钠离子电池也是"摇椅式"电池的一种，其本质是一种浓差电池。如图 7-7 所示，在充电过程中，钠离子从含钠量较高的正极材料中脱出，经电解液穿过隔膜嵌入到含钠量较低的负极材料中，同时电子从外电路到达负极，以保持正负极的电荷平衡。在放电过程中，钠离子从负极脱出，经由电解液穿过隔膜嵌入到正

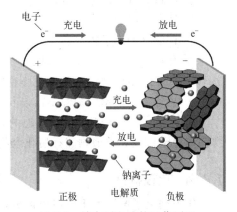

图 7-7　钠离子电池的工作原理

极材料中，使正极恢复原始的富钠态，同时电子通过外电路传递到正极。

若以 $Na_xMO_2$ 作为正极，硬碳作为负极，则电极和电池的反应可分别表示为

正极反应：$Na_xMO_2 \Longrightarrow Na_{x-y}MO_2 + yNa^+ + ye^-$

负极反应：$nC + yNa^+ + ye^- \Longrightarrow Na_yC_n$

电池反应：$Na_xMO_2 + nC \Longrightarrow Na_{x-y}MO_2 + Na_yC_n$

其中，正反应为充电过程，逆反应为放电过程。在理想的情况下，充放电过程中钠离子在正负极材料中的脱/嵌不会破坏材料的晶体结构，氧化还原反应是高度可逆的。

虽然钠离子电池和锂离子电池具有相似的工作原理，但是由于钠元素和锂元素化学性质的差异，因此两种电池也表现出不同的理化特性，如表 7-4 所示。与锂相比，钠的离子半径

更大，所以在正负极材料中迁移所遇到的阻力会更大，表现出迟缓的反应动力学；同时在嵌入/脱出过程中会引起较大的体积变化，进而导致材料的循环稳定性变差。此外，钠摩尔质量较大，也会导致电极的理论比容量更低。当然，钠与锂的差异带来的影响也并不一定都是负面的，比如，由于钠与铝不会形成合金，廉价的铝箔可以作为钠离子电池正负极的集流体，替代锂离子电池中所使用的铜箔集流体，这样不仅可以进一步降低钠离子电池的成本，还可以设计双极性电池以进一步提高能量密度。

表 7-4　钠和锂的理化性质对比

| 性质 | 钠 | 锂 | 性质 | 钠 | 锂 |
|---|---|---|---|---|---|
| 离子半径/Å | 1.06 | 0.76 | 理论比容量/(A·h/g) | 1.165 | 3.829 |
| 摩尔质量/(g/mol) | 23.0 | 6.9 | 熔点/℃ | 97.7 | 180.5 |
| 氧化还原电位(vs. Li/Li$^+$)/V | 0.3 | 0 | 分布 | 全球 | 70%位于南美洲 |
| 前驱体价格/(美元/t) | 150 | 5000 | | | |

### 7.4.3　正极材料

20 世纪 70 年代末，研究者发现 Na$^+$ 在层状氧化物中能够可逆地嵌入和脱出。1980 年，Hagenmuller 课题组首次报道了层状氧化物 Na$_x$CoO$_2$ 在 Na$^+$ 嵌入/脱出过程中的复杂相变反应，在用作钠离子电池正极材料时，电池的循环性能会受到较大影响。为了提高钠离子电池的能量密度、倍率性能和循环稳定性，正极材料必须满足以下几个要求：

① 较高的氧化还原电位；

② 具有较高的比容量；

③ 有足够的离子扩散通道，确保离子快速嵌入和脱出；

④ 有较高的电化学反应活性；

⑤ 良好的结构稳定性和电化学稳定性；

⑥ 制备工艺简单、资源丰富以及环境友好等特点。

迄今为止，可用于钠离子电池的正极材料主要包括：过渡金属氧化物、聚阴离子化合物、普鲁士蓝及其类似物和有机化合物等，代表性材料如图 7-8 所示。

### 7.4.4　负极材料

作为钠离子电池的重要组成部分，对负极材料的研究同等重要。然而，与金属锂类似，采用金属钠作为负极存在许多问题：在长期循环充放电过程中，钠会在电极表面不均匀沉积而产生枝晶，进而刺穿隔膜，引发电池短路；同时，金属钠非常活泼，与空气中的水、氧接触会迅速发生反应并放出大量的热，甚至引发着火和爆炸。因此，在实际应用中金属钠不宜直接作为钠离子电池的负极，需要开发高安全性、高性能的钠离子电池负极材料。作为钠离子电池的负极材料通常需要满足以下几个基本要求：

① 负极的氧化还原电位应尽可能低，但要高于钠的沉积电位，钠脱嵌过程中电极电位变化较小，保证较高且平稳的输出电压；

② 具有较高的储钠容量以及库仑效率，以保证较高的能量密度；

③ 循环过程中体积变化小，以确保良好的循环性能；

④ 具有较高的电子电导率和离子电导率，以实现快速充放电；

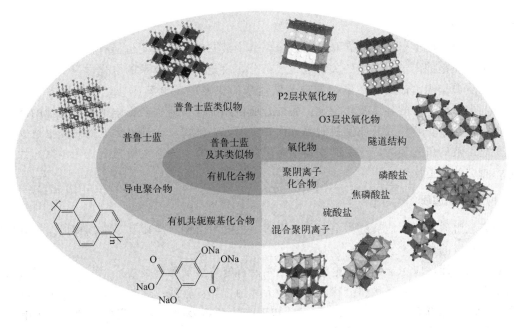

图 7-8　钠离子电池正极的代表性材料

⑤ 与电解质的兼容性好，具有较好的化学稳定性和热稳定性；

⑥ 原料丰富、价格低廉、环境友好、工艺简单。

近年来，钠离子电池负极材料的研究相继取得重要进展，如图 7-9 所示，目前研究的储钠负极材料主要包括碳基材料、钛基材料、转化型材料、合金型材料以及有机化合物等。

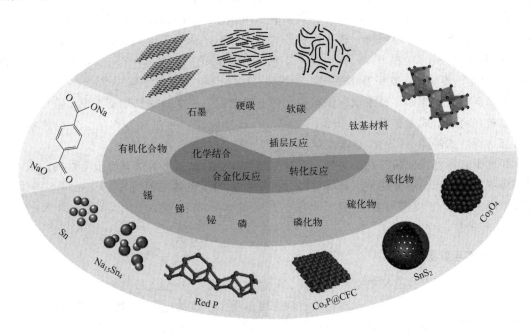

图 7-9　钠离子电池负极材料的分类

### 7.4.5 电解质

钠离子电池的电解质有固态和液态之分，其中液态电解质主要包括有机电解液和水系电解液。电解质是钠离子电池中的关键性组成部分，决定了电池体系的电化学窗口，具有传递钠离子的重要作用。钠离子在电解质中传输速率的快慢以及电解质与电极界面的兼容性好坏，都与电解质本身的性质密切相关。另外，所使用的电解质也会影响钠离子电池的能量密度、循环寿命、安全性以及储钠机制等方面。目前，在钠离子电池电解质的研究报道中，基于有机电解液的研究最为广泛，其次是水系电解液的研究，固态电解质是近几年兴起的研究方向，相关的报道比较少。

#### （1）液态电解质

液态电解质习惯性地被称为电解液，电解液主要由溶剂、溶质和添加剂构成，三者共同决定了电解液的性质。

在溶剂方面，应用于钠离子电池的溶剂主要有酯类溶剂和醚类溶剂。酯类溶剂是较为常用的一类溶剂，尤其以环状和链状碳酸酯最为常用，如：碳酸乙烯酯、碳酸丙烯酯、碳酸二甲酯（DMC）和碳酸二乙酯（DEC）等。基于碳酸酯类溶剂的电解液往往具有离子电导率高和抗氧化性好的优点，其中环状碳酸酯的介电常数显著高于其他类溶剂，能够较好地溶解钠盐，但其黏度相对较高。醚类溶剂介电常数远低于环状碳酸酯，高于链状碳酸酯，黏度低，抗氧化能力相对较差，在高电压下易分解，在实际应用中受到一定限制。但是醚类溶剂与金属钠等负极兼容性较好，且能够与钠离子共嵌入石墨并表现出良好的可逆性，使得在酯类溶剂中无法嵌钠的石墨释放出较高的可逆容量。常见的醚类溶剂有二乙二醇二甲醚（DEGDME）、四氢呋喃和四乙二醇二甲醚（TEGDME）等。

在钠盐方面，拥有大半径阴离子、阴阳离子间缔合较弱的钠盐是较好的选择。该特征能保证钠盐在溶剂中较好地溶解，提供足够的离子电导率，从而获得良好的离子传输性能。常用的钠盐主要有：六氟磷酸钠（$NaPF_6$）、高氯酸钠（$NaClO_4$）、三氟甲基磺酸钠（$NaCF_3SO_3$）和双（三氟甲基磺酰基）亚胺钠（NaTFSI）等。

添加剂的使用能够弥补溶剂或钠盐存在的一些缺点，将少量添加剂加入电解液中能起到在电极材料表面形成保护膜、降低有机电解液可燃性以及防止过充等作用。常见的添加剂有：氟代碳酸乙烯酯（FEC）和维生素 C（VC）等。

相比于有机电解液易挥发、易燃的潜在安全性风险，水系电解液具有安全性高、成本低廉、环境友好、离子传导速率更高等优势。在水系钠离子电池的研究中，一般将不同种类、不同浓度的钠盐溶质溶解在去离子水中，常见的水系电解液的溶质是廉价的 $Na_2SO_4$、$NaNO_3$ 等钠盐。

#### （2）固态电解质

固态电解质不存在有机电解液的泄漏、易挥发、易燃以及金属枝晶生长现象，也没有水系电解液电压窗口窄的问题，同时还没有液态电解质中严重的电极/电解液界面副反应问题。也就是说，固态电解质的钠离子电池避免了有机和水系电解液的缺点，具有高安全性、热稳定性好、宽电压窗口和电极/电解质界面稳定性较好的优势，是非常有前景的一类钠离子电池体系。

常见的固态电解质主要包括固态聚合物电解质和固态无机物电解质。首先，对于固态聚合物电解质，它具有重量轻、廉价、安全性高以及好的可加工性、高的柔韧性、良好的适应电极材料体积变化能力等优点。然而固态聚合物电解质在室温下只有 $10^{-5} \sim 10^{-7}$ S/cm 的低离子电导率，通常需要加热到 60℃ 以上才能工作。常见的固态聚合物电解质的基体有聚环氧乙烷（PEO）、聚乙烯吡咯烷酮（PVP）、聚丙烯腈（PAN）、聚乙烯醇（PVA）等，需将它们与 $NaClO_4$、$NaPF_6$、NaTFSI、NaFSI 等钠盐组合使用。其次，对于无机物的固态电解质，主要是指玻璃-陶瓷电解质，通常具有比聚合物电解质更高的钠离子电导率。常见的固态无机物电解质有硫化物、硒化物和 NASICON 结构化合物等。

# 7.5 钠金属电池

## 7.5.1 钠-硫电池

在现有的储能体系中，锂硫电池由于其高理论能量密度，长久以来被认为是前景巨大的二次电池。然而，从成本角度来讲，锂在自然界中储量稀少，价格昂贵，制约了锂硫电池的规模应用。钠元素作为与锂元素同一主族的金属元素，电化学性质与锂十分相似，同时钠元素储量丰富，因此可以尝试用钠来代替锂，构造与锂硫电池结构相似的钠硫电池。

### （1）高温钠硫电池

高温钠硫电池（β 电池）是美国 Ford 公司于 1967 年首先发明公布的，因其具有高比能量、高比功率、功率波动的耐受度高、低成本和无自放电等优点而引起人们的关注。随后美国 NASA 实验室对其进行了系统研究，并将之应用于航空航天领域。之后日本 NGK 公司和东京电力公司开发了静态能量存储的大容量管式钠硫电池储能系统，用于电站负荷调平，并于 1992 年实现了首个储能电站示范，其能量转换效率约 80%，使用寿命可达 10～15 年，2002 年投入商业运行，目前全球有数百座基于钠硫电池的储能电站应用于城市电网储能。

图 7-10 所示为高温钠硫电池的基本构造及其工作示意。高温钠硫电池是以熔融态金属钠作为负极活性材料，以单质硫/多硫化钠作为正极活性材料，以高导钠离子率的 $β''\text{-}Al_2O_3$ 作为固体电解质和隔膜。电池可写作：

$$(-)Na(l)\,|\,β''\text{-}Al_2O_3\,|\,S/Na_2S_x\,(l)\,|\,C(+)$$

高温钠硫电池一般为管式结构，中间的管子为陶瓷固体电解质（一般为 $β\text{-}Al_2O_3$）及其封接件，装载在管子中心的是金属钠负极，管子外面为硫（或多硫化钠）正极及其导电网络（一般为碳毡），最外层为集流体和外壳等部分。由于 $β\text{-}Al_2O_3$ 固体电解质需要在 300℃ 以上才具有良好的钠离子电导率，因此高温钠硫电池的运行温度保持在 300～350℃，此时正负极均为熔融状态。

这种电池的工作原理是在高温环境下通过钠与硫之间的电化学反应来实现化学能和电能之间的相互转换，其反应方程为：

$$2Na + xS \Longleftrightarrow Na_2S_x\,(x=3\sim5)$$

在放电过程中，首先在正极生成不与硫混溶的 $Na_2S_5$，放电平台稳定在 2.076V，继续

放电则不断形成 $Na_2S_4$，电压平台也降低至 1.74V，进一步放电则形成 $Na_2S_3$ 最终产物，电压保持不变。基于正极侧 $Na_2S_3$ 产物的高温钠硫电池的理论比能量为 $760W \cdot h/kg$。

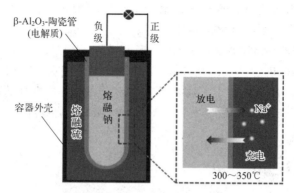

图 7-10　高温钠硫电池的结构示意和工作原理

需要指出的是，由于高温钠硫电池的工作温度很高，首先熔融态的金属钠或 $Na_2S_x$ 以及硫容易腐蚀电极集流体和电池外壳，因此电池必须使用价格昂贵的高合金钢外壳；同时固体电解质陶瓷管在电池长期运行过程中会出现脆裂而引起爆炸的风险，从而缩短电池使用寿命，增加运行维护成本。此外，高温钠硫电池还需要部分额外的能量来维持其工作温度，导致整体电池效率降低。上述种种缺陷严重阻碍了高温钠硫电池技术的广泛应用，因此，对室温钠硫电池的研究逐渐受到重视。

我国自 2006 年开始由中国科学院上海硅酸盐研究所（SICCAS）与上海电力股份有限公司合作开展研究用于大规模储能应用的高温钠硫电池，目前已建成一座年产能 2MW/16MW·h 的 650A·h 单电池中试生产线，并于 2010 年在上海世界博览会上演示了一套 100MW/800MW·h 的储能系统。近年来，SICCAS 对钠硫电池的密封材料、耐腐蚀外壳和模组保温箱体等关键材料和技术开展了大量的研究和工程化技术开发。同时，中国科学院固体物理研究所近年也在 $\beta$-$Al_2O_3$ 陶瓷技术方面取得突破，高温钠硫电池组研制进入了中试阶段。

### （2）室温钠硫电池

室温钠硫电池是指活性物质钠与硫之间的氧化还原反应可以在室温下进行，其关键在于开发具有高钠离子传导率的液态有机电解质，理论比能量密度可以达到 $1274W \cdot h/kg$，有望进一步拓宽钠硫电池的应用范畴。

室温钠硫电池与锂硫电池的构造和工作原理非常类似，负极采用钠金属，正极一般采用碳/硫复合材料，电解液为液态有机电解液（如醚类电解液）。在放电过程中，钠金属在负极被氧化形成 $Na^+$，硫单质在正极吸收电子被还原，$Na^+$ 通过电解液向正极迁移，并与正极的还原产物结合形成硫化钠（$Na_2S/Na_2S_2$）。

与锂硫电池一样，室温钠硫电池在充放电过程中也会生成一系列复杂的中间产物，如长链多硫化钠（$Na_2S_n$，$4 < n < 8$）和短链多硫化钠（$Na_2S_n$，$1 < n < 4$）。其放电曲线大致可分为四个部分：第一个部分为电压 $\geq 2.20V$ 的放电平台，是单质 $S_8$ 的开环溶解形成可溶性长链 $Na_2S_8$ 的过程，即 $2Na^+ + S_8 + 2e^- \longrightarrow Na_2S_8$；第二个部分为 $2.20 \sim 1.65V$ 之间的倾斜放电曲线，对应着长链多硫化物 $Na_2S_8$ 向 $Na_2S_4$ 的液相转换，即 $2Na^+ + Na_2S_8 + 2e^-$

$\longrightarrow 2Na_2S_4$；第三个部分为 1.65V 附近的放电平台，是可溶性 $Na_2S_4$ 向固态 $Na_2S_3$、$Na_2S_2$ 及 $Na_2S$ 的液-固转换，即 $Na^+ + Na_2S_4 + e^- \longrightarrow Na_2S_x$（$x=1\sim3$）；最后一个部分为 1.65~1.20V 的倾斜放电曲线，是 $Na_2S_2$ 向 $Na_2S$ 的固固转化，反应式为 $2Na^+ + Na_2S_2 + 2e^- \longrightarrow 2Na_2S$。

该电池体系与锂硫电池存在相似的问题：

① 导电率低　活性物质硫及其反应产物 $Na_2S$ 电子导电性均较差，导致电池在循环过程中的极化增加，放电平台下降，活性物质无法充分放电，严重影响电池的容量输出和循环寿命。

② 体积变化大　单质硫与 $Na_2S$ 存在较大的密度差（分别为 1.86g/$cm^3$ 和 1.96g/$cm^3$），充放电过程会产生高达 170% 的体积变化，极易造成硫电极结构坍塌而失效。

③ 严重的多硫化物穿梭效应　充放电过程中形成的中间态长链多硫化钠 $Na_2S_n$（$8\geqslant n \geqslant 4$）易溶解于电解液中，并在正负极之间浓度梯度的作用下发生穿梭，长链多硫离子与金属钠接触生成短链多硫化钠，此反应不会提供有效容量，但却会消耗硫活性物质并造成钠金属腐蚀，因此穿梭效应降低了活性物质的利用率。此外，穿梭效应产生的固态 $Na_2S$ 和 $Na_2S_2$ 沉积在钠负极表面，降低其电子电导率，最终劣化电池的综合性能。

④ 钠枝晶生长　钠金属负极在充电过程中会形成钠枝晶，导致隔膜刺穿并造成电池短路的危险。

为解决上述问题，研究人员分别从正极、负极、隔膜和电解质等方面进行了广泛研究。①在正极方面，可以开发其他含硫组分的物质，例如小分子硫（$S_2 \sim S_4$）、$Na_2S_6$、$Na_2S$、$Se_xS_y$ 以及共价硫-碳复合物等。研究表明小分子硫与 $S^{2-}$ 之间存在可逆的氧化还原反应，能够避免可溶性长链多硫化钠的生成，有效缓解了"穿梭效应"，从而提高电池的循环性能。②在负极方面，可以使用氧化钠（$Na_2O$）和氟化钠（NaF）制成均匀的人工固态 SEI 膜，有利于抑制钠枝晶的生长。③在隔膜方面，可以通过隔膜改性或添加中间隔层来抑制多硫化钠的穿梭效应。④在电解质方面，可以通过引入不同功能的添加剂来稳定电极界面。

## 7.5.2　钠-氯化镍电池

钠-氯化镍电池，又叫作 ZEBRA（zero emission battery research activity）电池，1986年由南非 ZEBRA Power System 公司发明。该电池的构造与高温钠硫电池很接近，也是由高导钠 β-$Al_2O_3$ 陶瓷管作为固态电解质，但陶瓷管内部装填的是正极材料，即混溶于熔融态 $NaAlCl_4$ 的多孔镍/氯化镍，外部为熔融态金属钠，如图 7-11 所示。电池反应为：

$$2Na + NiCl_2 \rightleftharpoons 2NaCl + Ni$$

该电池的工作温度为 300℃，开路电压为 2.58V。放电时，金属钠失去电子变成 $Na^+$，电子经由外电路到达正极，而 $Na^+$ 穿过陶瓷管与 $NiCl_2$ 正极反应，得到电子生成金属镍和 NaCl。

相较于高温钠硫电池，ZEBRA 电池具有以下优点。

① 电池可在全放电状态下组装，只需陶瓷罐内装填金属镍粉和 NaCl，通过充电即可在负极得到金属钠，因而电池组装不涉及液态金属钠，整个过程更加高效安全。

② 电池具有优异的耐过充/过放电特性，这是因为在过充/过放电时，熔融态 $NaAlCl_4$ 会发生可逆的反应，在循环过程中电池性能可自动恢复。

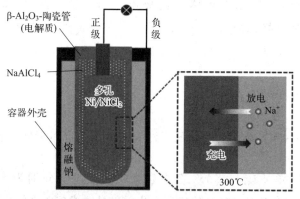

图 7-11　钠-氯化镍电池的结构和工作原理

③ 电池的安全性能远优于高温钠硫电池。当陶瓷管出现危险裂缝时，液态金属钠会先与 $NaAlCl_4$ 发生接触反应，其反应产物金属铝会填补陶瓷管的裂缝，避免了熔融态钠与正极的直接接触，消除了类似爆炸这种严重的安全隐患。即使陶瓷管出现了严重的碎裂，上述反应生成的金属铝也会连通电极集流体而降低内阻，以短路的状态继续传导电流，因此单个电池的失效并不会影响整个电池组的正常工作。

## 7.5.3　钠-空气电池

与锂空电池的结构类似，二次钠-空气电池（简称钠空电池）是一种以金属钠为负极发生氧化反应，空气或者氧气在正极发生还原反应的二次电池。由于空气正极相对 $Na^+/Na$ 的电极电位为 $-2.741V$（vs. SHE），因此钠空电池能够提供较高的电压窗口，具有高达 $1600W \cdot h/kg$ 的理论比能量和 $2.3V$ 的理论放电平台。近年来，关于钠空电池特有的电化学机理和催化原理被陆续发现，使其再次走进了研究人员的视野。

在室温有机电解液体系中，钠空电池在不同反应条件下存在不同的放电产物［过氧化钠（$Na_2O_2$）与超氧化钠（$NaO_2$）］，测试环境中的各种参数对电池的电极反应过程及其性能会产生较大的影响，因而目前对钠空电池的充放电机理仍存在较大争议。

在钠空电池中，$Na_2O_2$ 与 $NaO_2$ 作为两种竞争性放电产物，从热力学角度来讲，$\varphi^\ominus(Na_2O_2) > \varphi^\ominus(NaO_2)$，即 $Na_2O_2$ 更容易成为电池反应的中间放电产物；然而，从动力学角度来讲，$NaO_2$ 的电化学反应只涉及一个电子转移，因而反应更加倾向于生成 $NaO_2$。

下面分别以这两种产物简单讨论电极反应的具体过程。

① 以 $Na_2O_2$ 为放电产物，其反应机理如下：

$$2Na + O_2 \Longleftrightarrow Na_2O_2$$

该反应可以可逆地生成 $Na_2O_2$，理论放电电压为 $2.33V$ 左右。

② 以超氧化钠 $NaO_2$ 为放电产物，例如，将电池放置在 $9cm^3$ 氧气量的封闭体系中，其充放电过程中发生如下反应：

$$Na + O_2 \Longleftrightarrow NaO_2$$

该反应可以可逆地形成 $NaO_2$，反应吉布斯自由能为 $218.4kJ/mol$，理论放电电压在 $2.26V$ 左右。此外，$NaO_2$ 也可以在 $O_2/Ar$ 混合气体的密闭体系中稳定可逆地生成，实验

表明 $NaO_2$ 在低氧气分压的条件下更容易形成。然而，$NaO_2$ 与 $Na_2O_2$ 之间还存在相互转化反应：

$$Na_2O_2 + O_2 \Longleftrightarrow 2NaO_2$$

上述反应在高氧气分压的条件下，更倾向于生成 $NaO_2$ 作为放电产物，这与 $NaO_2$ 在低氧气分压下更容易生成的实验现象矛盾。热动力学的理论计算证明 $NaO_2$ 在更小的纳米尺度下容易稳定存在，但这又与电池深度放电后生成尺寸较大 $NaO_2$ 的实验结果存在较大矛盾。因此，对于 $NaO_2$ 放电产物的形成机理还有待于深入分析。

钠空电池的主要难点是循环寿命短，这与电池空气电极材料及其微观结构有直接关系。在放电过程中，钠氧化物会主要沉积在空气电极的微孔中。而空气电极一般需要多孔结构来保证良好的气体导通运输性能，以及提供放电产物沉积的空间。因此，理想的空气电极必须提供足够的孔道结构和大比表面积的高活性材料，具有高比表面积的多孔碳材料是目前最常用的正极，其主要作用是提供催化剂和放电产物沉积的载体，该材料本身的催化效果并不显著。因此，需要提高空气电极材料的催化活性以更加有效地完成放电产物的可逆生成和分解，目前开发高效而廉价的催化剂仍是一项极具挑战的研究课题。

金属空气电池存在气、液、固三相，电解液暴露在高压的氧气气氛中，非常容易分解。因此，电解液的稳定性是影响钠空电池电化学性能的重要因素。碳酸酯类和醚类是目前钠空电池最常用的电解液，其中研究中较多使用相对稳定的醚类电解液。在醚类电解液中，电池的放电产物与电池充放电过程中的气体氛围相关。研究表明加入可溶添加剂［如 $NaI$ 和 $Fe(C_5H_5)_2$］能够有效改善电池的循环性能，这是因为添加剂既可以作为电子-空位转移介质改变放电产物，也可以催化充电过程中放电产物的分解。此外，开发稳定高效的电解液体系对保护钠金属负极也具有积极的意义。

金属钠极易与氧气和水发生反应，目前对钠金属负极的保护主要是通过密封和材料替代的方法。发展能选择性透过氧气，同时对水和二氧化碳进行过滤的空气交换膜，保证在使用过程中，电池能够在高氧低水分体系下正常运行。同时设计针对金属钠负极保护的电池装置，提高电池的耐用性和安全性。

# 7.6 锌金属电池

锌是一种银灰色金属，离子半径为 0.074nm，原子量为 65.37，在 20℃ 下的密度为 7.14g/cm$^3$，有相对较低的熔点（419.5℃）和沸点（907℃）。锌是一种两性金属，在其平衡电位附近会发生溶解反应，酸性溶液中的溶解产物是 $Zn^{2+}$；碱性溶液中主要为四面体的 $[Zn(OH)_4]^{2-}$。值得提出的是，锌具有相对较高的质量比容量（820mA·h/g）和体积比容量（5855mA·h/cm$^3$）、较低的氧化还原电位（-0.763V），同时资源丰富、价格低廉、化学稳定性好，是诸多锌电池体系负极的理想选择。

### 7.6.1 锌-锰电池

#### 7.6.1.1 锌-锰电池的发展

锌-锰电池是由金属锌（Zn）负极、二氧化锰（$MnO_2$）正极、中性或碱性电解液组成的电池系列。作为一次电池的代表，锌-锰电池具有价格低廉、原材料资源丰富、易于制造、携带方便等突出优势，已经成为人们日常生活中小型电源的理想选择。由于比能量低及大电流连续放电时电压下降显著，锌-锰电池一般适用于小电流或者间歇放电。

19世纪60年代，法国科学家勒克朗谢以 $MnO_2$ 和碳粉末为正极、锌棒为负极、饱和氯化铵水溶液为电解液，在玻璃容器中组装成首只 Zn-$MnO_2$ 湿电池，称为 Leclanché 电池，为锌-锰电池的发展奠定了基础。二十年后，卡尔·加斯纳采用面粉和淀粉作为电解液的凝胶剂，使电解液停止流动，构成糊式电池，俗称干电池，极大地促进了 Leclanché 电池的大规模生产，年产量在20世纪初超过200万只。20世纪50年代，使用 KOH 浓溶液替代中性电解液，构成碱性锌-锰电池。得益于高导电性的电解液和电解锰正极，该电池具有优异的倍率性能和放电容量。60年代，纸板浆层隔膜的使用不仅降低了隔离层厚度，减小欧姆阻抗，而且增加了正极质量，使得电极容量得到明显提升。70年代，氯化锌电池的出现使得锌-锰电池的低温性能和持续放电能力得到显著提升。80年代末，环境污染和资源浪费现象的日益严峻，促使锌-锰电池的发展主要集中在可充碱性锌-锰电池和负极低汞、无汞化两个方向。90年代，通过对正极材料、隔膜、制备工艺等的改进，使得可充碱性锌-锰电池实现了商业化生产。与此同时，碱性锌-锰电池的负极汞含量降低，且在21世纪初实现完全无汞化。20世纪末以来，无汞碱性锌-锰电池的大电流持续放电、苛刻条件下的放电容量、放电电压获得显著提高。

### 7.6.1.2 锌-锰电池的分类

按照电解液性质，锌-锰电池可以分为铵型电池、锌型电池和碱锰电池三种。下面将对上述三种锌-锰电池依次进行简单介绍。

**（1）铵型电池**

铵型电池是指电解液以 $NH_4Cl$ 为主的 $NH_4Cl/ZnCl_2$ 混合溶液构成的锌-锰电池。通常采用饱和氯化铵以保证放电充分。其电池表达式为：

$$(-)Zn \mid NH_4Cl, ZnCl_2 \mid MnO_2(+)$$

铵型电池在放电时的反应方程式如下：

负极反应：$Zn - 2e^- + 2NH_4Cl \longrightarrow Zn(NH_3)_2Cl_2 \downarrow + 2H^+$

正极反应：$MnO_2 + H^+ + e^- \longrightarrow MnOOH$

电池反应：$Zn + 2NH_4Cl + 2MnO_2 \longrightarrow 2MnOOH + Zn(NH_3)_2Cl_2 \downarrow$

从正极反应方程式可以看出，放电过程中，正极表面会生成 MnOOH。该产物一方面通过固相质子扩散向电极内部转移，另一方面通过歧化反应向溶液中进行转移，反应方程式如下：

$$2MnOOH + 2H^+ \longrightarrow MnO_2 + Mn^{2+} + 2H_2O$$

$$2MnOOH + 2NH_4^+ \longrightarrow MnO_2 + Mn^{2+} + 2NH_3 + 2H_2O$$

电解液中 $ZnCl_2$ 是一种良好的去氨剂，可以与上式中的 $NH_3$ 产物进行反应，生成 $Zn(NH_3)_2Cl_2$ 和 $Zn(NH_3)_4Cl_2$ 两种沉淀，且负极反应中也会生成 $Zn(NH_3)_2Cl_2$ 沉淀，这些沉淀覆盖在电极上会显著增大电池内阻。

（2）锌型电池

锌型电池也被称为功率型电池，是指电解液全部（或几乎全部）为 $ZnCl_2$ 水溶液构成的锌-锰电池。其电池表达式为：

$$（-）Zn|ZnCl_2|MnO_2（+）$$

锌型电池在放电时的反应方程式如下：

负极反应：$4Zn+ZnCl_2+9H_2O-8e^- \longrightarrow ZnCl_2 \cdot 4ZnO \cdot 5H_2O+8H^+$

正极反应：$MnO_2+H^++e^- \longrightarrow MnOOH$

电池反应：$4Zn+8MnO_2+ZnCl_2+9H_2O \longrightarrow 8MnOOH+ZnCl_2 \cdot 4ZnO \cdot 5H_2O$

从电池反应方程式可以看出，放电过程中，水被消耗，这使得锌型电池具有较好地防止电解液泄漏的性能。然而，在密封不完全的情况下，存在电池干涸的现象。从负极反应方程式可以看出，有 $ZnCl_2 \cdot 4ZnO \cdot 5H_2O$ 生成，该产物会与氧气反应生成白色沉淀物，降低电池容量。上述问题可以通过提升焊接密封技术进行改善，这无疑会增加电池制造成本。与铵型电池类似，锌型电池正极表面也会生成 $MnOOH$，该产物主要通过歧化反应向溶液中进行转移。由于锌型电池采用的电解液是 30%氯化锌溶液，在 $-20℃$ 左右不会冻结，可应用于低温工作环境，且锌型电池副产物较少，有利于电解液的高速扩散，因而具有更加优异的连续放电性能。

（3）碱锰电池

碱锰电池是指电解液为 KOH 浓溶液（质量分数约为 30%）构成的锌-锰电池。其电池表达式为：

$$（-）Zn|KOH|MnO_2（+）$$

碱锰电池在放电时的反应方程式如下：

负极反应：$Zn+4OH^--2e^- \longrightarrow Zn(OH)_4^{2-} \rightleftharpoons ZnO+H_2O+2OH^-$

正极反应：$2MnO_2+2H_2O+2e^- \longrightarrow 2MnOOH+2OH^-$

电池反应：$Zn+2MnO_2+H_2O \longrightarrow 2MnOOH+ZnO$

从负极反应方程式可以看出，放电过程中，负极会产生 $Zn(OH)_4^{2-}$，其浓度达到饱和后会沉积出 ZnO，因此 ZnO 与 $Zn(OH)_4^{2-}$ 之间存在溶解平衡。正极表面产生的 MnOOH 通过固相质子扩散向电极内部转移，决定着电极反应的速率。固相质子扩散速度缓慢会导致放电产物在正极表面积累，使得极化加剧。当停止放电时，固相质子扩散仍可继续进行，电极性能得到恢复。因此，碱锰电池适用于间歇放电，且放电容量高于连续放电。与铵型电池和锌型电池相比，碱锰电池电解质导电性更好，具有更优越的性能，尤其是高倍率性能。除此之外，由于 KOH 水溶液冰点较低，使得该电池的低温性能较好，在 $-40℃$ 下仍能正常工作。

### 7.6.1.3 $MnO_2$ 电极及其阴极还原过程

二氧化锰主要有 α、β、γ、δ 等晶型，其中 γ-$MnO_2$ 由于具有单链和双链互生结构，隧道平均截面积较大，有利于质子的扩散，降低放电极化，电化学活性最佳，是正极材料的最优选择。目前，锌-锰电池用 $MnO_2$ 包括天然 $MnO_2$、化学 $MnO_2$ 和电解 $MnO_2$。天然 $MnO_2$ 又分为软锰矿和硬锰矿，软锰矿主要为 β-$MnO_2$，适用于锌锰电池的正极活性物质。化学 $MnO_2$ 分为活化 $MnO_2$、活性 $MnO_2$ 和化学锰。活化 $MnO_2$ 的应用受到纯度的限制。活性 $MnO_2$ 中 $MnO_2$ 含量可达到 70% 以上，且放电性能优于活化 $MnO_2$，重负荷放电性能高于电解 $MnO_2$。化学锰含量可达 90% 以上，以 γ-$MnO_2$ 为主，具有颗粒细小、表面积大、吸附性能好、价格低廉的特点；电解 $MnO_2$ 隶属 γ-$MnO_2$，活性高，放电性能好，但价格较贵。

$MnO_2$ 作为锌-锰电池的正极活性物质，电池放电时发生还原反应。$MnO_2$ 的阴极还原过程较为复杂，质子-电子机理能够很好地解释锌-锰电池放电过程中的众多现象，得到了大多数研究学者的认可。一般认为 $MnO_2$ 还原可以分为两个过程（图 7-12）。

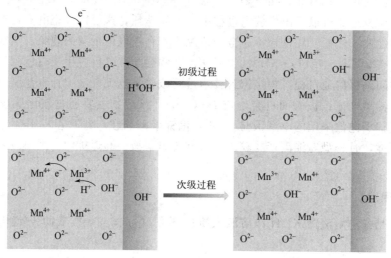

图 7-12　$MnO_2$ 阴极还原过程

① 初级过程。$MnO_2$ 还原为三价锰化合物即水锰石（$MnOOH$）的过程称为初级过程。$MnO_2$ 是离子晶体，其晶格由 $Mn^{4+}$ 和 $O^{2-}$ 交错排列构成。放电时，液相中的质子通过两相界面进入 $MnO_2$ 晶格与 $O^{2-}$ 结合形成 $OH^-$。与此同时，外电路提供的电子也进入锰原子周围，$Mn^{4+}$ 被还原为 $Mn^{3+}$。原来 $O^{2-}$ 晶格点阵被 $OH^-$ 取代，$Mn^{4+}$ 被 $Mn^{3+}$ 取代，形成 $MnOOH$，反应发生在同一个固相。由于反应中的质子来源于溶液，因此增大电极固/液界面面积，有利于提升电极反应速率。

② 次级过程。$MnO_2$ 还原生成的 $MnOOH$ 与电解液进一步发生化学反应或以其他方式离开电极表面的过程称为次级过程，是整个电极过程的决速步骤。次级过程主要是转移水锰石产物，这种转移通常通过歧化反应和固相质子扩散两种过程。当 pH 值较低时，发生下述反应：

$$2MnOOH + 2H^+ \longrightarrow MnO_2 + Mn^{2+} + 2H_2O$$

当 pH 值较高时，$MnO_2$ 颗粒表面和内部存在质子浓度梯度。在此作用下，质子可以在 $MnO_2$ 晶格中向内部进行扩散，为固相中的质子扩散。

### 7.6.1.4　锌电极

作为锌-锰电池的负极材料，金属锌具有较负的电极电位（$-0.763V$，vs. SHE）、较小的电化学当量、较大的交换电流密度、良好的可逆性和较高的析氢过电位。锌电极在放电时发生阳极氧化反应，反应产物取决于电解液体系。不溶性放电产物覆盖在负极表面会造成电极钝化，增加电池内阻，降低传质过程，减少电极活性表面积。

锌电极在电解液中存在自放电问题，主要原因可归结于以下两个方面：一是化学腐蚀。锌结晶时的差别、锌电极加工时表面的粗糙程度、锌电极表面杂质和氧化膜的存在等都会导致锌电极表面不均匀，使得局部电化学环境产生差异，构成微电池系统，溶解金属锌。且随着储存温度的升高，锌电极化学腐蚀速率加快。二是电化学腐蚀。锌的电位比氢电极更负，使得氢离子的还原和锌的阳极溶解成为一对竞争性反应，自发进行电化学腐蚀。目前，电化学腐蚀一方面可以通过在高纯锌中添加铟、铋、钡等合金元素形成锌合金，提高锌的析氢超电位和改善锌的表面性能。另一方面通过添加微量有机（芳香杂环化合物、阳离子型表面活性剂、非离子型表面活性剂或含氟表面活性剂）或无机（铟、铋、镉等氧化物或氢氧化物）缓蚀剂缓解锌腐蚀，该方法实施工艺简便易行、效果显著。

### 7.6.2 锌-氧化银电池

#### 7.6.2.1 锌-氧化银电池的发展

锌-氧化银电池以金属锌为负极，银的氧化物（AgO 或 $Ag_2O$）为正极，电解质为 KOH 水溶液，既可以制成原电池，也可以设计成二次电池。凭借其卓越的大电流放电性能、较高的质量比能量和体积比能量、平稳的放电电压等特性，锌-氧化银电池广泛应用于航天、航空等领域。一次电池主要适合要求高比能量但寿命短的场合，二次电池则适用于少量全循环和较短寿命的场合。

19 世纪初，意大利科学家 Volta 设计组装出锌-银电堆，为锌-氧化银电池的发展奠定了基础。1883 年，克拉克的专利中阐述了首只完整的碱性锌-氧化银原电池。16 年后，瑞典科学家 Jungner 制成了烧结式银电极，显著提升了电极性能。其后多年因受到正极和负极在电解液中不稳定性的限制，锌-氧化银电池发展缓慢。直到 1941 年，法国科学家亨利·安德烈使用玻璃纸半透膜、多孔锌电极和少量浓氢氧化钾分别作为锌-氧化银电池的隔膜、负极和电解液，有效减缓了正极材料的迁移和负极材料的腐蚀，促进了该电池的迅速发展。二次世界大战后，由于电子和工业技术发展的需求，锌-氧化银电池在众多国家得到推广。20 世纪 50 年代出现了人工激活干式荷电态锌银蓄电池和自动激活锌银一次电池组，弥补了锌银电池寿命短及荷电状态下长期湿态存储不足的问题。50 年代后期，密封锌银蓄电池得到应用。70 年代，扣式电池的出现，满足了小型电子计算机和电子手表的需求。目前，我国已经可以根据国民经济和国防建设的需求，研制和设计出各种规格和类型的锌银电池。

#### 7.6.2.2 锌-氧化银电池工作原理

锌电极和氧化银电极通过隔膜隔开，浸入在氢氧化钾溶液中，组成锌-氧化银电池。当正负极通过负载连接起来时，锌负极失去电子氧化成二价锌离子，电子通过外电路输送到正极。氧化银正极得到电子依次还原为一价银氧化物和零价金属银。在电池内部，钾离子做定向运动，由负极迁移到正极，氢氧根离子进行反方向移动，与外电路构成一个完整电路。

锌-氧化银电池的电池表达式为：

$$(-)Zn|KOH|Ag_2O(AgO)(+)$$

锌-氧化银电池正极上进行的电化学反应是银的氧化物还原为金属银，电极反应如下：

$$2AgO + H_2O + 2e^- \longrightarrow Ag_2O + 2OH^-$$
$$Ag_2O + H_2O + 2e^- \longrightarrow 2Ag + 2OH^-$$

锌-氧化银电池负极放电产物为氧化锌或者氢氧化锌，电极反应如下：

$$Zn + 2OH^- \longrightarrow ZnO + H_2O + 2e^-$$
$$Zn + 2OH^- \longrightarrow Zn(OH)_2 + 2e^-$$

当放电产物为氧化锌时，电池的总反应式为：

$$Zn + 2AgO \longrightarrow ZnO + Ag_2O$$
$$Zn + Ag_2O \longrightarrow ZnO + 2Ag$$

当放电产物为氢氧化锌时，电池的总反应式为：

$$Zn + 2AgO + H_2O \longrightarrow Zn(OH)_2 + Ag_2O$$
$$Zn + Ag_2O + H_2O \longrightarrow Zn(OH)_2 + 2Ag$$

二次锌-氧化银电池的充电反应则为上述过程的逆反应。

## 7.6.2.3 锌电极

### （1）锌电极的阳极钝化

锌电极在浓 KOH 溶液中的溶解产物为 $Zn(OH)_4^{2-}$，当电解液被 $Zn(OH)_4^{2-}$ 所饱和及 $OH^-$ 浓度较低时，将生成 $Zn(OH)_2$ 或 ZnO。在锌-氧化银电池中，电解液通常被锌酸盐饱和且用量少，以缓解锌电极的自放电。锌电极在恒电流阳极溶解过程中，随着溶解时间的延长，电极电位会发生瞬间增大，严重阻碍锌的进一步溶解，此为锌电极的阳极钝化现象。

研究表明，锌电极溶解时开始生成的 $Zn(OH)_2$ 和 ZnO 以疏松状态黏附在锌电极表面，对锌的正常溶解没有影响。但这种膜的形成减小了电极的活性面积，增大了实际电流密度，使得极化增大，电极电位正移，达到吸附 ZnO 的生成电位，在锌电极表面生成致密的 ZnO 吸附层，锌电极阳极溶解受阻，导致钝化。

影响锌电极阳极钝化的因素主要有两个方面：①工作电流密度。锌电极阳极溶解的电流密度越大，加速了锌酸盐的产生和 $OH^-$ 的减少，导致电极表面锌酸盐的富集和 $OH^-$ 的匮乏，使电极快速钝化。②电极界面溶液中的物质传递速度。水平放置于容器底部的锌电极，锌酸盐容易积累于电极表面，导致钝化。若将锌电极水平放置在容器顶部，锌酸盐会由于重力作用离开电极表面向下传输，加速了物质的传递过程，不易钝化。将锌电极垂直安放在容器内，结果处于上述两种情况之间。因此，通过改变电极结构，采用多孔电极，可以有效降低局部电流密度，缓解锌电极钝化。

### （2）锌电极的阴极沉积

对于一次锌-氧化银电池来说，锌负极需要满足高孔隙率和适当的机械强度，以使得电池能在大电流密度下正常工作。通常采用电沉积方法制备的树枝状锌粉压制而成，该锌粉具有大的比表面积，且树枝状结晶相互交叉重叠，小压力下即可成型，表现出高孔隙率、足够的强度、良好的导电性和接触性。

对于二次锌-氧化银电池来说，充电过程中，当锌负极表面的氧化锌还原完成后，溶液中的锌酸盐离子开始析出金属锌，易形成枝晶，不仅会降低电池容量，还会引起电池内部短路。因此，充电时，应采取措施避免枝晶生成。

由上可看出，锌阳极电沉积的决定因素是锌的结晶形态。在碱性锌酸盐溶液中电沉积时，锌的结晶形态主要取决于过电位，过电位较低，易得到苔藓状或卵石状的锌结晶，反之，容易形成树枝状结晶。影响电沉积枝晶生长的因素主要包括电极过程的电化学极化、反应物的物质传递条件、溶液中表面活性剂的含量。因此，可以通过电沉积过程的电流密度、溶液组成等条件获得满足要求的锌结晶。

### 7.6.2.4 氧化银电极

#### （1）氧化银电极的充放电特性

锌-氧化银电池在充电时，金属银依次被氧化为 $Ag_2O$ 和 $AgO$，曲线在 1.65V 和 1.95V 附近出现两个电压平台，分别对应氧化银正极的两个氧化阶段。第一个平台过渡到第二个平台时，电压显著上升，归结于 $Ag_2O$ 在电极表面的覆盖，导致反应活性面积减小，极化增大。电压出现峰值，为 $Ag_2O$ 生成完全。之后，$AgO$ 开始生成，同时还存在金属 $Ag$ 直接氧化为 $AgO$，由于 $AgO$ 的电阻率小于 $Ag_2O$，改善了电极导电性能，使得峰值过后电压出现下降，且电极电位非常稳定。随着 $AgO$ 的不断生成，电极的氧化反应到达一定程度后，电位迅速正移 0.2～0.3V，达到氧的析出电位进行析氧反应，充电过程结束。

锌-氧化银电池的放电曲线同样存在两个平台。第一阶段，电压从 1.8V 下降到 1.5V，对应于 $AgO$ 还原为 $Ag_2O$。随后电压保持稳定，是氧化银电极放电过程的主要阶段，占总容量的 70% 左右，为 $Ag_2O$ 还原为 $Ag$，同时还存在 $AgO$ 直接还原为 $Ag$。大电流放电时，高电压平台不明显，而在小电流下，高电压平台占总放电容量的 15%～30%。在实际应用中，尤其是对电压精度要求高的场合，如导弹、卫星用电源等，需要消除小电流放电时高电压平台的影响，通常采用还原、预放电、不对称交流电或脉冲充电、加入卤素离子添加剂等的方法。

#### （2）氧化银电极的自放电

在荷电状态湿储存下，氧化银电极会损失部分容量，这与 $Ag_2O$ 的化学溶解和 $AgO$ 的分解所导致的自放电现象有关。$Ag_2O$ 在 KOH 中以 $Ag(OH)_2^-$ 形式存在，且溶解度随 KOH 浓度的增加先升高，达到峰值后下降。$AgO$ 在碱溶液中的溶解度与 $Ag_2O$ 类似，这可能与 $AgO$ 在电解液中分解为 $Ag_2O$ 的因素有关。充电时，溶液中存在 $Ag(OH)^{4-}$，且其溶解度远大于 $Ag_2O$，但这对于氧化银电极的容量损失影响微小。银溶解且迁移到锌负极被认为是危害锌-氧化银蓄电池寿命的主要因素，故而该蓄电池应在低温下以放电状态储存。

$AgO$ 的分解包括下列两种。

固相反应：$Ag + AgO \longrightarrow Ag_2O$

液相过程：$2AgO \longrightarrow Ag_2O + 1/2 O_2$

由于 $O_2$ 在 $AgO$ 上析出的过电位很高，$AgO$ 分解速率受析氧步骤控制，室温下的自放电反应速率可以忽略不计。总之，氧化银电极的自放电速度很小，但对电池的搁置寿命存在显著影响。

### 7.6.3 锌-空气电池

**（1）锌-空气电池的发展**

锌-空气电池是以锌为负极，空气中的氧气为正极活性物质的电池体系。其具有理论比能量高（1350W·h/kg）、工作电压平稳、安全性好、价格低廉、环境友好等优势，被广泛应用于手表、助听器、军用无线电发报机等领域。

1879 年，麦歇以锌片作为负极，碳和铂粉作为正极载体，氯化铵水溶液作为电解液，组装成首个锌-空气电池，但该电池放电电流密度极小。20 世纪 20 年代，研究重点为碱性锌-空气电池。1932 年，Heise 和 Schumacher 以汞化锌为负极，石蜡防水处理的多孔碳为正极，20%氢氧化钠水溶液为电解质，显著提升了电池的放电电流密度，达 $7\sim10\text{mA/cm}^2$。20 世纪 60 年代以后，燃料电池成为各国研究热点，气体扩散电极理论不断完善，催化剂制备及气体电极制造工艺持续发展，气体电极性能逐步提升，工作电流密度可达 $100\text{mA/cm}^2$，高功率锌-空气电池得以实现并走向商品化。1995 年，以色列 Electric Fuel 公司首次将锌-空气电池应用于电动汽车，通过机械更换锌电极的方式对电池充电，比能量可达 175W·h/kg。随后，世界各国大力推广锌-空气电池在电动汽车上的应用。

**（2）锌-空气电池工作原理**

锌-空气电池的电池表达式为：$(-)\text{Zn}|\text{KOH}|\text{O}_2(空气)(+)$

锌负极反应：$\text{Zn}+2\text{OH}^-\longrightarrow\text{Zn(OH)}_2+2\text{e}^-\longrightarrow\text{ZnO}+\text{H}_2\text{O}+2\text{e}^-$

空气正极反应：$1/2\text{O}_2+\text{H}_2\text{O}+2\text{e}^-\longrightarrow2\text{OH}^-$

电池总反应：$\text{Zn}+1/2\text{O}_2\longrightarrow\text{ZnO}$

在此电池中，氧气自身不能直接作为电极，需要利用具有气体吸附能力并能提供电化学反应场所的碳电极。空气中的氧首先溶解在电解液中扩散，随后吸附在碳电极上，然后在碳电极与电解液界面上进行电化学反应产生电流。

**（3）空气电极**

空气电极以氧气为活性物质，该电极可逆性小，电化学极化较大。为了满足大电流密度工作的需求，必须使用催化剂。目前，氧还原反应的催化剂主要包括贵金属及其合金、金属有机螯合物、金属氧化物、碳等。

空气电极反应是在气、固、液三相界面上进行的，三相界面的性质决定了催化剂的利用率和电极传质过程。空气电极通常选用憎水型气体扩散电极，主要包括防水透气层、多孔催化层、导电网三种组分。其中，防水透气层是由憎水物质（主要为聚四氟乙烯）组成的多孔结构。该层只允许气体进入电极内部，而阻碍电解液的进入。多孔催化层由碳、憎水物质、催化剂组成。由于成分亲疏水性的不同，多孔催化剂层中会形成大量的薄液膜层和三相界面。氧的还原反应发生在薄液膜的微孔壁上。

**（4）锌电极**

与锌-锰电池和锌-氧化银电池类似，锌-空气电池中锌负极同样存在自放电问题，且在充放电循环过程中还容易发生电极变形和枝晶等问题。通常采用高纯度锌电极、制备锌合金、加入析氢过电位较高的金属、在电极上沉积稀土氢氧化物膜等措施，改善锌电极自放电，减少电极变形，抑制枝晶生长，提升电极性能。此外，针对锌负极充电过程中的枝晶和变形问题，科研工作者们还提出两种新的锌电极结构和充电方法：①循环负极活性物质法。将锌粉与电解液混合成浆液，用泵输入电池内部发生反应，生成的放电反应随浆液流出电池，送至电池外部的电解槽中，经还原处理后再送入电池。由于充电过程发生在电池外部，不仅避免了充电时锌电极的枝晶问题，而且流动的电解液降低了电极极化，使得电池可以在高电流密度下正常工作。但该方法会使电池组装复杂，能量转换效率低。②机械再充法。是指将用过的电极取出，换上新的锌电极。该方法不存在电极原位充放电过程中的形变和锌枝晶问题，充电时间短，使用方便。

### 7.6.4 可充锌离子电池

#### 7.6.4.1 锌离子电池发展史

随着科技的进步和经济的发展，可充电的锌基二次电池在 20 世纪逐渐兴起。但是，与锌基一次电池类似，早期开发的锌基二次电池依旧使用的是碱性电解液。由于金属锌在碱性环境中会发生不可控生长，出现严重的枝晶问题和大量不可逆的副产物，因此早期开发的可充电锌基电池容量衰减严重、库仑效率较低，这严重阻碍了其商业化发展。1986 年，Yamamoto 等人首次将弱酸性的 $ZnSO_4$ 用作可充 $Zn/MnO_2$ 电池的电解液，实现了较好的循环稳定性。然而，由于储能机理尚不清楚，这项研究在当时并没有得到重视。直到 2012 年，清华大学康飞宇等人在弱酸性的 $ZnSO_4$ 和 $Zn(NO_3)_2$ 电解液中发现了锌离子在 $MnO_2$ 电极中可逆的嵌入/脱出行为，并提出了"锌离子电池"的概念，打开了开发水系锌离子电池的大门。自此以后，大量的研究致力于开发高电压、高容量和高可逆性的电极材料，并期望揭示其反应机理。例如，2015—2016 年，普鲁士蓝类似物和钒基氧化物相继被用作锌离子电池电极材料；2017—2018 年，有机物和钼基材料也被应用到锌离子电池中。回顾锌离子电池的发展历史，可以看出目前中性/弱酸性电解液的研究是整个可充电水系锌离子电池体系中最主要的部分，并且锌离子电池的研究开发越来越关注其反应机理和实际应用。

#### 7.6.4.2 锌离子电池构造及工作原理

与锂离子电池的结构相似，水系锌离子电池是由正极、负极、隔膜和电解液四个部分构成。电解液主要包括无机类锌盐［如 $ZnSO_4$、$ZnCl_2$、$Zn(NO_3)_2$ 等］和有机类锌盐［如 $Zn(CF_3SO_3)_2$、$Zn(TFSI)_2$ 等］。其中，$ZnSO_4$ 具有成本低、溶解度高、与锌阳极相容性高且环境友好等优势，是目前研究最为广泛的锌盐。隔膜中目前应用最广泛的是玻璃纤维和滤纸。由于金属锌在弱酸性溶液中相对稳定，并且理论比容量高，因此可以直接作为锌离子电池负极。正极材料主要包括 $MnO_2$、$V_2O_5$、普鲁士蓝类似物、有机物等。

由于电极材料在水系电解液中的化学过程比较复杂，目前，关于水系锌离子电池的充放电机理研究还未取得统一结论，且具体的充放电机理与电极材料的类型密切相关。一般来说，水系锌离子电池中的氧化还原反应主要涉及三种机理：锌离子嵌入/脱出，质子、锌离子共嵌入/脱出，化学转化反应。

##### （1）锌离子嵌入/脱出

锌离子在正极材料中可逆地嵌入和脱出是最常见的储能机制，类似于锂离子电池。放电时锌负极上的锌失去电子变成锌离子，经电解液向正极扩散和迁移，嵌入到正极材料中，外电路电子流动则形成电流，实现化学能向电能的转化；充电时则相反，锌离子从正极材料中脱出，在外电压的驱动下经电解液向负极扩散和迁移，在负极得到电子变成金属锌。

负极反应：$Zn \rightleftharpoons Zn^{2+} + 2e^-$

正极反应：$M + xZn^{2+} + 2xe^- \rightleftharpoons Zn_x M$

电池反应：$xZn + M \rightleftharpoons Zn_x M$

### （2）质子、锌离子共嵌入/脱出

锌离子在电解液中以水合锌离子的形式存在，由于水合锌离子的半径较大，且为二价，在嵌入正极材料过程中容易受到较大的静电排斥力，导致了锌离子嵌入动力学缓慢。从理论上讲，溶液中具有更高扩散动力学的其他离子可以同时嵌入到主体材料中。相对于锌离子，质子（$H^+$）具有更小的半径和质量，且为一价，因此具有更高的扩散动力学。而水溶液中存在丰富的质子，因此，在正极材料的氧化还原过程中，经常包含着质子和锌离子的共嵌入/脱出。由于质子更高的嵌入动力学，电极材料中质子的参与也有利于提高电池的倍率性能。

### （3）化学转化反应

化学转化反应目前主要针对 $MnO_2$ 正极。与离子的嵌入脱出机理相比，化学转化反应具有更直接的电荷转移，往往具有更高的容量。在电解液足够多的情况下，电池的放电过程可分为以下三个阶段。

在 2.0～1.7V 高电压区，主要发生 +4 价的 $MnO_2$ 被还原为 +2 价的锰离子：

$$MnO_2 + 4H^+ + 2e^- \rightleftharpoons Mn^{2+} + 2H_2O$$

在 1.7～1.4V 中电压区，部分 $MnO_2$ 与质子发生化学转化反应生成 $MnOOH$：

$$MnO_2 + H^+ + e^- \rightleftharpoons MnOOH$$

而在 1.4～0.8V 低电压区，发生锌离子嵌入反应：

$$MnO_2 + 0.5Zn^{2+} + e^- \rightleftharpoons Zn_{0.5}MnO_2$$

### 7.6.4.3 锌离子电池正极材料

锌离子电池正极材料是锌离子电池的一个重要组成部分，决定着电池的容量以及电压。近年来，开发的锌离子电池的正极材料主要可分为锰基氧化物、钒基化合物、普鲁士蓝类似物、有机化合物材料和其他材料。

### （1）锰基氧化物

由于 Mn 的三种不同氧化态，即 +2、+3 和 +4，在锰基氧化物中显示出多样性的原子结构，具有丰富的氧化还原化学特性。目前，用于锌离子电池的锰基氧化物主要为 $MnO_2$。正是由于基本结构单元 $MnO_6$ 八面体通过共享顶点或边组装成链、隧道或者层状结构，形成了大量不同晶体结构的 $MnO_2$。基于单电子氧化还原反应（$Mn^{4+}/Mn^{3+}$），$MnO_2$ 的理论比容量高达 308mA·h/g，并具有 1.35V 左右的放电电压。$MnO_2$ 的晶型可大致分为三类：第一类是分别具有 $2\times2$、$1\times1$、$1\times1$ 和 $1\times2$、$3\times3$ 隧道结构的 α-、β-、γ-MnO$_2$ 和钡镁锰矿等；第二类是层状结构的 δ-MnO$_2$ 等；第三类是尖晶石型结构的 λ-MnO$_2$ 等。

在隧道结构 MnO$_2$ 中，α-MnO$_2$ 具有较大的隧道尺寸（4.6Å），有利于质子和锌离子在晶体结构中扩散，且隧道中含有 K$^+$、Na$^+$、NH$_4^+$ 等离子，电子和离子导电性较高，因此具有较高的活性。α-MnO$_2$ 的实际容量在 $200\text{mA}\cdot\text{h/g}$ 以上。与 α-MnO$_2$ 相比，β-MnO$_2$ 的（$1\times1$）隧道较小，这增加了锌离子的嵌入脱出难度，因此活性较低。但可以通过引入氧空位或锰空位的方法设计特殊形态和结构的 β-MnO$_2$，增加材料本身的活性位点，来获得高的储锌能力。γ-MnO$_2$ 具有 $1\times1$ 和 $1\times2$ 交替的隧道结构，因其隧道尺寸较窄，电化学活性低于 α-MnO$_2$。钡镁锰矿具有大的一维（$3\times3$）隧道结构，有望容纳更多的锌离子并实现快速的锌离子扩散。但研究表明钡镁锰矿型的 MnO$_2$ 正极虽然倍率性能较好，但初始放电容量仅为 $98\text{mA}\cdot\text{h/g}$，原因可能是材料的利用率低并且大的隧道结构不稳定。

层状结构的 δ-MnO$_2$ 由于层间距相对较宽（7.0Å），也成为锌离子电池理想的正极材料。相比于隧道结构 MnO$_2$，层状结构的 MnO$_2$ 具有更高的离子扩散动力学，更有利于质子和锌离子的嵌入和脱出。ε-MnO$_2$ 是由 MnO$_6$ 八面体致密堆积而成，这种致密堆积的结构使其无法进行离子的嵌入和脱出。但是，通过增加电解液的含量和充电电压，可使传统的基于单电子（Mn$^{4+}$/Mn$^{3+}$）氧化还原反应的嵌入脱出机理转变为具有双电子（Mn$^{4+}$/Mn$^{2+}$）氧化还原反应的溶解/沉积转化反应机理，使 ε-MnO$_2$ 的理论容量达到 $616\text{mA}\cdot\text{h/g}$。

尖晶石型结构的 λ-MnO$_2$ 中 MnO$_6$ 八面体排列比较致密，大尺寸的锌离子无法在尖晶石结构中扩散，因此具有理想晶型的 λ-MnO$_2$ 化学活性很低。类似于 β-MnO$_2$，可以通过制造阴离子或阳离子空位的方式增加 λ-MnO$_2$ 中的活性位点，激活其化学活性，增加容量。

除 MnO$_2$ 外，MnO、Mn$_3$O$_4$ 和 Mn$_2$O$_3$ 等由 Mn$^{2+}$、Mn$^{3+}$ 组成的锰氧化物也被用作锌离子电池的正极材料。基于（Mn$^{4+}$/Mn$^{3+}$）单电子反应机理，这些锰氧化物大多不稳定，在首次充电过程中会不可逆地转化为 MnO$_2$，随后将以 MnO$_2$ 的形式进行锌离子的嵌入和脱出。此外，具有 AB$_2$O$_4$ 分子式的尖晶石型氧化物（如 ZnMn$_2$O$_4$、MgMn$_2$O$_4$ 和 LiMn$_2$O$_4$ 等）在锌离子电池中也有一定应用。但理想尖晶石结构的 ZnMn$_2$O$_4$ 等会对锌离子的晶格扩散产生很强的静电排斥作用，导致锌离子的脱嵌过程较为艰难。另外，由于尖晶石结构的 AB$_2$O$_4$ 理论容量相对较低，相关研究较少。

**（2）钒基化合物**

由于钒元素具有多种氧化态（即 V$^{2+}$、V$^{3+}$、V$^{4+}$ 和 V$^{5+}$），钒基化合物呈现出多电子氧化还原反应和较高的可逆容量（$>300\text{mA}\cdot\text{h/g}$），是极具发展潜力的正极材料。不同于锰基氧化物中的 MnO$_6$ 八面体结构单元，V-O 多面体以多种形式出现，包括 VO$_4$ 四面体、VO$_5$ 三角双锥、VO$_5$ 方锥、规则 VO$_6$ 和扭曲 VO$_6$ 八面体。这些多面体链接形成链状、层状或三维的框架结构，进而组装成不同相的钒氧化物。钒基氧化物结构中大多含有层间阳离子（如 Li$^+$、K$^+$、Na$^+$、NH$_4^+$、Zn$^{2+}$、Ca$^{2+}$ 和 Mg$^{2+}$ 等）以及水分子以稳定晶体结构。总体来说，钒基氧化物可以按不同的结构单元分为以下六类：（i）由 VO$_5$ 方锥或 VO$_6$ 八面体组成的含单或双氧化钒层的 M$_x$V$_2$O$_5\cdot y$H$_2$O（M 代指 NH$_4^+$ 或金属阳离子），如 V$_2$O$_5$、V$_2$O$_5\cdot n$H$_2$O、Na$_{0.33}$V$_2$O$_5$、Li$_x$V$_2$O$_5\cdot n$H$_2$O、Zn$_{0.25}$V$_2$O$_5\cdot n$H$_2$O、Ca$_{0.25}$V$_2$O$_5\cdot n$H$_2$O、Mg$_x$V$_2$O$_5\cdot n$H$_2$O、V$_5$O$_{12}\cdot6$H$_2$O 和 NH$_4$V$_4$O$_{10}$ 等；（ii）由 VO$_5$ 方锥（或 VO$_5$ 三角双锥）与 VO$_6$ 八面体共享角组成的 M$_x$V$_3$O$_8\cdot y$H$_2$O，如 LiV$_3$O$_8$、

$NH_4V_3O_8$ 和 $NaV_3O_8 \cdot 1.5H_2O$ 等;(ⅲ)由 $VO_6$ 八面体和 $VO_5$ 方锥与水合阳离子组成的基于 $V_3O_8$ 层的 $M_xV_6O_{16} \cdot yH_2O$,如 $Na_2V_6O_{16} \cdot nH_2O$、$K_2V_6O_{16} \cdot 1.57H_2O$ 和 $CaV_6O_{16} \cdot 3H_2O$ 等;(ⅳ)由 $z$ 轴上 $VO_4$ 四面体配位的 $[V_2O_7]$ 基团组成的 $M_xV_2O_7 \cdot yH_2O$;(ⅴ)$V_6O_{13}$ 和 $V_6O_{13} \cdot yH_2O$ 由扭曲的 $VO_6$ 八面体共享拐角和边组成,并通过共享拐角形成交替的单层和双层钒氧化物层;(ⅵ)其他类型如 $VO_2$、$K_2V_8O_{21}$、$Zn_2(OH)$ $VO_4$ 等。

除了上述单一价态的钒氧化物,还有多种混合价态的钒氧化物被证明可以用作锌离子电池正极材料,如 $V_6O_{13}$、$V_3O_7 \cdot H_2O$ 和 $V_{10}O_{24} \cdot 12H_2O$ 等。另外,将钒基氧化物中的氧用阴离子($PO_4^{3-}$)代替,可以提高钒基材料的工作电压。例如,$VOPO_4$ 正极材料的工作电压达到 1.6V。$Na_3V_2(PO_4)_3$、$Li_3V_2(PO_4)_3$ 和 $Na_3V_2(PO_4)_2F_3$ 等钒基聚阴离子正极曾被广泛应用于锂离子或钠离子电池,由于其具有稳定的结构框架和快速的离子扩散通道,因此也被用作锌离子电池正极材料。虽然聚阴离子的应用提高了钒基氧化物的工作电压(0.7V→1.3V),但大量牺牲了材料的理论容量。

### (3)普鲁士蓝类似物

普鲁士蓝类似物拥有三维开放式的框架结构、丰富的氧化还原活性位点和高的结构稳定性,作为金属离子电池的电极材料已经被广泛研究。迄今为止,铁氰化铜、铁氰化镍、铁氰化钴、铁氰化铁和铁氰化锌等具有菱形结构的普鲁士蓝类似物均被运用在锌离子电池正极中。相比于锰基材料和钒基材料,普鲁士蓝类似物具有更高的工作电压(约1.7V),然而理论比容量较低,实际容量小于70mA·h/g。低的比容量限制了普鲁士蓝类似物在锌离子电池中的商业化进程。

### (4)有机化合物材料

有机化合物由于高理论容量、低成本、低毒性和可持续性已经被广泛用于碱金属离子电池。有机化合物通常具有柔性的晶格,可变的有机配体也赋予了其结构多样性和可控性。它们的分子间通过范德瓦耳斯力连接,使得它们能够容纳更多的多价态阳离子。有机化合物材料的氧化还原是一种非典型的嵌入反应机制,也可以认为是一种配位反应。考虑到水系锌离子电池中弱酸性的环境和 $Zn^{2+}$ 的脱嵌,有机化合物需要同时满足以下几个条件:不溶于电解液;具有稳定的结构;可以与 $Zn^{2+}$ 形成配位。

目前为止,大部分适用于锌离子电池的有机化合物正极一般都具有刚性结构,含有多个苯环,其中含有羰基官能团的醌类及其各类衍生物相继被报道可用于存储锌离子,例如杯4醌(C4Q)、1,4-萘醌(1,4-NQ)、9,10-蒽醌(9,10-AQ)、1,4-四氯苯醌、1,2-萘醌(1,2-NQ)、9,10-菲醌(9,10-PQ)、聚硫化苯醌(PBQS)和芘-4,5,9,10-四酮(PTO)等。醌类化合物的实际比容量达到 $300mA \cdot h/cm^2$ 以上,尽管该材料本身是不溶于水的,但是其放电产物通常会有部分可溶性。放电产物的溶解一方面大大降低了活性材料的利用率,另一方面也降低了锌离子电池的可逆性,从而导致循环性能比较差。Nafion 的离子交换膜的使用可以抑制放电产物的溶解和迁移,但是 Nafion 膜本身价格昂贵,不利于商业化生产。

聚苯胺也是一种适合锌离子电池的有机正极材料。不同于醌类化合物的羰基活性中心,聚苯胺的氧化还原伴随着—N—与—N⁻—之间的转化,实际容量能达到 $180mA \cdot h/cm^2$ 左右。然而,聚苯胺在充放电过程中容易发生去质子化,导致材料的导电性变差。在聚苯胺聚合过程中可以加入氨基苯磺酸使其与苯胺单体共聚合，从而在聚合物中引入磺酸基团（—$SO_3^-$）。磺酸基团可以作为内部的质子库储存质子，保证聚合物的局部酸性环境，从而保证材料在充放电过程的导电性。然而，目前发现的有机物正极的放电电压都偏低，在 1V 左右。因此，仍需开发高电压、高容量、高稳定性的有机正极材料。有机化合物正极在锌离子电池商业化进程上的路还很长。

### （5）其他正极材料

除上述材料外，部分具有层状结构的硫化物作为锌离子电池正极材料进行锌离子的可逆存储。通式为 $M_xMo_6T_8$（M 为金属离子；T＝S、Se 或 Te）的 Chevrel 相化合物是由包含金属离子的 $Mo_6T_8$ 单元阵列组成的，每个单元由一个扭曲的 $Mo_6$ 八面体组成，周围环绕着一个立方 $T_8$ 单元的硫化物原子。Chevrel 相化合物可以容纳具有快速电子转移动力学的高价阳离子，但受限于低容量（<100mA·h/g）和低平均电压（约 0.35Vvs. $Zn^{2+}$/Zn），电池的能量密度较低。另外，$MoS_2$、$VS_2$ 和 $VSe_2$ 等层状过渡金属卤化物也具有可逆脱嵌锌离子的能力。由于 $S^{2-}$ 相对于 $O^{2-}$ 的电负性更弱，因此静电相互作用比较弱，从而可以允许高价阳离子的快速迁移。但相比于氧化物，硫化物的放电比容量比较低（<250mA·h/g），工作电压也比较低（<0.8V），因此只能输出有限的能量密度和功率密度。

### 7.6.4.4　金属锌负极的挑战与解决策略

#### （1）锌金属负极存在的问题

锌金属具有较强的电化学活性，在水系电解液中表现出热力学上的不稳定性，因此在电池的长循环过程中会与电解液发生不可逆的副反应，包括析氢、腐蚀和钝化等，这会降低库仑效率和电极的利用率。另外，锌金属负极在循环过程中会遭受严重的枝晶生长问题。由于锌金属相对于锂金属具有更高的硬度，因此大的枝晶很容易刺穿隔膜，导致电池失效。

锌枝晶生长是锌离子电池实际应用需要解决的首要问题。锌金属负极每次充电都伴随着锌的电沉积过程，每次循环都有产生枝晶的可能。在锌电沉积过程中，初始形核会直接影响随后的形核和生长。均匀的初始形核会使随后的形核和生长也均匀。相反，枝晶生长与界面电子和离子分布的不均匀导致的不均匀成核密切相关。均匀成核往往需要严格的条件，包括光滑的电极表面、均匀分布的界面电场、快速的离子迁移界面、更多的成核位点等。实际上，界面处的 $Zn^{2+}$ 将沉积在那些较高活性的位点上，在初始成核过程中形成分散的晶核。电极/电解液界面处吸附在表面的 $Zn^{2+}$ 会通过二维扩散优先在初始晶核处聚集并形成更大的突起，这将进一步加剧电极表面电场分布的不均匀性。随后 $Zn^{2+}$ 趋向于沉积在现有的突起处，以最大限度地减少表面能进而导致枝晶的持续生长。持续生长的枝晶一旦发生断裂，将产生无电化学活性的"死锌"，导致电极可逆容量的下降；同时枝晶尺寸足够大时，将会刺穿隔膜并导致电池短路。

从动力学角度，锌枝晶的成核和生长原理可以通过"Sand's time"模型进行解释。通过该模型，锌枝晶的初始成核临界时间为：

$$\tau = \pi D \left(\frac{z_c e c_0}{2j}\right)^2 \left(\frac{\mu_a + \mu_c}{\mu_a}\right)^2 \tag{7-13}$$

式中，$\tau$ 为锌枝晶初始成核的临界时间；$D$ 为扩散系数；$e$ 为电子电量；$c_0$ 为初始

$Zn^{2+}$ 浓度；$z_c$ 为阳离子电荷数；$j$ 为有效电流密度；$\mu_a$ 和 $\mu_c$ 分别为 $Zn^{2+}$ 和阴离子的迁移率。模型表明，成核临界时间主要受到电流密度的影响，较大的电流密度 $j$ 对应于较小的锌枝晶成核时间，即电流密度越大越有利于锌枝晶的生长。在电池体系中，由于其他参数多为定量且影响较小，上式可简化为：$\tau \propto \dfrac{1}{j^2}$。

锌枝晶的生长不仅取决于动力学，热力学也是控制枝晶形成的一个非常关键的因素。成核的吉布斯自由能可以通过将其体积自由能和表面自由能相加来得到。根据经典成核理论，形成热力学稳定的临界晶核的形核率（$v_n$）和临界半径（$r_c$）与过电位（$\eta$）的关系为：

$$v_n \propto \exp\left(-\frac{1}{\eta^2}\right) \tag{7-14a}$$

$$r_c \propto \frac{1}{|\eta|} \tag{7-14b}$$

根据塔菲尔电化学方程式可知 $\eta \propto \lg j$，因此可以得出结论：大电流密度 $j$ 会减小临界晶核尺寸，增加形核率。在实际电池模型中，锌枝晶的形成是动力学和热力学共同作用的结果。一方面，大的电流密度会减小成核临界时间，不利于锌的均匀生长；另一方面，电流密度增大也会增加形核率，有利于锌的沉积。

除了锌枝晶问题，电解液中由水引起的副反应也会显著降低锌离子电池的性能。与碱性电解液相比，中性/弱酸性电解液由于具有更高的氢离子活性，因此表现出了更高的析氢反应热力学倾向。尽管锌电极具有较高的析氢过电位（$-0.83V$），但在低电位和高电流密度的条件下，析氢反应会与锌沉积反应产生无法忽视的竞争。析氢反应会导致电极表面产生氢气，使电池发生膨胀和鼓包，并最终导致电解液的泄漏。同时，由于锌金属的热力学不稳定性，析氢反应会造成锌的腐蚀，在电极表面留下腐蚀坑。另外，$H^+$ 的消耗会引起局部 pH 变化，形成局部的碱性环境，这会导致 $Zn^{2+}$ 在电极表面形成绝缘的化学物质。以典型的硫酸锌电解液为例，由于析氢反应导致的副产物〔例如 ZnO 和 $Zn_4SO_4(OH)_6$ 等〕是疏松多孔的，因此不能有效地阻挡电解液并阻碍腐蚀的进一步进行，而是起到钝化的效果。此外，副产物层还增加了锌金属电极和电解液之间的相间阻抗，严重影响了电子/离子的扩散，最终不仅严重降低了锌沉积/剥离的库仑效率，同时极大地缩短了电池的循环寿命。锌负极钝化会增大电池内阻，严重影响电极的电子和离子导电性，并且阻碍锌金属的进一步沉积/溶解反应，从而降低水系锌离子电池在循环过程中的库仑效率和循环寿命。

事实上，上述两个问题并不是相互独立的，而是存在着显著的相互作用。具体而言，枝晶的形成会导致电极表面积的增加，从而导致更加严重的析氢反应，而析氢反应的加速会导致负极表面惰性腐蚀副产物的进一步生成，这又会导致表面不均匀和电极极化扩大，进而促进枝晶形成。因此，在实际设计负极保护策略的过程中，需要考虑到枝晶和副反应之间的相互关联，只有同时解决这两方面的问题，才能够实现锌金属负极可逆性的提高。

**（2）锌金属负极的解决策略**

构建三维结构电极是一种提高锌负极性能的有效方法，本质上是通过增加电极/集流体的比表面积从而降低局部电流密度，实现更加均匀的电场分布和离子分布，以促进金属离子的均匀沉积。该方法通常需要借助三维集流体基底，如碳布、碳纳米管、石墨烯泡沫和泡沫铜等。然而，相比于平面电极，三维电极增加了比表面积，析氢速率会随之增加。在三维基体上修饰与锌能够进行合金化的金属（如 Al、Cu、Sn、Bi 等）能够进一步提升均匀沉积和抑制析氢反应的效果。

表面改性是一种在锌电极表面包覆一层人造涂层以抑制副反应并实现无枝晶负极的有效方法。优异的涂层必须是化学惰性的且在水溶液中结构稳定，同时需要具备低的电子导电性和高的离子导电性以保证锌离子的快速扩散。目前，涂层材料包括 $CaCO_3$、高岭土、金属氧化物（如 $TiO_2$、$ZrO_2$ 和 $CeO_2$ 等）、金属硫化物（如 ZnS、ZnSe 等）和有机物〔如聚偏二氟乙烯（PVDF）、聚酰胺（PA）、聚丙烯酰胺（PAM）等〕。如果不考虑副反应的抑制，也可以在锌负极的表面包覆一层导电材料来达到锌均匀沉积的目的，如石墨烯。与传统的枝晶抑制策略不同，诱导锌沉积模式是实现无枝晶锌负极的替代方法。例如，Archer 等人提出了一种基于石墨烯涂层上的锌金属异质外延成核和生长机制。

电解液优化对抑制电极的副反应以及锌枝晶的生长具有重要意义。按照目前的研究，电解液的设计策略主要包括组分和浓度调节、电解液添加剂和凝胶电解质等。

# 7.7 液流电池

## 7.7.1 液流电池的发展历史

氧化还原液流储能电池（redox flow battery，简称液流电池）是一种为电网调峰而开发的大容量电化学储能技术，其采用的正、负极活性物质均是以液态形式存在的氧化还原对，通过二者之间的可逆氧化还原反应来实现电能和化学能的相互转化。

液流电池的概念最早由 L. H. Thaller 教授于 1974 年提出，并设计出了 Fe-Cr 电池结构体系。该体系得到了包括美国 NASA Glenn 研究中心在内的世界各国的持续研究。2014 年美国 EnerVault 公司实施了 $250kW/1MW \cdot h$ 规模的 Fe-Cr 液流电池示范项目，2019 年我国国家电投中央研究院研发了国内首个 31.25kW 的 Fe-Cr 液流电池电堆（容和一号），并于 2020 年建成了 $250MW/1.5MW \cdot h$ 的光储示范项目（沽源战石沟光伏电站）。目前，Fe-Cr 液流电池的产业化和研究由于受自身技术问题而发展缓慢。

1984 年，美国 R. J. Remick 发明了多硫化钠-溴液流电池，随后英国 Innogy 公司利用该体系开发了具有不同功率的电池模块并组成了储能系统。2000 年英国南威尔士 Aberthaw 电站示范运行了世界上第一座规模高达 $15MW/120MW \cdot h$ 的多硫化钠-溴液流电池储能系统，2004 年美国哥伦比亚空军基地也建成了一座 $12MW/120MW \cdot h$ 储能系统。然而，该体系所使用的离子交换膜选择性较差，容易引起电解液离子在两极间相互渗透，目前研究已基本终止。

1985 年，澳大利亚新南威尔士大学 M. Skyllas-Kazacos 提出了全钒液流电池（又称钒电池）并对其进行了系统性研究，该电池体系是目前商业化程度最高且技术成熟度最强的液流电池技术。我国近年来有大批全钒液流电池项目在建，2012 年大连融科储能技术发展有限公司启动了当时世界上最大的全钒液流电池（$5MW/10MW \cdot h$），与辽宁省沈阳市的 50MW 法库风力发电厂进行耦合，为该风力发电厂提供了平稳的功率输出。目前，该系统已经连续稳定运行了十年以上，成功证明了全钒液流电池储能系统的安全性和可靠性。大唐国际瓦房店风电场也于 2019 年建成了 $10MW/40MW \cdot h$ 规模的示范项目。

锌基液流电池是一种单液流电池,种类包括 Zn-Br$_2$、Zn-Fe、Zn-Ce、Zn-Ni 等。20 世纪 70 年代美国埃克森美孚公司发明了 Zn-Br$_2$ 液流电池,是除全钒液流电池外商业化较为成功的液流电池技术。2016 年 Primus Power 公司在哈萨克斯坦部署了 25MW/100MW·h 的 Zn-Br$_2$ 液流电池储能系统。碱性 Zn-Fe 液流电池于 1981 年提出,2003 年 R. Clarke 提出了 Zn-Ce 液流电池,2007 年程杰等人提出 Zn-Ni 液流电池,这些电池或多或少都得到了一定的技术研发或示范应用。

### 7.7.2 液流电池的基本结构及其工作原理

图 7-13 所示为液流电池典型的基本结构示意,主要由电池或电堆(正极、负极和离子交换膜)、储液罐、管路系统、循环泵等部件组成。其中电池或电堆是电极反应的主要场所,其电极面积和电池组数决定了液流电池的输出功率,而电解液是能量的储存介质,其浓度和体积决定了液流电池的储存能量。液流电池这种独特的电化学性质使其设计更加灵活,适合于大规模储能系统以大功率调峰储能,也可与风电和太阳能电站组成一体化供电系统。

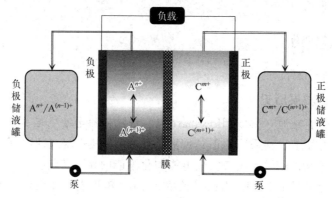

图 7-13 液流电池的结构

与常规固态电池技术不同的是,液流电池的电极只为活性物质提供反应界面,自身不发生氧化还原反应,且正负极活性物质通常以离子形态储存于电解液中,分别放置于储液罐中。在充放电过程中,溶于电解液中的活性物质通过循环泵进入到电池中,并在电极表面发生氧化还原反应。液流电池的充电过程是通过将电能转化成化学能,并将其储存在含有不同氧化还原电对的电解液中。

液流电池的工作原理是基于活性物质的氧化还原反应。在充电过程中,正极电解液中的活性物质 $C^{m+}$ 被氧化成 $C^{(m+1)+}$,负极电解液中的活性物质 $A^{n+}$ 被还原成 $A^{(n-1)+}$;放电过程则为充电过程的逆过程。

正极反应:$C^{m+} - e^- \Longleftrightarrow C^{(m+1)+}$

负极反应:$A^{n+} + e^- \Longleftrightarrow A^{(n-1)+}$

总电池反应:$C^{m+} + A^{n+} \Longleftrightarrow A^{(n-1)+} + C^{(m+1)+}$

一般地,液流电池具有以下特点:

① 电极反应是基于全液相的氧化还原反应,因而充放电反应速度快且转化效率高,可实现快速启动;

② 电池的输出功率和能量分别独立取决于电池堆的大小和电解液的用量,因而可以非常灵活地控制输出功率和能量;

③ 电解液大都为水系溶液且可循环使用，因而电池安全性高、使用寿命长，更换电解液可实现瞬时再充电；

④ 可实现 100% 深度放电而不损坏电池；

⑤ 自放电很小，只需将电解液封闭于储液罐中，就不会发生自放电现象；

⑥ 结构简单灵活，材料成本低，维护费用低。

在上述基本原理的指导下，具有不同电化学位的氧化还原对都可用于设计构造不同类型的液流电池。表 7-5 对比了几种常用液流电池结构组成及其性能。

表 7-5　几种常用液流电池结构组成及其性能

| 类型 | 水系电解液 | 氧化还原对 | $W/(\text{W·h/kg})$ 理论值 | $U_{OC}/$ V | $T/℃$ | 存在问题 |
|---|---|---|---|---|---|---|
| Fe-Cr | HCl | $Fe^{2+}/Fe^{3+}$ $Cr^{2+}/Cr^{3+}$ | 103 | 1.0 | 20~65 | 比能量低 |
| Zn-Fe | NaOH | $Zn/Zn(OH)_4^{2-}$ $Fe(CN)_6^{3-}/Fe(CN)_6^{4-}$ | 274 | 1.74 | 40 | 锌枝晶生长 |
| Zn-Cl$_2$ | ZnCl$_2$ | $Zn/Zn^{2+}$ $Cl_2/Cl^-$ | 465 | 2.12 | 20~50 | 结构复杂、氯的贮存、锌枝晶生长 |
| Zn-Br$_2$ | ZnBr$_2$ | $Zn/Zn^{2+}$ $Br_2/Br^-$ | 430 | 1.836 | 20~50 | 溴的贮存、自放电、锌枝晶生长 |
| 全钒 | H$_2$SO$_4$ | $VO^{2+}/VO_2^+$ $V^{3+}/V^{2+}$ | 342 | 1.259 | −5~60 | 成本高 |
| Cr-Cl$_2$ | HCl | $Cr^{2+}/Cr^{3+}$ $Cl_2/Cl^-$ | 542 | 1.77 | 常温 | 氯的贮存 |
| Fe-Ti | HCl | $Fe^{2+}/Fe^{3+}$ $Ti^{3+}/TiO^{2+}$ | 173 | 0.67 | 常温 | 开路电压低、钛易钝化生成 $TiO_2$ |

下面详细介绍两类研究较多或应用较为成功的液流电池体系。

## 7.7.3　全钒液流电池

全钒液流电池技术自 20 世纪 80 年代提出以来，近年来取得了显著的研究进展，在大规模储能应用中极具潜力，已在世界各地建成了许多兆瓦规模的示范基地，并将逐步走向商业化应用。该电池体系负极和正极的电解液分别为 $V^{3+}/V^{2+}$ 和 $VO^{2+}/VO_2^+$ 氧化还原电对。对于液流电池，两侧不同物种的活性物质在隔膜上会发生不可避免的扩散混合，这不仅会导致库仑效率的损失，而且还会造成容量的不可逆转。从这个角度来看，全钒液流电池使用的是同种钒元素，对正负电极都大有裨益，尽管不同价态的钒交叉会降低库仑效率，但是容量损失却可以通过适当的再平衡技术来缓解。因此，全钒液流电池体系最大限度地降低了交叉污染，系统寿命达 15~20 年。此外，该体系具有功率和容量相互独立、系统设计灵活、蓄电容量大、安全性高、深度放电程度合适以及自放电低等特点，是一种可用于整合可再生能源电力并且易于规模化扩展的电化学储能技术。

全钒液流电池的内部核心部分主要是由集流板（高导电率的铜板）、电极（高孔隙且导电性好的碳毡、碳纸）、双极板（具有流场结构的石墨板）、隔膜（Nafion 阳离子交换膜）

组成，如图 7-14 所示，这些材料的物理化学稳定性、导电性、耐久性及反应活性等会直接影响电池的稳定性、往返能量效率和使用的耐久性。

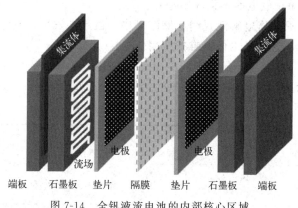

图 7-14　全钒液流电池的内部核心区域

端板　石墨板　垫片　隔膜　垫片　石墨板　端板

全钒液流电池中正极侧电解液中活性物质为 $VO^{2+}/VO_2^+$ 对，负极侧电解液中活性物质为 $V^{3+}/V^{2+}$。活性物质溶解于 $1\sim5mol/L$ 浓度的硫酸水溶液中，较高的硫酸浓度可以提供更多的质子（$H^+$）以增加离子导电性，但是过高的酸浓度也会降低钒盐的溶解度。不同价态的钒离子往往与水分子进行络合以更加稳定的形式存在于酸性电解液溶液中，例如，$VO_2^+$ 以 $[VO_2(H_2O)_4]^+$、$VO^{2+}$ 以 $[VO(H_2O)_5]^{2+}$、$V^{3+}$ 以 $[V(H_2O)_6]^{3+}$、$V^{2+}$ 以 $[V(H_2O)_6]^{2+}$ 的形式存在。在工作过程中，存储于储液罐的氧化还原活性物质，即不同价态的钒，通过蠕动泵连续向电池内部反应区域供应电解液，随后活性物质在多孔电极表面的活性位点处进行氧化还原反应，最后又回到储液罐中。电池反应的总容量取决于电解液中钒物质的用量。

在充电过程中，正极侧电解液中的 $VO^{2+}$ 被氧化为 $VO_2^+$，负极侧的 $V^{3+}$ 被还原为 $V^{2+}$，而放电过程正好相反，其氧化还原反应为：

正极反应：$VO^{2+}+H_2O-e^-\rightleftharpoons VO_2^++2H^+$　　　　　　　（$\varphi^\ominus=1.004V$）

负极反应：$V^{3+}+e^-\rightleftharpoons V^{2+}$　　　　　　　　　　　　　　（$\varphi^\ominus=-0.225V$）

总电池反应：$VO^{2+}+H_2O+V^{3+}\rightleftharpoons VO_2^++2H^++V^{2+}$　　（$\varphi^\ominus=1.259V$）

在充放电循环过程中，质子以及水等物质在电解液中通过阳离子交换膜在正负电极表面之间转移，实现电荷以及水的平衡。不同价态的活性物质在电极表面不断反应，电解液中不同物种的浓度也在相应地发生动态变化，直至两个半电池中的活性物质接近完全转化。

全钒液流电池在使用寿命、循环耐久性等方面具有显著优势，其功率与容量相解耦的结构特点使其更适合于大规模电网储能设备的使用。然而，目前该电池的成本较高，且目前报道的电池功率密度与商业化应用的标准仍有差距。

### 7.7.4　锌基液流电池

#### 7.7.4.1　电池结构及工作原理

金属锌是可以从水系电解液中进行可逆电沉积/剥离的活性最高的金属，锌电极是一个涉及两电子的电化学反应，因而可以实现较高的能量密度和功率密度。在不同电解液中，金属锌电极具有不同的反应机理及电极电位：

① $Zn-2e^- \rightleftharpoons Zn^{2+}$          $\varphi^\ominus = -0.763V$

② $Zn+4NH_3-2e^- \rightleftharpoons Zn(NH_3)_4^{2+}$      $\varphi^\ominus = -1.04V$

③ $Zn+4CN^--2e^- \rightleftharpoons Zn(CN)_4^{2-}$      $\varphi^\ominus = -1.34V$

④ $Zn+4(C_4H_6O_6)^{2-}-2e^- \rightleftharpoons Zn(C_4H_6O_6)_4^{6-}$    $\varphi^\ominus = -1.15V$

⑤ $Zn+4OH^--2e^- \rightleftharpoons Zn(OH)_4^{2-}$      $\varphi^\ominus = -1.285V$

可见，金属锌电极具有较低的电极电位，是用作液流电池负极的理想材料。此外，在液流电池中，流动的电解液还能减少锌电极表面的浓差极化，改变锌沉积形貌，在一定程度上解决充电时锌电极变形及产生锌枝晶的问题，同时还能避免放电时产生氧化锌钝化膜问题。

自 20 世纪 70 年代以来，通过耦合更高电位的氧化还原对正极，例如卤族电对（$Cl_2$/$Cl^-$、$Br_2$/$Br^-$、$I_2$/$I^-$）、$Fe(CN)_6^{3-}$/$Fe(CN)_6^{4-}$、$Mn^{2+}$/$MnO_2$、$Ni(OH)_2$/$NiOOH$、$Pb^{2+}$/$PbO_2$、$Ce^{4+}$/$Ce^{3+}$、$O_2$/$O^{2-}$、苯醌（BQ）电对、导电聚合物等，提出并开发了类型多样的锌基液流电池，如图 7-15 所示，按照其构成，可以分为双液流结构和单液流结构。锌基液流电池具有低成本、高安全性、结构灵活和能量效率高等优点，被视为极具潜力的可用于大规模商业化储能的电池体系。

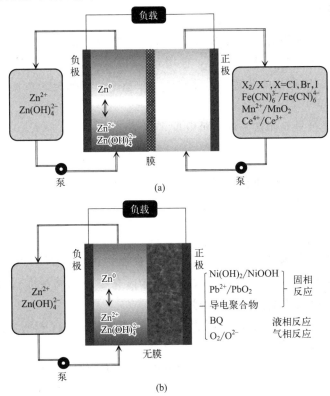

图 7-15 锌基液流电池的结构体系
（a）双液流结构 （b）单液流结构

### 7.7.4.2 几种常见的锌基液流电池

下面介绍几种目前研究较多的锌基液流电池。

（1）锌溴液流电池

卤族对（如 $Cl_2/Cl^-$、$Br_2/Br^-$、$I_2/I^-$）是锌基液流电池较为常用的正极，三者的工作方式很相似，其中锌溴液流电池的正极为 $Br_2/Br^-$ 电对，负极为 $Zn/Zn^{2+}$ 电对，正/负极电解液同为 $ZnBr_2$ 水溶液，一般采用传统的双液流结构。电解液通过泵循环流过正/负电极表面。

充电时，金属锌沉积在负极上，同时正极上 $Br^-$ 被氧化成 $Br_2$，正极反应为 $2Br^- - 2e^- \longrightarrow Br_2$，$\varphi^\ominus = -1.15V$，单质溴会与电解液中的溴络合剂络合成油状物质沉降在储液罐底部，使水溶液相中的溴含量大幅减少，大大降低了电解液中溴的挥发性，提高了系统安全性。放电时，负极表面的锌溶解，同时络合溴被重新泵入循环回路中并被打散，转变成溴离子，电解液回到溴化锌的状态，整个反应是完全可逆的。

该电池的理论电压为 1.85V，理论能量密度高达 $440W\cdot h/kg$。在过去的几十年中，锌溴液流电池体系已被多家公司成功商业化应用，如 Redflow（澳大利亚）、Zbest Power（中国）、Lotte Chemical（韩国）等。然而，在商业化的应用中，实际的能量密度被限制在 $60\sim85W\cdot h/kg$，不到理论容量的 20%。

（2）锌铈液流电池

锌铈液流电池为双液流结构，正极为 $Ce^{4+}/Ce^{3+}$ 电对，负极为 $Zn/Zn^{2+}$ 电对，支撑电解液为酸性溶液，如甲磺酸、$H_2SO_4$ 等，使用有机甲磺酸溶液有利于获得更高的电位窗口，提高 $Ce^{3+}$ 的溶解度，降低水的分解并提高锌的沉积速率。工作时通过循环泵将活性物质输送至正/负电极表面。

该电池体系的正极具有非常高的电极电位，其反应为：

$$Ce^{4+} + e^- \Longleftrightarrow Ce^{3+}, \varphi^\ominus = 1.72V$$

因此与锌负极配对，电池能够获得高达 2.48V 的理论电压，实际放电电压超过 2.0V，体积比能量可达到 $120W\cdot h/L$。

（3）锌镍单液流电池

锌镍单液流电池由我国防化研究院于 2007 年提出，正极为 $Ni(OH)_2/NiOOH$ 电对，负极为 $Zn/Zn(OH)_4^{2-}$ 电对，其支撑电解液为溶解在浓碱中的高浓度锌酸盐溶液，正负极采用单一电解质，无须离子交换膜，结构简单。

充电时，锌酸盐中的锌被电还原沉积在负极上，同时 $Ni(OH)_2$ 在正极上被氧化为 $NiOOH$；放电时，反应过程正好相反。

电池的正极反应为：$2Ni(OH)_2 + 2OH^- \Longleftrightarrow 2NiOOH + 2H_2O + 2e^-$，$\varphi^\ominus = 0.49V$

负极反应为：$Zn + 4OH^- - 2e^- \Longleftrightarrow Zn(OH)_4^{2-}$，$\varphi^\ominus = -1.285V$

### 7.7.4.3 锌基液流电池面临的挑战

可充电锌金属电极提供了一种可持续、安全、高储能和低成本的选择。作为电池的负极，其体积比容量（$5854mA\cdot h/cm^3$）约为锂（$2026mA\cdot h/cm^3$）的三倍。近年来，研究人员针对锌基液流电池的研究在电池关键材料、电堆集成和设计等方面取得了一系列重大的进展。然而，直接使用锌金属电极还存在诸多问题，例如腐蚀、钝化、析氢副反应、形变、枝晶生长等。负极可逆面容量通常低于 $80mA \cdot h/cm^2$，并且电堆的额定工作电流密度小于 $40mA/cm^2$，无法满足大规模储能的需求。尽管用于锌基液流电池储能系统的活性材料成本相对较低，但由于其额定工作电流密度低而导致的电堆功率密度低，严重阻碍了锌基液流电池的实际应用。因此，实际应用面临的主要挑战是如何提高电池组的工作电流密度和面容量，以及控制锌枝晶的形成。除了电极材料，电池的其他构件，如离子交换膜、石墨毡等，也需要同步进行研究以提高电池的性能。如果能够大幅度提高能量密度，理想的锌基液流电池有望实现前所未有的电化学储能方式。

# 7.8 传统蓄电池

## 7.8.1 铅酸蓄电池

铅酸蓄电池是由法国人 Plante 于 1859 年发明的，历经 100 多年的发展，该电池无论是理论研究，还是产品门类和性能，都取得了令人瞩目的成果，在民生和国防等领域都得到了极其广泛的应用。

铅酸蓄电池的正极活性物质是二氧化铅（$PbO_2$），负极活性物质是海绵状的金属铅，电解液为稀硫酸水溶液。在充放电过程，电池的反应机理为：

正极反应：$PbO_2 + 4H^+ + SO_4^{2-} + 2e^- \rightleftharpoons PbSO_4 + 2H_2O$

负极反应：$Pb + SO_4^{2-} - 2e^- \rightleftharpoons PbSO_4$

电池反应：$PbO_2 + 2H_2SO_4 + Pb \rightleftharpoons 2PbSO_4 + 2H_2O$

一个标准铅酸蓄电池的标称电压通常为 2.0V。在放电过程中，正负极活性电极材料与稀硫酸发生反应生成同一种化合物——硫酸铅。正极上 $PbO_2$ 的放电反应机理可以分为溶解沉积机理和固态机理，负极上 Pb 的放电机理同样可以分为溶解沉淀机理和固相反应机理。放电过程会不断消耗硫酸，放电愈久，电池内部硫酸浓度愈稀，因此只要测出电解液中的硫酸浓度，就可以得出电池的放电量或残余电量。在充电过程中，电极上的硫酸铅会被重新分解生成铅、二氧化铅和硫酸，因而硫酸浓度会逐渐恢复到放电前的状态，整个电池是一个高度可逆的电化学过程。如果继续充电则会导致水溶剂被分解，使得电池内部的电解液不断减少，此时就需要添加纯水。

铅酸蓄电池一般可分为开放式、密封式和免维护式，目前市场上主要是免维护式电池，主要采用的是具有高析氢过电位和抗腐蚀结构的铅钙合金作为板栅，因此使用过程中不需要加水加酸等维护。铅酸蓄电池是目前技术最为成熟的电池之一，其优点在于原料丰富、价格低廉、性能可靠、使用安全、大电流放电特性优异、温度性能良好（$-40 \sim -60$℃）、可浮充电使用、寿命较长、无记忆效应、易实现回收和再生利用。

## 7.8.2 镍-镉电池

镍-镉电池是一种碱性蓄电池，由瑞典人 W. Jungner 于 1899 年发明，其发展主要经历了极板盒式或袋式电池、烧结式电池、密封式电池三个阶段。我国自 20 世纪 50 年代后期开始研制镍-镉电池，60 年代初开始工业化生产。

镍-镉电池正极材料为具有层状结构的氧化镍（NiOOH），负极材料为海绵状金属镉，电解液一般为 KOH 水溶液。在充放电过程，电池的反应机理如下所示。

正极反应：$2NiOOH + 2H_2O + 2e^- \rightleftharpoons 2Ni(OH)_2 + 2OH^-$

负极反应：$Cd + 2OH^- \rightleftharpoons Cd(OH)_2 + 2e^-$

电池反应：$Cd + 2NiOOH + 2H_2O \rightleftharpoons Cd(OH)_2 + 2Ni(OH)_2$

镍-镉电池的标准电动势为 1.33V。在放电过程中，正极上氧化镍得到电子被还原为最终产物 $Ni(OH)_2$，负极上金属镉则被氧化成 $Cd(OH)_2$，$Cd(OH)_2$ 的沉积会阻碍电子和离子的传导，降低活性物质的利用率。充电过程的物质变化正好与上面相反。此外，从电池反应可知，该电池在放电过程中会不断消耗水，而充电过程生成水。

镍-镉电池的性能特点是循环寿命长，可达 2000～4000 次；内阻小，可大电流放电；耐过充电和过放电冲击；自放电较小、性能稳定可靠；使用温度范围宽（−40～40℃）；结构紧凑牢固。该电池缺点是在充放电过程中容易出现严重的"记忆效应"、能量效率低、活性物质利用率较低、价格较贵、含有毒物质镉等。

### 7.8.3　镍氢电池

镍氢电池也是一种碱性电池，分为高压和低压类型。高压镍氢电池是 20 世纪 70 年代初发展起来的，采用氢电极为负极，氢氧化镍电极为正极，电解液为 KOH 溶液，具有较高的比能量、寿命长、耐过充过放、反极化以及可以通过氢压来指示电池荷电状态等优点。但这种电池的缺点也很明显：需要耐高氢压容器，降低了电池的体积比能量及质量比能量；自放电较大；不能漏气，否则电池容量减小，并且容易发生爆炸事故。因此，这类电池已很少被应用。

低压镍氢电池通过使用贮氢合金（M，如 $LaNi_5$ 稀土合金、Laves 相合金、Mg 基合金等）作为负极来降低电池内压，镍正极和 KOH 电解液不变。在充放电过程，电池的反应机理如下。

负极反应：$M + H_2O + e^- \rightleftharpoons MH + OH^-$

正极反应：$Ni(OH)_2 + OH^- \rightleftharpoons NiOOH + H_2O + e^-$

电池反应：$Ni(OH)_2 + M \rightleftharpoons MH + NiOOH$

该电池的标准电动势为 1.32V，电池结构与镍-镉电池完全相同，工作电压也基本一样，因此二者在使用时可以相互替代。与镍-镉电池相比，低压镍氢电池具有许多优点：

① 比能量高，是镍-镉电池的 1.5～2 倍；

② 合金导电性好，可实现快速充放电；

③ 低温性能好；

④ 耐过充放电能力强；

⑤ 无毒，对环境污染小，被称为绿色电池；

⑥ 无记忆效应。

# 思考题

1. 什么是一次电池和二次电池？

2.简述锂离子电池的工作原理。

3.简述锂离子电池正极和负极材料的类型并列出其代表材料。

4.锂金属负极还存在哪些缺点？有哪些解决途径？

5.简述锂硫电池的工作原理及其存在的问题。

6.锂空电池有哪些类型？各有什么特点？

7.简述钠离子电池的工作原理。

8.简述钠离子电池正极和负极材料的类型并列出其代表材料。

9.钠金属电池有哪些类型？各自都有哪些特性？

10.锌金属电池有哪些类型？各自都有哪些特性？

11.水系锌离子电池包括哪些正极材料？简要分析各类电极材料的特点。

12.简要阐述锌金属负极在应用中存在的问题并说明其解决方式有哪些。

13.简述液流电池的工作原理。

14.简述全钒液流电池的储能机理。

15.锌基液流电池有哪些类型？分别具有什么结构特点？

16.对比阐述镍-镉电池和镍氢电池的优缺点。

# 第 8 章

# 电化学能量转换技术

## 8.1 电催化技术

### 8.1.1 电催化反应的基本规律

电极反应是伴有电极/电解液界面电荷传递步骤的多相化学过程，其反应速度不仅与温度、压力、电解液性质、电极表面状态和传质条件等有关，而且还受施加于电极/电解液界面的电场影响。许多化学反应尽管在热力学上是自发进行的，但由于动力学能垒较高并不能以显著的反应速率进行，因此必须使用催化剂来降低反应的活化能，提高反应进行的速度。

电催化反应是在电化学反应的基础上，使用催化材料作为电极或在电极表面修饰催化材料，利用电极/电解液界面双电层结构处的极高强度电场，对参与电化学反应的分子或离子进行活化，从而降低反应活化能和提升反应速率。

电催化的共同特点是反应过程包含两个以上的连续步骤，且在电极表面上生成化学吸附中间物。许多由离子生成分子或使分子降解的重要电极反应均属于电催化反应，主要分为两类：第一类反应是离子或分子通过电子传递步骤在电极表面产生化学吸附中间物，随后化学吸附中间物经过异相化学步骤或电化学脱附步骤生成稳定的分子，如氢电极过程、氧电极过程等。第二类反应是反应物首先在电极表面上进行解离式或缔合式化学吸附，随后化学吸附中间物或吸附反应物进行电子传递或表面化学反应，如甲酸电氧化反应就是通过双途径机理实现的。

电催化反应与异相化学催化反应有许多相似之处，同时也有其自身的重要特点。最突出的特点就是电催化反应的速度除了受温度、浓度和压力等因素的影响外，还受电极电位的影响，表现在以下几个方面：①在第一类反应中，化学吸附中间物是由溶液中的物种发生电极反应产生的，其生成速度和电极表面覆盖度与电极电位有关；②电催化反应发生在电极/电解质界面，改变电极电位将导致金属电极表面电荷密度发生改变，从而使电极表面呈现出可调的 Lewis 酸碱特征；③电极电位的变化直接影响电极/电解质界面上离子的吸附和溶剂的取向，进而影响到电催化反应中反应物和中间产物的吸附；④在第二类反应中形成的吸附中间产物通常借助电子传递步骤进行脱附，或者与在电极上的其他化学吸附物进行表面反应而脱附，其速度均与电极电位有关。由于电极/电解质界面上的电位差可在较大范围内随意地变化，因此，通过改变电极材料和电极电位可以方便而有效地控制电催化反应的速度与选择性。

### 8.1.2 电催化剂的电子结构效应、协同效应和表面结构效应

实践表明，电催化剂对催化反应选择性的影响取决于反应中间物自身的物理化学性质、

其与催化剂之间的相互作用强度以及在电极/电解液界面上进行的各个连续步骤的相对速度。电催化剂对反应速度的影响较为复杂，目前主流的学说将其分为电子结构效应、协同效应与表面结构效应。电子结构效应主要是指电催化剂表面能带结构会对反应中间产物吸附强度的影响；协同效应指的是电催化剂表面存在两种或两种以上的活性位点共同催化反应进行；而表面结构效应指的是催化剂的不同晶面因原子排列方式的差异而对同一反应表现出不同的催化活性与稳定性。从本质上来讲，表面结构效应只是电子结构效应的一种表现形式，因为不同晶面的态密度、能带结构一般不同，表面结构造成的催化性质的改变仍然受制于电子结构。随着纳米材料可控合成技术的迅速发展，现如今已经成功制备出各种各类具有特定尺寸、结构、暴露特定晶面的纳米电催化剂，且对纳米电催化剂晶面结构与催化性能之间的构效关系也有了更加深入的认识。在实际的催化体系中，以上三种效应往往同时存在且难以区分。

### 8.1.3 电催化剂的关键性能参数

在实验研究中，需要定量对比不同电催化剂的催化性质，与催化活性有关的性能参数包括：过电位、塔菲尔斜率、交换电流密度、电化学活性表面积、比质量活性、比表面积活性、电子转移数、动力学电流密度、起始电位、半波电位、电荷传递电阻、法拉第效率、转换频率等。与催化剂稳定性有关的测试技术包括：加速老化试验、计时电位法、计时电流法等，下面对其进行简要介绍。

#### （1）过电位

根据第 4 章，电流通过电极时电极电位偏离平衡电极电位的现象称为极化现象，并且极化的规律为：发生阳极极化时，电极电位会正移；发生阴极极化时，电极电位会负移。为了定量表示极化程度的大小，一般将某一电流密度下电催化反应的电极电位 $\varphi$ 与其平衡电极电位 $\varphi_e$ 的差值的绝对值称为该电流密度下的过电位 $\eta$，即 $\eta = |\varphi - \varphi_e|$。

过电位的值越小，则表明电催化剂的催化活性越好。在电催化的研究中，常将电流密度为 $10\text{mA/cm}^2$ 时的过电位值（记作 $\eta_{10\text{mA/cm}^2}$ 或 $\eta_{10}$）用于不同电极材料电催化性能的比较和参考。

#### （2）塔菲尔斜率与交换电流密度

在第 5 章中，我们知道过电位 $\eta$ 与电流密度 $j$ 的关系可由 Butler-Volmer 方程描述。在强极化条件下，Butler-Volmer 方程可近似为 Tafel 经验公式，塔菲尔斜率 $b$ 值越小，意味着在过电位相同的条件下电流密度的增长速度越快，证明电催化剂的活性越好，此外还可以通过计算 $b$ 值来确定电催化反应的机理与决速步骤。交换电流密度 $j_0$ 的含义是指当电催化反应处于平衡状态（$\eta = 0$，$\varphi = \varphi_e$）时电流密度的大小，反映了电催化剂的本征活性，$j_0$ 数值越大，则表明电催化剂的本征活性越好。

#### （3）电化学活性表面积

纳米材料电催化剂具有较大的比表面积，可以暴露更多的活性位点，但并不是所有的活性位点都可以参与反应，为了合理评估参与电化学反应的有效面积，研究人员提出了电化学活性表面积（ECSA）这一评价指标。

对于 Pt 基、Pd 基催化剂，可通过计算电极表面特性吸附的物质的量来确定电化学活性表面积的大小。以氢欠电位沉积法计算 Pt 的电化学活性表面积为例，通过对循环伏安曲线进行积分确定氢脱附区的面积 $S$，然后根据下式计算出 Pt 的电化学活性表面积：

$$\text{ECSA} = \frac{S}{C_{\text{Pt}} v m_{\text{Pt}}} \tag{8-1}$$

式中，ECSA 的单位为 $\text{cm}^2/\text{g}$（以 Pt 计）；$C_{\text{Pt}}$ 为单位面积 Pt 表面欠电位沉积氢的电荷量，数值为 $0.21\text{mC/cm}^2$；$v$ 为循环伏安法的扫速；$m_{\text{Pt}}$ 为催化剂中 Pt 的质量。

对于过渡金属氧化物电催化剂，常常通过测量双电层电容来衡量电化学活性表面积的数值。在非法拉第电位区，当电流流过时仅仅发生双电层的充放电而不发生任何氧化还原反应，近似认为在该电位范围内进行循环伏安测试时双电层电容的值不会发生改变。根据式 (8-2) 可知电流 $I$ 与扫速 $v$ 成正比。

$$I = \frac{\text{d}q}{\text{d}t} = \frac{C_{\text{dl}} \text{d}v}{\text{d}t} = C_{\text{dl}} v \tag{8-2}$$

在实验中，先通过循环伏安法在选定的电位区间内测得不同扫速下的曲线，然后以扫速、中值电位处电流密度的值为横纵坐标作图，所得直线的斜率即为该材料的双电层电容值。然后根据式 (8-3) 可计算出金属氧化物的电化学活性表面积，式中 $C_F$ 为单位面积理想光滑氧化物的双电层电容大小，数值为 $60\mu\text{F/cm}^2$。

$$\text{ECSA} = \frac{C_{\text{dl}}}{C_F} \tag{8-3}$$

（4）比质量活性

在电催化测试中，单位面积内催化剂的负载量越大，则测得的电流密度值也往往越大。为了准确衡量单位质量电催化剂的活性并评估其成本，还需计算比质量活性（常记作 $j_{\text{mass}}$），单位为 $\text{mA/g}$ 或 $\text{mA/mg}$，即读取某一过电位下电流密度的大小 $i$ 然后除以负载催化剂的质量：

$$j_{\text{mass}} = \frac{i}{m} \tag{8-4}$$

式中，$m$ 常指催化剂中贵金属元素的质量。电催化剂的比质量活性越高，则成本越低，贵金属的利用率越高。

（5）比表面积活性

在计算某一过电位下的电流密度时，一般情况下不能选择集流体（如玻碳电极）的几何面积作为除数（在此条件下计算所得的电流密度记为 $j_{\text{geo}}$），因为不同催化剂的比表面积不同且在催化测试中所暴露的活性位点数目也不同，用集流体面积计算所得的电流密度难以真实反映其催化活性，需要先测试催化剂的 ECSA 并以此为基础计算比表面积活性，为与 $j_{\text{geo}}$ 区分，常记作 $j_{\text{specific}}$，单位为 $\text{mA/cm}^2$，表达式为：

$$j_{\text{specific}} = \frac{i}{\text{ECSA}} \tag{8-5}$$

在对比不同催化剂的催化活性时，只有比较比表面积活性才更有意义。

### （6）电子转移数

氧还原反应（ORR）是燃料电池的阴极反应，包含四电子步骤和两电子步骤，其中 $O_2$ 分子通过四电子步骤可被还原为 $H_2O$ 分子，但通过两电子步骤只能被不完全还原为 $H_2O_2$ 分子。实际电催化体系中两电子步骤无法完全避免。可根据 Koutecky-Levich 方程计算反应的电子转移数：

$$\frac{1}{j} = \frac{1}{j_L} + \frac{1}{j_K} = \frac{1}{B\omega^{1/2}} + \frac{1}{j_K} \tag{8-6}$$

$$B = 0.62zFc_0D_0^{2/3}\nu^{-1/6} \tag{8-7}$$

式中，$j$ 为极化曲线中某一电位下的电流密度值（可选择 0.9V 或 0.95V）；$j_L$ 为极限扩散电流密度；$j_K$ 为动力学电流密度，反映电催化剂对 ORR 的催化活性；$\omega$ 为旋转圆盘电极的角速度；$z$ 为所要计算的电子转移数；$F$ 为法拉第常数；$c_0$ 为 $O_2$ 在电解质中的浓度；$D_0$ 为 $O_2$ 在电解质中的扩散系数；$\nu$ 为电解质的运动学黏度。在测试时通过改变旋转圆盘电极的角速度，测得对应的极限电流密度，作图并拟合即可算出对应的电子转移数。

### （7）起始电位与半波电位

在 ORR 测试中，将电流密度为 $0.1mA/cm^2$ 时对应的电位值称为起始电位，计为 $\varphi_{onset}$。起始电位是衡量 ORR 催化剂催化活性的重要性能指标。在 ORR 测试中，将电流密度为 $1/2j_L$ 时的电位称为半波电位，计为 $\varphi_{1/2}$。在研究中可通过综合比较起始电位与半波电位的大小来对比反应的极化程度与电催化剂的催化活性。

### （8）电荷传递电阻

在电化学阻抗谱方法中，复杂的电化学过程常常被等效为一个电路来进行研究。在催化剂表面发生的反应物或产物的扩散、吸附、脱附、氧化还原等行为，可等效为一个电阻与一个 Warburg 阻抗组成的并联电路，其中电阻被称为电荷传递电阻，表示电化学反应动力学能垒的大小，其值越小，说明催化剂降低反应能垒的效果越显著，催化活性越好；Warburg 阻抗代表扩散过程，两者的值可通过对电化学阻抗谱的 Nyquist 图进行拟合得到。

### （9）法拉第效率

法拉第效率（FE）是生成某产物需要的电荷量与反应消耗的总电荷量的比值：

$$FE = \frac{znF}{Q} \tag{8-8}$$

式中，$n$ 指产物的物质的量；$z$ 为反应的电子转移数；$F$ 为法拉第常数；$Q$ 为整个反应消耗的电荷量。在二氧化碳电还原反应研究中，生成的产物十分复杂，包括氢气、一氧化碳、甲烷、乙烯等气相产物与甲酸、乙酸、乙醇等液相产物，此时就需要计算各类产物对应的法拉第效率，进而确定催化剂的选择性。法拉第效率与催化剂的性质、电解质的 pH 值等因素密切相关。

### （10）转换频率

转换频率（TOF）是指单位时间内电位活性位点上发生催化反应的次数：

$$TOF = \frac{I}{zNF} \qquad (8-9)$$

式中，$I$ 为流过反应体系的电流值；$z$ 为反应对应的电子转移数；$N$ 为活性位点的数目；$F$ 为法拉第常数。在实际的催化反应体系中，活性位点的数目难以准确获得，常通过 ECSA 进行估算。

### （11）稳定性

ORR 体系中，常选择加速老化试验来评估催化剂的稳定性，即在 ORR 对应的电位范围内在较大的扫速下进行循环伏安扫描，在循环几千至上万次后，再次测试催化剂的极化曲线，通过对比循环前后起始电位、半波电位、动力学电流密度、比质量活性、比表面积活性等参数的变化情况，确定催化剂性能的衰减程度。除此之外，也通常采用计时电位法和计时电流法来评估催化剂的稳定性。还可通过电子显微技术观察循环测试前后催化剂的结构形貌变化或通过电感耦合等离子体发光光谱技术测试催化剂的溶解程度，来确定催化剂在反应体系中是否稳定。

## 8.1.4 氢电催化

化石能源是全球消耗的最主要能源，但是由于其储量有限，且随着社会的发展，其使用量的日益增加，化石能源短缺甚至枯竭的问题将不可避免。同时，燃烧化石燃料也造成了生态环境的急剧恶化，例如产生大量的二氧化碳等温室气体，使得大气的温室效应随之增强，这已经对全球的生态环境造成严重威胁。考虑到上述问题，开发清洁的可再生能源是当今面临的最为严峻的挑战之一。在众多能源载体中，氢气吸引了人们的广泛关注，被认为是一种高效清洁的新型能源。因为氢气具有极高的质量能量密度，同时它在燃烧过程中只会形成水，具有高度的清洁和可再生性。目前，工业上制取氢气的方式主要有以下三种。

甲烷蒸汽重整：$CH_4 + 2H_2O \longrightarrow 4H_2 + CO_2$

煤的气化：$C + 2H_2O \longrightarrow 2H_2 + CO_2$

电解水：$2H_2O \longrightarrow 2H_2 + O_2$

在这三种方式中，甲烷蒸汽重整和煤的气化占据了所有制取氢气量的 95%，而电解水制氢只占到 4%。显然，目前制取氢气的方式仍然主要依赖于化石能源，并且反应过程中会产生大量二氧化碳，所以这并不能从根本上解决能源危机和环境污染的问题。相比而言，将太阳能和风能等可再生能源转化成电能，进而进行电解水制取高纯氢气，被认为是一种能够可持续制取氢气的方式。目前，氢气的制取和使用的能源转化效率是制约其规模化应用的重要因素。

氢电极反应可以分为阴极的析氢反应（HER）和阳极的氢氧化反应（HOR）。析氢反应和氢氧化反应分别是电解水和燃料电池的阴极反应和阳极反应，对于氢能源体系的发展具有重要的意义。

### （1）析氢反应

常温下电解水电解槽根据电解液可以分为碱性电解水电解槽和酸性电解水电解槽（质子交换膜电解槽）。目前，工业大规模使用的主要是碱性电解水电解槽，其综合成本较低，并且碱性电解水器件的系统寿命可达 20 年。但是，碱性电解水电解槽也存在一些缺点。

① 碱液污染导致碱性电解水器件生成的氢气的纯度比酸性电解水器件生成的氢气的纯度低。为提高碱性电解水器件生成的氢气的纯度，需要使用辅助设备将氢气中的碱液去除。

② 快速变载能力较差。为了防止氢气或氧气穿过多孔的石棉膜混合从而引起爆炸，需要时刻保持碱性电解水器件的阴极和阳极两侧的压力均衡，因此碱性电解水器件不能快速关闭或启动，即快速变载能力差，因此碱性电解水器件与具有快速波动特性的再生能源发电联用的适配性较低。

③ 传统的碱性电解水器件使用的是液态电解质，阴极与阳极之间的距离较大因此具有较大的欧姆阻抗，此外在大电流条件下电极表面附着的气泡会减小电极的活性面积导致电极利用率降低。

因此，为了提高能量转化效率，碱性电解水器件的工作电流密度一般较小（不高于 $500\mathrm{mA/cm^2}$）。酸性电解水电解槽结构紧凑，欧姆电阻低，电流密度大，获得的氢气纯度高。但是酸性电解水系统目前仍然依赖 Pt 和 Ir 等贵金属催化剂，高的成本和短的使用寿命是限制酸性电解槽应用的主要因素。

无论在酸性还是碱性电解液中，电解水制氢总反应式是相同的，但是在不同的电解液中，析氢反应和析氧反应存在一定差异。

在酸性溶液中的电极反应为

阴极：$2\mathrm{H}^+ + 2\mathrm{e}^- \longrightarrow \mathrm{H}_2$

阳极：$2\mathrm{H}_2\mathrm{O} \longrightarrow 4\mathrm{H}^+ + \mathrm{O}_2 + 4\mathrm{e}^-$

在碱性溶液中的电极反应为

阴极：$2\mathrm{H}_2\mathrm{O} + 2\mathrm{e}^- \longrightarrow \mathrm{H}_2 + 2\mathrm{OH}^-$

阳极：$4\mathrm{OH}^- \longrightarrow 2\mathrm{H}_2\mathrm{O} + \mathrm{O}_2 + 4\mathrm{e}^-$

无论在何种溶液中，在 25℃ 和 1 个标准大气压下，水分解的理论热力学电压为 1.23V。需要指出的是，水分解的热力学电压与温度有关，可以通过提高电解温度来降低，但实际上必须施加高于理论热力学电压才能实现电化学水分解。高出的电位，即过电位 $\eta$，主要用于克服阳极（$\eta_{\mathrm{a}}$）和阴极（$\eta_{\mathrm{c}}$）上的本征活化势垒以及一些其他电阻（$\eta_{\mathrm{other}}$，如溶液电阻和接触电阻）。因此，可以用下式描述用于水分解的实际工作电压（$E_{\mathrm{op}}$）：

$$E_{\mathrm{op}} = 1.23\mathrm{V} + \eta_{\mathrm{a}} + \eta_{\mathrm{c}} + \eta_{\mathrm{other}}$$

通过上述方程，可以清楚地看出，虽然可以通过优化电解槽的设计来减少 $\eta_{\mathrm{other}}$，而 $\eta_{\mathrm{a}}$ 和 $\eta_{\mathrm{c}}$ 则必须通过高活性的析氧和析氢反应催化剂来使其最小化，因此，开发高效的析氢和析氧反应催化剂对于提高能源利用率和降低成本具有重要的理论和实际意义。

析氢反应是一个两电子反应，需要两步过程。首先，水和氢离子（酸性）或者水分子（碱性）放出一个电子，在催化剂表面形成吸附态的氢（Volmer 步骤）。在形成吸附态的氢之后，可以通过两个吸附的氢相结合（Tafel 步骤），或者一个吸附的氢与一个溶液获得的氢相结合（Heyrovsky 步骤），最后生成氢气。因此，在酸性和碱性电解液中，都存在两种机理：Volmer-Tafel 机理和 Volmer-Heyrovsky 机理，如图 8-1 所示。

具体反应机理如下：

$\mathrm{H}_3\mathrm{O}^+ + \mathrm{e}^- \longrightarrow \mathrm{M\text{-}H} + \mathrm{H}_2\mathrm{O}$（Volmer，酸性）

$\mathrm{H}_2\mathrm{O} + \mathrm{e}^- \longrightarrow \mathrm{M\text{-}H} + \mathrm{OH}^-$ （Volmer，碱性）

$\mathrm{M\text{-}H} + \mathrm{H}_3\mathrm{O}^+ + \mathrm{e}^- \longrightarrow \mathrm{H}_2 + \mathrm{H}_2\mathrm{O}$（Heyrovsky，酸性）

$$M\text{-}H + H_2O + e^- \longrightarrow H_2 + OH^- \quad \text{(Heyrovsky,碱性)}$$
$$M\text{-}H + M\text{-}H \longrightarrow H_2 \quad \text{(Tafel)}$$

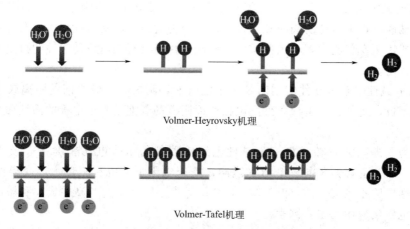

Volmer-Heyrovsky机理

Volmer-Tafel机理

图 8-1　析氢反应的机理

无论何种机理,都涉及氢的吸附和脱附过程,因此,电催化析氢反应性能与氢的吸附能有关。如果对于氢的吸附太弱,与催化剂的结合能较低,那么第一步 Volmer 步骤将会成为速率决定步骤。而如果对于氢的吸附太强,与催化剂的结合能较强,那么第二步的脱附过程,Tafel 步骤或者 Heyrovsky 步骤将会成为决速步骤。理想情况下,氢和催化剂表面的相互作用最好是适中的。

需要注意的是,因为水和氢离子的解离相比于水分子解离要容易很多,所以在第一步 Volmer 步骤中,酸性条件下更容易发生,而在碱性条件下,则要受到水解离过程的制约。对于大多数金属催化剂来说,它们在碱性溶液中的活性比在酸性介质中的活性要低 2 到 3 个数量级,主要是由于碱性溶液中水的解离较为缓慢,限制了后续氢的吸脱附。因此,在碱性介质中促进水的解离是非常重要的一步。例如 Pt 虽然具有很适合的氢吸附能,但是其对于水解离的能力有限,所以 Pt 在碱性溶液中的活性要远低于在酸性溶液中的活性。$Ni(OH)_2$ 能够促进水的解离过程,并且通过 $Li^+$ 对于 HO—H 键的扰动进一步增强这一过程,水解离后,产生氢中间产物并吸附在附近的高活性的 Pt 表面,形成吸附态的氢。和纯 Pt 相比,构建的 $Li^+$-$Ni(OH)_2$-Pt 复合催化剂在碱性溶液中表现出显著提高的催化活性。

除了本征催化活性和电解液对于析氢反应活性存在影响之外,催化剂的活性位点的数目对于析氢过电位也存在影响。例如,在镀锌时,在经过喷砂处理的表面相对于光滑的锌表面更容易产生氢气。这意味着喷砂处理之后相比于光滑表面有更低的析氢过电位。此外,在镀铂黑的铂片上的过电位要比光滑的铂片上的过电位低。当金属表面粗糙时,其比表面积要比表观的面积大得多,相当于降低了电流密度,当电流密度降低时,其过电位必然降低。同时,比表面积的增加也使得电化学反应或者复合反应的机会增多,从而有利于析氢反应的进行。

（2）氢氧化反应

燃料电池的种类很多,将在 8.3 节中具体介绍。本小节主要介绍质子交换膜燃料电池(PEMFC)和阴离子交换膜燃料电池(AEMFC)所涉及的氢氧化反应。虽然两种燃料电池的总反应方程（$2H_2 + O_2 \longrightarrow 2H_2O$）相同，但是它们的阴极和阳极的电化学反应不同。

对于质子交换膜燃料电池

阴极：$4H^+ + O_2 + 4e^- \longrightarrow 2H_2O$

阳极：$H_2 \longrightarrow 2H^+ + 2e^-$

对于阴离子交换膜燃料电池

阴极：$2H_2O + O_2 + 4e^- \longrightarrow 4OH^-$

阳极：$H_2 + 2OH^- \longrightarrow 2H_2O + 2e^-$

从上述方程式可以发现，阴极和阳极反应对应于同种电解液中电解水过程的逆反应。因此，其基本步骤单元和析氢反应相同，但是反应步骤顺序相反，其反应步骤如下：

$$H_2 \longrightarrow M\text{-}H + M\text{-}H (Tafel)$$
$$H_2 \longrightarrow M\text{-}H + H^+ + e^- （Heyrovsky，酸性）$$
$$H_2 + OH^- \longrightarrow M\text{-}H + H_2O + e^- （Heyrovsky，碱性）$$
$$M\text{-}H \longrightarrow H^+ + e^- （Volmer，酸性）$$
$$M\text{-}H + OH^- \longrightarrow H_2O + e^- （Volmer，碱性）$$

可见，这两种燃料电池都存在两种反应机理，即 Tafel-Volmer 机理和 Heyrovsky-Volmer 机理。和析氢反应相同，两种反应机理都存在吸附和脱附过程，因此同样需要适中的氢结合能。值得注意的是，和酸性电解液中不同的是，碱性电解液中氢氧根是一个反应物。研究表明，氢氧根的吸附同样控制着氢氧化反应的动力学。溶液中的氢氧根可以吸附在催化剂表面形成 M-OH，而 M-OH 的形成能够促进 M-H 的脱附，因此碱性溶液中氢氧化反应是由氢结合能和氢氧根结合能共同决定的。类似地，在 Pt 表面修饰 $Ni(OH)_2$ 后能够提高其在碱性溶液中的氢氧化性能。

此外，对于通常使用的 Pt 催化剂，由于氢气在 Pt 金属上的电氧化动力学过程较快，所以阳极极化非常小。但是，当氢气中含有微量的 CO 时，由于 CO 在 Pt 的表面产生强烈的吸附并且与氢气竞争占据催化剂的活性位点，从而导致严重的极化现象，其过电位显著提高。一般认为，当氢气中含有 0.001% 的 CO 时，就会产生明显的毒化现象。因此，氢气的纯度对于氢-氧燃料电池的性能具有显著的影响。

### 8.1.5 氧电催化

氧电极反应分为阳极的析氧反应（OER）和阴极的还原反应（ORR），分别对应电解水的阳极反应和燃料电池的阴极反应。因此，氢能体系的转化效率同样依赖于氧电极反应，并且和两电子的氢电极反应相比，四电子的氧电极反应的能垒更高，需要更高的过电位。因此，对氧电极反应的研究以及高性能氧电极反应催化剂的开发，同样具有重要的意义。

#### （1）析氧反应

析氧反应是电解水制氢的另一个半反应，并且是一个四电子反应，需要更高的反应能垒，所以开发高效的析氧反应催化剂，对于降低电解水电压和提高能源利用率具有重要的意义。

在酸性和碱性电解液中，析氧反应可能的机理主要有吸附析出机制（AEM）和晶格氧介导机制（LOM）两类，但是在不同电解液中，其反应物有所不同。

在酸性电解液中，其反应历程如表 8-1 所示：

表 8-1　酸性电解液中析氧反应历程

| 步骤 | 反应方程 | |
| --- | --- | --- |
| 1 | $H_2O \longrightarrow M\text{-}OH + H^+ + e^-$ | |
| | AEM 机制 | LOM 机制 |
| 2 | $M\text{-}OH \longrightarrow M\text{-}O + H^+ + e^-$ | $M\text{-}OH \longrightarrow (V_O + M\text{-}OO) + H^+ + e^-$ |
| 3 | $M\text{-}O + H_2O \longrightarrow M\text{-}OOH + H^+ + e^-$ | $(V_O + M\text{-}OO) + H_2O \longrightarrow O_2 + M\text{-}OH + H^+ + e^-$ |
| 4 | $M\text{-}OOH \longrightarrow O_2 + H^+ + e^-$ (AEM) | $M\text{-}OH \longrightarrow M\text{-}O + H^+ + e^-$ |

在碱性电解液中，其反应历程如表 8-2 所示：

表 8-2　碱性电解液中析氧反应历程

| 步骤 | 反应方程 | |
| --- | --- | --- |
| 1 | $OH^- \longrightarrow M\text{-}OH + e^-$ | |
| | AEM 机制 | LOM 机制 |
| 2 | $M\text{-}OH \longrightarrow M\text{-}O + H_2O + e^-$ | $M\text{-}OH + OH^- \longrightarrow (V_O + M\text{-}OO) + H_2O + e^-$ |
| 3 | $M\text{-}O + OH^- \longrightarrow M\text{-}OOH + H_2O + e^-$ | $(V_O + M\text{-}OO) + OH^- \longrightarrow O_2 + M\text{-}OH + e^-$ |
| 4 | $M\text{-}OOH + OH^- \longrightarrow O_2 + H_2O + e^-$ | $M\text{-}OH + OH^- \longrightarrow M\text{-}O + H_2O + e^-$ |

对于 AEM 反应机制，四步反应过程中的任何一步都有可能抑制整体析氧反应的性能，其中含氧中间体（如 M-OH、M-O 和 M-OOH）的吸附、解离和脱附过程决定着催化反应活性。理论上，在外部偏压为 0 时（$U = 0$），每一步的反应自由能（$\Delta G$）都相同。然而，实际上，三个含氧中间体的结合能线性相关。M-OH 和 M-OOH 都是氧原子通过单键和金属位点连接，而 M-O 则是通过双键和金属相连，因此，如果金属位点和氧的结合能太强，M-OOH 的形成就是析氧反应的决速步骤，如果结合能太弱，M-OH 的形成则是决速步骤。

AEM 反应机制主要涉及的是金属阳离子活性位点的氧化还原反应，而 LOM 反应机制则需要晶格氧参与反应，晶格氧从催化剂表面释放并形成氧空位（$V_O$），$V_O$ 被重新填充并成为新的活性中心。LOM 机制中不会生成 M-OOH 中间体，能够打破 AEM 机制的比例关系。主要有两种方法使得过渡金属氧化物遵循 LOM 反应机制：①增强 M-O 共价键和降低缺陷氧的生成能来激活晶格氧；②引入氧缺陷作为 LOM 的活性中心。

由于析氧反应是一个四电子过程氧化反应，因此析氧过程总是伴随着较大的过电位。在这种电位较正的范围内，电极表面极其容易被氧化生成相应的氧化物或者氢氧化物。这就使得随着电极电位的变化，电极的表面状态也在不断变化，从而给反应机理研究带来很大的困难。在酸性条件下，在达到反应电位之前，电极上就会发生氧化和溶解。正因为如此，酸性电解液中采用的仍然是贵金属 Ir 或者 Ru 的氧化物，以及少数不溶于酸的金属氧化物。当前开发高活性、高稳定性和低成本的酸性析氧反应催化剂仍然存在着巨大的挑战。而在碱性条件下，大多数过渡金属演化生成的材料都较为稳定，这些材料即为析氧反应的活性组分。

（2）氧还原反应

氧还原反应有两种催化路径，一种是经过直接的四电子过程还原生成 $H_2O$，另一种是通过两电子过程生成 $H_2O_2$。两电子过程生成的 $H_2O_2$ 可以进一步反应生成 $H_2O$，因此经过 $H_2O_2$ 中间产物的四电子过程是一种间接四电子过程。对于质子交换膜燃料电池来说，$H_2O_2$ 会降低质子导电聚合物电解质的能量转换效率，加速质子导电聚合物电解质的降解，而且 $H_2O_2$ 还会容易氧化非贵金属催化剂的活性位点，导致催化剂的失活问题。并且两电子过程的反应速率慢于直接的四电子反应，因此，氧还原催化剂设计中需要避免两电子过程，需要催化剂尽可能具有四电子反应活性。

氧还原是一个复杂的反应过程，包括多个电子转移、多步基元反应和多种反应中间体，决定了其本征的迟缓动力学。一般地，氧分子首先吸附在电催化剂表面的活性位点上，电子在表界面处转移，发生一系列的表面反应，包括电荷转移、分子重构以及键的断裂和生成。最后，反应产物从活性位点脱附。氧气在催化剂表面的四电子还原过程又可以分为缔合路径和解离路径两种。

在酸性电解液中，缔合路径的反应历程为：

$$O_2 \longrightarrow M\text{-}O_2$$
$$M\text{-}O_2 + H^+ + e^- \longrightarrow M\text{-}OOH$$
$$M\text{-}OOH + H^+ + e^- \longrightarrow M\text{-}O + H_2O$$
$$M\text{-}O + H^+ + e^- \longrightarrow M\text{-}OH$$
$$M\text{-}OH + H^+ + e^- \longrightarrow H_2O$$

解离路径的反应历程为：

$$O_2 \longrightarrow 2M\text{-}O$$
$$2M\text{-}O + 2H^+ + 2e^- \longrightarrow 2M\text{-}OH$$
$$2M\text{-}OH + 2H^+ + 2e^- \longrightarrow 2H_2O$$

在碱性电解液中，缔合路径的反应历程为：

$$O_2 \longrightarrow M\text{-}O_2$$
$$M\text{-}O_2 + H_2O + e^- \longrightarrow M\text{-}OOH + OH^-$$
$$M\text{-}OOH + H^+ + e^- \longrightarrow M\text{-}O + H_2O$$
$$M\text{-}O + H_2O + e^- \longrightarrow M\text{-}OH + OH^-$$
$$M\text{-}OH + e^- \longrightarrow OH^-$$

解离路径的反应历程为：

$$O_2 \longrightarrow 2M\text{-}O$$
$$2M\text{-}O + 2H_2O + 2e^- \longrightarrow 2M\text{-}OH + 2OH^-$$
$$M\text{-}OH + 2e^- \longrightarrow 2OH^-$$
$$M\text{-}O_2 、M\text{-}OOH、M\text{-}O \text{ 和 } M\text{-}OH$$

这些反应中间体的吸附是氧还原动力学过程中的关键环节，各步骤的反应活性很大程度上取决于相应含氧中间体在催化剂上的吸附能。具体地说，如果中间体的吸附作用太弱，它将限制 $O_2$ 的吸附和随后的解离形成 $O^*$；而若中间体的吸附作用过强，则会阻碍质子耦合电子转移形成的中间体（$O^*$ 或 $OH^*$）的脱附，影响随后的过程。因此，理想的 ORR 催化剂应该对含氧中间体具有中等的结合能。

## 8.1.6 氨电催化

氮（N）是生物地球化学循环的重要组成部分，大气中的 $N_2$ 含量约占 78%，以含氮化合物形式存在的氨（$NH_3$），是制备肥料、医药和燃料等重要的化工原料。$NH_3$ 因其具有较高的能量密度和高的含氢量（质量分数 17.8%）也可用作载体来储存从间歇性可再生能源供应中产生的能量。将大气中 $N_2$ 转化成 $NH_3$ 对农业、商业化学品的发展和能源载体的变革具有深远影响。然而，目前常用的工业合成氨方法生产成本高，反应条件苛刻，能源消耗大（约消耗全球 2% 的化石燃料能源）且产生大量 $CO_2$。因此，发展反应条件温和、能源清洁、高效可持续的固氮合成 $NH_3$ 方法是一项具有巨大社会影响潜力的科学挑战。本小节重点介绍电化学氮还原合成氨以及以氨作为能源载体的氨电化学氧化反应。

### 8.1.6.1 电化学氮还原合成氨反应

电化学氮还原合成氨反应可以在常温常压条件下进行，通过施加特定的电位来突破传统合成氨过程中的热力学限制。电化学氮还原合成氨反应需要断开具有极大键能的 N≡N 键，从而在催化剂表面产生含氮物种。$N_2$ 被活化后接着发生 6 个连续的质子-电子转移过程，最终生成两个 $NH_3$ 分子。目前公认的通过非均相催化剂进行电催化氮还原合成氨主要基于解离机理、缔合机理（包括末端路径和交替路径）和表面氢化机理，如图 8-2 所示。

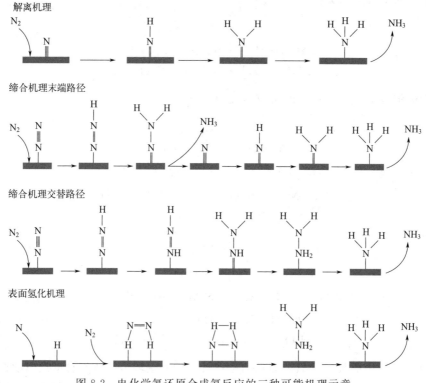

图 8-2　电化学氮还原合成氨反应的三种可能机理示意

以酸性电解液中为例，其反应路径分别如下所示。

（1）解离机理

$$N_2 \longrightarrow 2M\text{-}N$$
$$2M\text{-}N + 2H^+ + 2e^- \longrightarrow 2M\text{-}NH$$
$$2M\text{-}NH + 2H^+ + 2e^- \longrightarrow 2M\text{-}NH_2$$
$$2M\text{-}NH_2 + 2H^+ + 2e^- \longrightarrow 2NH_3$$

（2）缔合机理末端路径

$$N_2 \longrightarrow M\text{-}N_2$$
$$M\text{-}N_2 + H^+ + e^- \longrightarrow M\text{-}NNH$$
$$M\text{-}NNH + H^+ + e^- \longrightarrow M\text{-}NNH_2$$
$$M\text{-}NNH_2 + H^+ + e^- \longrightarrow M\text{-}N + NH_3$$
$$M\text{-}N + H^+ + e^- \longrightarrow M\text{-}NH$$
$$M\text{-}NH + H^+ + e^- \longrightarrow M\text{-}NH_2$$
$$M\text{-}NH_2 + H^+ + e^- \longrightarrow NH_3$$

（3）缔合机理交替路径

$$N_2 \longrightarrow M\text{-}N_2$$
$$M\text{-}N_2 + H^+ + e^- \longrightarrow M\text{-}NNH$$
$$M\text{-}NNH + H^+ + e^- \longrightarrow M\text{-}NHNH$$
$$M\text{-}NHNH + H^+ + e^- \longrightarrow M\text{-}NHNH_2$$
$$M\text{-}NHNH_2 + H^+ + e^- \longrightarrow M\text{-}NH_2NH_2$$
$$M\text{-}NH_2NH_2 + H^+ + e^- \longrightarrow M\text{-}NH_2 + NH_3$$
$$M\text{-}NH_2 + H^+ + e^- \longrightarrow NH_3$$

（4）表面氢化机理

$$H^+ + e^- \longrightarrow M\text{-}H$$
$$M\text{-}H + N_2 + H^+ + e^- \longrightarrow M\text{-}N_2H_2$$
$$M\text{-}N_2H_2 + 4H^+ + 4e^- \longrightarrow 2NH_3$$

目前，合成氨过程主要受到极大键能的 N≡N 键和竞争反应的限制。前面介绍的析氢反应是氮还原合成氨的主要竞争反应。除此之外，还有 $N_2H_2$ 和 $N_2H_4$ 等副产物的生成。因此，一种高效的氮还原催化剂不仅需要活性高和稳定性高，还需要选择性高，且生成的副产物 $H_2$、$N_2H_2$ 和 $N_2H_4$ 最少。

### 8.1.6.2　氨氧化反应

在二次能源载体中，氢气由于其丰富性、普遍性、零碳排放、高能量密度等特点，无疑是最优的经济和环境载体之一。然而，目前基于石油的基础设施和氢储存以及氢利用系统之间的不兼容性使得能源替代的成本非常高。另一方面，处于环境条件下的气态氢给氢气的运输和储存带来了很大的困难和安全问题。为缓解氢气的利用，寻找合适的氢气载体已成为解决氢气运输和储存问题的重要手段。作为一种化学储氢材料，氨能量密度高（含氢量

17.8%，液氨的体积能量密度比液氢高50%），易液化安全性好（只需8bar的压力），并且反应产物无污染，不会排放$CO_2$和$NO_2$等污染物。因此，氨可以作为一种优良的储氢材料，有效地解决储氢问题，降低成本。世界氨的生产、运输和储存已经建立了完整的工业体系，并具有成熟的安全管理经验。如果开发出高效的转换方法和反应器，可以很容易地与氢能系统连接。

利用氨的直接电化学氧化作为活性阳极燃料，是最为理想的电化学应用方式。一般来说，氨氧化过程是一个逐渐脱氢和N偶联生成氮和水的过程。目前氨氧化主要有两种机理：O-S机理和M-G机理。

### （1）O-S机理

$$M\text{-}NH_3 + OH^- \longrightarrow M\text{-}NH_2 + H_2O + e^-$$
$$M\text{-}NH_2 + OH^- \longrightarrow M\text{-}NH + H_2O + e^-$$
$$M\text{-}NH + OH^- \longrightarrow M\text{-}N + H_2O + e^-$$
$$2M\text{-}N \longrightarrow N_2$$

### （2）M-G机理

$$M\text{-}NH_3 + (3-x)OH^- \longrightarrow M\text{-}NH_x + (3-x)H_2O + (-3-x)e^-$$
$$M\text{-}NH_{x1} + M\text{-}NH_{x2} \longrightarrow M\text{-}N_2H_y (y = x_1 + x_2)$$
$$M\text{-}N_2H_y + yOH^- \longrightarrow M\text{-}N_2 + yH_2O + ye^-$$
$$M\text{-}N_2 \longrightarrow N_2$$

由于N吸附物种在催化剂表面具有很强的吸附能力，M-G机理更加被研究人员所接受。近年来，通过相关电化学数据和原位表征方法，进一步证实了这种机理的合理性。

## 8.1.7 碳基电催化

自从工业革命以来，煤和石油一直是维持人类活动的主要能源。由于这些能源的过度利用，大气和海洋中的二氧化碳浓度急剧增加。二氧化碳浓度的增加导致全球平均气温升高，从而导致沙漠增多和物种灭绝。将二氧化碳转化为高附加值的化学品，不仅可以有效控制$CO_2$浓度的增加，而且真正意义上做到了变"废"为"宝"，实现二氧化碳的资源化利用，从而形成一个可持续的循环系统。

### （1）二氧化碳还原反应

$CO_2$分子中碳元素处于最高氧化态，C和O之间以共价键结合，C＝O键的键能高达750kJ/mol，结构十分稳定，具有较高的还原能垒。实验参数如阴极电位、电解质盐、$CO_2$压力和催化剂类型等都可能影响反应过程。不同的反应途径或不同途径的组合，会导致不同的产物分布。$CO_2$分子还原反应通过转移不同的电子数，可以得到CO、HCOOH、HCHO、$CH_3OH$、$CH_4$、$C_2H_4$、$C_2H_5OH$和其他多碳产物。使用不同类型的催化剂可以有效调控反应路径从而得到不同的反应产物。例如金和银等贵金属对于CO中间体有较低的吸附能，因此其主要产物就是CO。而主族金属In、Sn、Bi和Pb等对$CO_2$具有较强的吸附，因此，HCOOH是其主要的产物。通过Cu基材料则可以得到碳氢化合物和其他多碳产物，因此Cu基催化剂也是目前研究的重点。可以看出，$CO_2$还原反应的产物种类繁多，同时析氢反应也是其主要的竞争反应，因此，相比于其他催化反应，$CO_2$ 还原反应产物的选择性是评价其电催化性能的一个重要参数。

### （2）甲醇氧化反应

甲醇是一种易溶于水的液体燃料，也是最早提出、研究最多并实际应用于质子交换膜燃料电池的阳极燃料。到 20 世纪 90 年代末，以纯氧为氧化剂的甲醇燃料电池的功率密度就可达 $200 \sim 300 mW/cm^2$，而用空气为氧化剂的电池功率密度也可达 $150 \sim 180 mW/cm^2$。甲醇氧化反应涉及 6 电子的转移并且生成 $CO_2$ 和 $H_2O$。甲醇电氧化的标准电位仅仅比标准氢电极高几十毫伏，从热力学上其阳极极化应该很小，但是甲醇的电氧化涉及 6 个电子和 6 个质子的释放和转移，表明甲醇的氧化反应包含多个基元反应，导致甲醇的电催化氧化反应速率比氢的电催化氧化反应速率低数个数量级。此外，Pt 基催化剂表面的甲醇氧化动力学缓慢还在于其氧化过程产生的 CO 类中间产物，吸附在其表面导致催化剂中毒切断了反应的连续性。因此如何提高催化剂的抗 CO 中毒能力是甲醇氧化催化剂的一个重要主题并影响整个电池系统的性能和寿命。

### （3）甲酸氧化反应

与甲醇相比，直接甲酸燃料电池有很多的优点。甲酸可以作为食品和药品的添加剂，和有毒的甲醇相比，它是一种无污染的环境友好物质。此外，甲酸不易燃，存储和运输过程中安全方便。甲酸是一种较强的电解质，因而能够促进电子和质子的传输，特别有利于增加阳极溶液的质子电导率。此外，甲酸可以电离生成甲酸根，甲酸根和 Nafion 膜的磺酸根相互排斥，从而部分阻碍了甲酸的透过，Nafion 膜对甲酸的透过率只有甲醇的 1/5。虽然甲酸的能量密度只有 $1740 W \cdot h/kg$，不到甲醇的 1/3，但是因为甲酸低的透过率，可以使其在高浓度下工作。甲醇的最佳工作浓度只有 2mol/L，而甲酸的最佳工作浓度为 10mol/L，在 20mol/L 的浓度下也能工作。因此，甲酸燃料电池的体积能量密度比甲醇的高，而且高浓度的甲酸冰点低，具备更好的低温工作性能。

### （4）乙醇氧化反应

乙醇是一种可再生的生物燃料，相比其他醇类，乙醇具有无毒、生产和存储简单以及来源广泛的优势，使用乙醇产生的物质恰巧就是自然界通过光合作用合成乙醇所需要的物质，所以乙醇产生的温室效应可以忽略。此外，与甲醇相比，乙醇的能量密度更高，达到 $8kW \cdot h/kg$。因此，乙醇燃料电池具有非常大的实际应用潜力。从热力学上分析，乙醇和甲醇的电化学氧化电位十分接近。但是从动力学角度看，甲醇完全氧化是 6 电子过程，而乙醇完全氧化是 12 电子过程，与甲醇完全电氧化相比反应更困难、过程更复杂和中间产物更多。并且乙醇完全氧化需要断裂 C—C 键，而断裂 C—C 键的活化能要远大于 C—H 键，所以对于乙醇来说，使之完全氧化的催化剂必须具备以下特性：在较低温度和电位下断裂 C—C 键和 C—H 键，并且能消除或至少一定程度上减少中间产物的毒化。

# 8.2 光电催化技术

光电催化反应是指在光照辐射以及施加适当偏压的条件下，光催化剂和反应物质相互作用发生的化学反应，是合成新的化合物或者使原有的化合物降解的过程。在光电催化反应中，催化剂的能带结构决定了半导体光生载流子的特性。光生载流子（光致电子和空穴）在光照作用下是怎样产生和被激发的，激发之后又是在何种条件下怎样与吸附分子相互作用等，都与半导体材料的结构有关。而这些光生载流子在半导体内和表面的特性又直接影响其光电催化性能。因此，我们首先来了解半导体的基本性质，这对研究光电催化具有重要的意义。

### 8.2.1 半导体的基本性质

#### （1）半导体能带结构与载流子

按照能带理论，孤立原子具有量子化的不连续电子能级，每个原子都有一个这样的能级，因此处于简并态。如果两个孤立原子相互靠近形成分子时，电子就会发生共有化，根据泡利不相容原理，两个简并的能级将分裂成两个能级，对应于固体化学中的两个分子轨道：分子最低空余轨道（LUMO）和分子最高占有轨道（HOMO）。当 $N$ 个原子组成具有一定晶体结构的固体时，则每个电子能级都将分裂成 $N$ 个准连续的电子能级，这样组成的一个能级结构就称为能带。如果所有电子能级均被价电子填充的能量较低的能带叫作价带；电子能级未被或部分被价电子所填充的能量较高的能带叫作导带；价带和导带之间没有电子能级的能量间隙叫作禁带，其宽度用 $E_g$ 来表示。能带导电的基本原则是"满带不导电，不满带才导电"。对于半导体或绝缘体材料来说，其能带结构如图 8-3 所示，只存在完全被电子填充的价带（满带）和没有电子填充的空带（导带），根据能带导电原则，这样的材料的导电能力很差，主要取决于禁带宽度的大小。

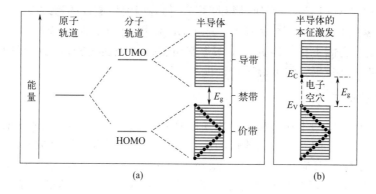

图 8-3　半导体晶体的能带结构及其本征激发

当禁带宽度较大（一般 $>3eV$）时，价带中的电子难以跃迁至导带，因而能带中无法获得可自由移动的载流子，这样的材料可认为是绝缘体。当禁带宽度较小（$0.5\sim3eV$）时，在一定温度下，价带中会有少量的电子通过本征激发从价带顶（$E_v$）跃迁至导带底（$E_c$），导致价带和导带均成为"不满带"，即获得少量可自由移动的空穴和电子，分别存在于价带顶和导带底，如图 8-3 所示，费米能级 $E_F$ 处于导带底和价带顶的中间，这种情况下的材料被认为是半导体。可见，半导体中的自由载流子包括导带中的电子和价带中的空穴，这些被激发出来的载流子就会在外部电场作用下发生定向移动，从而形成一定的电流。一般地，半导体的禁带宽度越小，本征激发出的电子数目就越多，则其导电性越好。

**（2）N 型半导体和 P 型半导体**

本征半导体是指化学成分纯净、完全不含杂质且无晶格缺陷的半导体，图 8-3 即为完美本征半导体的能带结构模型。在本征激发过程中，当价带中的一个电子吸收能量跃迁至导带时，必然会在价带中留下一个空穴，从而形成电子-空穴对，因此，在本征半导体中将获得等浓度的电子和空穴。

然而，在真实半导体材料制备过程中总是不可避免地引入杂质原子和不同缺陷，这些杂质和缺陷会产生定域能级，当这些能级被电子和空穴占据时，载流子的运动在一定程度上会受到限制，成为定域的电子或空穴。因此，向本征半导体中引入杂质原子时，禁带中就会出现额外的定域能级。根据杂质原子的类型，可以分为 N 型半导体和 P 型半导体。

① N 型半导体　以电子导电为主的半导体叫作 N 型半导体。以半导体硅为例，硅的价电子数为四个，当向硅晶格中掺入ⅤA 族元素原子（如磷、砷等）时，由于杂质原子的价电子数为五个，在硅晶体中共价配位完后，还会多出一个电子，但是价带中所有轨道都已占满，导致多余电子无法进入价带而处于比价带顶（$E_V$）稍高的能级上，与此同时，多余的电子还会受到杂质原子核的吸引，使其轨道定域在杂质原子附近，因而也难以进入导带。量子力学表明，这个多余的电子能级 $E_D$ 只能位于禁带中紧靠导带位置，容易被激发至导带中，如图 8-4（a）所示。这样能够向半导体导带提供电子的杂质原子称为施主。不难理解，N 型半导体中自由电子浓度大于空穴浓度，载流子主要为电子，即"多子"为电子，"少子"为空穴，费米能级 $E_F$ 位于导带顶下方。

② P 型半导体　以空穴导电为主的半导体叫作 N 型半导体。还是以硅为例，如果晶格中掺入ⅢA 族杂质原子（如硼、镓、铟等），由于硼原子价电子数为三个，与硅共价配位后，还会多出一个未被电子占据的价轨道，形成一个能量高于正常价带的受主能级 $E_A$。该空轨道紧靠满带位置，具有捕获价带中电子的能力，从而在价带顶形成大量空穴，如图 8-4（b）所示。这种能够接受或捕获半导体价带中电子的杂质原子称为受主。因此，在 P 型半导体中，空穴载流子浓度高于电子载流子浓度，即"多子"为空穴，"少子"为电子，费米能级 $E_F$ 位于价带顶上方。

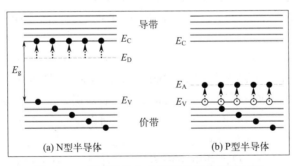

图 8-4　N 型半导体和 P 型半导体的能带结构

一般情况下，施主能级（$E_D$）接近于导带底（$E_C$），受主能级（$E_A$）接近于价带（$E_V$）。但不应以杂质能级的位置区分施主与受主，因二者能级均可出现在禁带的任何地方。应以其特征来区分，即施主能级被电子占据时呈电中性，而受主能级被空穴占据时呈电中性。

所谓半导体能级的带边位置，就是其能带的顶端或底端相对于真空的能级，一般用对应的电极电位来表示，反映的是半导体内部所形成能带上电子或空穴还原或氧化能力的大小。根据能斯特方程，这个带边位置还受溶液酸碱度的影响。图 8-5 列举了一些常见半导体材料在 pH＝0 的氧化还原电解质中的带隙及其相对于真空能级的带边位置以及相对应的电极电位。

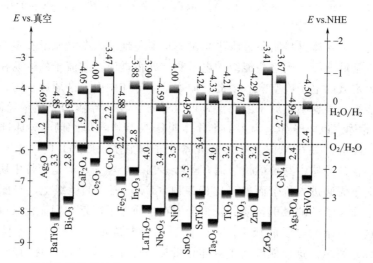

图 8-5　常见半导体材料在 pH＝0 的氧化还原电解质中的禁带宽度和带边位置

## 8.2.2　半导体与溶液接触时的界面性质

### （1）半导体/溶液界面的空间电荷场与电位分布

由于金属与溶液的费米能级 $\left[ E_F \neq E_{F(O/R)}^0 \right]$ 不同，当两相接触时，电子就会在金属/溶液界面处发生转移，自发地从高能量一侧流向低能量一侧，使得界面两侧出现剩余电荷，从而形成一个界面电场以阻碍电子转移，直至界面侧两相的费米能级相等，电子转移处于动态平衡。类似的界面电子转移现象同样也会发生在半导体/溶液界面，当半导体的费米能级与溶液中氧化还原对的费米能级持平时，将建立一个稳定的界面电场，在界面两相间产生一个相对电位差。

形成稳定的半导体/溶液界面后，半导体中的载流子浓度分布与稀溶液中离子浓度分布相似，即在空间上具有一定的分散性，剩余电荷层的厚度在半导体电极上可达 $10^{-6} \sim 10^{-4}$ cm，这个具有一定厚度的剩余电荷区称为空间电荷层，这是半导体电极界面结构的一个最基本特征。图 8-6（a）所示为 N 型半导体的空间电荷层。可见，由剩余电荷建立起的界面电场中，界面处的电位分布受剩余电荷密度的影响，会随距离发生变化，因此，处于空间电荷层中各位置的电子所获得的静电位能不同。与固体中原子核对电子产生的位能相比，界面电场所赋予电子的位能非常弱，只能引起电子能级随其升降，从而导致能带的弯曲。

因此，与金属/溶液界面相比，半导体/溶液界面因半导体空间电荷层的存在使得其界面处的电位分布具有显著不同的特点，一般由两部分组成：

① 半导体一侧空间电荷层的电位差；

② 溶液一侧由紧密层和分散层串联组成的双电层电位差。

图 8-6（b）给出了 N 型半导体电极带正电时（即半导体本体电位较高时）与溶液接触

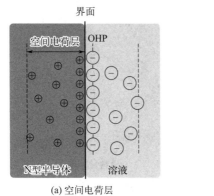
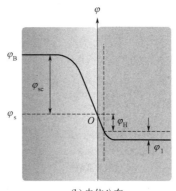

(a) 空间电荷层                                   (b) 电位分布

图 8-6   N 型半导体与溶液接触后形成的空间电荷层和电位分布

后的电位分布曲线，图中的 $\varphi_B$ 和 $\varphi_s$ 分别是半导体的本体电位和表面层电位。可以看出，半导体/溶液界面电位连续分布在半导体一侧的空间电荷层、溶液一侧的紧密层和分散层上，其电位差分别是 $\varphi_{sc}$、$\varphi_H$ 和 $\varphi_1$。显然，半导体/溶液界面的总电位差（$\varphi$）就是由这三部分的电位变化之和构成，即：

$$\varphi = \varphi_{sc} + \varphi_H + \varphi_1 \tag{8-10}$$

上述三个不同空间层可以等效成三个相互串联的电容器，则每个空间层的电位差正比于空间层厚度，而反比于介电常数。前文已述，半导体空间电荷层的有效厚度较大，远大于溶液一侧紧密层和分散层的厚度，但三个空间层的介电常数的差别基本在一个数量级以内，因此，空间电荷层的电位差最大，占主要部分。

通过上述分析，可以得到半导体电极的两个重要特点：

① 改变表面电极电位时，主要是引起空间电荷层电位差的变化；

② 表面电极电位或溶液中活性物质的费米能级变化通常只影响半导体电极的费米能级。

**（2）半导体/溶液界面的能带结构和空间电荷层类型**

在了解空间电荷层和半导体/溶液界面电位分布的基本概念后，下面将以 N 型半导体为例，讨论在不同电极电位下所引起的能带弯曲和空间电荷层类型。

通常情况下，N 型半导体与溶液接触时，半导体的表面电位小于半导体的本体电位，并且半导体的费米能级高于溶液中氧化还原对的费米能级，因此，电子将向溶液中转移直至体系达到平衡，即半导体与溶液中氧化还原对的费米能级相等。此时，由于半导体一侧因电子被耗尽而形成空间电荷层（图 8-7），在界面电场的作用下，能带朝溶液方向向上弯曲，阻止电子的进一步转移。这种在不施加外加电场时所形成的空间电荷层称为耗尽层。电子在半导体空间电荷层内的能量比本体高，且越靠近溶液，电子能量越高，其电位越低，能带向上弯曲，空间电荷层内的电子将流向半导体本体。

在耗尽层的基础上，如果表面电极电位与半导体本体电位的差值继续增大，电子将继续从半导体向电解液转移，部分价带中的电子也会被抽走，相当于对价带注入了很多空穴，导致了在半导体表面的多数载流子的浓度小于本征半导体中电子的浓度。也就是说，在 N 型半导体的表面区域（空间电荷层）多数载流子为空穴，表现出 P 型半导体的性质，此时空间电荷层的类型称为反型层，其能带弯曲方向如图 8-8（a）所示。

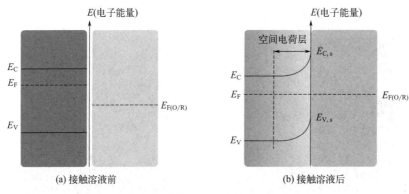

(a) 接触溶液前                    (b) 接触溶液后

图 8-7　N 型半导体与溶液接触前后能带的变化

当半导体表面电位大于半导体的本体电位时，半导体本体中的电子向表面转移，使得半导体表面附近电子浓度大大增高，其所形成的表面层则为积累层。因为负的空间电荷是由过剩的导带电子组成，所以与本体的载流子类型相同，但由于其电子浓度更高，因此积累层的导电性明显增加，其能带弯曲方向如图 8-8（b）所示。

除此之外，还存在一种特殊情况，例如当半导体的表面电位与本体电位相等时，即半导体/溶液界面半导体一侧不存在空间电荷层，能带就不会发生弯曲，这种情况称为平带，如图 8-8（c）所示。

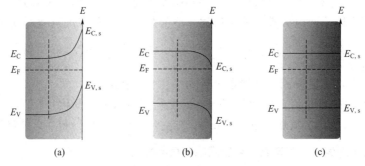

(a)                    (b)                    (c)

图 8-8　改变 N 型半导体表面电极电位时的空间电荷层种类

对于 P 型半导体，同样也会出现类似的空间电荷层，只是情况刚好相反。可见，半导体电极界面结构的典型特点就是存在空间电荷层，从上述空间电荷层的类型可以看到，改变空间电荷层的类型可以有以下两种方式。

① 通过外加电场改变表面层的电位，使半导体的本体电位与表面层电位差值发生变化，从而改变空间电荷层的类型。例如，阴极极化时，电极电位负移，N 型半导体将出现电子积累层，而 P 型半导体将出现耗尽层。如果极化电位很大的话，P 型半导体还可能出现反型层。

② 通过吸附某种物质实现载流子的注入与取出。例如，N 型半导体积累层的形成是由于电子在表面的聚集，如果此时 N 型半导体电极表面存在活性足够高的施主物质时，大量的电子会从施主流向半导体表面，从而在半导体表面形成电子积累层。

（3）表面态

由于固体表面总是存在大量的悬挂键，这些悬挂轨道对应的电子能态就是一种本征表面态。悬挂轨道激发电子到导带或者俘获电子时，将形成附加施主能级或受主能级，当这些附加能级不容忽视且能级位置处于半导体的禁带区时，统称为表面态或表面态能级。表面态分为本征表面态和非本征表面态两种。

① 本征表面态　在共价型半导体表面上，由于晶体中原子的周期有序排列在表面中断而产生的本征表面态称为 Shockley 表面态；而在离子型半导体表面由表面晶格离子所引起的本征表面态称为 Tainm 表面态。

② 非本征表面态　这种表面态包括杂质吸附在半导体表面所形成附加电子能级；处于各种晶格缺陷和不均匀处的原子轨道能级；Lewis 位置；在表面附近或在隧道作用范围内可以与固体表面交换电子的离子。

表面态的存在不仅会影响半导体/溶液界面的电位分布，还会由于其具有捕获电子或空穴的能力，使得表面态会充当半导体中电子空穴对复合中心的角色，使激发产生的少子与多子在表面态能级上发生复合，抑制少子与溶液中氧化还原电对的反应。除此之外，能带与溶液中氧化还原电对的电子交换也可以在表面态能级上实现，在电化学反应中起到电子传递反应催化剂的作用。

## 8.2.3　光电催化反应过程

光电催化反应的本质是指在光激发和外加电压的共同作用下，半导体催化剂产生的载流子，即空穴和电子，分别迁移至两个电极表面，参与还原性物质和氧化性物质的氧化还原过程，相应的反应装置称为光电催化反应池。

光电催化反应池主要由光电极、导电基底和电解液构成。需要进行产物分离时，可以选用合适的渗透膜将两个光电极隔开。导电基底的主要作用是将电极和外电路连接起来，实现载流子由光电极向外电路的运输，一般选用氟掺杂的氧化锡（FTO）和铟掺杂的氧化锡（ITO）透明导电玻璃。电解液的导电率和 pH 值是影响光电催化反应的主要因素，良好的导电率可以降低溶液电阻且有利于能带弯曲。在不同的 pH 值下，光电极的稳定性、催化反应能力以及氧化还原电位不同，因此，需要根据半导体光电极自身特性选择合适的电解液。此外，光电极是整个光电催化体系的核心部件，承担太阳光捕获、光生载流子分离和发生表面氧化还原反应等多重任务。半导体光电极的能带结构、载流子传输特性以及稳定性等物理化学性质是决定光电催化性能的关键因素。

以 N 型半导体光阳极为例，具体介绍一下光电催化反应基本原理。如图 8-9 所示，整个光电催化过程主要包括三个关键步骤。

① 光吸收。半导体光电极吸收具有一定能量的光子后，其价带中的电子被激发并跃迁至导带，同时在价带留下等量的空穴。

② 体相载流子分离。光生空穴和电子在内建电场和外加偏压的作用下分别向半导体表面和对电极表面传输。

③ 表面电荷注入。到达电极表面的空穴和电子注入电解液分别参与氧化还原反应。

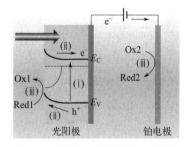

图 8-9　基于 N 型半导体光阳极的光电催化反应原理示意

由于光吸收、体相载流子分离和表面电荷注入是光电催化反应的三个关键步骤，因此，光电催化反应的最终性能主要是由半导体的光吸收效率（$\eta_{吸收}$）、体相载流子分离效率（$\eta_{分离}$）和表面电荷注入效率（$\eta_{注入}$）决定：

$$j_{催化} = j_{理论} \times \eta_{吸收} \times \eta_{分离} \times \eta_{注入} \quad (8\text{-}11)$$

式中，$j_{催化}$ 和 $j_{理论}$ 分别是光电催化反应的实际和理论电流密度。

下面针对这三个关键过程予以详细介绍。

### （1）光吸收

光吸收是光电催化过程的第一步。在这一步中，太阳光被半导体吸收并产生电子-空穴对，半导体的禁带宽度决定了能够被半导体吸收的太阳光波长范围：

$$\lambda_{max} = 1240/E_g \quad (8\text{-}12)$$

根据上式可知，半导体的禁带宽度越小，吸收光的波长范围越大。例如，$TiO_2$ 的禁带宽度较大，锐钛矿型约为 3.2eV，计算可得其吸收边仅为 388nm，因此只能吸收太阳光的紫外部分。相比而言，窄带隙半导体 $BiVO_4$（2.4eV）和 $Fe_2O_3$（2.2eV）吸收边分别为 517nm 和 564nm，可以捕获紫外-可见光区的太阳光。

根据太阳光的光谱分布图可知，太阳光的波长范围为 250～2500nm，其中紫外光（波长范围：300～400nm）仅占全部太阳光能量的 5%，可见光（波长范围：400～700nm）约占 43%，近红外（波长范围：700～2500nm）约占 52%。因此，拓宽半导体电极的光吸收范围可以有效提高太阳光的利用率。此外，半导体的光捕获能力直接决定了其作为光电极时能够获得的最大理论光电流密度：

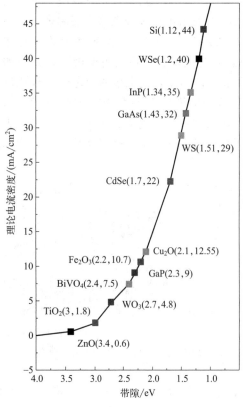

图 8-10　常见半导体带隙和理论光电流密度

$$j_{理论} = \int_{300}^{\lambda_{max}} \frac{\lambda \times \eta_{吸收} \times E(\lambda)}{1240} d(\lambda) \quad (8\text{-}13)$$

式中，$E(\lambda)$ 指标准太阳光光谱中某一特定波长（$\lambda$）对应的功率密度（$mW/cm^2$）；$\eta_{吸收}$ 为光吸收效率，代表了半导体电极的光吸收能力，可通过半导体材料的吸收曲线计算获得。如图 8-10 所示为常见半导体带隙和理论光电流密度。

如何提高半导体电极的光吸收能力，是当前研究的一个重要方向。大量研究表明，改善半导体光电极的光吸收可以通过以下途径实现。

① 元素掺杂。半导体带隙大小决定了其光吸收能力，宽带隙半导体较差的光吸收是限制其光电催化性能的根本原因。缩小半导体带隙，提高光吸收范围是改善宽带隙半导体光吸收的有效途径。掺杂是目前最为常见的改善光吸收的策略。当杂质元素掺入半导体后，半导体周期势场受到干扰并形成附加的束缚态，并在禁带中形成杂质能级，从而缩小半导体带隙，并改善其光捕获能力。

掺杂一般可分为金属元素掺杂和非金属元素掺杂。对于金属元素掺杂，引入的金属杂原子可以取代半导体中的金属原子，在导带附近的禁带中引入施主能级或受主能级，从而缩小半导体的带隙，拓宽光吸收范围。例如，当金属 Ni 元素掺杂入 $TiO_2$ 时，Ni 3d 轨道可以在 $TiO_2$ 禁带形成杂质能级，将其光吸收范围拓宽至可见光区域，从而显著增强其光电催化活性。非金属元素掺杂主要通过在 O 2p 轨道附近的禁带中引入杂质能级来缩小能带宽度。例如，当 N 元素引入 $TaO_5$ 时，N 原子可以部分替代 $TaO_5$ 中的氧原子形成 TaON，$TaO_5$ 的带隙可以从 3.9eV 缩短至 2.4eV，显著提高其光吸收范围。除了杂原子掺杂，自掺杂也是一种有效的改善途径，例如，$Ti^{3+}$ 掺入 $TiO_2$ 可将其禁带宽度从 3.06eV 缩小至 2.65eV，使其具有可见光响应的性质。

② 表面敏化。表面敏化是指将光响应优异的敏化剂修饰在宽带隙半导体表面，从而增强或拓宽光电极的光吸收，是改善宽带隙半导体光电催化活性的有效方法。表面敏化主要包括量子点敏化、染料敏化和表面等离子体共振等。

量子点敏化是利用光响应优异的窄带隙半导体量子点敏化宽带隙半导体。目前常见的敏化剂有 CdS、CdSe、CdTe、CuInS 和 C 量子点等。例如，当 CdS/CdSe 核壳结构量子点修饰 $TiO_2$ 时，$TiO_2$ 的光吸收范围将扩大至可见光区。

染料敏化是将具有良好光响应的有机染料分子修饰在半导体表面，从而拓宽或增强半导体的光吸收。有机染料分子吸收光子后，电子从 HOMO 跃迁至 LUMO，随后注入半导体导带，通过外电路传输至对电极发生还原反应，半导体中的空穴转移至染料分子的 HOMO 能级发生氧化反应。例如，表面修饰聚吡咯能够有效增强 $TiO_2$ 纳米管的光吸收，尤其是对可见光的吸收。优异的有机染料分子应该具有较宽的吸收边、良好的稳定性和合适的 HOMO/LUMO 能级。

表面等离子体共振是指当入射光照射到 Au、Ag 和 TiN 等纳米粒子表面时，光波中周期性变化的电场和磁场会诱导粒子表面自由电子的集体振荡，导致电荷的重排，从而形成内部和外部电场效应。如果电子的振荡频率与入射光频率一致则形成局域表面等离子体共振。值得注意的是，纳米粒子的尺寸、形貌和周围环境的介电常数均会影响电场的强度。例如，通过修饰具有等离子体共振效应的 Au 纳米颗粒，可以显著改善 $TiO_2$ 纳米棒对可见光的吸收。除了贵金属，TiN 和金属 Sn 也被证明具有表面等离子体共振效应，可以有效增强半导体的光利用率。

③ 构建阵列结构。当入射光照射平面半导体时，反射会造成入射光的严重损耗，从而降低光利用率。通过构建纳米阵列结构可以有效减弱入射光的反射，从而提高光捕获效率。例如，与同等厚度的硅薄膜相比，硅纳米线阵列可以将入射光的路径长度提高 73 倍，展现出显著增强的光吸收。此外，通过精确调控纳米结构可以实现入射光在纳米结构中的多次散射和再吸收，从而进一步提高光吸收效率。例如，利用聚丙烯球自组装和刻蚀技术可以构建反蛋白石结构的 $Fe_2TiO_5$ 薄膜，入射光可以在反蛋白石结构的空腔内发生相干多重内部散射，散射的光又可以被半导体再次吸收利用，从而实现了比相同厚度的平面 $Fe_2TiO_5$ 薄膜高一倍的光吸收。

（2）体相载流子分离

光子被半导体吸收后，将在半导体导带和价带位置分别产生电子和空穴，下一个关键步骤就是将产生的电子空穴对进行有效分离并快速转移至电极表面进行后续的氧化还原反应，这就是体相载流子分离过程，该过程也是影响光电催化性能的重要因素之一。

半导体光电极的体相载流子分离效率取决于半导体固有特性、电解液和外加电压。根据

8.2.2 部分的内容可知，由于半导体费米能级和电解液氧化还原电位之间存在差异，二者接触时半导体近表面会产生内建电场，导致能带弯曲，从而促进电子空穴分离。以光电催化分解水体系中的光阳极为例，如图 8-11 所示，通常光阳极半导体费米能级大于电解液中水的氧化还原电位，接触时半导体中的电子会注入电解液中并达到动态平衡，同时空穴在半导体区域 I（空间电荷层）中积累，形成向上的能带弯曲。由于内建电场的存在，区域 I 中的电子空穴能够被有效分离。区域 II 为半导体中载流子扩散长度，该区域中的电子空穴对在复合前能到达区域 I。区域 III 中的电子空穴则会在传输到区域 I 之前复合淬灭，不能贡献于光电催化分解水。外加电压和碱性电解液能够加深能带弯曲，从而促进载流子在区域 I 中的分离。区域 II 的宽度则取决于半导体的空穴传输和电子导电性。例如，禁带宽度为 2.2eV 的 $Fe_2O_3$ 具有优异的光捕获能力，但是其空穴传输长度只有 $2\sim4$nm（区域 II），导致光生电子空穴在块体中（区域 III）复合严重，无法有效转移至表面，因此所获得的光电催化性能远低于理论值。

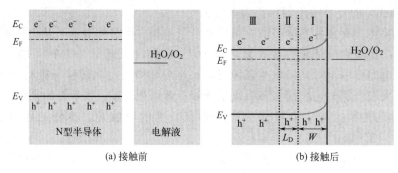

图 8-11　N 型半导体与电解液接触前后表面能带变化

为了进一步提高光电催化性能，可以通过以下设计策略加快半导体内部的载流子分离。

① 晶面调控。由于晶体各向异性的存在，载流子在不同晶面中传输能力也不同。晶面调控指基于这一特性诱导高能晶面的择优生长，加速半导体体相载流子传输和分离。以 $BiVO_4$ 为例，载流子在（004）和（040）晶面可以表现出优异的传输性能，光电催化活性远优于无特定晶面暴露的 $BiVO_4$。因此，晶面调控是改善半导体体相载流子传输的重要途径，但是如何通过精准调控，实现特定晶面的择优生长仍然面临着巨大挑战，尤其是在保证和导电基底的良好接触的情况下实现晶面调控，因为在导电基底上直接生长晶面取向的光催化剂对于实现半导体与基底之间的良好接触至关重要。此外，由于晶面的相关特性可能会协同影响光电极的光电催化性能，因此，如何在不同特性之间保持最佳状态对于合理设计晶面择优生长也是一个挑战。目前晶面调控的方法主要有外延生长法、激光烧蚀、成分调控和生长剂诱导等。

② 纳米化。纳米结构可以在保证充分光吸收的同时缩短载流子传输距离。以 $Fe_2O_3$ 为例，当薄膜厚度为 $500\sim600$nm 时，光电极才能充分利用太阳光。然而，$Fe_2O_3$ 的空穴传输距离极短（$2\sim4$nm），且空间电荷层的宽度只有 20nm，导致其块体内部产生的电子空穴对难以有效分离并传输至电极表面进行氧化还原反应。构建诸如纳米棒、纳米管和纳米片阵列等高横纵比的纳米结构，可以保证光吸收的同时，在至少一个维度上大大缩短载流子传输距离，从而改善体相分离。研究表明，与纳米棒相比，空心纳米管能够进一步缩短载流子传输距离，从而实现两倍于纳米棒阵列电极的光电流密度。

③ 异质结。构建异质结是提高半导体光电极体相载流子分离的有效策略。根据异质结作用机制的不同，可分为Ⅱ型和Z型异质结。如图 8-12（a）所示，在典型的Ⅱ型异质结中，两个半导体能带交错排列，接触后形成内建电场，能够驱动光生电子从半导体 A 导带向半导体 B 导带传输，空穴则由半导体 B 价带向半导体 A 价带转移，从而实现光生载流子的有效分流，加速体相分离。对于 Z 型异质结，如图 8-12（b）所示，半导体 A 导带位置和半导体 B 价带位置接近，二者接触时，半导体 A 价带中的空穴迁移至半导体表面发生氧化反应，导带中的电子和半导体 B 价带中的空穴复合，同时半导体 B 导带中的电子参与还原反应，从而实现 Z 型体系的载流子分离。目前构建异质结构的方法包括化学浴沉积、原子层沉积、溶剂热法、电沉积和浸泡煅烧相结合的方法等。

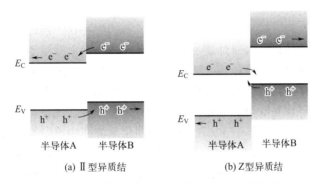

(a) Ⅱ型异质结　　　　　　　　(b) Z型异质结

图 8-12　两种典型异质结能带匹配和电子转移

### （3）表面电荷注入

光生电子空穴成功分离并传输至电极/电解液界面后，下一个关键步骤就是空穴和电子注入电解液发生氧化还原反应并生成相应的产物。实际中的半导体均不是完美结构的晶体，存在诸如悬挂键和结构缺陷等表面缺陷，这些缺陷会在带隙中引入电子捕获态，如图 8-13（a）所示，电子捕获态是表面或近表面载流子复合的主要原因。

除电子捕获态外，化学吸附的反应物、中间体以及最终产物都有可能成为表面复合中心。通常，在化学反应的进行中，需要同时考虑热力学和动力学两个方面的可行性。即使热力学可行，缓慢的表面反应动力学也会引起严重的载流子复合，从而导致光电催化活性降低，这也是光电催化领域另一亟待解决的问题。

针对上述原因引起的表面载流子注入效率低下的问题，目前有效的改善策略包括以下几个方面。

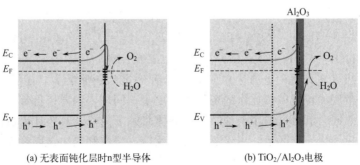

(a) 无表面钝化层时n型半导体　　　　　(b) TiO$_2$/Al$_2$O$_3$电极

图 8-13　无表面钝化层时 n 型半导体和 TiO$_2$/Al$_2$O$_3$ 电极表面能带结构及光生载流子传输

① 表面钝化。在半导体表面修饰合适的钝化层可以钝化表面缺陷，减少表面捕获态，从而降低表面复合。常见的钝化层包括 $Al_2O_3$、$TiO_2$、$In_2O_3$ 和 $Ga_2O_3$ 等。图 8-13（b）展示了 $Al_2O_3$ 钝化层修饰的 $TiO_2$ 光阳极用于光电催化水氧化的作用机制，$Al_2O_3$ 钝化层可以减少表面复合，提高载流子注入效率，最终实现优于纯 $TiO_2$ 的光电催化活性。迄今为止，表面钝化层被广泛用于光电极改性，并展现出了显著的效果。总之，钝化层/半导体的匹配和钝化层的形貌是影响最终钝化效果的重要因素。但是，如何设计、制备与半导体匹配良好的钝化层和精确调控钝化层均匀性、厚度也是目前面临的重大挑战。

② 助催化剂。半导体直接用于光电催化反应时，表面载流子差的传输特性和迟滞的界面反应动力学严重限制了光电转化效率。以 n 型半导体用于光电催化水氧化为例，传输至半导体光阳极表面的光生空穴往往水氧化动力学较差，导致其不能及时被电化学反应消耗，从而在界面发生复合淬灭，大幅降低光电催化活性。有效解决这一问题的重要途径之一是界面复合助催化剂，因为助催化剂可以加速反应动力学，改善表面载流子的注入效率，从而提高光电催化活性。通常可以选用 Ni、Fe 和 Co 等过渡金属氧化物、氢氧化物、磷化物和金属有机复合物等具有优异催化活性的电催化剂作为光电催化水氧化助催化剂。尽管助催化剂的研究已经持续了几十年，并取得了一定的进展，但是要获得性能更高的助催化剂，并最终实现商业化的水分解，仍然存在以下挑战：目前助催化剂的作用机制不够明确，甚至存在相互矛盾的观点，因而深入了解助催化剂的内在作用机制，对高性能助催化剂的设计具有重大指导意义；开发新型高活性和稳定性助催化剂；催化剂本征活性、负载量、形貌以及与半导体的匹配等特性同时决定最终的光电催化活性，因此助催化剂的精确调控尤为重要；开发双功能助催化剂，对于光电催化电池的实际应用具有重要意义。

## 8.2.4 光电催化分解水制氢

半导体具有光电效应，能够吸收一定能量的光子并产生电子和空穴，从而形成光电流和光电压，因此是实现光能转化为化学能的重要途径之一。光电催化分解水制氢技术可以实现太阳能直接到氢能的转化，整个过程简单经济且绿色无污染，是未来最有前景的制氢途径之一。虽然光电催化分解水制氢技术引起了国内外研究者的广泛关注，并取得了一定的成果，但是目前"太阳能-氢能"的转化效率仍然很低，远不能满足工业需求。

光电催化分解水制氢过程主要包括发生在光阳极上的析氧反应和发生在光阴极上的析氢反应。当半导体电极吸收一定能量的光子后，价带中的电子跃迁至导带，同时在价带产生空穴。光生空穴和电子在半导体表面空间电荷层电场的作用下分别扩散到光阳极和光阴极表面参与氧化还原反应，生成氧气和氢气，具体的电极反应如下。

光阴极：$2H^+ + 2e^- \longrightarrow H_2$         $E^+_{H/H_2} = 0V(\text{vs. NHE})$

光阳极：$2H_2O + 4h^+ \longrightarrow O_2 + 4H^+$     $E_{O_2/H_2O} = 1.23V$（vs. NHE）

总反应：$2H_2O \longrightarrow 2H_2 + O_2$          $\Delta E = 1.23V$

根据上述反应可知，理论上光生电子必须具有一定的还原能力，能够还原质子形成氢气，即半导体导带底的位置应该比水的还原电位更负；同理，半导体价带顶的位置应该比水的氧化电位更正，同时满足这两个条件，即半导体带隙 $E_g \geq 1.23eV$ 且带边位置合适时，才能驱动水分解反应发生。实际上，由于氧化还原反应过电位和热力学能量损失的存在，驱动水分解反应发生所需的 $E_g$ 远大于理论值，据估算，当 $E_g \geq 2.5eV$ 时才能实现无偏压水分解。光电催化水分解制氢包括多种结构体系，其中典型的三种结构体系分为单光电极体系、光阳极-光阴极串联体系和光伏-光电极串联体系。其中，单光电极体系又可分为光阳极-金属体系和光阴极-金属体系，读者可以参考相关专业书籍详细了解。

### 8.2.5 光电催化二氧化碳还原

化石燃料使用过程中伴随着大量二氧化碳排放，从而导致温室效应，引起全球变暖、冰川融化、海平面上升、气候反常以及土地沙漠化等一系列问题，对人类赖以生存的地球环境造成了严重危害。将二氧化碳转化为高附加值的碳氢燃料有望缓解目前二氧化碳过度排放的问题，产生的高附加值碳氢燃料可以重新用于工业生产。目前，用于二氧化碳还原的技术主要有热化学、生物转化、光催化、电催化和光电催化等。光催化二氧化碳还原主要模仿自然界植物的光合作用利用太阳能将二氧化碳转化为高附加值化学原料，绿色无污染，被认为是最理想的二氧化碳还原途径。然而，低的太阳能转化效率限制了光催化二氧化碳还原的进一步发展。电催化二氧化碳还原技术具有高的转化效率，但是还原过程需要消耗大量的电能。

光电催化集成了光催化和电催化二氧化碳还原技术的优势，利用太阳能和电能协同驱动二氧化碳还原，提高转化效率的同时减少了能源消耗。此外，与光催化相比，光电催化可以提高产物的选择性和催化效率。同时，由于能带结构的失配而不适用于光催化二氧化碳还原的半导体催化剂可在适当的外加电压下适用于光电催化二氧化碳还原。因此，光电催化还原二氧化碳被认为是最具潜力的技术之一。

光电催化二氧化碳还原过程主要包括发生在光阳极上的析氧反应和发生在光阴极上的二氧化碳还原反应。图 8-14 所示为光电催化二氧化碳还原装置，其中半导体催化剂可以作为光阴极或光阳极，两个光电极也可以同时为半导体。

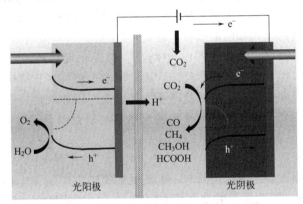

图 8-14　光电催化二氧化碳还原过程示意

光电催化二氧化碳还原受到了广泛关注并取得了一定的成果，但是目前仍然存在以下几个方面的问题。

① 选择性。碳元素具有多个价态，因此能够形成多种化学物质。二氧化碳中的碳原子处于最高价态，被还原过程中会产生大量不同氧化态的含碳产物，包括各种气体（如 CO、$C_2H_4$、$C_2H_5OH$ 和 $CH_4$ 等）以及液体（如 HCOOH、$CH_3OH$ 等）。因此，产物选择性是光电催化二氧化碳还原性能限制因素，同时导致了一系列产物检测和分离等问题。

② 热力学。从热力学角度来讲，析氢电位与二氧化碳还原电位接近，导致大量副产物氢气的产生。同时，目前认为二氧化碳还原的第一步是生成活性·$CO_2^-$ 中间体，但是该过程的激活电位较负（$-1.9eV$），目前还难以找到导带合适的半导体，因此导致其转化效率

有限。此外，相比于析氢反应，还原二氧化碳产生高附加值碳氢燃料反应过程需更复杂，涉及更多的电子转移，需要大量的能量消耗。

③ 动力学。二氧化碳还原需要克服高的活化能和过电位，因此表面反应动力学缓慢，这在很大程度上阻碍了反应的进行。此外，二氧化碳在水中较低的溶解度（0.033mol/L）严重限制了反应中电极电解液界面处的液相传质。

针对以上问题，目前主要的解决策略包括半导体催化剂形貌结构设计、助催化剂修饰以及新型高性能半导体催化剂的开发研究。

# 8.3　燃料电池

## 8.3.1　燃料电池及其特点

燃料电池是一种将燃料中储存的化学能直接转化成电能的电化学单元。虽然燃料电池常常被归类为电化学电源，但不论是其原理、结构还是工作方式都与常规的储能电池有着本质的区别。传统电池（如原电池和蓄电池）是集能量存储和转换于一体的电化学装置，即电活性物质通常作为电极材料的一部分存储在电池壳体中，在电池放电时活性物质不断被消耗，其一旦被消耗完电池就不能继续工作了。因此，传统电池的容量是有限的，并且电池在充放电过程中电极会不断发生变化。相比而言，燃料电池仅仅是一种能量转换装置，只要源源不断地供给燃料和氧化剂到燃料电池中，其中一个电极使燃料发生氧化反应，同时另一个电极使氧化剂发生还原反应，通过这样的电化学反应就可以连续地输出电能并对外做功，同时不断地排放产物。在这个过程中，燃料电池的电极本身并没有变化，只是提供电化学反应的场所。因此，燃料电池是一个典型的能量转化装置。

燃料电池一般由电极（正极和负极）、电解质、燃料和氧化剂等几个部分组成。其中电极的主要作用是传输气体、催化电化学反应，因此要求电极是多孔结构且催化能力优异。电解质主要包括水溶液、非水溶液、熔融盐离子导体、高温固体氧化物或者是含电解质的离子交换膜和石棉膜，其主要作用是传导离子和隔绝燃料与氧化剂。燃料的常见形式包含气态、液态和固态，比如 $H_2$、$NH_3$、$CH_3OH$ 和 C。

燃料电池的负极通常称为"燃料电极"，正极称为"氧化剂电极"。燃料电池具有能量转化效率高、污染低、噪声低、使用范围广、机动灵活等诸多优点。其中能量转化效率理论上可达 $70\% \sim 100\%$，虽然目前实际的发电效率在 $50\% \sim 80\%$ 范围内，但仍远高于热机能量转换效率（小于 $50\%$），并且可以长时间连续工作。如果燃料电池以纯氢气作为燃料，则电池唯一的反应产物是水，因此可以实现零污染排放。燃料电池本身不包含机械运动部件，附属系统也只有少量低噪音的部件，因此它可以安静地供能。燃料电池可以根据不同的应用需求组装成不同规模的发电单元，因此建设成本低、周期短。目前燃料电池可以从 1W 级做到兆瓦级，因而应用范围十分广泛。

## 8.3.2　燃料电池发展历史

1839 年，英国物理学家 W. R. Grove 报道了世界上第一个燃料电池。Grove 在两个充满氢气和氧气的密封瓶中分别放入一个铂片之后，再将两个瓶子一起浸入稀硫酸溶液中时，发现有电流在两个电极之间通过，并且产生了大约 1V 的电位差。为了提高电位差，Grove 将多个类似的装置串联起来，并点亮了照明灯泡，后来将其命名为"气体电池"。这是人类历史上第一次进行燃料电池演示，而他所使用的装置被公认为世界上第一个燃料电池。

燃料电池的概念最早是由英国化学家 L. Mond 和其助手 C. Langer 于 1889 年提出。他们的重大发现是通过增大膜电极中电极、电解质和反应气三相的接触面积可以获得更大的电能，于是他们大幅改动了电池的结构组成，将铂片、氢气、氧气和稀硫酸浸泡过的多孔隔膜材料分别作为电极、燃料、氧化剂和电池隔膜，最终得到了氢氧燃料电池，这个电池的工作电压是 0.73V，并且能够输出 $3.5mA/cm^2$ 的电流密度。

随后德国化学家 W. Ostwald 从理论上深入研究了燃料电池的各组成部分并致力于推广燃料电池，从热力学的角度证明了燃料电池的直接发电效率不受卡诺循环限制，可以达到50％～80％，比热机效率（＜50％）高出很多。

然而，19 世纪末，内燃机迅速崛起，化石燃料的开采提炼技术得到了大幅提高，而燃料电池的商业化还需要克服很多的技术难题，因此人们对燃料电池的研发陷入了停滞状态。直到 1932 年，剑桥大学的物理化学家 F. T. Bacon 对 L. Mond 和 C. Langer 所发明的燃料电池装置产生了极大的兴趣，开始不断地对其进行改进，经过 27 年的研究终于制造出了可以真正工作的碱性燃料电池（alkaline fuel cell，AFC），这个新装置把贵金属铂电极替换为廉价的多孔镍，且使用了不易腐蚀镍电极的氢氧化钾溶液，也被称为培根电池（bacon cell），是一个 5kW 的燃料电池堆，可以连续工作 1000h，为燃料电池的商业化奠定了基础。

相较于笨重的蓄电池和一次电池、效率低且价格昂贵的太阳能电池以及危险性太高的核电池，燃料电池具有诸多优点，因此在 20 世纪 60 年代，美国国家航空航天局（NASA）开始对燃料电池的设计和开发进行了一系列的资助。1962 年，NASA 与美国 GE 公司合作，开发出了聚合物电解质膜燃料电池（polymer electrolyte membrane fuel cell，PEMFC），并将其首次应用于双子星飞船的太空任务。此后，在航空飞机多次太空任务中均采用 Pratt & Whitney 公司研制的碱性燃料电池作为主电源系统，拉开了燃料电池蓬勃发展的序幕。

20 世纪 70 年代和 80 年代，世界各国面临的能源危机问题日益严重，推动了燃料电池的进一步发展，燃料电池技术的应用逐渐从航天领域开始转向民用。此后，燃料电池技术得到了飞速发展，各种类型的燃料电池先后问世，不断涌现出新材料和新工艺。例如，1972 年，杜邦公司成功研制出了 Nafion 聚合物质子交换膜，极大地推动了燃料电池的发展。1993 年，加拿大的一家公司推出了世界上第一辆以质子交换膜为动力源的公交车，该产品的面世将燃料电池推向了普通大众的视野。很多国家为此都制定了一系列的政策与计划，开始加大对氢能与燃料电池的研究，认真探索燃料电池大规模商业化和降低成本等问题。在此过程中，也开发出了更多种类的燃料电池，极大地丰富了燃料电池家族。

目前，燃料电池种类主要包括质子交换膜燃料电池、碱性燃料电池、磷酸燃料电池、固态氧化物燃料电池、熔融碳酸盐燃料电池和直接甲醇燃料电池，各电池的基本情况及相关性能参数如表 8-3 所示。

表 8-3　燃料电池类型及相关性能参数

| 项目 | 碱性<br>（AFC） | 质子交换膜<br>（PEMFC） | 磷酸<br>（PAFC） | 熔融碳酸盐<br>（MCFC） | 固体氧化物<br>（SOFC） |
|---|---|---|---|---|---|
| 燃料 | 精炼氢气 | 氢、甲醇、天然气 | 天然气、甲醇 | 天然气、甲醇、石油 | 天然气、甲醇、石油 |

| 项目 | 碱性<br>（AFC） | 质子交换膜<br>（PEMFC） | 磷酸<br>（PAFC） | 熔融碳酸盐<br>（MCFC） | 固体氧化物<br>（SOFC） |
|---|---|---|---|---|---|
| 氢化剂 | 纯氧 | 空气 | 空气 | 空气 | 空气 |
| 电解质 | KOH | 全氟磺酸膜 | $H_3PO_4$ | $Li_2CO_3$-$K_2CO_3$ | $Y_2O_3$-$ZrO_2$ |
| 电极 | Pt/C 或 Ni | Pt/C | Pt/C | Ni | NiO |
| 工作温度 | 65~220℃ | 约 100℃ | 180~200℃ | 600~750℃ | 800~1000℃ |
| 发电效率 | 约 45% | 约 50% | 40% 以上 | 45% 以上 | 50% 以上 |
| 商业化时间 | 氢能时代 | / | 1980 年代 | 1990 年代 | 1995 年以后 |
| 应用 | 宇宙飞船、潜艇不依赖空气推进（AIP）系统 | 分布式电站、交通电源工具、移动电源 | 热电联供电厂、分布式电站 | 热电联供电厂、分布式电站 | 热电联供电厂、分布式电站、交通电源工具、移动电源 |

### 8.3.3 燃料电池的基本结构与工作原理

要真正实现将化学能转化成电能并为负载持续提供电力，仅仅只有单个燃料电池是远远不够的，而是需要将多个燃料电池单元串联之后，再与辅助系统构成一个复杂的燃料电池系统才能实现。电化学反应系统是燃料电池的核心，是由电极、电解质以及将阴、阳极分开并允许某些离子通过的隔膜组成。如图 8-15 所示为氢氧燃料电池的结构示意，其中氢气为燃料，氧气是氧化剂。燃料电池的串联是通过"双极板"来完成的，双极板是燃料电池堆中重要组成部分，具有输送反应气体、收集电流、隔离燃料与氧化剂等多重作用，根据不同的燃料电池种类，双极板的材料也不同。

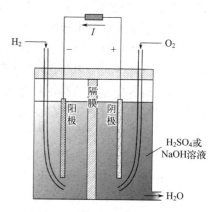

图 8-15 氢氧燃料电池的结构

电化学反应系统在整个燃料电池系统中所占体积并不大，而辅助系统，包括供气系统、水热管理系统、电输出管理系统等，通常占据了燃料电池的绝大部分体积。这些辅助系统需要完成燃料的存储、加工处理、燃料和氧化剂连续地输送到电池内部、电池输出电能的转换和功率调节、电池产生的热量管理等任务。这些辅助系统在工作时需要耗费大量电能，导致燃料电池系统体积大、效率低，因此，面对不同的应用场所需要合理地设计选择辅助系统。

从图 8-15 可以看出，燃料电池的结构组成和传统化学电源相似，其核心部分是由阳极、阴极和电解质这三个基本单元组成。电解质位于阴极和阳极之间，具有传导离子和阻止氧化剂和燃料直接接触的双重作用，阳极是催化燃料发生氧化反应的场所，阴极是催化氧化剂发生还原反应的场所，电子通过外电路做功。但是燃料电池与化学电源的工作方式不同，它只负责将燃料和氧化剂中储存的能量连续不断地转化成电能和热能，这样只影响燃料电池输出功率的大小，储能的大小则由储罐内燃料与氧化剂的含量所决定。

下面以碱性氢-氧燃料电池为例来说明燃料电池的工作原理。氢气和氧气作为燃料和氧化剂被输送到燃料电池的阳极和阴极，分别在阳极催化剂和阴极催化剂的作用下发生如下电极反应：

负极（阳极）：$H_2 + 2OH^- \longrightarrow 2H_2O + 2e^-$

正极（阴极）：$1/2O_2 + H_2O + 2e^- \longrightarrow 2OH^-$

在阳极区，氢气与 $OH^-$ 反应生成水，同时释放出两个电子，电子通过外电路从阳极流向阴极；在阴极区，氧气在催化剂的作用下，发生还原反应生成 $OH^-$，$OH^-$ 再通过碱性电解液从阴极传递到阳极。

因此，整个电化学反应为：

$$H_2 + 1/2O_2 \longrightarrow H_2O$$

从燃料电池的工作原理可以发现，用作燃料电池燃料和氧化剂的物质可以有很多种类，但常用的燃料是氢气，氧化剂则来自空气中的氧气。主要原因有以下几个方面：氢气的电化学氧化反应速度快，而空气几乎无成本且可直接利用电池的周围环境；电池的唯一反应产物为水，可以实现零污染排放，符合当今对清洁能源转换技术的要求。然而，自然界中并不存在氢气，氢一般存在于水、石油、天然气等化合物之中，因此，如何经济、环保地从这些物质中提取氢气对燃料电池技术的大规模应用是至关重要的。

### 8.3.4 燃料电池的效率

燃料电池作为一种电化学能量转化装置，人们最为关注的核心问题是它的实际转化效率。燃料电池可能实现的理论效率为：

$$\eta_r = \frac{\Delta G_r}{\Delta H_r} \tag{8-14}$$

即燃料电池进行可逆电化学反应时，可以用于做功的最大能量（$\Delta G_r$）占电池反应所能释放出的全部能量（$\Delta H_r$）的比例。然而，燃料电池的理论效率只有在反应完全可逆的情况下才能达到，在实际工作中，其中有很多过程都是不可逆的，因此，燃料电池的实际效率必定低于可逆的热力学理论效率。

燃料电池实际效率低于理论效率的原因主要有两个方面：①各种极化导致的电压损失；②燃料利用不充分导致的损失。

下面具体讨论燃料电池的实际效率。

#### （1）燃料电池的电压效率

当燃料电池中有电流流过时会导致电极电位偏离平衡电位，即发生了电极极化，在实际工作过程中存在着电化学极化、欧姆极化和浓差极化，这些极化是导致燃料电池实际效率低于理论效率的重要原因。这些极化产生的过电位将导致燃料电池实际输出的电压（$E$）低于理论平衡电压（$E_r$），即发生了电压损失。

燃料电池的实际输出电压为：

$$E = E_r - \eta_e - \eta_c - \eta_o \tag{8-15}$$

式中，$\eta_c$、$\eta_o$ 和 $\eta_e$ 分别代表的是浓差极化、欧姆极化和电化学极化的过电位。图 8-16 给出了燃料电池典型的极化曲线，该图直观地说明任何极化的出现都会导致电池性能的降

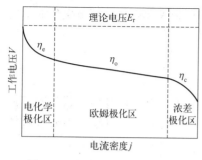
图 8-16 燃料电池的极化曲线

低。因此，研发燃料电池时要尽可能降低浓差极化、欧姆极化和电化学极化，确保实际输出电压尽量接近于热力学理论电压。

一般将燃料电池的实际输出电压与热力学可逆理论电压的比值定义为燃料电池的电压效率（$\eta_{voltage}$），也称为电化学效率。

$$\eta_{voltage} = \frac{E}{E_r} \qquad (8\text{-}16)$$

（2）燃料利用率

对于燃料利用，最理想的情况就是向燃料电池输入的燃料全部用于输出电能。但在实际条件下，供给燃料电池的燃料难以全部参与电化学反应而被充分利用。例如，有些燃料可能参与了其他反应而没有产生电功；有些燃料可能只是从电池中简单流过而完全没有参与电化学氧化反应。将真正产生电流的燃料部分与提供给燃料电池的总燃料之比定义为燃料利用率 $\eta_{fuel}$。

$$\eta_{fuel} = \frac{I/(nF)}{\nu_{fuel}} \qquad (8\text{-}17)$$

式中，$I$ 为燃料电池产生的电流；$\nu_{fuel}$ 为单位时间内燃料的供应量，mol/s。燃料电池一次循环的燃料利用率不可能达到 100%，因为气体燃料的压力或液体燃料的浓度下降到一定程度后，浓差极化将加剧，电池难以稳定工作。通常采用燃料循环的方法或者设计特殊的电池来提高燃料利用率。

考虑到电化学反应动力学损耗和燃料利用率损耗，燃料电池的实际效率为：

$$\eta = \eta_r \times \eta_{voltage} \times \eta_{fuel} = \frac{\Delta G_r}{\Delta H_r} \times \frac{E}{E_r} \times \frac{I/(nF)}{\nu_{fuel}} \qquad (8\text{-}18)$$

提高燃料电池的实际工作效率是燃料电池研发的重要目标之一。从上述对燃料电池实际效率分析可知，提高燃料电池的实际效率可以从多方面（热力学、动力学和燃料利用率等）着手。优化电极结构、增加电极反应面积、研发高活性电催化剂等方法都能有效降低活化过电位，提高燃料利用率。通过增加电解质的离子电导率、减小电解质隔膜厚度、增加电池内部各导电元件的导电性和接触性则可以降低欧姆过电位。此外，从热力学的角度，例如选择适宜的工作温度、工作压力、改变燃料气体的组成、降低燃料气体的杂质等条件，都有助于提高可逆电压，提高实际工作效率。

## 8.3.5 燃料电池的类型

（1）碱性燃料电池

碱性燃料电池采用质量分数 30%～45% 的 KOH 或 NaOH 水溶液作为电解质，以纯氢气和纯氧气分别作为燃料和氧化剂。氢催化电极一般采用 Pt/C、Ni 等对氢氧化具有良好催化活性的催化剂，氧催化电极一般采用 Pt/C、Ag 等对氧还原具有良好催化活性的催化剂。电解质的载体材料通常使用石棉膜，一方面起到分隔阴、阳极的作用，另一方面是为传递

OH⁻提供扩散通道。

碱性燃料电池的工作原理如图 8-17 所示，氢气不断地被输送到阳极，在阳极催化剂的作用下失去两个电子，与 OH⁻ 结合生成 $H_2O$。与此同时，氧气被输送到阴极，在阴极催化剂的作用下，得到两个电子，生成 OH⁻。在电池内部，OH⁻ 通过浸渍了 KOH 溶液的石棉膜从阴极区向阳极区扩散。

可以看出，在燃料电池的工作过程中，阳极侧产生水，而阴极侧氧气还原消耗水，因此需要等速地从阳极侧排出反应生成的水，从而维持电解液浓度的恒定。除此以外，还需要冷却系统对电池进行冷却，因为电池工作过程中会产生大量的热量，要保证其在低于 80℃ 的条件下工作。

与其他类型的燃料电池相比，碱性燃料电池具有以下显著的优点：

① 由于氢气的氧化反应和氧气的还原反应在碱性电解液中更容易进行，所以不必像在酸性燃料电池中必须采用铂等贵金属为电催化剂，可以采用镍、银等较便宜的金属为催化剂，从而降低成本。

② 碱性燃料电池的工作电压较高，一般在 0.8～0.95V，电池的效率可高达 70%，如果不考虑热电联供，碱性燃料电池的电效率是几种燃料电池中最高的。

③ 碱性燃料电池使用的电极和电解质比较便宜，具有价格优势。事实上，就电池堆而言，碱性燃料电池的制作成本是所有燃料电池中最低的。

碱性燃料电池的缺点主要是必须以纯氢为燃料，纯氧为氧化剂。这是因为电池中的碱性电解液非常容易和 $CO_2$ 发生化学反应生成碳酸盐，导致电极的孔隙和电解质的通道被堵塞，从而影响电池的寿命。

### （2）磷酸型燃料电池

磷酸型燃料电池的工作原理如图 8-18 所示，电解质采用质量分数为 100% 的磷酸，在阳极输入富氢并含有 $CO_2$ 的气体作为燃料，阴极通入空气作为氧化剂，电催化剂采用 Pt/C 材料，采用浸渍了 100% 磷酸的隔膜将阴阳两极隔开。在阳极区和阴极区分别不断鼓入氢气和氧气。其中氢气在阳极催化剂的作用下失去两个电子氧化生成 $H^+$。与此同时，$H^+$ 通过浸渍了磷酸溶液的隔膜从阳极区向阴极区扩散。电子则通过外电路到达阴极，氧气在阴极催化剂的作用下与 $H^+$ 和电子结合还原生成水。

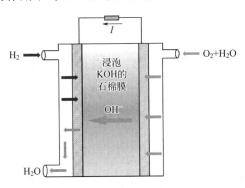

图 8-17　碱性氢氧燃料电池的工作原理

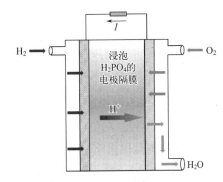

图 8-18　磷酸型燃料电池的工作原理

磷酸型燃料电池与碱性燃料电池类似，在工作过程中阴极侧产生水，需要及时排出水，同时也需要补充蒸发的水分以维持电解液的浓度。磷酸在低温时的离子导电性比较差，且阳极催化剂容易受到 CO 的毒化，因此磷酸型燃料电池的工作温度通常为 200℃。磷酸型燃料电池较高的工作温度使得其余热具有一定的利用价值，其排出的余热可以用于工厂、办公楼、居民住宅的取暖和热水供应的热源，因此，磷酸型燃料电池非常适合分散式固定电站。

磷酸型燃料电池的发电效率能达到 40%～50%，如果采用热电联供，系统总效率可达到 70%。与其他燃料电池相比，磷酸型燃料电池的制作成本比较低，技术相对成熟，已经有多个千瓦和兆瓦级的磷酸型燃料电池电站在运行。影响其大规模应用的主要有两个原因：一是磷酸电解质对电池材料的腐蚀导致其使用寿命难以超过 40000 小时；二是磷酸型燃料电池电站的运行发电成本比电网价格要高很多，无明显的商业化优势。

### （3）质子交换膜燃料电池

质子交换膜燃料电池采用能够传导质子的固体电解质膜作为电解质，如全氟磺酸型树脂（Nafion 膜），其支链上带有磺酸基团（—SO$_3$H），能够传递质子。由于质子交换膜传导质子时需要水，因此只有在充分湿润的情况下才能够有效地传导质子，这就要求质子交换膜燃料电池的工作温度低于水的沸点，通常在 60～80℃，因而工作温度相对较低。然而电解质呈酸性，对电极催化剂活性的要求较高，一般选用贵金属铂催化剂。质子交换膜燃料电池的燃料采用氢气或富含氢气的净化重整气，氧化剂采用空气或纯氧气，阴、阳极被质子交换膜分隔开。

质子交换膜燃料电池的工作原理如图 8-19 所示，氢气输送到达阳极后，在铂催化剂的作用下，失去两个电子，氧化生成 H$^+$。阳极生成的 H$^+$ 以水合的形式通过质子交换膜到达阴极，电子经过外电路流向阴极并对外做功，从而形成回路实现导电。氧气到达阴极后，接受电子并与从阳极扩散过来的 H$^+$ 反应生成水。

质子交换膜燃料电池的能量转化效率为 40%～50%，大约有一半的能量转化成热量，因此需要进行热管理以保持电池恒温运行。温度过低时，电池存在明显的活化极化，且质子交换膜的阻抗也较大。此外，温度过高时，水的蒸发速度会加快，将导致反应气体带走过量的水而使质子交换膜脱水，膜的性能随之降低，最终导致电池性能降低。因此，使用 Nafion 膜作为质子交换膜的电池工作温度一般在 80℃。除此之外，由于质子交换膜燃料电池的工作温度低于水的沸点，生成的水以液态的形式存在，水太多容易淹没气体扩散电极，而水太少又会引起膜脱水，降低膜的电导率，因此电池的水管理系统也特别重要。质子交换膜燃料电池的低温工作使其具有启动迅速、达到满载时间短的特性，加之电池功率密高、寿命长、运行可靠、环境友好，最有希望成为电动汽车的动力电源。目前戴姆勒-克莱斯勒、通用、福特、丰田、本田等世界各大汽车制造商都在积极推动 PEMFC 电动汽车的发展，限制其大规模发展的主要因素包括燃料电池系统成本高、缺乏供氢系统等，短期内还很难实现商业化。

### （4）熔融碳酸盐燃料电池

熔融碳酸盐燃料电池是一种中高温型燃料电池，其工作温度在 600～650℃，通常采用碱金属（Li、Na、K）的碳酸盐作为电解质，典型的电解质组成为 $x$（Li$_2$CO$_3$）$+$ $x$（K$_2$CO$_3$）$=62\%+38\%$，浸在 LiAlO$_2$ 制成的多孔隔膜中，高温时呈熔融状态，对碳酸根离子具有很好的传导作用，且其是隔离阴、阳极的电子绝缘体，并且浸满熔融盐后可以防止气体的渗透。熔融碳酸盐燃料电池采用天然气、煤气和沼气等作为燃料，氧气为氧化剂，其工作原理如图 8-20 所示。

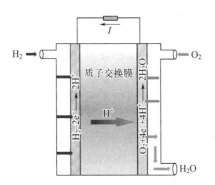

图 8-19　质子交换膜燃料电池的工作原理

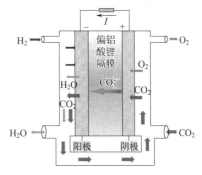

图 8-20　熔融碳酸盐燃料电池的工作原理

电池在工作过程中，向阳极通入 $H_2$ 气体，其与通过电解质从阴极迁移过来的 $CO_3^{2-}$ 反应，得到反应产物 $CO_2$ 和 $H_2O$，同时将电子输送到外电路。阴极上的 $O_2$ 和 $CO_2$ 则与外电路的电子结合生成 $CO_3^{2-}$。熔融碳酸盐燃料电池的导电离子是熔融状态的碳酸盐电离出的 $CO_3^{2-}$，不论阴、阳极的反应历程如何，其发电过程实质上就是熔融介质中氢的阳极氧化和氧的阴极还原过程，总反应是生成水。与其他类型燃料电池不同的是，$CO_2$ 在熔融碳酸盐燃料电池阴极是反应物质，而在阳极是生成产物，因而为确保电池能够连续稳定地工作，需要将阳极产生的 $CO_2$ 及时返送至阴极，这就需要利用循环系统实现 $CO_2$ 在熔融碳酸盐燃料电池内部的循环，这种循环系统还可以用在 $CO_2$ 分离系统中，比如太空飞船或热电厂。

熔融碳酸盐燃料电池的启动时间较长，不适合作为备用电源和频繁启停的车用电源，而适用于分散式电站和集中型大规模电厂。熔融碳酸盐燃料电池目前正处于商品化前的示范阶段，美国能源研究公司的 2MW 示范电厂于 1996 年开始运行并累计发电 250 万千瓦时。日本也正在开展 1MW MCFC 实验电厂工作。为实现熔融碳酸盐燃料电池的商品化，还需要在电堆寿命、系统可靠性以及发电成本等多方面做出更大努力。

### （5）固体氧化物燃料电池

固体氧化物燃料电池是全固态燃料电池，使用固态致密的金属氧化物作为电解质，常用的材料有氧化钇（$Y_2O_3$）稳定的氧化锆（$ZrO_2$），简称 YSZ，电解质主要是在电极之间传导离子，其性能要求高离子电导率、良好的致密性和稳定性、与电极匹配的热膨胀性和化学相容性等。该类电池的燃料通常采用天然气、煤气和沼气等，氧化剂采用氧气，阳极材料多为镍-氧化锆陶瓷，阴极材料采用的是掺锶的锰酸镧。多孔的阴、阳极和电解质烧结在一起构成一体的电池单元。为了保证固体氧化物的导电性，电池的工作温度通常在 $800 \sim 1000℃$，是所有燃料电池中工作温度最高的一类。

固体氧化物燃料电池的工作原理如图 8-21 所示，燃料气体首先进行高温重整，其中 $H_2$ 和 CO 是重整后燃料气体的主要成分。

在工作过程中，氧气输送到阴极后被还原，生成氧负离子（$O^{2-}$）。$O^{2-}$ 通过固体电解质到达阳极，与阳极的燃料 $H_2$ 和 CO 反应，失去电子，生成 $H_2O$ 和 $CO_2$。

总电池反应为：$2m\,H_2 + 2n\,CO + (m+n)O_2 \longrightarrow 2m\,H_2O + 2n\,CO_2$

固体氧化物燃料电池的燃料种类广泛，除了常用的 $H_2$、CO 之外，还可以直接使用天

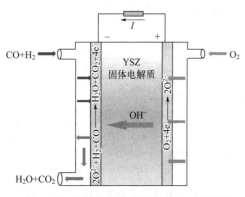

图 8-21 固体氧化物燃料电池的工作原理

然气、甲醇、乙醇等，说明电池对燃料的纯度要求不高，这是由于固体氧化物燃料电池的抗毒性好，工作温度高也在一定程度上降低了催化剂在使用混合燃料时催化剂中毒的可能性。固体氧化物燃料电池的中高温工作条件使得电极反应非常迅速，降低了对电极的要求，进而降低成本。固体氧化物燃料电池使用的电解质在高温下不会出现析出和蒸发的现象，避免了液态电解质存在的腐蚀和电解质流失问题，因而电池寿命较长，目前已经可以连续工作 70000h。由于固体氧化物燃料电池为全固态结构，体积小，设计灵活，主要应用于分散式电站和集中型大规模电厂。但工作温度过高也带来了一系列材料、密封和结构等问题，比如电极的烧结、电极与电解质之间的界面化学扩散、热膨胀系数匹配的问题等。此外，随着温度的升高，电池的电动势会降低，导致其发电效率下降，这些问题都会制约固体氧化物燃料电池的进一步发展。

# 思考题

1. 影响电催化性能的因素有哪些？
2. 衡量电催化性能的参数有哪些？
3. 析氢反应的机制有哪几种？
4. 为什么氢电极和氧电极在不同条件下的反应历程区别很大？
5. 简述导带底、价带顶、禁带宽度的定义。什么是 N 型和 P 型半导体？
6. 半导体的空间电荷层有哪些类别？其电位分布是怎样的？
7. 影响光电催化性能的因素有哪些？具体是如何影响的？
8. 简述光电催化电解水的基本原理。
9. 燃料电池的工作原理是什么？
10. 燃料电池的理论效率是如何定义的？影响其实际效率的因素有哪些？
11. 燃料电池有哪些类型？每种类型都有哪些特点？
12. 简述质子交换膜燃料电池的工作原理。如何避免该类电池催化剂 CO 的中毒？

# 第 9 章

# 电化学合成与表面精饰技术

## 9.1 电化学合成技术

电化学合成是一种利用电化学法来合成有机或者无机化合物的绿色合成技术，与传统的化学合成方法相比，电化学合成技术主要具有以下优点。

① 电化学合成的反应体系是通过电极进行电子转移的，除原材料和产物外，不需要添加额外的氧化剂或还原剂，因此，电化学合成产物纯度高、易分离，且副产物少，能够有效降低对环境的污染。

② 电化学合成技术一般只需要在常温、常压下进行，反应条件温和，能耗低。

③ 通过电化学合成技术，可以制备出传统化学合成方法不易获得的化合物，比如，强氧化性的化合物、特殊高或低价态的化合物等。

④ 在电化学合成体系中，电子转移和化学反应这两个过程是同步进行的，相比传统化学合成方法，能简化合成工艺，提高合成效率。

目前，电化学合成技术已经广泛应用于各种具有特殊性能的新材料的制备，包括各种纳米材料、电极材料、多孔材料、超导材料、复合材料、功能材料等。

### 9.1.1 无机物电合成

无机物电合成是指利用电流通过电解质溶液或熔融电解质时，在电极上发生化学反应来实现无机物的合成，主要是电解合成。

由于无机物电合成可提供极强的氧化、还原能力，并且能够通过改变电流密度、电极电位、电催化活性等因素方便地控制、调节反应的方向和速率。电化学合成方法已经被广泛应用于无机化合物的工业生产，如工业上烧碱、氯酸盐、电解二氧化锰（EMD）、双氧水等物质的合成等。

下面介绍几个工业上技术较为成熟的无机电合成实例。

#### 9.1.1.1 氯碱工业

电解工业中生产规模最大的产业是氯碱工业，它是指利用电解饱和 NaCl 溶液的方法来制取 NaOH、$Cl_2$ 和 $H_2$，并以它们为基础性原料生产一系列化工产品的工业。

作为最重要的基础化工业之一，世界上通过氯碱工业生产的总年产量可达 5000 万吨，其主要产品包括烧碱、液盐酸、压缩氢气、聚氯乙烯树脂等，为化学工业、纺织工业、印染工业、石油化学工业等行业提供了许多必不可少的基础化工原料，对国民经济发展产生了举足轻重的影响。至今，氯碱工业已经有超过百年的发展史，在不断的发展过程中逐渐分化出三种主流的生产工艺，即隔膜电解法、汞槽电解法以及离子交换膜电解法。

## （1）隔膜电解法

隔膜电解法的工艺流程如图 9-1 所示。首先，将 NaCl 溶液预处理使之达到电解要求，然后将精制的饱和 NaCl 溶液输入电解池，通电后在阳极室中发生电解，得到基础电解产物 NaOH 溶液、湿 $H_2$ 以及湿 $Cl_2$，将电解产物进一步加工处理，最终获得烧碱、干氢气、液氯等产无机产品。

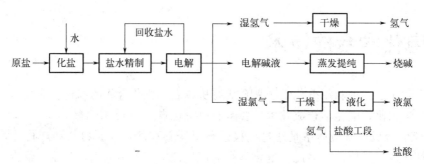

图 9-1　隔膜电解法生产的工艺流程

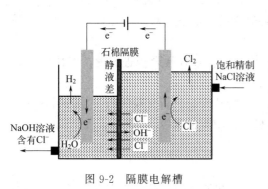

图 9-2　隔膜电解槽

图 9-2 所示为隔膜电解槽的装置示意，其中阳极室采用精制的饱和 NaCl 溶液作为电解液，阴极室采用含有少量 NaOH 的水溶液（添加 NaOH 是为了增加溶液的导电性，加速电解反应）作为电解液。在电解过程中，阳极产生氯气，阴极产生氢气和氢氧化钠溶液，反应过程如下。

阳极：$2Cl^- \longrightarrow Cl_2 + 2e^-$

阴极：$2H_2O \longrightarrow H_2 + 2OH^- - 2e^-$

总反应：$2NaCl + 2H_2O \longrightarrow Cl_2 + H_2 + 2NaOH$

反应过程中阳极室析出的 $Cl_2$ 可能溶于水生成副产物：

$$Cl_2 + H_2O \longrightarrow HCl + HClO$$

部分碱还可能从阴极室扩散过来，并与酸发生反应：

$$HClO + NaOH \longrightarrow NaClO + H_2O$$

此外，次氯酸盐与酸还可以进一步反应生成氯酸盐：

$$2HClO + NaClO \longrightarrow NaClO_3 + 2HCl$$

在隔膜电解法中，一般采用石棉隔膜将阳极室和阴极室分隔开，通过调节电解池中 NaCl 水溶液的流量，使阳极室电解液的液面始终高于阴极室电解液的液面，从而产生一定的静液差。在静液差的作用下，阳极室的电解液会自发地透过隔膜流向阴极室，其流向正好与阴极室中 $OH^-$ 的扩散方向相反，从而大大减少了进入阳极区的 $OH^-$ 数量，有效抑制了两极的电解产物混合，减少副反应的发生，使阳极效率提高到 90% 以上。由于电解过程中，阳极室会产生氯气、次氯酸以及盐酸等腐蚀性物质，因此对阳极材料的要求必须具有较强的耐腐蚀性。目前常用的阳极材料主要有金属铂电极、DSA 电极（即涂层钛电极，以金属钛为基底，镀层 $TiO_2$、$RuO_2$ 催化剂）等。阴极电极则多采用穿孔软钢或钢网。

隔膜电解法生产的碱液浓度较低（约 10%）。此外，阳极室中的 $Cl^-$ 也会在静液差的驱动下向阴极室移动，导致产品碱液中含有较多杂质 $Cl^-$，需要经过分离、浓缩才能达到出售标准，因此该方法的能耗较高。此外，石棉隔膜的寿命短且对环境污染严重，现在的氯碱行业很少使用隔膜电解法。

**（2）汞槽电解法**

图 9-3 所示为底板倾斜型汞电解槽，它主要由电解室和解汞室组成，通常采用石墨或 DSA 作为阳极，金属汞作为负极。

该法在阳极上发生的反应与隔膜电解法相同：$2Cl^- \longrightarrow Cl_2 + 2e^-$。

但阴极电解反应则与隔膜电解法不同。由于氢在金属汞电极上具有很高的过电位，$H^+$ 不容易在阳极上放电，所以 $Na^+$ 首先失去电子，在阴极析出，并与汞反应生成一种液态的钠汞合金（$NaHg_n$，汞齐）：

$$Na^+ + nHg + e^- \longrightarrow NaHg_n$$

总反应：$NaCl + nHg \longrightarrow 1/2Cl_2 + NaHg_n$

电解室中生成的汞齐在重力作用下落入解汞室，在 Fe、Ni 等浸渍的石墨球催化剂的作用下，汞齐与水反应生成氢氧化钠和氢气，反应过程中析出的汞又可以回到电解室继续参与电解，实现 Hg 的循环使用。反应过程如下：

$$NaHg_n + H_2O \longrightarrow 1/2H_2 + NaOH + nHg$$

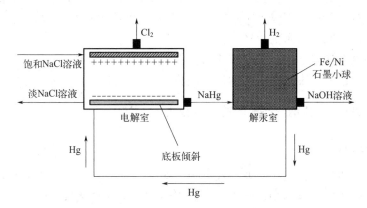

图 9-3　底板倾斜型汞电解槽

汞槽电解法中析氯反应和生成 NaOH 的反应分别在电解室和解汞室中进行，因而从根本上避免了两种产物的混合。该方法理论分解电压比隔膜法高出 1V，因而能耗更大，但是产物碱液的浓度较高，接近 50%，且几乎不含 $Cl^-$，无须进一步分离提纯即可达到出售标准，所以实际上的汞槽电解法总能耗与隔膜电解法相当。然而，汞具有毒性，会对环境造成严重的污染，并且价格昂贵，目前汞槽电解法在氯碱工业中鲜有使用。

**（3）离子交换膜电解法**

离子交换膜电解法是以选择性离子透过膜（离子交换膜）代替石棉隔膜，离子交换膜在防止液体对流的同时，可阻止部分离子的扩散和迁移。离子交换膜电解法中一般使用阳离子交换膜作为隔膜，即只允许 $Na^+$ 通过，而 $Cl^-$、$OH^-$、$H^+$ 和气体不允许通过，如图 9-4 所示。因此，该法既能防止阴极产生的 $H_2$ 和阳极产生的 $Cl_2$ 混合而引起爆炸的危险，又能避免 $Cl_2$ 和 NaOH 溶液作用生成 NaClO 而影响烧碱的质量。目前氯碱工业中常用树脂基离子交换膜，如全氟酸膜（如 Nafion 膜）、全氟羧酸膜（如 Flemion 膜）、磺化聚苯乙烯膜（如 Ionics 膜）等。不同结构的离子交换膜，在电解过程中发挥的作用不同。

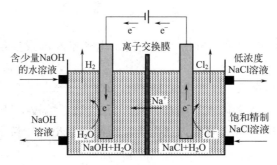

图 9-4　离子交换膜电解槽

使用离子交换膜电解法制得的 NaOH 溶液浓度高、质量好，浓度可达 $30\%\sim40\%$ 且几乎不含 $Cl^-$。与隔膜法相比，电解过程的电流效率更高，能耗更低，总能耗可降低 $20\%\sim25\%$，与汞槽电解法相比，总能耗可降低 $10\%\sim15\%$；合成的氯气纯度高、氢氧含量低，有利于提高氯气的液化效率，充分保障聚氯乙烯的生产要求。此外，离子交换膜化学性质稳定且无毒无害，可以避免使用金属汞和石棉给环境造成的危害。然而，离子交换膜的孔径很小，容易堵塞，为了延长离子交换膜的使用寿命，生产过程中要求进入电解槽的 NaCl 溶液中 $Ca^{2+}$、$Mg^{2+}$ 的含量必须低于 $20\mu g/L$，因此需要将食盐水进行二次精制，离子交换膜法也是唯一需要二次精制食盐水的生产工艺。

离子交换膜电解法自 20 世纪 70 年代末实现工业化以来得到了快速发展，至今仍是氯碱工业的主流方法，也是氯碱工业未来的发展趋势。

### 9.1.1.2　次氯酸钠、氯酸钠、高氯酸钠的电合成

#### （1）次氯酸钠和氯酸钠

次氯酸钠主要应用于漂白、工业废水处理、造纸、纺织、制药、精细化工、卫生消毒等众多领域。电解法生产次氯酸钠，采用无隔膜电解槽，电解低浓度（$2\%\sim5\%$）的 NaCl 溶液。在电场力的作用下，$Cl^-$、$OH^-$ 等阴离子向阳极移动，$Na^+$、$H^+$ 等阳离子向阴极移动，并在相应的电极上发生反应。

阳极：$2Cl^- \longrightarrow Cl_2 + 2e^-$

阴极：$2H_2O \longrightarrow H_2 + 2OH^- - 2e^-$

阳极产生的 $Cl_2$ 溶于水，即可产生次氯酸。阴极产生的 $OH^-$ 会进一步促进水解，从而产生次氯酸盐和氯酸盐，该过程中发生的主要反应有：

$$Cl_2 + H_2O \longrightarrow HClO + H^+ + Cl^-$$

$$Cl_2 + 2OH^- \longrightarrow ClO^- + H_2O + Cl^-$$

$$2HClO+ClO^- \longrightarrow ClO_3^- +2H^+ +2Cl^-$$

此外，$ClO^-$ 在阳极发生副反应，直接氧化成 $ClO_3^-$：

$$6ClO^- +3H_2O \longrightarrow 2ClO_3^- +6H^+ +4Cl^- +3/2O_2 +6e^-$$

### （2）高氯酸钠

高氯酸钠（$NaClO_4$）是一种强氧化剂，可以制造炸药，用作分析试剂、氧化剂等。高氯酸钠在工业上是通过电解方法合成的。加水加热使氯酸钠溶解，得到浓度为 $600\sim650g/L$ 的氯酸钠溶液，通过沉淀、过滤的方法除去铬酸根、硫酸根等杂质离子。随后通入电解槽中进行电解，得到浓度为 $800g/L$ 的高氯酸钠溶液，经过进一步蒸发浓缩、析出结晶、干燥后制得高氯酸钠。电解反应式如下。

阳极：$ClO_3^- +H_2O \longrightarrow ClO_4^- +2H^+ +2e^-$

阴极：$2H^+ +2e^- \longrightarrow H_2$

总反应：$ClO_3^- +H_2O \longrightarrow ClO_4^- +H_2$

该反应以 Pt 或 $PbO_2$ 为阳极，以青铜、碳钢等为阴极，电流密度 $1500\sim5000A/m^2$，槽电压 $5\sim6.5V$，Pt 电极的电流效率可达 $90\%\sim97\%$，工作温度 $35\sim50℃$。此外，在电解液中加入少量 $Na_2Cr_2O_7$ 可以使阴极表面形成一层保护膜，防止高氯酸钠在阴极发生还原反应，从而减少产物损失。

## 9.1.1.3 锰化合物的电合成

### （1）电解二氧化锰

$MnO_2$ 可用于锌锰电池电极材料、磁性材料、玻璃、陶瓷和氧化剂等众多领域。工业上使用的 $MnO_2$ 可分为天然 $MnO_2$（NMD）、电解 $MnO_2$（EMD）和化学 $MnO_2$（CMD）。其中，电解 $MnO_2$ 为 γ 晶型，纯度高（90% 以上）、活性高，作为高质量锌锰电池的去极化剂以及精细化工和制药工业中的优质氧化剂，其需求正在日益增加。

目前各国生产 EMD 采用的主要方法为高温电解法，其主要工艺条件为：电解液温度 $95\sim100℃$，电解液中 $MnSO_4$ 浓度 $0.15\sim1.5mol/L$，$H_2SO_4$ 浓度 $0.2\sim0.5mol/L$，阳极电流密度 $40\sim100A/m^2$。该方法阳极电流密度低、电解槽材质要求低、操作简单且生产连续化。

下面以 $MnSO_4$-$H_2SO_4$ 电解为例，介绍 EMD 的生产工艺。

国内一般采用碳酸锰矿酸浸和软锰矿按两矿一步法的生产方式来制备 $MnSO_4$ 溶液，用惰性阳极电解氧化 $MnSO_4$ 溶液即可制得活性 $MnO_2$，反应过程如下。

阳极：$Mn^{2+} +2H_2O \longrightarrow MnO_2 +4H^+ +2e^-$

阴极：$2H^+ +2e^- \longrightarrow H_2$

总反应：$MnSO_4 +2H_2O \longrightarrow MnO_2 +H_2 +H_2SO_4$

此外，还存在 $MnCl_2$-HCl、$MnNO_3$-$HNO_3$ 电解体系，不过目前关于这些电解液体系的应用还比较少。

### （2）高锰酸钾

高锰酸钾（$KMnO_4$）是重要的锰化合物之一，广泛应用于化工、医药、采矿、金属冶炼及环境保护等领域。我国电解高锰酸钾的产量占世界总产量的70%，是世界高锰酸钾的第一大生产国和出口国。目前，高锰酸钾的主要制备工艺为：将软锰矿（约含6% $MnO_2$）与碱（KOH）和氧化剂（$O_2$）混合后共熔制得锰酸钾（$K_2MnO_4$），再经电解、结晶、分离、干燥等工序制得高锰酸钾。

化学法制备锰酸钾：

$$2MnO_2 + 4KOH + O_2 \xrightarrow{200\sim700℃} 2K_2MnO_4 + 2H_2O$$

电解制备高锰酸钾的反应如下。

阳极：$2MnO_4^{2-} \longrightarrow 2MnO_4^- + 2e^-$

阴极：$2H_2O + 2e^- \longrightarrow H_2 + 2OH^-$

总反应：$2MnO_4^{2-} + 2H_2O \longrightarrow 2MnO_4^- + H_2 + 2OH^-$

$KMnO_4$ 在浓的 KOH 电解液中溶解度不大，大多以结晶的形式沉在电解槽底。电解过程中往往伴随着副反应的发生，阳极的副反应主要是 $OH^-$ 氧化产生氧气，阴极主要的副反应是 $KMnO_4$ 的还原，导致电流效率的降低，并且随着电解的进行，锰酸钾被氧化得越多，高锰酸钾被还原的副反应发生的可能性就越大，电流效率就越低。

电解槽一般没有隔膜，温度控制在 $40\sim80℃$ 范围内，槽电压一般在 $3.0\sim3.2V$，阴极电流密度的范围是 $50\sim1500A/m^2$，阳极电流密度为 $500\sim5000A/m^2$，电流效率 $60\%\sim80\%$。

## 9.1.2　有机电合成

以电化学方法合成有机物的过程称为有机电合成（organic electrosynthesis）。有机电合成是一系列电子转移步骤与共价键的形成和破裂相结合的过程，主要发生在电极-电解液界面或者电极表面的电解液中。有机电合成主要分为两步进行，首先电极反应生成某种中间粒子，然后中间粒子通过有机反应转变为最终产物。无机电合成产物大多为基本化工原料，产量大但产值低。而有机电合成虽然产量较少，但产品精细且种类繁多。

有机电合成按其电极反应特点可以分为两大类：直接有机电合成和间接有机电合成。直接有机电合成是依靠反应基质在电极表面直接进行电子交换来实现的。若反应基质与电极之间的电子交换困难，则可以采用间接有机电合成。间接有机电合成是利用某种氧化还原电子对作为反应媒介，这种媒介的氧化态或还原态容易与电极进行电子交换，得到媒介的还原态或氧化态再与反应基质进行电子交换，使反应基质转变为有机产物，同时媒介自身转化为共轭的氧化态或还原态，重新在电极上实现再生，如此连续循环下去。根据媒介与反应基质进行电子交换的场所，可以将间接有机电合成分为槽内式（在电解槽内进行电子交换）和槽外式（在电解槽外的反应器中进行电子交换）。

以对苯二甲酸的间接电解氧化为例，具体介绍间接有机电合成的反应过程：

以 $Na_2Cr_2O_7$ 为反应媒介，在 $Cr_2O_3/H_2SO_4$ 电解液体系中引入 $Cr^{6+}/Cr^{3+}$ 氧化还原电子对，将对二甲苯氧化为对苯二甲酸。

在 Pt 阳极上发生 $Cr^{6+}/Cr^{3+}$ 的氧化反应：$Cr^{3+} \longrightarrow Cr^{6+} + 3e^-$

在 $Cr_2O_3/H_2SO_4$ 电解液中发生对二甲苯的氧化：

$$H_3C(C_6H_4)CH_3 + 4H_2O + 4Cr^{6+} \longrightarrow HOOC(C_6H_4)COOH + 12H^+ + 4Cr^{3+}$$

总反应为：

$$H_3C(C_6H_4)CH_3 + 4H_2O - 12e^- \longrightarrow HOOC(C_6H_4)COOH + 12H^+$$

根据总反应方程式可知，$Cr^{6+}/Cr^{3+}$ 氧化还原电子对并不真正参与有机物的氧化反应，而是在反应过程中充当电催化剂。

除了上述 $Cr^{6+}/Cr^{3+}$ 氧化还原对之外，还有其他氧化还原电子对可以进行有机物的间接氧化。例如，$Ce^{4+}/Ce^{3+}$ 氧化还原对可以催化苯环的甲烷取代基氧化成醛基，$Ni^{3+}/Ni^{2+}$ 氧化还原对可以催化异戊醇氧化成异戊酸，$Fe^{3+}/Fe^{2+}$ 氧化还原对可以催化苯氧化成苯酚。同理，还可以利用氧化还原对实现有机物的间接还原。例如，$Zn^{2+}/Zn$ 氧化还原对催化对硝基苯甲酸间接还原成对氨基苯甲酸。此外，还有一些非金属氧化还原电子对，如 $ClO^-/Cl^-$、$ClO_2^-/ClO^-$、$BrO_3^-/Br^-$、$IO_3^-/I^-$、$S_2O_8^{2-}/SO_4^{2-}$ 等，均可用于有机化合物的间接电合成。

间接电解氧化的通式可以写作：

$$R \longrightarrow O + e^-$$
$$O + S \longrightarrow R + P$$

间接电解还原的通式可以写作：

$$O + e^- \longrightarrow R$$
$$R + S \longrightarrow O + P$$

式中，R 表示氧化还原电对中的还原态物质；O 表示氧化还原电对中的氧化态物质；S 表示原料；P 表示产物。

间接有机电合成在保留直接有机电合成优点的前提下，通过媒介的使用大大提高电合成的电流效率，降低能耗；提高产物选择率；加快反应速度，提高产率；减少副产物，减少环境污染，大大推进了有机电合成的发展。

# 9.2  金属的电沉积

金属电沉积是指通过电化学方法使简单金属离子或络离子在电解池的阴极放电，将其还原成金属原子，并附着于固体表面形成金属层的过程。在实际中，金属电沉积工艺常常被应用于电冶炼、电精炼、电铸和电镀等领域。其中电镀作为电沉积特殊的一种，其不同于一般电沉积过程在于：镀层除需改变原固体表面特性以满足特定的力学或物理和化学性能，例如提高耐蚀性、抗脆性，增加硬度，提供特殊的光、磁、热等表面性质外，还要求沉积层与基体结合力好，且镀层致密均匀，孔隙率小，对基体的防护能力较强。因此，为满足实际生产的需要，需对金属离子在阴极的还原过程以及金属原子形成金属晶体的电沉积过程的基本规律加以研究。

### 9.2.1 金属电沉积的基本历程与特点

金属电沉积的阴极过程主要由几个单元步骤组成。

① 液相传质 电解池中金属水化离子向电极表面迁移运动。

② 前置转化 到达电极表面附近的反应粒子发生前置的化学转化反应，包括降低金属水化离子水化程度或降低金属络离子配位数等。

③ 电荷传递 反应粒子在电极表面得到电子被还原为吸附态的金属原子。

④ 电结晶 还原得到的吸附态金属原子开始组合结晶形成晶体。目前认为电结晶过程有两种形式，一是原子聚集形成晶核，晶核长大形成晶体；其次就是原子在电极表面扩散至适当位置进入晶格，在原有金属的晶格上延续生长。

由于在不同的工艺与不同的电沉积条件下，放电离子的本性、浓度以及电极的电位不同，上述步骤的反应动力学会发生变化，使得控制电沉积过程的反应速度最慢的步骤也会随之改变。

金属的电沉积过程实际上包括金属离子的还原析出以及新生金属原子在电极表面的形核与长大（即电结晶过程）。金属离子的还原析出会受到电结晶过程的影响，因为电极表面不断形成的晶体会改变其表面状态；同理，金属原子的结晶过程是以金属离子阴极还原为前提的。因此，这两个过程相互影响，共同决定了金属电沉积过程的特点：

① 电沉积过程的驱动力是阴极过电位。首先，阴极过电位决定了金属离子是否可以被还原，只有过电位达到了金属离子的析出电位才能发生金属离子的阴极还原。其次，阴极过电位的大小还决定了形成晶核的尺寸与数量，从而影响沉积层的质量。一般地，阴极过电位越大，形成的临界晶核越小且数量越多，结晶质量越高（更细致）。

② 电解液中各种粒子在界面层的吸附能够改变双电层结构，从而显著影响电沉积过程和沉积层性能。不管是反应粒子，还是非反应粒子，只要在界面处会发生吸附，即使吸附量很微小，都会影响金属离子在阴极的析出速度与位置以及随后的结晶方式与致密性。

③ 沉积层的结构与性能不仅与电结晶过程有关，还与基体金属表面的结晶状态有关，因为不同金属晶面上的电沉积动力学行为存在差异。

### 9.2.2 金属离子的阴极还原过程

大量实践表明金属离子想要从简单的金属盐电解液或是络合物电解液中被还原析出并形成沉积层，首先必须克服一定的电化学极化过电位。理论上，只要阴极的电位低于金属离子的平衡电位一定程度时，所形成的过电位就会致使该金属离子在阴极析出。然而，实际上电沉积过程还可能存在多种不同粒子的竞争反应，尤其与氢离子的还原电位有很大关系。例如，如果金属离子的还原电位低于氢离子的还原电位，那么阴极上就会先发生析氢反应而产生大量氢气，导致该金属离子难以被还原沉积。

金属离子能否被还原沉积出来，在元素周期表中大致可以以铬分族作为分界线，如表9-1所示，铬分族左侧的金属元素由于反应活性较大，相对活泼，其电位很负，导致其在水溶液中难以被还原沉积；而位于铬分族右侧的金属元素的电位相对较高，其简单金属离子大都可以从水溶液中沉积出来。然而这也并非是一个绝对的准则，因为随着电沉积动力学与热力学的条件发生变化，分界线的位置也会发生改变。例如，当电沉积的阴极还原产物不是以纯金属而是以合金的形式析出时，因为合金生成物的活度较纯金属小，所以原本很难在水溶液中被还原的金属也能以合金的形式获得。此外，如果以汞作为阴极，碱金属或是稀土金属离子均可在水溶液的汞电极中还原为相应的汞齐。同时在非水溶液中，由于溶剂的性质发生变化，原来在水溶液中无法发生阴极还原的金属元素，其电沉积往往可以在有机溶剂中实现。

表 9-1　金属离子阴极还原的可能性

| 族<br>周期 | ⅠA | ⅡA | ⅢB | ⅣB | ⅤB | ⅥB | ⅦB | Ⅷ | | | ⅠB | ⅡB | ⅢA | ⅣA | ⅤA | ⅥA | ⅦA | ⅧA |
|---|---|---|---|---|---|---|---|---|---|---|---|---|---|---|---|---|---|---|
| 三 | Na | Mg | | | | | | | | | | | Al | Si | P | S | Cl | Ar |
| 四 | K | Ca | Sc | Ti | V | Cr | Mn | Fe | Co | Ni | Cu | Zn | Ga | Ge | As | Se | Br | Kr |
| 五 | Rb | Sr | Y | Zr | Nb | Mo | Tc | Ru | Rh | Pd | Ag | Cd | In | Sn | Sb | Te | I | Xe |
| 六 | Cs | Ba | 稀土 | Hf | Ta | W | Re | Os | Ir | Pt | Au | Hg | Tl | Pb | Bi | Po | At | Rn |
| 说明 | 金属元素 | | | 水溶液中有可能沉积出来 | | | | 可从络合物水溶液中电沉积 | | | | | | | | | 非金属 | |

### （1）简单金属离子的还原

在讨论简单金属离子的阴极还原时，为使过程简化，暂时先不考虑被还原的金属原子受电结晶的影响。通常金属离子是以水化离子的形式存在于电解液中，水化金属离子的还原过程如下所示：

$$[M(H_2O)_x]^{n+} + ne^- \longrightarrow M + xH_2O$$

实际上金属离子的还原不仅需要电子在电极/溶液界面处发生转移，还需水化离子先进行周围水分子的重排以降低其水化程度，直至失去全部水化膜变成金属相中的粒子，包含以下几个步骤。

① 水化金属离子失去部分水化膜，为电子转移创造条件。

$$[M(H_2O)_x]^{n+} \longrightarrow [M(H_2O)_{x-y}]_{吸附}^{n+} + yH_2O$$

② 电子在电极界面处与离子结合，生成吸附态金属原子。

$$[M(H_2O)_{x-y}]_{吸附}^{n+} + ne^- \longrightarrow [M(H_2O)_{x-y}]_{吸附}$$

③ 金属原子失去全部的水化膜，成为金属晶格上的金属原子。

$$[M(H_2O)_{x-y}]_{吸附} \longrightarrow M + (x-y)H_2O$$

上述过程仅考虑了一价金属离子，实际上对于多价态金属离子，其阴极还原过程要复杂得多。通常多价离子并不是一步还原，而是分为多个步骤进行的，在多步还原过程中需要考虑整个还原过程中进行较慢的速度控制步骤。

### （2）金属络合离子的阴极还原

在现代电沉积中，为获得均匀致密的高质量镀层，常常要求电沉积过程在较大的电化学极化下进行。当采用络合物镀液体系时，整个体系的热力学性质和动力学性质均会发生很大的变化，这不仅可以提高阴极极化的程度，还可以降低体系的平衡电极电位，使其满足高质量金属电沉积所需的较大过电位。例如，简单金属锌离子的标准平衡电位为 $-0.763V$，向溶液中加入 KCN 使其形成络合金属离子后，体系的标准平衡电位将降至 $-1.26V$，可通过以下的简单计算得到。

简单金属锌离子的电极反应为：

$$Zn^{2+} + 2e^- \longrightarrow Zn \qquad \Delta G_1^{\ominus} = -2F\varphi_1^{\ominus}$$

络合金属离子的电极反应为：

$$[Zn(CN)_4]^{2-} + 2e^- \longrightarrow Zn + 4CN^- \qquad \Delta G_2^{\ominus} = -2F\varphi_2^{\ominus}$$

对于络合离子在溶液中还存在解离平衡：

$$[Zn(CN)_4]^{2-} \longrightarrow Zn^{2+} + 4CN^- \qquad \Delta G_3^{\ominus} = -RT\ln K_i$$

$K_i$ 为络合金属离子的不稳定常数，在 25℃时，其数值为 $1.3 \times 10^{-17}$，将标准平衡电位与不稳定常数代入 $\varphi_2^{\ominus} = \varphi_1^{\ominus} + \dfrac{RT}{2F}\ln K_i$，即可计算得到 $\varphi_2^{\ominus} = -1.26V$。

对于络合金属离子的还原机理，过去曾认为是络合金属离子的解离理论，即络合金属离子首先通过电解平衡解离为简单离子，然后该简单金属离子在阴极上直接还原。然而，后续通过计算表明，由于一般络合金属离子的不稳定常数很小，溶液中游离的简单金属离子数量很少，在阴极直接还原而产生的电流密度非常小，完全无法满足正常沉积速度的需要。因此，目前接受最为广泛的是络合金属离子的直接还原理论，因为具有较高配位数和特征配位数的络合金属离子阴极放电时所需活化能较高，所以在阴极首先放电还原的是具有较低配位数且浓度适中的络合金属离子。一方面，配位数较低的络合离子，配位体与金属离子之间的作用力较小，阴极还原尚不需要较高的活化能；另一方面，配位数较低的络合离子，由于在络合离子普遍带有负电荷的情况下，较低的配位数所带有的负电荷数较少，导致其靠近电极表面时所受的电场排斥作用力较小，确保了电沉积的顺利进行。

需要特别指出的是，络合剂的加入虽然可以降低金属电极的平衡电位，且不稳定系数越小，电极平衡电位负移得越多，但络合金属离子在阴极还原时的过电位并不一定越大。因为络合离子的加入改变的仅仅是电极体系的热力学性质，主要取决于溶液中存在的络合离子的性质；而金属离子还原时的过电位主要取决于直接在电极上放电的粒子的吸附热以及金属离子通过配位体重排、脱去部分配体形成活化络合物所需要的能量变化。

### （3）有机表面活性物质对金属离子还原的影响

在实际生产工艺中，通常会通过添加各种有机添加剂来改善性能，其中大多数有机添加剂都扮演着改变电极表面活性的作用，因此，通过有机添加剂使其吸附在电极表面可以有效改变金属离子阴极还原的动力学行为，主要是抑制金属离子的阴极还原过程，提高金属离子在还原时的电化学极化超电位，从而促进新晶核的形成速度，增加单位面积成核的活性点密度数，最终提高沉积层的结晶质量，使其晶粒更加均匀细致。

根据已有的实验数据，目前可将各类表面活性物质吸附层对电极反应的抑制作用总结归纳如下：由烷烃基组成的吸附层，对大多数金属离子和氢的析出过程均具有一定的抑制作用。一般烷烃基链越长，则吸附层越厚，对电极的抑制作用也越大。吸附层中活性物质粒子所带的电荷是影响电极反应抑制作用的重要因素之一。如果金属离子与活性物质所携带的电荷性质相同，则会在金属离子还原过程中由于同种电荷之间的静电斥力使极化增大；反之，如果二者电荷性质相反，则极化变小。

### 9.2.3　金属的电结晶过程

金属离子在阴极上放电还原为吸附金属原子后，还需经历吸附原子的结合，使其形成晶体而获得表面沉积层，这种在电场作用下进行的结晶过程称为电结晶。金属电结晶是电沉积的初始阶段，主要包括晶核的形成与晶粒的生长过程。要想实现电结晶，金属离子必须先还原为吸附在光滑电极表面的原子，紧接着吸附态原子在电极表面上扩散到缺陷或位错处聚集成核，然后再生长形成电结晶层。电极表面初始形核一般是以平行或垂直于基面的方式生长，当电极表面已完全被一层金属原子所覆盖时，电沉积过程就会在同种金属原子基面上继续进行。显然，初始在异相金属基质上形成的金属沉积层决定了电沉积或电结晶层的结构及其与基体之间的结合力。

当金属离子在电极表面的活性位置上被还原为金属原子后，大量金属原子堆积在一起，只有当其尺寸超过临界尺寸才能形成稳定晶核，在此过程中形核与晶核生长的竞争决定了金属沉积层晶粒尺寸的大小。在电沉积中形核数量越多，形核速度越快，则形成的金属沉积层的晶粒更为细小，所得到的沉积层更加致密平滑，具有更加优越的性能。影响晶体电化学形核与生长的因素包括温度、电极电位、电解液的成分（络合物、有机添加剂）等。因此，研究金属电结晶过程可以深化生产中得到的不同沉积层的形貌、结构与性质的理解。

#### 9.2.3.1　电结晶形核热力学

金属电结晶与一般的结晶过程相似，例如在过饱和的水溶液中固体的析出、熔融金属在冷却时结晶形成晶体等，其过程均是由形核与长大两部分组成。对于金属电结晶，其形核与长大所需要的能量源于界面场，或者说，电结晶的驱动力是阴极过电位。

金属电结晶形成晶核时的能量变化包括两部分：一是电还原为固相时需要释放能量，造成体系自由能降低，降低的部分是体积自由能；二是形成新相建立相界面需要吸收能量，造成体系自由能增高，增高的部分是表面自由能。因此，体系总的自由能变化（$\Delta G$）为两者代数之和，如图9-5所示。

根据德国学者 Kossell 和 Volmer 提出的电结晶形核理论：在晶体表面电沉积时，首先形成二维晶核并逐渐生长为单原子薄层，然后以此形核长大，一层层生长，直至长成宏观晶体沉积层。该理论认为二维晶核最有利的形貌是圆柱形状，由此可以推导出形核速度与阴极过电位之间的关系：

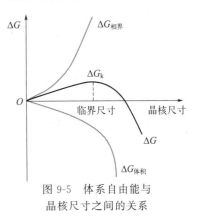

图 9-5　体系自由能与
晶核尺寸之间的关系

$$\Delta G = -\frac{\pi r^2 h \rho n F}{M}\eta + 2\pi r h \sigma_1 + \pi r^2(\sigma_1 + \sigma_2 - \sigma_3) \tag{9-1}$$

式中，$r$ 和 $h$ 分别为圆柱状晶核的半径和高度；$\rho$ 为晶核密度；$n$ 为金属离子的价态；$F$ 为法拉第常数；$M$ 为沉积金属的原子量；$\sigma_1$ 为晶核与溶液之间的界面张力；$\sigma_2$ 为晶核与电极的界面张力；$\sigma_3$ 为溶液与电极的界面张力；$\eta$ 为阴极过电位。

对上式进行微分并令其为 0，可得电结晶过程中临界晶核自由能 $\Delta G_k$ 为：

$$\Delta G_k = \frac{\pi h^2 \sigma_1^2}{h\rho n F \eta}\big[M - (\sigma_1 + \sigma_2 - \sigma_3)\big] \tag{9-2}$$

假定晶核与电极为同种金属，有 $\sigma_1 = \sigma_3$，$\sigma_2 = 0$，则：

$$\Delta G_k = \frac{\pi h M \sigma_1^2}{\rho n F \eta} \tag{9-3}$$

此时，晶核的形成速度 $v$ 与临界形核自由能 $\Delta G_k$ 之间的关系为

$$v = B_1 \exp\left(-\frac{\Delta G_k}{kT}\right) = B_2 \exp\left(-\frac{B_2}{\eta}\right) \tag{9-4}$$

式中，$B_1$ 和 $B_2$ 为常数；$k$ 为玻尔兹曼常数。显然，阴极极化过电位越大，则临界晶核尺寸越小，形核所需的临界自由能越低，形核速度越快，形核数目越多。因此，阴极过电位的大小决定着金属沉积层的性质，一般地，提高阴极极化过电位将细化电结晶所形成的晶粒，因而所获得的金属沉积层越致密光滑，这也是实际电镀工艺中总是设法增大阴极电化学极化的原因所在。

### 9.2.3.2　晶面的生长过程

#### （1）理想晶面的生长过程

理想晶面是指表面无缺陷的晶面。晶体生长总是优先在能量最低的位置进行，比如金属原子晶面上的拐角、缺口、空穴等位置会成为生长点，或者棱、台阶等位置也会成为生长线。因此，晶面的生长只能在少数生长点或是生长线上进行，可以有两种不同的历程。

第一种是金属离子直接在能量最低的生长点上放电被还原，在这种情况下，金属原子的放电还原及其结晶过程是同步进行的。然而，理论计算表明这种过程需要极高的活化能，因此，发生的概率极低。

第二种是金属离子在电极表面任意位置上放电，形成晶面上的吸附态金属原子，然后通过表面扩散将其转移至有利的生长位置。与第一种情况不同的是，金属原子的放电还原与结晶过程是分别进行的过程。金属的电结晶过程是通过晶面上的生长点沿着生长线方向不断往前推进，直至该列原子被填满，随后再进行下一列的原子填充，当原有晶面被全部填满形成新晶面后，吸附态金属原子将在新晶面上按照上述方式重新生长。

#### （2）实际晶面的生长过程

如果晶面生长按照理想模型进行，则每形成一层新的晶面，生长点和生长线就会消失，后续生长则需要重新形成二维晶核，因此又需要一定的过电位才能满足形成稳定的临界晶核的要求，导致在电结晶过程中会出现周期性的电位跃迁现象。然而，在实际晶面生长中，实验上并没有观察到这种电位跃迁现象，表明实际晶面生长过程并不是按照理想方式进行的。

实际晶体一般都含有大量各式各样的位错。如果晶面上的吸附态金属原子扩散到位错的台阶边缘处，绕着位错线生长，尤其是绕着螺型位错线生长，生长线就不会消失。原位错线

填满后，又会形成新位错线，因此吸附态金属原子随后又会在新位错线上重新生长。如此反复，晶体就会绕着位错线螺旋式生长。

大量的实验研究表明在电结晶过程中形核与螺型位错生长的结晶方式都是客观存在的现象，已成为目前普遍接受的观点。当阴极过电位较低时，电结晶形核与长大的驱动力较小，电还原得到的吸附态原子的浓度和扩散速度都比较小，电结晶过程主要是依靠吸附原子的表面扩散进入晶格，并以螺旋位错的方式生长，决速步骤是表面扩散步骤；当阴极过电位较高时，电结晶形核与长大的驱动力增大，吸附态原子浓度增大，有利于新晶核的形成和长大，因而其过程主要是通过形核的方式进行，此时的决速步骤是电荷转移步骤。

### 9.2.4 电镀过程

电镀作为电结晶最重要的一种，指的是通过电化学的方法在基体表面上沉积一薄层金属或合金的过程，是一种将被镀金属离子通过阴极还原在镀件上形成结合牢固的金属沉积层的表面加工技术。电镀技术在国民经济的发展过程中发挥着重要的作用。首先，电镀是很多产品制造的关键技术，可以在金属表面获得成分、组织可控的多种保护层，是保证合金质量的基础工艺；其次，电镀还可以为新技术的发展提供特殊材料，例如，电子电镀技术是电子产品制造的关键环节。

#### （1）电镀层的质量指标

作为金属电镀层，无论其何种用途，要获得令人满意的高质量电镀层，其最基本的要求是结构致密，厚度分布均匀，且与基体结合牢固。此外，电镀层的力学性质，包括硬度、内应力、耐磨性以及脆性等，也会对电镀工件的质量产生较大的影响。

评价电镀层质量的好坏包括以下几个重要指标。

① 外观。电镀层的外观是检验其质量最直接简单的方式，无论是装饰性镀层还是功能性镀层，外观上，一般要求电镀层结晶均匀，不允许存在针孔、麻点、起皮、起泡、毛刺以及斑点等缺陷。

② 结合力。镀层与基体金属的结合强度是任何镀层发挥其防蚀、装饰以及其他功能的前提，而结合力的大小是由沉积金属原子和基体金属的本性共同决定的，同时也受镀件表面状态的影响，例如，如果镀件表面存在氧化物或是钝化层，那么与基体金属的结合强度将会被削弱。

③ 硬度。它是指镀层抵抗外力引起的局部表面形变的能力，是功能性电镀层的重要指标。镀层的硬度与电镀过程中所形成的结晶组织有关，其影响因素包括镀层物质的种类、致密度以及厚度等。

④ 镀件的内应力。在电镀过程中可能会因为多方面的因素而引起镀件晶体结构的变化，使得电镀层处于拉伸或压缩的状态（内应力）。由于电镀层已经固定在基体上，因此在变形过程中，处于受力状态的镀层的力学性质有可能会发生很大变化。例如，当电镀层的压应力大于电镀层与基底之间的结合力时，电镀层将起泡或是脱皮；当电镀层的张应力大于镀层与基底的抗拉强度时，电镀层将产生裂纹造成抗腐蚀性急剧下降。

⑤ 镀层孔隙。它是指电镀层表面直至基体金属存在的细小孔道，孔隙的大小也影响电镀层的防护能力。

⑥ 脆性。脆性的存在往往会导致镀层开裂，结合力下降，甚至直接影响镀件的使用价值。

（2）影响镀层组织及分布的因素

在电镀过程中，许多因素都会影响到电镀层的质量，其中镀液的化学组成、电镀工艺条件是影响电沉积层结构的两大主因，前者是影响结构的内因，后者则是影响结构的外因。

① 镀液的化学组成　不同镀液的化学组成配方虽然差别很大，但一般都包括主盐、导电盐、络合剂以及一些添加剂等。

阴极上可以沉积出镀层金属的盐称为主盐。若采用可溶性阳极电镀，则消耗的金属离子由阳极溶解补充；若采用不溶性阳极电镀，则需要及时补充预镀金属离子。在电镀溶液中常常会加入一些额外的导电盐，又称为支持电解质，例如某些碱金属、碱土金属或铵盐类，目的在于提高镀液的导电性，以及改善镀液的分散能力。此外，导电盐对于提高阴极极化也有一定的促进作用，这是因为外来离子的加入将增大离子强度，相应地降低沉积金属离子的活度，从而提高阴极极化。导电盐的选择不仅要考虑其导电能力，还要考虑其电离出来的阴、阳离子对于镀液、镀层的副作用，因此，加入量并非越多越好，而应根据工艺的不同，加入一个最佳量，过量使用还可能会造成镀液电导率的降低。

络合剂在电镀生产过程中扮演着非常关键的角色，其主要作用是通过与预镀金属离子络合来提高阴极极化，同时需要保证一定量的游离态络合剂，有利于稳定镀液并提高分散能力，促进阳极正常溶解，因此使用络合剂可以获得平整细致的高质量镀层。

除了络合剂外，镀液中还可能会加入少量其他添加剂，主要是通过界面吸附来改变界面双电层的结构，从而提高阴极过程极化，旨在进一步改善镀层质量，一般包括有机和无机两类，其中无机添加剂多采用硫、铅及稀土等金属化合物，有机添加剂则可选择的种类更多，因而电镀工艺中常采用的是有机添加剂，根据其作用还可以分为光亮剂、整平剂、活化剂和润湿剂等，例如电镀金属 Ni、Cu 和 Zn 时常使用糖精、萘二磺酸等添加剂来提高光亮度。

② 电镀工艺参数　电流密度、pH 值、温度、搅拌等参数同样对镀层结构的质量产生影响。

电流密度对镀层结晶状态以及沉积速度的影响较大。从生产效率的角度，宜采用较大的阴极电流密度，但在实际生产中，阴极电流密度受很多因素的影响，例如，主盐浓度增加、pH 值下降、温度升高等因素均会提高允许的电流密度，电流密度越高，形核数量越多，镀层结构则越细致，有利于提高光亮性与平整性，同时也会带来硬度、内应力和脆性的增加。需要注意的是，电流密度过大容易形成针孔和枝晶状镀层，因而电流密度的选取需要适当。

镀液 pH 值越低，即氢离子浓度越高，则发生析氢副反应的倾向越大，因而会降低电镀过程的电流效率。此外，阴极析出的氢容易渗入金属镀层而引起氢脆和内应力，甚至产生裂痕和气泡。工业中通常会加入缓释剂、有机酸来稳定镀液的 pH 值，从而确保镀层性质较为均匀。

提高镀液温度会增加盐的溶解度和镀液的导电能力，弱化表面活性物质的吸附，从而降低阴极极化，有利于提高电流效率，容易生成晶粒较大的镀层。温度过高还会形成粗晶和孔隙，降低镀层质量。因此，要保证镀层质量，需要控制一个适宜的温度范围。

搅拌有利于消除浓差极化的影响，从而获得结构致密的金属镀层，还可以降低氢脆的倾向。

（3）常见的电镀层

① 单金属电镀层　锌、锡、镍、铬、银、金镀层是目前常见的单金属镀层，不同的镀

层具有不同的性质，例如镀锌与镀铬主要是用于保护钢及铁基合金；镀铜则是作为电子工业及防护装饰性镀层的底层；锡镀层主要是食物包装铁罐的保护层和作为焊接的电接触；镀铬则主要是保持美观以及光泽的表面，同时还可以提高硬度与耐磨性；银和金镀层主要用于装饰、反射器和电接触。

② 电镀合金层　合金电镀是指在电流的作用下，使两种或两种以上金属（也包括非金属元素）共沉积的过程。与单金属相比，合金镀层结晶更加细致，镀层更加平整、光亮，镀层较组成它们的单金属更加耐磨、耐蚀、耐高温，并且还可以获得单金属所没有的特殊的物理性质，如导磁性等。因此合金电镀工艺不断得到发展。

③ 复合电镀层　为了赋予镀层更多的性能，可以将一种或多种不可溶微颗粒分散于电镀液中，使其与被镀金属或合金共同沉积在基体上，从而获得复合镀层。例如，通过添加 $SiO_2$ 和 $Al_2O_3$ 等固体颗粒可以提高镀层的硬度、熔点和耐蚀性；通过添加石墨、氟化石墨等固体颗粒可以获得自润滑特性；通过添加 WC、SiC、BN 等固体颗粒可以增加 Au 或 Ag 基镀层的电接触功能。

# 9.3　金属阳极氧化

金属阳极氧化是指金属本身作为反应物通过电化学氧化的方式使其表面生成一层氧化物膜的电极过程。利用阳极氧化使金属表面生成一层氧化物膜，可以有效降低金属本身的化学活泼性，从而提高其在环境介质中的热力学稳定性，达到防护金属制品的目的；有些氧化物膜还可以提高金属制品的耐磨性或绝缘性，也可用于制造电解电容器等。

## 9.3.1　两种金属氧化的方法

一般金属都具有氧化生成金属氧化物的能力，对于金属本身来说，氧化过程其实就是一个腐蚀破坏的过程，所生成的氧化物就是腐蚀产物，例如，钢铁或铜制品生锈就是典型的氧化腐蚀行为。

工业中一般要求金属使用寿命尽量长，以达到充分利用的效果，因而腐蚀金属的工业应用是不利的。但同时人们还注意到，不同金属经过腐蚀附着在金属表面上的氧化物层的性质不尽相同，有些金属的氧化物层非常疏松，与金属基体的结合力十分脆弱，这种氧化物层无法阻止金属被继续氧化，例如金属铁的氧化；然而，有些金属表面形成的却是很致密的氧化物层，例如铝的氧化膜，这种致密的氧化物层具有阻止金属继续被氧化的能力。根据不同金属的氧化特点，就可以开发不同的技术手段，使易氧化金属的表面获得一层致密的氧化膜，从而达到防止金属基体继续被氧化的目的。

对于大部分金属来说，其表面形成的氧化膜大都是疏松多孔且不均匀的，起不到防护作用，即使金属铝通过自然氧化形成的致密膜具有一定防护作用，但不能在腐蚀性较强的介质下使用。因此，为了提高金属氧化物的防护性能，可采用人工氧化处理方法使金属发生氧化钝化，这是一个在可控条件下人为生成特定氧化膜的表面转化过程，这一方法经常用于铝材及钢铁，具体包括化学氧化法和电化学阳极氧化法两种方法。

### （1）化学氧化法

化学氧化是利用化学氧化剂对金属表面进行氧化，称为化学钝化或自钝化，所形成的膜称为化学转化膜。以铁片在硝酸溶液中的溶解为例，图 9-6 所示为铁片的溶解速率与硝酸浓度之间的关系，可以看到，当硝酸浓度不大时，铁的溶解速率随硝酸浓度的升高而急剧上升，表明铁片发生了剧烈的溶解。当硝酸浓度提高至 30%～40% 时，铁的腐蚀溶解速率达到最高值。如果继续提高硝酸浓度超过 40% 的话，铁的溶解速率则会急剧下降，只有原来的 1/4000，这种腐蚀急剧变缓的现象称为金属的钝化。当硝酸浓度继续提高至 90% 以上时，铁的腐蚀溶解速率又会发生较快的上升。研究表明经过浓硝酸处理过的铁片重新放入稀硝酸（如 30% $HNO_3$）或稀硫酸中，铁片将不再受到侵蚀，这是因为铁片已经通过钝化形成了一层金属氧化物膜。

**（2）电化学阳极氧化法**

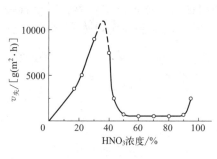

图 9-6　Fe 的溶解速率与
$HNO_3$ 浓度的关系

电化学阳极氧化法是利用电化学的手段将金属氧化，使其表面生成一层氧化物膜而钝化金属的过程。图 9-7 所示为电化学阳极氧化法的装置示意，一般将被保护的金属置于电解液介质中作阳极，然后通过一定的外电流在金属表面形成一层致密的氧化物膜，使金属基体进入钝化状态而被保护。例如，18-8 型不锈钢在 30% 的硫酸中会发生剧烈的溶解，但如果通入外加电流将不锈钢阳极极化至 -0.1V（vs. SCE），则其溶解速率将会剧烈下降至原来的数万分之一，且在 -0.1～1.2V 的电位范围内，不锈钢都能保持优异的稳定性，即金属阳极已经处于钝化状态。实验表明 Fe、Ni、Cr、Mo 等多种金属在稀硫酸中均可采用电化学阳极氧化的方法使其表面钝化。

利用电化学阳极氧化可以用来防护金属制品防护层。此外，相比化学氧化法，通过电化学阳极氧化法得到的钝化膜层具有更加优异的致密性，在硬度、耐磨性、绝缘性、耐蚀性及其他性能方面都表现得更加出色。因此，这种方法在工业上具有更重要的应用价值，已在有色轻金属材料（如 Al、Mg、Ti 等）和黑色金属（钢铁等）上得到了广泛的应用。其中，应用最广泛且最为成功的表面阳极氧化处理技术是铝的阳极氧化，因为铝的阳极氧化膜具有一系列突出的性能，可以满足不同的应用需求，被誉为是一种万能的表面保护膜。

## 9.3.2　金属阳极氧化的极化曲线

金属阳极在发生氧化之前，主要存在电化学极化和浓差极化，氧化之后则变成金属氧化物膜所引起的电阻极化。对于处于活化状态下的金属，其阳极极化变化不明显，一旦到达钝化状态后，则阳极极化变得十分显著。因此，阳极极化是金属钝态的重要特征之一。

为了对金属阳极氧化现象进行电化学研究，就必须研究金属阳极活化-钝化转变的特征极化曲线。图 9-8 所示为采用恒电位法测得的典型的具有钝化特性的金属阳极极化曲线。例如，金属 Fe、Cr、Ni 及其合金在一定的介质条件下，测得的阳极极化曲线都表现出类似的曲线。从图中可以看出金属阳极过程在不同的电极电位范围内会表现出不同的极化规律，整条阳极极化曲线被五个特征电位值，即金属自腐蚀电位 $\varphi_{corr}$、致钝电位 $\varphi_{pp}$、维钝电位 $\varphi_p$、过钝化电位 $\varphi_{tp}$ 及析氧电位 $\varphi_{O_2}$ 分成五个区域。下面详细讨论各个区域的电化学腐蚀情况：

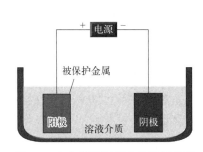

图 9-7　电化学阳极氧化法装置示意

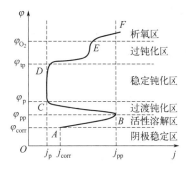

图 9-8　典型的金属阳极极化曲线

$AB$ 区：即 $\varphi_{\text{corr}}$ 至 $\varphi_{\text{pp}}$ 的电位区间，属于金属活性溶解区。随着电极电位的正移，阳极溶解电流密度随之增大，金属按照正常的阳极活性溶解规律进行，最终以低价水化离子的形式溶解于溶液中。

对金属铁来说，该活性溶解过程的电化学反应为：

$$Fe \longrightarrow Fe^{2+} + 2e^-$$

$BC$ 区：即 $\varphi_{\text{pp}}$ 至 $\varphi_{\text{p}}$ 的电位区间，属于金属活化-钝化转变的过渡钝化区。当电极电位达到某一临界值 $\varphi_{\text{pp}}$ 时，阳极电流密度随着电位正移急剧下降，这意味着金属表面状态发生了突变，金属开始发生钝化，其原因在于金属表面形成了一层表面钝化膜，阻碍了电极反应的进行。

对金属铁来说，该过程是金属表面生成了金属氧化物，其电化学反应为：

$$3Fe + 4H_2O \longrightarrow Fe_3O_4 + 8H^+ + 8e^-$$

在 $B$ 点位置，金属的阳极溶解的电流密度达到最大值，也就是电极从活性阳极溶解状态开始转变为钝化状态所需要的外加阳极电流密度，称为临界致钝电流密度 $j_{\text{pp}}$，相对应的电极电位叫作临界致钝电位或致钝电位 $\varphi_{\text{pp}}$。$B$ 点是金属表面钝化开始的标志，具有特殊的意义。

$CD$ 区：即 $\varphi_{\text{p}}$ 至 $\varphi_{\text{tp}}$ 的电位区间。当电极电位到达 $C$ 点位置，电流密度降至最低点，此时金属进入完全钝化的状态，电流密度不再随电极电位发生改变，金属处于相对稳定的状态，因而称为稳定钝化区，这是因为金属表面生成了一层具有良好耐蚀性的钝化膜，例如 $2Fe + 3H_2O \longrightarrow Fe_2O_3 + 6H^+ + 6e^-$

$C$ 点位置是金属进入稳定钝态的开始电位，称为维钝电位 $\varphi_{\text{p}}$，该电位可延伸到过钝化电位 $\varphi_{\text{tp}}$，从而形成 $\varphi_{\text{p}} \sim \varphi_{\text{tp}}$ 的维钝电位区。在这一区域有一个非常小的电流密度，其大小约在 $\mu A/cm^2$ 的数量级，称为维钝电流密度 $j_{\text{p}}$，金属以 $j_{\text{p}}$ 的反应速率溶解着，由于电流密度很小，因此可认为金属不再发生电化学腐蚀。此时金属氧化物的化学溶解速率将决定着金属的溶解速率，金属按照上述钝化反应来弥补氧化物膜的溶解，因此 $j_{\text{p}}$ 是维持稳定钝态所必需的电流密度。

$DE$ 区：即 $\varphi_{\text{tp}}$ 至 $\varphi_{\text{O}_2}$ 的电位区间，属于金属的过钝化区。当电极电位到达 $\varphi_{\text{tp}}$，金属的阳极电流密度将随着电位的升高重新开始变大，表明发生了新的电极反应，一般是生成了可溶性的高价金属离子。例如，不锈钢在过钝化区会生成高价铬离子，导致金属电极上的钝化膜遭到破坏，金属腐蚀溶解速度又重新加剧。$D$ 点位置是金属钝化膜破坏开始的电位，称为过钝化电位（$\varphi_{tp}$）。

*EF* 区：属于氧的析出区。当电极电位到达析氧电位（$\varphi_{O_2}$）时，电极上将发生析氧反应，导致电流密度进一步增大。

需要指出的是，并不是所有金属的阳极极化曲线都包含上述几个区域，对于许多不能发生钝化的金属来说，其曲线只有活性溶解区；而对于某些不存在过钝化区的金属来说，其钝化膜在未达到过钝化电位就会遭到破坏，则极化曲线将重新发生活性溶解或者直接进入析氧区。此外，还有某些具有自钝化行为的金属无须外电流就已处于钝化状态，其极化曲线就不存在活性溶解区和过渡钝化区。

实验研究表明金属钝化只是一种界面现象，即金属只是表面发生了改变，而基体并未变化。钝化膜的各种性质和膜的成分、结构和厚度有关。目前对钝化产生的本质原因以及钝化膜的结构还存在许多争论，未形成一个统一的理论，主要有成相膜理论和吸附理论。影响金属阳极氧化的因素包括金属本性、溶液性质（如溶质/溶剂本性、pH 值）、添加剂（如络合剂、活化剂、氧化剂、有机表面活性物质）以及阳极电流密度等。

总之，金属的阳极特性曲线对其阳极极化行为起着重要的指导作用，一般具有以下两个基本特点。

① 整个阳极钝化曲线可能存在着五个特性电位（$\varphi_{corr}$、$\varphi_{pp}$、$\varphi_p$、$\varphi_{tp}$、$\varphi_{O_2}$）、五个特性区（活性溶解区、过渡钝化区、稳定钝化区、过钝化区、析氯区）和两个特性电流密度（$j_p$、$j_{pp}$），它们是研究金属或合金钝化行为的重要参数。

② 在整个阳极过程中，由于金属电极所处的电位范围不同，其电极反应不同，导致腐蚀速率也各不尽相同。金属的电极电位只有保持在钝化区内，才能显著地降低其腐蚀速率。如果控制在其他电位区域，则钝化金属还会发生活化，腐蚀速率大大增加。

## 9.3.3 铝的阳极氧化过程及成膜机理

铝的阳极氧化是目前最为成功的工业应用。铝的阳极氧化处理大多是在酸性介质溶液中进行的，一般是以铝及其合金作为阳极，以铅、铝、石墨等耐蚀的导电材料作为阴极，接通电源控制一定的电流密度后，阳极铝表面就会生成一层氧化膜层。在热力学上，铝的电化学反应可以在很宽的电极电位和 pH 范围内生成稳定的氧化膜层。根据电化学反应机理，铝的阳极氧化膜的形成主要是由膜的生长和溶解两个相反过程同时进行的综合结果。

### （1）膜的生长

在膜的生长反应过程中，阴极上发生的是析氢反应：

$$2H^+ + 2e^- \longrightarrow H_2$$

阳极上发生的是氧化反应：

$$H_2O - 2e^- \longrightarrow [O] + 2H^+$$

阳极反应生成的氧，一部分形成氧分子，聚集后以气态形式析出，另一部分则与铝阳极表面发生反应，最终形成氧化铝膜层：

$$2Al + 3[O] \longrightarrow Al_2O_3 + Q$$

上述电化学反应的速度非常迅速，通电后几秒钟就能生成一层很薄、致密、无孔、附着力很强且绝缘性能高的氧化膜。膜的随后生长则要依靠铝离子和电子穿过氧化膜来进行，因此，随着膜的不断增厚，其电阻也不断增大，导致后面的反应速度衰减很快。如果没有溶解反应，则膜的后续增长就会变得很慢，直至停止。

（2）膜的溶解

由于铝和氧化铝在酸性电解质溶液中都可以发生溶解，因而膜的溶解反应过程包括：

$$2Al + 6H^+ \longrightarrow 2Al^{3+} + 3H_2$$
$$Al_2O_3 + 3H_2SO_4 \longrightarrow Al_2(SO_4)_3 + 3H_2O$$

上述溶解反应将导致铝表面生成大量的小孔。氧化膜一旦生成，电解液对膜的溶解作用也就同步开始了。由于初生的氧化膜层并不均匀，溶解就会优先在某些薄弱的位置发生并形成小孔，随着小孔反复形成和闭合，电解质溶液就会进入膜的内部，使得铝基体上不断生成氧化膜。与此同时，溶解反应也在不断地进行，导致氧化膜将由表及里地形成许多均匀圆柱形结构的针孔，整个膜层呈多孔蜂窝状形貌，如图9-9所示。

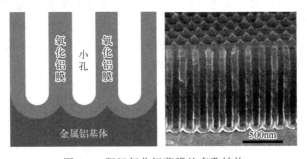

图9-9　阳极氧化铝薄膜的多孔结构

可见，铝的阳极氧化膜的生成是两种不同反应同步进行的综合结果，一种是通过电化学反应使铝与阳极析出的氧发生化学作用生成 $Al_2O_3$；另一种是通过化学反应使电解溶液对 $Al_2O_3$ 进行不断地溶解，并形成小孔结构。只有当膜的生长速度大于膜的溶解速度时，氧化膜才能顺利生成并达到一定的厚度。

影响铝及其合金的阳极氧化过程的最重要的因素是氧化剂的浓度（如 $HNO_3$、浓 $H_2SO_4$、$H_2CrO_4$、$HClO_4$ 等）和工作温度。当阳极极化在较低的氧化剂浓度和温度下进行时，可以得到较厚和较硬的膜层。如果同时提高电流密度，则膜层硬度将进一步得到提高，但膜层容易产生缺陷，导致氧化物膜的防护性能下降。当氧化剂浓度和工作温度一定时，氧化膜的厚度取决于所用的电流密度和氧化时间，即氧化电量，因此工业中常通过控制电量来调节膜层的厚度。在得到多孔氧化物膜之后，还可以利用其吸附作用，通过吸附无机颜料和有机染料来对膜表面进行着色，应用于不同领域。

## 9.3.4　钛及钛合金阳极氧化过程及成膜机理

钛及其合金具有强度高、密度低、耐蚀性强等优异性能，在航空、航天、石化、冶金和民品等领域的应用越来越广泛。随着人们对钛及其合金的硬度、耐磨性、抗蚀性、表面颜色的要求越来越高，必须对钛及其合金的工件进行装饰和防护，通常采用方法就是阳极氧化处理。

钛及其合金的阳极氧化主要分为两个方面：一是功能性阳极氧化，以提高基体耐蚀性、耐磨性和润湿性为目的；二是装饰性阳极氧化，目的在于改变型材外观使其具有特殊的颜色，用于高级可定制化装饰材料。

目前钛及钛合金阳极氧化主要是在酸性溶液中进行，尤其以磷酸溶液居多，但所获氧化膜层色彩不丰富，且膜层性能差别较大。目前最为成熟的方法是钛合金脉冲阳极氧化法，其目的是提高表面耐磨性和硬度，提高表面润滑作用，预防接触腐蚀。

研究表明，水溶液、有机溶剂和水/有机溶剂这三种体系均可用作钛合金阳极氧化工艺的电解液。目前最常用的电解液配方体系采用水溶液，在阳极氧化过程中，其产生的氧化物趋向于聚集成较大的颗粒，形成多孔状氧化物膜，且薄膜的厚度较大，通过控制膜厚和孔径大小可以获得不同干涉性发色氧化膜，具有装饰性和防蚀保护的作用。而采用非水溶液和熔盐电解时，钛电极表面上生成的阳极氧化膜比较薄、电阻值大、静电容值高、漏泄电容值高、漏泄电流小，是一种高介电氧化钛薄膜。

钛阳极氧化过程中，影响氧化物薄膜生长厚度最主要的因素是外加电压，而电解液浓度、工作温度以及电流密度等因素对氧化物薄膜的生长影响较小。一般来说，钛阳极氧化形成的薄膜厚度与槽电压成正比。此外，钛的发色色调会随着氧化钛薄膜厚度的不同而变化，工业上已经完全建立了阳极氧化的槽电压与钛表面干涉色之间的对应关系。利用这种关系，很容易通过调整槽电压来控制钛表面所形成的氧化膜厚度，从而实现精准调控发色色调，为钛及钛合金型材的定制化制备提供了技术支持。

# 9.4 电泳涂装技术

电泳涂装技术是利用外加电场使悬浮于电泳液中的颜料或树脂等微粒定向迁移并沉积于电极基底表面的涂装方法，是一种效率高、质量好、安全节能的工业涂装工艺，目前已经被大量应用于汽车车身、钢结构建筑桁架、家电等金属工件的表面涂装。电泳涂装基本原理类似于金属的电镀，只不过电泳漆溶液中待镀的阴、阳离子是有机树脂离子，而不是金属离子。电泳涂装技术与传统的涂装施工体系相比，具有以下优点。

① 电泳涂装基本以水为溶剂，无毒安全，对环境的污染小。

② 电泳涂装的涂底漆工序可实现完全的自动化和无人化，大幅度提高了涂装工业的劳动生产率，同时降低涂装过程中的能源消耗。

③ 电泳涂料，尤其是阴极电泳涂料具有优异的泳透性，可以在水中完全溶解或乳化，很容易浸透到被涂工件的缝隙、凹槽等传统涂装方法涂装不到的部位，在工件表面和内腔形成均一、平整的涂膜，非常适用于异型工件的表面涂装。涂料的利用率可高达 95%～100%。

与此同时，电泳涂装也存在如下局限性。

① 电泳涂装仅适用于导电的被涂物，像木材、塑料等绝缘体就无法使用电泳涂装。

② 不适合于由导电能力不同的多种金属所组成的被涂工件，因为这可能会造成涂料在工件上的不均匀涂装。

③ 在电泳涂装过程中，涂料在直流电作用下涂覆在被涂工件表面，得到湿的涂膜需要经过高温烘烤（160～180℃），因此电泳涂装仅适用于耐高温的被涂工件。

电泳涂装一般可以分为阴极电泳涂装和阳极电泳涂装两大类，下面予以简单介绍。

### 9.4.1　阳极电泳涂装

阳极电泳涂装是以待涂金属工件作为阳极，在阴离子型碱性电解液中进行电沉积，从而在阳极金属工件表面涂膜的一种涂装方法。阳极电泳涂料一般使用含羧基的高分子聚合物，经过氨（或胺）中和形成水溶性的羧酸盐树脂作为主体树脂，再配以一定比例的颜料、填料、助剂研磨分散在水中制成的涂料。常见的阳极电泳涂料有聚丁二烯阳极电泳涂料、纯酚醛阳极电泳涂料、环氧酯阳极电泳涂料等。

阳极电泳涂料的电沉积是发生一系列电化学反应的结果，包括树脂的溶解、水的电解、树脂的析出以及涂料的电沉积。

① 阳极上发生水的电解析氧：$H_2O \longrightarrow 2H^+ + 1/2O_2 + 2e^-$，导致被涂物表面的 pH 下降；

② 不溶性树脂通过电沉积析出：$RCOO^- + H^+ \longrightarrow RCOOH$；

③ 伴随金属阳极溶解的副反应发生：$M \longrightarrow M^{n+} + ne^-$；

④ 涂料结合金属阳离子发生电沉积：$nRCOO^- + M^{n+} \longrightarrow (RCOO)_nM$；

⑤ 阴极发生水的电解析氢：$2H_2O + 2e^- \longrightarrow 2OH^- + H_2$。

可见，在电泳过程中，优先发生的是水的电解，导致阳极附近呈现出较强的酸性，而阴极附近呈现出较强的碱性。$RCOO^-$ 阴离子在外电场的作用下向阳极移动，被 $H^+$ 中和沉淀。另外，电解过程中伴随着阳极金属工件的电化学溶解，产生金属阳离子 $M^{n+}$ 溶于电解槽中，或与 $RCOO^-$ 阴离子结合形成（$RCOO)_nM$ 化合物，与树脂材料一同进入电泳涂膜中。

### 9.4.2　阴极电泳涂装

阴极电泳涂装是以待涂金属工件作为阴极，在金属表面实现电沉积的一种电镀方法。阴极电泳涂料是通过向含氨基的改性树脂中加入酸而形成的带有 $R_n—NH^+Z^-$ 的亲水性聚合物盐。其中，$Z^-$ 为有机酸根离子（多为醋酸根离子、甲酸根离子以及乳酸根离子），$R_n—NH^+$ 为含氨基的阳离子树脂。通入直流电后，阴极表面电解水产生大量 $OH^-$，阳离子树脂 $R_n—NH^+$ 与 $OH^-$ 发生相互作用失去亲水性，在阴极表面以 $R_nN$ 的形式析出。阴极电泳涂料中的颜料和填料也通过电沉积作用沉积在阴极表面。

阴极电泳沉积的过程与阳极电泳涂装相似，也包括树脂的溶解、水的电解、树脂的析出以及涂料的电沉积。

① 阴极发生电解水析氢：$2H_2O + 2e^- \longrightarrow 2OH^- + H_2$，被涂物表面 pH 上升；

② 不溶性树脂通过电沉积析出成膜：$R_n—NH^+ + OH^- \longrightarrow R_nN + H_2O$；

③ 阳极发生水的电解析氧：$H_2O \longrightarrow 2H^+ + 1/2O_2 + 2e^-$。

阴极电泳沉积涂膜中包含少量的有机溶剂和水分，是一种高度集中的胶体结构。由于电泳过程中，阴极表面呈较强的碱性，因此不存在被涂金属的电化学溶解，对金属起到一定的保护作用。

阴极和阳极电泳涂装过程中都伴随着电解、电泳、电沉积和电渗析四个基础的物理化学变化，其变化过程如下：

① 通入直流电，两电极处水发生分解（电解）；

② 涂料离子在电场力作用下向电极移动（电泳）；

③ 涂料离子结合 $H^+/OH^-$ 析出（电沉积）；

④ 涂料离子紧密吸附在电极表面（电渗析）；

⑤ 涂料的逐渐涂覆使金属工件变为电绝缘，电沉积自动停止。

# 思考题

1. 什么是电合成技术？具有哪些优势？

2. 氯碱工业有哪几种技术路线？各有什么优缺点？

3. 金属离子电沉积的热力学条件是什么？

4. 影响金属离子电沉积的因素有哪些？它们是如何影响沉积的？

5. 简述电结晶形核和晶体螺旋位错生长理论的要点。

6. 影响电镀层质量的因素有哪些？

7. 金属的阳极氧化过程有什么特点？

8. 画出典型金属阳极钝化曲线，并说明各个特征区和特征点的物理意义。

9. 影响金属阳极过程的主要因素有哪些？它们是如何影响其过程的？

10. 简述电泳涂装技术的技术手段及其主要用途。

11. 25℃时，已知金属铜在活度为 1 的硫酸铜溶液中的电沉积速度为 $0.8A/dm^2$，假定电极过程的决速步骤是电荷迁移步骤，且阴极的塔菲尔斜率为 $0.06V/dec$，交换电流密度为 $0.01A/dm^2$。试求该电流密度下的阴极过电位。

# 部分溶液中反应的标准电极电位（25℃）

## 1. 酸性溶液

| 电极反应 | $\varphi^{\ominus}/V$ | 电极反应 | $\varphi^{\ominus}/V$ |
|---|---|---|---|
| $Ag^{+}+e^{-}\Longrightarrow Ag$ | 0.7996 | $Cd^{2+}+2e^{-}\Longrightarrow Cd(Hg)$ | $-0.3521$ |
| $Ag^{2+}+e^{-}\Longrightarrow Ag^{+}$ | 1.980 | $Ce^{3+}+3e^{-}\Longrightarrow Ce$ | $-2.483$ |
| $AgAc+e^{-}\Longrightarrow Ag+Ac^{-}$ | 0.643 | $Cl_2(g)+2e^{-}\Longrightarrow 2Cl^{-}$ | 1.3583 |
| $AgBr+e^{-}\Longrightarrow Ag+Br^{-}$ | 0.0713 | $HClO+H^{+}+e^{-}\Longrightarrow 1/2Cl_2+H_2O$ | 1.611 |
| $AgBrO_3+e^{-}\Longrightarrow Ag+BrO_3^{-}$ | 0.546 | $HClO+H^{+}+2e^{-}\Longrightarrow Cl^{-}+H_2O$ | 1.482 |
| $Ag_2C_2O_4+2e^{-}\Longrightarrow 2Ag+C_2O_4^{2-}$ | 0.4647 | $ClO_2+H^{+}+e^{-}\Longrightarrow HClO_2$ | 1.277 |
| $AgCl+e^{-}\Longrightarrow Ag+Cl^{-}$ | 0.2223 | $HClO_2+2H^{+}+2e^{-}\Longrightarrow HClO+H_2O$ | 1.645 |
| $Ag_2CO_3+2e^{-}\Longrightarrow 2Ag+CO_3^{2-}$ | 0.47 | $HClO_2+3H^{+}+3e^{-}\Longrightarrow 1/2Cl_2+2H_2O$ | 1.628 |
| $Ag_2CrO_4+2e^{-}\Longrightarrow 2Ag+CrO_4^{2-}$ | 0.4470 | $HClO_2+3H^{+}+4e^{-}\Longrightarrow Cl^{-}+2H_2O$ | 1.570 |
| $AgF+e^{-}\Longrightarrow Ag+F^{-}$ | 0.779 | $ClO_3^{-}+2H^{+}+e^{-}\Longrightarrow ClO_2+H_2O$ | 1.152 |
| $AgI+e^{-}\Longrightarrow Ag+I^{-}$ | $-0.15224$ | $ClO_3^{-}+3H^{+}+2e^{-}\Longrightarrow HClO_2+H_2O$ | 1.214 |
| $Ag_2S+2H^{+}+2e^{-}\Longrightarrow 2Ag+H_2S$ | $-0.0366$ | $ClO_3^{-}+6H^{+}+5e^{-}\Longrightarrow 1/2Cl_2+3H_2O$ | 1.47 |
| $AgSCN+e^{-}\Longrightarrow Ag+SCN^{-}$ | 0.0895 | $ClO_3^{-}+6H^{+}+6e^{-}\Longrightarrow Cl^{-}+3H_2O$ | 1.451 |
| $Ag_2SO_4+2e^{-}\Longrightarrow 2Ag+SO_4^{2-}$ | 0.654 | $ClO_4^{-}+2H^{+}+2e^{-}\Longrightarrow ClO_3^{-}+H_2O$ | 1.189 |
| $Al^{3+}+3e^{-}\Longrightarrow Al$ | $-1.662$ | $ClO_4^{-}+8H^{+}+7e^{-}\Longrightarrow 1/2Cl_2+4H_2O$ | 1.39 |
| $AlF_6^{3-}+3e^{-}\Longrightarrow Al+6F^{-}$ | $-2.069$ | $ClO_4^{-}+8H^{+}+8e^{-}\Longrightarrow Cl^{-}+4H_2O$ | 1.389 |
| $As_2O_3+6H^{+}+6e^{-}\Longrightarrow 2As+3H_2O$ | 0.234 | $Co^{2+}+2e^{-}\Longrightarrow Co$ | $-0.28$ |
| $HAsO_2+3H^{+}+3e^{-}\Longrightarrow As+2H_2O$ | 0.248 | $Co^{3+}+e^{-}\Longrightarrow Co^{2+}(2mol/L\ H_2SO_4)$ | 1.83 |
| $H_3AsO_4+2H^{+}+2e^{-}\Longrightarrow HAsO_2+2H_2O$ | 0.560 | $CO_2+2H^{+}+2e^{-}\Longrightarrow HCOOH$ | $-0.199$ |
| $Au^{+}+e^{-}\Longrightarrow Au$ | 1.692 | $Cr^{2+}+2e^{-}\Longrightarrow Cr$ | $-0.913$ |
| $Au^{3+}+3e^{-}\Longrightarrow Au$ | 1.498 | $Cr^{3+}+e^{-}\Longrightarrow Cr^{2+}$ | $-0.407$ |
| $AuCl_4^{-}+3e^{-}\Longrightarrow Au+4Cl^{-}$ | 1.002 | $Cr^{3+}+3e^{-}\Longrightarrow Cr$ | $-0.744$ |
| $Au^{3+}+2e^{-}\Longrightarrow Au^{+}$ | 1.401 | $Cr_2O_7^{2-}+14H^{+}+6e^{-}\Longrightarrow 2Cr^{3+}+7H_2O$ | 1.232 |
| $Ba^{2+}+2e^{-}\Longrightarrow Ba$ | $-2.912$ | $H_3BO_3+3H^{+}+3e^{-}\Longrightarrow B+3H_2O$ | $-0.8698$ |

| 电极反应 | $\varphi^{\ominus}/V$ | 电极反应 | $\varphi^{\ominus}/V$ |
|---|---|---|---|
| $Ba^{2+}+2e^-\rightleftharpoons Ba(Hg)$ | $-1.570$ | $F_2+2e^-\rightleftharpoons 2F^-$ | $2.866$ |
| $Be^{2+}+2e^-\rightleftharpoons Be$ | $-1.847$ | $Fe^{2+}+2e^-\rightleftharpoons Fe$ | $-0.447$ |
| $BiCl_4^-+3e^-\rightleftharpoons Bi+4Cl^-$ | $0.16$ | $Fe^{3+}+3e^-\rightleftharpoons Fe$ | $-0.037$ |
| $Bi_2O_4+4H^++2e^-\rightleftharpoons 2BiO^++2H_2O$ | $1.593$ | $Fe^{3+}+e^-\rightleftharpoons Fe^{2+}$ | $0.771$ |
| $BiO^++2H^++3e^-\rightleftharpoons Bi+H_2O$ | $0.320$ | $[Fe(CN)_6]^{3-}+e^-\rightleftharpoons[Fe(CN)_6]^{4-}$ | $0.358$ |
| $BiOCl+2H^++3e^-\rightleftharpoons Bi+Cl^-+H_2O$ | $0.1583$ | $FeO_4^{2-}+8H^++3e^-\rightleftharpoons Fe^{3+}+4H_2O$ | $2.20$ |
| $Br_2(aq)+2e^-\rightleftharpoons 2Br^-$ | $1.0873$ | $Ga^{3+}+3e^-\rightleftharpoons Ga$ | $-0.560$ |
| $Br_2(l)+2e^-\rightleftharpoons 2Br^-$ | $1.066$ | $2H^++2e^-\rightleftharpoons H_2$ | $0.0000$ |
| $HBrO+H^++2e^-\rightleftharpoons Br^-+H_2O$ | $1.331$ | $H_2(g)+2e^-\rightleftharpoons 2H^-$ | $-2.23$ |
| $HBrO+H^++e^-\rightleftharpoons 1/2Br_2(aq)+H_2O$ | $1.574$ | $HO_2+H^++e^-\rightleftharpoons H_2O_2$ | $1.495$ |
| $HBrO+H^++e^-\rightleftharpoons 1/2Br_2(l)+H_2O$ | $1.596$ | $O_2+4H^++4e^-\rightleftharpoons 2H_2O$ | $1.229$ |
| $BrO_3^-+6H^++5e^-\rightleftharpoons 1/2Br_2+3H_2O$ | $1.482$ | $O(g)+2H^++2e^-\rightleftharpoons H_2O$ | $2.421$ |
| $BrO_3^-+6H^++6e^-\rightleftharpoons Br^-+3H_2O$ | $1.423$ | $O_3+2H^++2e^-\rightleftharpoons O_2+H_2O$ | $2.076$ |
| $Ca^{2+}+2e^-\rightleftharpoons Ca$ | $-2.868$ | $P(红)+3H^++3e^-\rightleftharpoons PH_3(g)$ | $-0.111$ |
| $Cd^{2+}+2e^-\rightleftharpoons Cd$ | $-0.403$ | $P(白)+3H^++3e^-\rightleftharpoons PH_3(g)$ | $-0.063$ |
| $CdSO_4+2e^-\rightleftharpoons Cd+SO_4^{2-}$ | $-0.246$ | $H_3PO_2+H^++e^-\rightleftharpoons P+2H_2O$ | $-0.508$ |
| $H_2O_2+2H^++2e^-\rightleftharpoons 2H_2O$ | $1.776$ | $H_3PO_3+2H^++2e^-\rightleftharpoons H_3PO_2+H_2O$ | $-0.499$ |
| $Hg^{2+}+2e^-\rightleftharpoons Hg$ | $0.851$ | $H_3PO_3+3H^++3e^-\rightleftharpoons P+3H_2O$ | $-0.454$ |
| $2Hg^{2+}+2e^-\rightleftharpoons Hg_2^{2+}$ | $0.920$ | $H_3PO_4+2H^++2e^-\rightleftharpoons H_3PO_3+H_2O$ | $-0.276$ |
| $Hg^{2+}+2e^-\rightleftharpoons 2Hg$ | $0.7973$ | $Pb^{2+}+2e^-\rightleftharpoons Pb$ | $-0.1262$ |
| $Hg_2Br_2+2e^-\rightleftharpoons 2Hg+2Br^-$ | $0.1392$ | $PbBr_2+2e^-\rightleftharpoons Pb+2Br^-$ | $-0.284$ |
| $Hg_2Cl_2+2e^-\rightleftharpoons 2Hg+2Cl^-$ | $0.2681$ | $PbCl_2+2e^-\rightleftharpoons Pb+2Cl^-$ | $-0.2675$ |
| $Hg_2I_2+2e^-\rightleftharpoons 2Hg+2I^-$ | $-0.0405$ | $HIO+H^++2e^-\rightleftharpoons I^-+H_2O$ | $0.987$ |
| $Hg_2SO_4+2e^-\rightleftharpoons 2Hg+SO_4^{2-}$ | $0.6125$ | $2IO_3^-+12H^++10e^-\rightleftharpoons I_2+6H_2O$ | $1.195$ |
| $I_2+2e^-\rightleftharpoons 2I^-$ | $0.5355$ | $IO_3^-+6H^++6e^-\rightleftharpoons I^-+3H_2O$ | $1.085$ |
| $I_3^-+2e^-\rightleftharpoons 3I^-$ | $0.536$ | $In^{3+}+2e^-\rightleftharpoons In^+$ | $-0.443$ |
| $H_5IO_6+H^++2e^-\rightleftharpoons IO_3^-+3H_2O$ | $1.601$ | $In^{3+}+3e^-\rightleftharpoons In$ | $-0.3382$ |
| $2HIO+2H^++2e^-\rightleftharpoons I_2+2H_2O$ | $1.439$ | $Ir^{3+}+3e^-\rightleftharpoons Ir$ | $1.159$ |
| $HCrO_4^-+7H^++3e^-\rightleftharpoons Cr^{3+}+4H_2O$ | $1.350$ | $K^++e^-\rightleftharpoons K$ | $-2.931$ |
| $Cu^++e^-\rightleftharpoons Cu$ | $0.521$ | $La^{3+}+3e^-\rightleftharpoons La$ | $-2.522$ |
| $Cu^{2+}+e^-\rightleftharpoons Cu^+$ | $0.153$ | $Li^++e^-\rightleftharpoons Li$ | $-3.0401$ |
| $Cu^{2+}+2e^-\rightleftharpoons Cu$ | $0.3419$ | $Mg^{2+}+2e^-\rightleftharpoons Mg$ | $-2.372$ |
| $CuCl+e^-\rightleftharpoons Cu+Cl^-$ | $0.124$ | $Mn^{2+}+2e^-\rightleftharpoons Mn$ | $-1.185$ |
| $F_2+2H^++2e^-\rightleftharpoons 2HF$ | $3.053$ | $Mn^{3+}+e^-\rightleftharpoons Mn^{2+}$ | $1.5415$ |

| 电极反应 | $\varphi^{\ominus}/V$ | 电极反应 | $\varphi^{\ominus}/V$ |
|---|---|---|---|
| $MnO_2+4H^++2e^-\rightleftharpoons Mn^{2+}+2H_2O$ | 1.224 | $Sb+3H^++3e^-\rightleftharpoons SbH_3$ | −0.510 |
| $MnO_4^-+e^-\rightleftharpoons MnO_4^{2-}$ | 0.558 | $Sb_2O_3+6H^++6e^-\rightleftharpoons 2Sb+3H_2O$ | 0.152 |
| $MnO_4^-+4H^++3e^-\rightleftharpoons MnO_2+2H_2O$ | 1.679 | $Sb_2O_5+6H^++4e^-\rightleftharpoons 2SbO^++3H_2O$ | 0.581 |
| $MnO_4^-+8H^++5e^-\rightleftharpoons Mn^{2+}+4H_2O$ | 1.507 | $SbO^++2H^++3e^-\rightleftharpoons Sb+H_2O$ | 0.212 |
| $MO^{3+}+3e^-\rightleftharpoons MO$ | −0.200 | $Sc^{3+}+3e^-\rightleftharpoons Sc$ | −2.077 |
| $N_2+2H_2O+6H^++6e^-\rightleftharpoons 2NH_4OH$ | 0.092 | $Se+2H^++2e^-\rightleftharpoons H_2Se(aq)$ | −0.399 |
| $N_2+6H^++6e^-\rightleftharpoons 2NH_3(aq)$ | −3.09 | $H_2SeO_3+4H^++4e^-\rightleftharpoons Se+3H_2O$ | 0.74 |
| $N_2O+2H^++2e^-\rightleftharpoons N_2+H_2O$ | 1.766 | $SeO_4^{2-}+4H^++2e^-\rightleftharpoons H_2SeO_3+H_2O$ | 1.151 |
| $N_2O_4+2e^-\rightleftharpoons 2NO_2^-$ | 0.867 | $SiF_6^{2-}+4e^-\rightleftharpoons Si+6F^-$ | −1.24 |
| $N_2O_4+2H^++2e^-\rightleftharpoons 2HNO_2$ | 1.065 | $SiO_2+4H^++4e^-\rightleftharpoons Si+2H_2O$ | 0.857 |
| $N_2O_4+4H^++4e^-\rightleftharpoons 2NO+2H_2O$ | 1.035 | $2NO_3^-+4H^++2e^-\rightleftharpoons N_2O_4+2H_2O$ | 0.803 |
| $2NO+2H^++2e^-\rightleftharpoons N_2O+H_2O$ | 1.591 | $Na^++e^-\rightleftharpoons Na$ | −2.71 |
| $HNO_2+H^++e^-\rightleftharpoons NO+H_2O$ | 0.983 | $Nb^{3+}+3e^-\rightleftharpoons Nb$ | −1.1 |
| $2HNO_2+4H^++4e^-\rightleftharpoons N_2O+3H_2O$ | 1.297 | $Ni^{2+}+2e^-\rightleftharpoons Ni$ | −0.257 |
| $NO_3^-+3H^++2e^-\rightleftharpoons HNO_2+H_2O$ | 0.934 | $NiO_2+4H^++2e^-\rightleftharpoons Ni^{2+}+2H_2O$ | 1.678 |
| $NO_3^-+4H^++3e^-\rightleftharpoons NO+2H_2O$ | 0.957 | $O_2+2H^++2e^-\rightleftharpoons H_2O_2$ | 0.695 |
| $PbF_2+2e^-\rightleftharpoons Pb+2F^-$ | −0.3444 | $Te^{4+}+4e^-\rightleftharpoons Te$ | 0.568 |
| $PbI_2+2e^-\rightleftharpoons Pb+2I^-$ | −0.365 | $TeO_2+4H^++4e^-\rightleftharpoons Te+2H_2O$ | 0.593 |
| $PbO_2+4H^++2e^-\rightleftharpoons Pb^{2+}+2H_2O$ | 1.455 | $TeO_4^-+8H^++7e^-\rightleftharpoons Te+4H_2O$ | 0.472 |
| $PbO_2+SO_4^{2-}+4H^++2e^-\rightleftharpoons PbSO_4+2H_2O$ | 1.6913 | $H_6TeO_6+2H^++2e^-\rightleftharpoons TeO_2+4H_2O$ | 1.02 |
| $PbSO_4+2e^-\rightleftharpoons Pb+SO_4^{2-}$ | −0.3588 | $Th^{4+}+4e^-\rightleftharpoons Th$ | −1.899 |
| $Pd^{2+}+2e^-\rightleftharpoons Pd$ | 0.951 | $Ti^{2+}+2e^-\rightleftharpoons Ti$ | −1.630 |
| $PdCl_4^{2-}+2e^-\rightleftharpoons Pd+4Cl^-$ | 0.591 | $Ti^{3+}+e^-\rightleftharpoons Ti^{2+}$ | −0.368 |
| $Pt^{2+}+2e^-\rightleftharpoons Pt$ | 1.118 | $TiO^{2+}+2H^++e^-\rightleftharpoons Ti^{3+}+H_2O$ | 0.099 |
| $Rb^++e^-\rightleftharpoons Rb$ | −2.98 | $TiO_2+4H^++2e^-\rightleftharpoons Ti^{2+}+2H_2O$ | −0.502 |
| $Re^{3+}+3e^-\rightleftharpoons Re$ | 0.300 | $Tl^++e^-\rightleftharpoons Tl$ | −0.336 |
| $S+2H^++2e^-\rightleftharpoons H_2S(aq)$ | 0.142 | $V^{2+}+2e^-\rightleftharpoons V$ | −1.175 |
| $S_2O_8^{2-}+4H^++2e^-\rightleftharpoons 2H_2SO_4$ | 0.564 | $Sn^{2+}+2e^-\rightleftharpoons Sn$ | −0.1375 |
| $S_2O_8^{2-}+2e^-\rightleftharpoons 2SO_4^{2-}$ | 2.010 | $Sn^{4+}+2e^-\rightleftharpoons Sn^{2+}$ | 0.151 |
| $S_2O_8^{2-}+2H^++2e^-\rightleftharpoons 2HSO_4^-$ | 2.123 | $Sr^++e^-\rightleftharpoons Sr$ | −4.10 |
| $2SO_3^{2-}+4H^++2e^-\rightleftharpoons S_2O_4^{2-}+2H_2O$ | −0.056 | $Sr^{2+}+2e^-\rightleftharpoons Sr$ | −2.89 |
| $H_2SO_3+4H^++4e^-\rightleftharpoons S+3H_2O$ | 0.449 | $Sr^{2+}+2e^-\rightleftharpoons Sr(Hg)$ | −1.793 |
| $SO_4^{2-}+4H^++2e^-\rightleftharpoons H_2SO_3+H_2O$ | 0.172 | $Te+2H^++2e^-\rightleftharpoons H_2Te$ | −0.793 |
| $2SO_4^{2-}+4H^++2e^-\rightleftharpoons S_2O_6^{2-}+2H_2O$ | −0.22 | $V^{3+}+e^-\rightleftharpoons V^{2+}$ | −0.255 |

附录 部分溶液中反应的标准电极电位（25℃）

| 电极反应 | $\varphi^{\ominus}/V$ | 电极反应 | $\varphi^{\ominus}/V$ |
|---|---|---|---|
| $VO^{2+}+2H^++e^-\rightleftharpoons V^{3+}+H_2O$ | 0.337 | $WO_2+4H^++4e^-\rightleftharpoons W+2H_2O$ | -0.119 |
| $VO_2^++2H^++e^-\rightleftharpoons VO^{2+}+H_2O$ | 0.991 | $WO_3+6H^++6e^-\rightleftharpoons W+3H_2O$ | -0.090 |
| $V(OH)_4^++2H^++e^-\rightleftharpoons VO^{2+}+3H_2O$ | 1.00 | $2WO_3+2H^++2e^-\rightleftharpoons W_2O_5+H_2O$ | -0.029 |
| $V(OH)_4^++4H^++5e^-\rightleftharpoons V+4H_2O$ | -0.254 | $Y^{3+}+3e^-\rightleftharpoons Y$ | -2.37 |
| $W_2O_5+2H^++2e^-\rightleftharpoons 2WO_2+H_2O$ | -0.031 | $Zn^{2+}+2e^-\rightleftharpoons Zn$ | -0.7618 |

## 2. 碱性溶液

| 电极反应 | $\varphi^{\ominus}/V$ | 电极反应 | $\varphi^{\ominus}/V$ |
|---|---|---|---|
| $AgCN+e^-\rightleftharpoons Ag+CN^-$ | -0.017 | $ClO_2^-+2H_2O+4e^-\rightleftharpoons Cl^-+4OH^-$ | 0.76 |
| $[Ag(CN)_2]^-+e^-\rightleftharpoons Ag+2CN^-$ | -0.31 | $ClO_3^-+H_2O+2e^-\rightleftharpoons ClO_2^-+2OH^-$ | 0.33 |
| $Ag_2O+H_2O+2e^-\rightleftharpoons 2Ag+2OH^-$ | 0.342 | $ClO_3^-+3H_2O+6e^-\rightleftharpoons Cl^-+6OH^-$ | 0.62 |
| $2AgO+H_2O+2e^-\rightleftharpoons Ag_2O+2OH^-$ | 0.607 | $ClO_4^-+H_2O+2e^-\rightleftharpoons ClO_3^-+2OH^-$ | 0.36 |
| $Ag_2S+2e^-\rightleftharpoons 2Ag+S^{2-}$ | -0.691 | $[Co(NH_3)_6]^{3+}+e^-\rightleftharpoons [Co(NH_3)_6]^{2+}$ | 0.108 |
| $H_2AlO_3^-+H_2O+3e^-\rightleftharpoons Al+4OH^-$ | -2.33 | $Co(OH)_2+2e^-\rightleftharpoons Co+2OH^-$ | -0.73 |
| $AsO_2^-+2H_2O+3e^-\rightleftharpoons As+4OH^-$ | -0.68 | $Co(OH)_3+e^-\rightleftharpoons Co(OH)_2+OH^-$ | 0.17 |
| $Cu(OH)_2+2e^-\rightleftharpoons Cu+2OH^-$ | -0.222 | $CrO_2^-+2H_2O+3e^-\rightleftharpoons Cr+4OH^-$ | -1.2 |
| $2Cu(OH)_2+2e^-\rightleftharpoons Cu_2O+2OH^-+H_2O$ | -0.080 | $CrO_4^{2-}+4H_2O+3e^-\rightleftharpoons Cr(OH)_3+5OH^-$ | -0.13 |
| $[Fe(CN)_6]^{3-}+e^-\rightleftharpoons [Fe(CN)_6]^{4-}$ | 0.358 | $Cr(OH)_3+3e^-\rightleftharpoons Cr+3OH^-$ | -1.48 |
| $Fe(OH)_3+e^-\rightleftharpoons Fe(OH)_2+OH^-$ | -0.56 | $Cu^{2+}+2CN^-+e^-\rightleftharpoons [Cu(CN)_2]^-$ | 1.103 |
| $H_2GaO_3^-+H_2O+3e^-\rightleftharpoons Ga+4OH^-$ | -1.219 | $[Cu(CN)_2]^-+e^-\rightleftharpoons Cu+2CN^-$ | -0.429 |
| $2H_2O+2e^-\rightleftharpoons H_2+2OH^-$ | -0.828 | $Cu_2O+H_2O+2e^-\rightleftharpoons 2Cu+2OH^-$ | -0.360 |
| $Hg_2O+H_2O+2e^-\rightleftharpoons 2Hg+2OH^-$ | 0.123 | $P+3H_2O+3e^-\rightleftharpoons PH_3(g)+3OH^-$ | -0.87 |
| $AsO_4^{3-}+2H_2O+2e^-\rightleftharpoons AsO_2^-+4OH^-$ | -0.71 | $H_2PO_2^-+e^-\rightleftharpoons P+2OH^-$ | -1.82 |
| $H_2BO_3^-+5H_2O+8e^-\rightleftharpoons BH_4^-+8OH^-$ | -1.24 | $HPO_3^{2-}+2H_2O+2e^-\rightleftharpoons H_2PO_2^-+3OH^-$ | -1.65 |
| $H_2BO_3^-+H_2O+3e^-\rightleftharpoons B+4OH^-$ | -1.79 | $HgO+H_2O+2e^-\rightleftharpoons Hg+2OH^-$ | 0.098 |
| $Ba(OH)_2+2e^-\rightleftharpoons Ba+2OH^-$ | -2.99 | $IO_4^-+H_2O+2e^-\rightleftharpoons IO_3^-+2OH^-$ | 0.7 |
| $Be_2O_3^{2-}+3H_2O+4e^-\rightleftharpoons 2Be+6OH^-$ | -2.63 | $IO^-+H_2O+2e^-\rightleftharpoons I^-+2OH^-$ | 0.485 |
| $Bi_2O_3+3H_2O+6e^-\rightleftharpoons 2Bi+6OH^-$ | -0.46 | $IO_3^-+2H_2O+4e^-\rightleftharpoons IO^-+4OH^-$ | 0.15 |
| $BrO^-+H_2O+2e^-\rightleftharpoons Br^-+2OH^-$ | 0.761 | $IO_3^-+3H_2O+6e^-\rightleftharpoons I^-+6OH^-$ | 0.26 |
| $BrO_3^-+3H_2O+6e^-\rightleftharpoons Br^-+6OH^-$ | 0.61 | $Ir_2O_3+3H_2O+6e^-\rightleftharpoons 2Ir+6OH^-$ | 0.098 |
| $Ca(OH)_2+2e^-\rightleftharpoons Ca+2OH^-$ | -3.02 | $La(OH)_3+3e^-\rightleftharpoons La+3OH^-$ | -2.90 |
| $Ca(OH)_2+2e^-\rightleftharpoons Ca(Hg)+2OH^-$ | -0.809 | $Mg(OH)_2+2e^-\rightleftharpoons Mg+2OH^-$ | -2.690 |
| $ClO^-+H_2O+2e^-\rightleftharpoons Cl^-+2OH^-$ | 0.81 | $MnO_4^-+2H_2O+3e^-\rightleftharpoons MnO_2+4OH^-$ | 0.595 |
| $ClO_2^-+H_2O+2e^-\rightleftharpoons ClO^-+2OH^-$ | 0.66 | $MnO_4^{2-}+2H_2O+2e^-\rightleftharpoons MnO_2+4OH^-$ | 0.60 |

| 电极反应 | $\varphi^\ominus$/V | 电极反应 | $\varphi^\ominus$/V |
|---|---|---|---|
| $Mn(OH)_2+2e^- \Longrightarrow Mn+2OH^-$ | $-1.56$ | $PbO_2+H_2O+2e^- \Longrightarrow PbO+2OH^-$ | $0.247$ |
| $Mn(OH)_3+e^- \Longrightarrow Mn(OH)_2+OH^-$ | $0.15$ | $Pd(OH)_2+2e^- \Longrightarrow Pd+2OH^-$ | $0.07$ |
| $2NO+H_2O+2e^- \Longrightarrow N_2O+2OH^-$ | $0.76$ | $Pt(OH)_2+2e^- \Longrightarrow Pt+2OH^-$ | $0.14$ |
| $NO_2^-+H_2O+e^- \Longrightarrow NO+2OH^-$ | $-0.46$ | $ReO_4^-+4H_2O+7e^- \Longrightarrow Re+8OH^-$ | $-0.584$ |
| $2NO_2^-+4H_2O+8e^- \Longrightarrow N_2^{2-}+8OH^-$ | $-0.18$ | $S+2e^- \Longrightarrow S^{2-}$ | $-0.4762$ |
| $2NO_2^-+3H_2O+4e^- \Longrightarrow N_2O+6OH^-$ | $0.15$ | $S+H_2O+2e^- \Longrightarrow HS^-+OH^-$ | $-0.478$ |
| $NO_3^-+H_2O+2e^- \Longrightarrow NO_2^-+2OH^-$ | $0.01$ | $2S+2e^- \Longrightarrow S_2^{2-}$ | $-0.4284$ |
| $2NO_3^-+2H_2O+2e^- \Longrightarrow N_2O_4+4OH^-$ | $-0.85$ | $S_4O_6^{2-}+2e^- \Longrightarrow 2S_2O_3^{2-}$ | $0.08$ |
| $Ni(OH)_2+2e^- \Longrightarrow Ni+2OH^-$ | $-0.72$ | $2SO_3^{2-}+2H_2O+2e^- \Longrightarrow S_2O_4^{2-}+4OH^-$ | $-1.12$ |
| $NiO_2+2H_2O+2e^- \Longrightarrow Ni(OH)_2+2OH^-$ | $-0.490$ | $SbO_3^-+H_2O+2e^- \Longrightarrow SbO_2^-+2OH^-$ | $-0.59$ |
| $O_2+H_2O+2e^- \Longrightarrow HO_2^-+OH^-$ | $-0.076$ | $SeO_3^{2-}+3H_2O+4e^- \Longrightarrow Se+6OH^-$ | $-0.366$ |
| $O_2+2H_2O+2e^- \Longrightarrow H_2O_2+2OH^-$ | $-0.146$ | $SeO_4^{2-}+H_2O+2e^- \Longrightarrow SeO_3^{2-}+2OH^-$ | $0.05$ |
| $O_2+2H_2O+4e^- \Longrightarrow 4OH^-$ | $0.401$ | $SiO_3^{2-}+3H_2O+4e^- \Longrightarrow Si+6OH^-$ | $-1.697$ |
| $O_3+H_2O+2e^- \Longrightarrow O_2+2OH^-$ | $1.24$ | $HSnO_2^-+H_2O+2e^- \Longrightarrow Sn+3OH^-$ | $-0.909$ |
| $HO_2^-+H_2O+2e^- \Longrightarrow 3OH^-$ | $0.878$ | $Sn(OH)_6^{2-}+2e^- \Longrightarrow HSnO_2^-+3OH^-+H_2O$ | $-0.93$ |
| $2SO_3^{2-}+3H_2O+4e^- \Longrightarrow S_2O_3^{2-}+6OH^-$ | $-0.571$ | $Sr(OH)+2e^- \Longrightarrow Sr+2OH^-$ | $-2.88$ |
| $SO_4^{2-}+H_2O+2e^- \Longrightarrow SO_3^{2-}+2OH^-$ | $-0.93$ | $Te+2e^- \Longrightarrow Te^{2-}$ | $-1.143$ |
| $SbO_2^-+2H_2O+3e^- \Longrightarrow Sb+4OH^-$ | $-0.66$ | $TeO_3^{2-}+3H_2O+4e^- \Longrightarrow Te+6OH^-$ | $-0.57$ |
| $HPO_3^{2-}+2H_2O+3e^- \Longrightarrow P+5OH^-$ | $-1.71$ | $Th(OH)_4+4e^- \Longrightarrow Th+4OH^-$ | $-2.48$ |
| $PO_4^{3-}+2H_2O+2e^- \Longrightarrow HPO_3^{2-}+3OH^-$ | $-1.05$ | $Tl_2O_3+3H_2O+4e^- \Longrightarrow 2Tl^++6OH^-$ | $0.02$ |
| $PbO+H_2O+2e^- \Longrightarrow Pb+2OH^-$ | $-0.580$ | $ZnO_2^{2-}+2H_2O+2e^- \Longrightarrow Zn+4OH^-$ | $-1.215$ |
| $HPbO_2^-+H_2O+2e^- \Longrightarrow Pb+3OH^-$ | $-0.537$ | | |

# 参考文献

[1] Bard A J, Faulkner L R. Electrochemical methods, fundamentals and applications[M]. Weinheim: Wiley, 1980.

[2] 李荻. 电化学原理[M]. 北京:北京航空航天大学出版社,2008.

[3] Hamann C H, Hamnett A, Vielstich W. Electrochemistry[M]. 2th Ed. Weinheim: Wiley, 2007.

[4] Nightingale E R. Phenomenological theory of ion solvation. Effective radii of hydrated ions[J]. Journal of Physical Chemistry, 1959, 63 (9): 1381-1387.

[5] Tansel B, Sager J, Rector T, et al. Significance of hydrated radius and hydration shells on ionic permeability during nanofiltration in dead end and cross flow modes[J]. Separation and Purification Technology, 2006, 51: 40-47.

[6] 黄昆, 韩汝琦. 半导体物理基础[M]. 北京:科学出版社,1979.

[7] 陈军, 陶占良. 化学电源:原理、技术与应用[M]. 北京:化学工业出版社,2022.

[8] 吴旭冉, 贾志军, 马洪运, 等. 电化学基础(Ⅲ):双电层模型及其发展[J]. 储能科学与技术, 2013, 2 152-156.

[9] 朱凯健, 刘杰, 刘一霖, 等. 光电催化材料在太阳能分解水方面的应用研究进展[J]. 中国材料进展, 2019, 38(2): 98-105.

[10] Yabuuchi N, Kubota K, Dahbi M, et al. Research development on sodium-ion batteries[J]. Chemical Reviews, 2014, 114 (23): 11636-11682.

[11] Liu H, Wang J G, You Z, et al. Rechargeable aqueous zinc-ion batteries: mechanism, design strategies and future perspectives[J]. Materials Today, 2021, 42: 73-98.

[12] Cheng X B, Zhang R, Zhao C Z, et al. Toward safe lithiummetal anode in rechargeable batteries: a review[J]. Chemical Reviews, 2017, 117 (15): 10403-10473.

[13] Etacheri V, Marom R, Elazari R, et al. Challenges in the development of advanced Li-ion batteries: a review[J]. Energy & Environmental Science, 2011, 4: 3243-3262.

[14] 胡勇胜, 陆雅翔, 陈立泉. 钠离子电池科学与技术[M]. 北京:科学出版社,2020.

[15] 上海空间电源研究所. 化学电源技术[M]. 北京:科学出版社,2015.

[16] Manthiram A, Fu Y, Chung S H, et al. Rechargeable lithium-sulfur batteries[J]. Chemical Reviews, 2014, 114 (23): 11751-11787.

[17] 刘守新, 刘鸿. 光催化与光电催化基础与应用[M]. 北京:化学工业出版社,2005.

[18] Zou X, Zhang Y. Noble metal-free hydrogen evolution catalysts for water splitting[J]. Chemical Society Reviews, 2015, 44: 5148-5180.

[19] Jiang C, Moniz S J A, Wang A, et al. Photoelectrochemical devices for solar water splitting - materials and challenges[J]. Chemical Society Reviews, 2017, 46(15): 4645-4660.

[20] Yang Y, Niu S, Han D, et al. Progress in developing metal oxide nanomaterials for photoelectrochemical water splitting[J]. Advanced Energy Materials, 2017, 7(19): 1700555.

[21] 肖友军, 李立清. 应用电化学[M]. 北京:化学工业出版社,2013.

[22] 李相彪. 氯碱生产技术[M]. 北京:化学工业出版社,2010.

[23] 龚竹青, 王志兴. 现代电化学[M]. 长沙:中南大学出版社,2010.

[24] 宋华. 电泳涂装技术[M]. 北京:化学工业出版社,2009.

[25] 刘宪文. 电泳涂料与涂装[M]. 北京:化学工业出版业,2007.

[26] 郭国才. 电镀电化学基础[M]. 上海:华东理工大学出版社,2016.

［27］ 王玥. 电镀工艺学［M］. 北京：化学工业出版社，2018.

［28］ 安茂忠. 现代电镀技术［M］. 北京：机械工业出版社，2018.

［29］ 李栋. 电化学基础理论与测试方法［M］. 北京：冶金工业出版社，2019.

［30］ 胡会利,李宁. 电化学测量［M］. 北京：化学工业出版社，2019.

［31］ 孙世刚,陈胜利. 电催化［M］. 北京：化学工业出版社，2013.

［32］ Weast R C. Handbook of chemistry and physics［M］. Florida：CRC Press Inc.，1988.